中国亚热带喀斯特山区土壤质量演变机理及其调控途径

龙 健 李 娟 廖洪凯 刘 方 著

科学出版社

北 京

内容简介

土壤质量演变及调控途径是中国亚热带喀斯特山区特有的重大科学问题。本书作者通过大量的实证研究，从生态环境要素的空间变化上研究土壤质量的演变规律，揭示不同喀斯特地貌类型、水文条件和不同人为耕作方式下环境因素与土壤质量的相互耦合关系，对土壤质量退化类型进行划分与评价，并从不同时段上研究了喀斯特环境中土壤质量退化的速率变化规律，揭示不同喀斯特环境耦合条件下土壤质量演变的时间变化情况。通过对典型样区中样点的定点观测，研究喀斯特环境中各要素对土壤系统内部各种物理、化学、生物过程的响应机制，揭示喀斯特环境条件下土壤肥力体系的演变过程，指出了合理开发利用岩溶山区土壤资源，解决或缓解资源承载力低下和人类需求的矛盾，是防止新的喀斯特山区土壤退化发生与发展、有效改善喀斯特石漠化的重要途径，并探讨了喀斯特石漠化治理对土壤生态系统稳定性的影响。通过定点观测样点和石漠化地区、过渡生态区、良性生态区的对比研究，结合喀斯特环境的复杂性和特殊性，提出喀斯特山区中主要耕地土壤质量的保持与定向培育原理与技术体系。通过实际的工程实践，证实了生态恢复途径的可行性，并在此基础上，建立了土壤质量恢复的土地利用模式和相关理论。本书的研究成果丰富了喀斯特山区土壤学研究的理论，而且为我国喀斯特石漠化治理提供了一条新的途径。

本书可作为大中专院校和科研单位从事土壤学、生态学、地理学及环境科学等广大科研工作者、管理人员以及相关专业研究生的参考用书，也可作为高年级本科生了解土壤地理学、生物地球化学以及全球气候变化等领域发展动态的课外资料。

图书在版编目（CIP）数据

中国亚热带喀斯特山区土壤质量演变机理及其调控途径/龙健等著. —北京：科学出版社，2015.11
ISBN 978-7-03-046493-4

Ⅰ. ①中… Ⅱ. ①龙… Ⅲ. ①亚热带-岩溶区-土壤-质量-研究-中国 Ⅳ. S159.2

中国版本图书馆CIP数据核字（2015）第283097号

责任编辑：卢柏良　周丹／责任校对：张怡君
责任印制：张伟／封面设计：许瑞

科学出版社 出版
北京东黄城根北街16号
邮政编码：100717
http://www.sciencep.com

北京教图印刷有限公司 印刷
科学出版社发行　各地新华书店经销

*

2015年12月第　一　版　　开本：787×1092　1/16
2015年12月第一次印刷　　印张：20
字数：500 000

定价：128.00元
（如有印装质量问题，我社负责调换）

前　言

　　喀斯特环境是自然环境中一个独特的地理景观，以其二元结构为基本特征，形成了脆弱的生态环境。喀斯特环境在世界许多地方均有分布，尤其在我国西南地区滇、黔、桂三省较为集中，面积达 33.6 万 km²，共约涉及 295 个县（市、区），覆盖人口约 4000 万人。其中仅在贵州省就有 13 万 km²，占全省土地总面积的 73.6%，这使得贵州省成为我国喀斯特地貌较为发育的省份之一，该省属典型的亚热带生态脆弱区。20 世纪以来，该地区人口快速膨胀，人地矛盾不断激化，导致环境条件日趋恶化，森林覆盖率急剧下降、土壤严重退化、水土流失加剧、石漠化面积迅速扩大，严重影响了该地区社会、经济的可持续发展。目前该区贫困县就有 126 个，占全国贫困县的 19%。因此，深入认识喀斯特环境特点，探讨揭示土壤质量演变机理，研究其生态调控措施与途径已成为实现我国西部扶贫攻坚战略和促进喀斯特生态环境良性发展的重大科学问题。

　　土壤质量是现代土壤学的发展前沿和研究核心。研究土壤质量演变的机制、速率和效应及其与环境条件变化的相互关系是中国亚热带喀斯特山区土壤资源可持续利用的基础，探讨环境变化条件下土壤质量的演变是关系到土壤可持续利用和区域可持续发展的重要课题。土壤质量演变受生态环境演化和人为干扰及其强度的制约，因此其演变过程在时空上也有与之相应的演化类型。在喀斯特山区，由于地表破碎，成土过程缓慢，生态系统稳定性差，人为活动（不合理利用）是喀斯特环境土壤侵蚀和石漠化的主要原因（如生物多样性衰减、陡坡开垦等）。土壤质量演变特点明显，一般可以分为两种形式：一是渐变型退化，即从正常土壤→轻度石漠化→中度石漠化→严重石漠化→极严重石漠化的退化过程，当植被被破坏后，随着人类利用强度的加大，土壤侵蚀逐渐加剧，其作用是渐进的、平稳的，随着时间的推移，土壤逐渐退化，退化的程度从轻度发展到极严重程度；二是跃变型退化，即从正常土壤直接到极严重石漠化的退化过程，这种情形多半发生在陡坡开荒（>25°），在持续不断并逐渐加剧的自然和人为因素的干扰下，土壤质量产生退化阶段上不连续的退化过程，不合理的耕作方式和过度开垦，发生严重的水土流失，使正常土壤在短期内丧失土地生产能力，造成基岩大面积裸露。喀斯特地区的土壤质量演变，既有生态系统本身自然属性决定的内在原因。如喀斯特地区多为峰林、峰丛、峡谷地貌，地表崎岖破碎、坡度陡峭、溶蚀、水蚀作用显著，加上石灰岩成土速度慢，形成的土壤浅薄，并且土被不连续，土壤蓄水能力弱，植物生产缓慢、生态链易受干扰而中断，生态系统对外界干扰显得脆弱和敏感，系统的抗逆能力、稳定性和自我恢复能力较低；又有土地不合理利用等人为干扰的外在原因，植被覆盖率迅速下降，导致严重的水土流失，生物多样性减少，土壤质量退化，最终造成石漠化现象的产生。土壤是喀斯特（岩溶）地区一种广泛分布且具有重要意义的自然资源，长期以来大多数科技工作者多是从地貌学、水文学、地质学、地球化学、遥感及植物群落演变等方面入手展开研究。本书从土壤学的角度出发，对生态学、环境科学与地理学学科理论和手段进行交叉，通过建立示范样区，在定位观测和室内分析的基础上，结合喀斯特石漠化区、过渡区、良性生态区的对比分析，系统研究了中国亚热带喀斯特山区土壤质量演变机理及其调控途径，获得了大量认识，极大丰富了中国在喀斯特地区土壤学的研究领域。

全书共分十章。第1章介绍了喀斯特环境与土壤退化及其恢复；第2章研究了喀斯特环境退化过程对土壤质量演变的影响机制；第3章探讨了喀斯特环境退化对小生境土壤性质及恢复能力的影响；第4章研究了喀斯特山区生境类型对土壤有机碳及其活性组分的影响；第5章研究了喀斯特山区土地利用方式对土壤有机碳矿化及其周转机制的影响；第6章探讨了喀斯特山区石漠化过程植被演替对水质变化的影响；第7章研究了喀斯特山区林草复合系统的土壤微生物学特性；第8章研究了喀斯特山区凋落物的生态功能、土壤石漠化及分形特征；第9章探讨了喀斯特石漠化治理对土壤生态系统稳定性的影响；第10章展望未来五年内中国亚热带喀斯特山区土壤质量及其调控途径研究方面的发展趋势，提出了今后努力的方向。

本书是在贵州师范大学龙健教授领导的研究组集体撰写完成的，是作者及其科研团队15余年来相关科研成果的系统梳理和总结。其中，龙健教授在对资料的收集整理、学术成果的凝练以及章节的组织汇总等方面起着决定性作用。各章撰写分工为：第1章，龙健、李娟、李阳兵；第2章，龙健、李娟；第3章，龙健、刘方、李娟；第4章，廖洪凯、龙健、李娟；第5章，龙健、廖洪凯、李娟；第6章，刘方、龙健；第7章，刘方、姚斌；第8章，龙健、龙翠玲；第9章，周文龙、李阳兵、龙健；第10章，龙健。此外，课题组的多位研究生参与了本书的资料收集和整理。

国家自然科学基金委对本书的科学研究及出版工作也给予了大力支持。其中涉及的国家自然科学基金项目包括：喀斯特环境中土壤退化机理与恢复重建途径研究（49761003）、贵州高原喀斯特生态环境退化与土壤质量演变及驱动机理（40361004）、喀斯特地区石漠化过程土壤微生物生态演变特征及其响应机制（40971160）、黔西南喀斯特山区石漠化景观时空格局对土壤水分的影响机制（31360121）、岩溶山地受损生态系统恢复过程中土壤微生物群落演变及其相互作用机制（41461072）等。正是有了这些项目的长期资助，才有了本书的问世。在此，笔者表示衷心感谢。

中国亚热带喀斯特山区土壤质量演变及其调控途径内容极其丰富、复杂，本书仅是冰山一角，只能起着抛砖引玉的作用。我们出版本书，也只希望本书能够引来众多科学家的关注和兴趣，希望今后有更多的学者和专家更加关注中国喀斯特地区土壤学研究，从宏观和微观、多角度多层次开展该领域研究，共同推动我国土壤学、生态学、环境科学与地理学的协同发展。

由于作者学术水平有限，时间仓促，疏漏之处在所难免，恳请读者不吝赐教！

龙 健

2015年10月10日于贵阳

目　录

第1章　喀斯特环境与土壤退化及其恢复 ... 1
　1.1　喀斯特山区土壤障碍因素分析及其调控 ... 1
　1.2　喀斯特山区土壤环境问题与对策 ... 6
　1.3　喀斯特生态系统土壤成因及其恢复途径 ... 10
　1.4　喀斯特环境不同土地利用方式对土壤退化的影响 ... 17
　参考文献 ... 22

第2章　喀斯特环境退化过程对土壤质量演变的影响机制 ... 24
　2.1　喀斯特石漠化地区不同恢复和重建措施对土壤质量的影响 ... 24
　2.2　喀斯特山区退耕还林（草）模式对土壤肥力质量演变的影响 ... 30
　2.3　喀斯特石漠化演变过程对土壤质量性状的影响 ... 36
　2.4　喀斯特环境退化对土壤质量的生物学特性影响 ... 42
　2.5　喀斯特石漠化过程土壤质量变化及生态环境影响评价 ... 46
　参考文献 ... 52

第3章　喀斯特环境退化对小生境土壤性质及恢复能力的影响 ... 55
　3.1　喀斯特山区不同土地利用和管理方式对土壤肥力的影响 ... 55
　3.2　喀斯特山区土地利用方式对石漠化土地恢复能力的影响 ... 60
　3.3　喀斯特小生境土壤类型及其土壤性质的变化 ... 68
　3.4　喀斯特生境退化过程土壤理化性质的变化特征 ... 74
　3.5　喀斯特生境退化过程中的土壤呼吸强度及酶活性 ... 82
　参考文献 ... 89

第4章　喀斯特山区生境类型对土壤有机碳及其活性组分的影响 ... 93
　4.1　不同土地利用方式下土壤有机碳和全氮分布特征 ... 93
　4.2　不同土地利用方式下土壤有机碳和基础呼吸特征 ... 100
　4.3　喀斯特山区土地利用方式土壤有机碳活性组分特征 ... 106
　4.4　不同土地利用方式对土壤物理有机碳组分的影响 ... 112
　4.5　不同土地利用方式下土壤团聚体有机碳分布及累积特征 ... 118
　4.6　花椒林种植对土壤有机碳和活性有机碳的影响 ... 125
　4.7　典型喀斯特山区植被类型对土壤有机碳、氮的影响 ... 131
　参考文献 ... 140

第5章　喀斯特山区土地利用方式对土壤有机碳矿化及其周转机制的影响 ... 145
　5.1　喀斯特山区土地利用对土壤有机碳及其周转速率的影响 ... 145
　5.2　花椒种植对喀斯特石漠化地区土壤有机碳矿化及活性有机碳的影响 ... 152
　5.3　花椒种植对喀斯特山区土壤有机碳拟合方程及化学组分稳定性碳的影响 ... 161

  5.4 凋落物输入对不同植被类型土壤有机碳矿化及活性有机碳的影响 ……… 168
  参考文献 ……………………………………………………………………………… 177

第6章 喀斯特山区石漠化过程植被演替对水质变化的影响 ………………… 184
  6.1 喀斯特石漠化过程中植被演替及其对径流水化学的影响 ……………… 184
  6.2 喀斯特山区旱地土壤向水体释放磷的动态变化规律及影响因素 ……… 192
  参考文献 ……………………………………………………………………………… 200

第7章 喀斯特山区林草复合系统的土壤微生物学特性 ……………………… 204
  7.1 林草复合系统对土壤养分含量的影响 …………………………………… 204
  7.2 林草复合系统对土壤微生物区系的影响 ………………………………… 213
  7.3 林草复合系统对土壤微生物遗传多样性的影响 ………………………… 218
  参考文献 ……………………………………………………………………………… 229

第8章 喀斯特山区凋落物的生态功能、土壤石漠化及分形特征 …………… 235
  8.1 喀斯特山区土壤石漠化的本质特征研究 ………………………………… 235
  8.2 喀斯特山区石漠化土壤理化性质及分形特征研究 ……………………… 244
  8.3 喀斯特山区次生林凋落物的生态功能 …………………………………… 249
  参考文献 ……………………………………………………………………………… 271

第9章 喀斯特石漠化治理对土壤生态系统稳定性的影响 ……………………… 277
  9.1 喀斯特生态系统土壤非保护性有机碳含量研究 ………………………… 277
  9.2 喀斯特石漠化治理区表层土壤有机碳密度特征及区域差异 …………… 283
  9.3 石漠化治理对喀斯特山区土壤生态系统稳定性的影响 ………………… 292
  参考文献 ……………………………………………………………………………… 300

第10章 结论与展望 …………………………………………………………………… 303
  10.1 研究结论 …………………………………………………………………… 303
  10.2 研究不足 …………………………………………………………………… 311
  10.3 展望 ………………………………………………………………………… 312

第1章 喀斯特环境与土壤退化及其恢复

喀斯特环境是一种脆弱性很强的生态环境,在我国有较广泛的分布,且在滇、黔、桂三省区分布特别集中,是制约我国西南地区经济发展的主要因素之一(卢耀如,1986;袁道先,1993)。虽然以往已展开了一些喀斯特环境方面的研究工作,但在土壤退化方面的研究基本上还是空白。本章阐述喀斯特生态环境的脆弱性及其土壤退化的成因机理,根据我国西部大开发中生态建设的要求,提出了喀斯特环境中土壤退化的恢复途径及其研究的关键性问题。

1.1 喀斯特山区土壤障碍因素分析及其调控

贵州省地处我国西南喀斯特(岩溶)地区的中心地带,分布着世界上最为典型的喀斯特景观,且分布面积最广、最为集中(杨明德,1986;Brown,1994),是我国喀斯特地貌最发育的省份,属典型的生态脆弱区,也是我国西部唯一没有平原支撑的山区省份。碳酸盐类岩石出露面积为13万 km^2,占全省土地总面积的73.6%,按喀斯特面积占县(市、区)土地总面积30%以上为"喀斯特县(市、区)"标准计,全省88个县(市、区)中就有75个为喀斯特县(市、区),占总县(市、区)个数的85.2%。全省有91.2%的人口居住在喀斯特地区,生产活动主要是农业、牧业和林业。喀斯特地区地形奇特,岩性特殊,造壤能力低,水土流失严重。喀斯特地形与其相伴风化物所发育的土壤以及农业生产都有一定的特殊性,长期以来,土壤流失防治和土壤农业改良一直是岩溶综合开发治理的基本内容。过去由于种种原因,无论岩溶还是土壤科技人员对岩溶地区土壤研究都较薄弱。本节试图通过对喀斯特地区土壤障碍因素展开论述,提出调控对策,为喀斯特地区土壤资源的合理开发利用与保护提供理论依据。

1.1.1 喀斯特环境脆弱性特征分析

喀斯特环境是地理环境中一个独特的生态环境系统,它处于碳物质能量循环变异极其强烈和快速的状态下,具有环境容量低、生物量小、群落易被替代、生态环境系统变异敏感度高、空间转移能力强、稳定性差等一系列生态脆弱性特征,是一种承灾能力弱、灾害承受阈值弹性小的生态脆弱环境(杨明德,1990),其脆弱性主要表现在以下几个方面。

1. 二元三维空间的地域结构

岩溶环境在结构上表现为二元三维空间的地域结构体,即它是地表岩溶地貌景观单元和地下岩溶地貌景观单元共同组成的一个密切联系、相互制约的双重结构体(蒋忠诚,1998)。喀斯特地区往往具有发达的地下流域系统,并和地表流域系统间有密切的物质、能量联系,这种联系是双向的。同时,喀斯特流域在空间地理位置上表现为从河流上游到下游、从分水岭到河谷、从地表到当地侵蚀基面以下一定深度的一个"三维空间界面"，该界面又是随时间的流逝，在一组分布关系参变量控制下，以不同的空间、时间尺度和层次发生物质实体的循环、演化和变异，从无序到有序，从不平衡到动态平衡的一种"耗散结构"，这种演替在自然状况下，是以地质时间为尺度的，而人类活动的参与，会使之加速进行。

2. 成土慢，土层薄，土被不连续

由于碳酸盐岩主要成分是 $CaCO_3$ 和 $MgCO_3$ 等易溶物质在喀斯特作用过程中易淋溶流失，风化溶滤残留下来的酸不溶物质通常只占 1%～5%（万国江和白占国，1998）。十分缓慢的成土速度又导致土层薄的"先天性"缺陷，使贵州大部分喀斯特地区土层厚度多在 30 cm 以下。成土慢的这一特性还表现在石灰土的形成深受母质的影响，它在湿热的环境条件下极易进行溶蚀风化，新的风化物和崩解碎片以及含有碳酸盐的地表水源，源源不断地进入土体中，这就延缓了土壤中盐基成分的淋失和脱硅富铝化的进行，使石灰土一直处于幼年阶段。碳酸盐岩差异溶蚀的结果（构造裂隙及水对岩石选择性溶蚀的共同作用），使风化土层更不易保存，这就造成该区裸岩和土被不连续的自然特性。

3. 水土易流失

石灰岩地区土岩界面不存在过渡结构（土层常缺乏过渡层），即母岩与土壤通常存在着明显的软硬界面（苏维词和周济祚，1995），使土壤与母岩之间的亲和力与黏着力变差，一遇暴雨则极易产生水土流失和块体滑移。同时，在湿热的气候条件下，强烈的化学淋溶作用，使风化物中较高处的黏粒发生垂直下移，形成上松下黏，这又造成一个不同物理性质的界面，也容易产生水土流失。另外，土壤与母岩界面是一化学侵蚀面，当降雨渗透到岩石表面时，本身也产生化学侵蚀作用。在自然状态下（无人为干扰），土壤水的渗透能力很强，使得地表径流常不足以在地表产生土壤侵蚀，化学侵蚀常常就在喀斯特地区占主导地位。

4. 生境干旱

随着喀斯特环境的发育，地表水不断向地下水转化，不完善的地表水系与地下水系并存而构成的二元结构喀斯特水系导致雨水及地表水强烈渗漏，形成"岩溶干旱"。特别是在一些构造抬升区，地表水系解体，地下水深埋，地表生境长期处于干旱状态，而石灰土结构表层疏松，这又加快了水分的下渗。同时，由于与大气交换通畅，因而蒸发也较非喀斯特地区的黄壤、红壤等酸性土壤强，土温极易升高，这也使生境常常处于干旱状态。另外，石灰土往往是土石相间的石旮旯土，在阳光照射下，石灰岩日间吸热，造成对土壤的"烘烤"，这更加剧了土壤中水分的蒸发。因此，同样水平的气象干旱，喀斯特环境远较非喀斯特地区严重，干旱频率随喀斯特发育面积增大而加强。

5. 生境对植物有严格的选择性

由于土壤的形成和熟化是在碳物质循环及富钙的环境下进行的，因此，这就造成了

土壤在组成成分上常表现出钾、碘、硼、氟等元素相对缺乏，土壤质量较差（杨胜天和朱启疆，1999），形成一种富钙、偏碱性的石灰性土类，因而只有那些在生理上表现出喜钙性、耐旱性和石生性的植物种群和根茎能适应攀附岩石，在裂缝中求得生存吸取营养的种属才能在土层薄、含钙质高、易旱的石灰土上生长发育。而且这些植被生长十分缓慢，野外测量结果显示，生长胸径在10 cm以上的柏木至少要30 a的时间。

1.1.2 喀斯特环境土壤障碍因素

1. 碳酸盐岩抗风蚀能力强，成土过程缓慢

有资料表明，灰岩风化剥蚀速率为 23.7～110.7 mm/ka，若按平均 61.68 mm/ka 的剥蚀速率、平均酸不溶物 3.9% 计算，1000 a 只有风化残余物 2.47 mm，即每形成 1 cm 厚的风化土层至少需要 4000 a，慢者需要 8500 a，较非喀斯特山区慢 10～80 倍，且厚度不均（杨汉奎等，1994），这是喀斯特地区土层浅薄且分布不连续、喀斯特生境先天不足和脆弱性强的基本原因。

2. 山多坡陡的地表结构不利于水土资源的保持

贵州山区喀斯特地表崎岖破碎，不仅山地面积大（其中山地占87%，丘陵占10%，而平川坝地仅占3%），而且坡度陡。全省地表平均坡度达17.78°，其中>25°的陡坡地占全省总面积的34.5%，15°～25°的占34.9%，两者合计占69.4%。山多坡陡的地表结构加剧了斜坡体水、土、肥的流失，在某些人类活动的干扰下，大面积喀斯特山地变成荒山秃岭，植被生境恶化，环境脆弱性增强。

3. 特殊的土体剖面构造降低了斜坡土体的稳定性

喀斯特环境土壤剖面中通常缺乏过渡层，在基质碳酸盐母岩和上层土壤之间，存在着软硬明显不同的界面，这使岩土之间的黏着力与亲和力大为降低，一遇降雨便产生水土流失和块体滑坡。同时，贵州省地处亚热带湿润气候区，化学淋溶作用强烈，上层土体中的物理黏粒（<0.01mm）容易通过垂直下移积累，从而造成喀斯特地区土体的上松与下紧，形成一个物理性状不同的界面，这也容易导致水土流失的产生。喀斯特环境土壤与母岩间和土壤内部上、下层间存在的这两种质态不同的界面，不但加剧了水土流失，而且对生态环境的敏感性和脆弱性起了加剧作用。

4. 典型的钙生性环境限制了生物多样性

喀斯特环境是一种典型的钙生性环境，许多喜酸、喜湿、喜肥的植物在这里都难以生长，即使能生长，也多为长势不良的"小老头树"。在这里适生的主要是那些耐瘠嗜钙的岩生性植物群落，如旱生性的草灌丛、多种藤本有刺灌丛等，叶片革质化明显，群落结构相对简单，生态系统的正向演替速率慢且易中断，群落的自调控能力弱，这是贵州省喀斯特生态环境脆弱的重要原因。

5. 喀斯特环境的逆向演替

毫无疑问，喀斯特环境的逆向演替及其土壤退化是自然因素和人为因素共同作用的结果。就自然因素而言，喀斯特环境的二元结构是喀斯特环境脆弱的根本原因，也是喀斯特环境中土壤质量下降的主要影响因素（徐樵利，1993；张桃林和王兴祥，2000）。所谓二元结构是指地表喀斯特景观单元和地下喀斯特景观单元共同组成的一个密切联系、相互制约的双重结构体。在这种结构中，大气降水形成的地表水很快通过落水洞进入地下溶洞，漏水漏肥现象十分严重，即使在该区年降雨量高达 1000～1200 mm，也普遍出现"湿润条件下干旱"的情况，导致土层较薄，肥力低，植物生长十分缓慢。就人为因素而言，在人口不断增加的今天，我国西南地区的人口容量已大大超过了该区可承载的人口容量。例如，贵州省 1997 年人口为 3605 万，粮食产量达创纪录的 1025 万 t，但人均占有粮食仅 283 kg，与人均 350 kg 的温饱标准和 400 kg 的小康标准相距甚远，按现有生产力水平，以温饱标准计算，当前贵州合理的人口容量约为 2950 万，人口超载率达 22%。人地矛盾、人粮矛盾突出，使得毁林开荒非常普遍，>25°的陡坡耕地占全省耕地总面积的 20% 以上。因此，一旦植物被破坏后，土壤将很快退化，最终整个喀斯特环境会退化到一个低水平层次的物质、能量动态平衡状态。喀斯特环境逆向演替过程如图 1-1 所示。

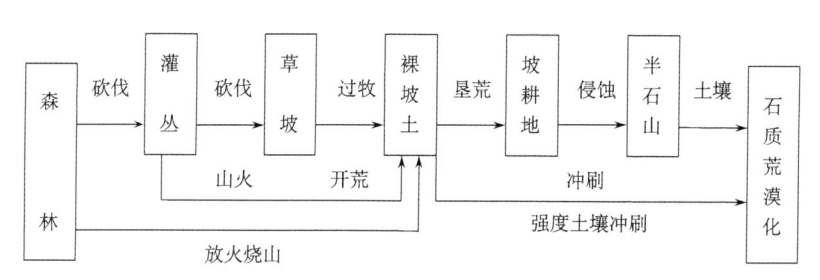

图 1-1 喀斯特生态环境逆向演替示意图

1.1.3 调控对策

岩溶山区特殊的地质地貌造成该区生态环境脆弱，土壤资源极其珍贵。因此，加强保护有限的土壤资源，增加对耕地的投入，排除土壤障碍因素，加大中、低产田的改良力度，是实现该区农业可持续发展的根本途径。

1. 水分状况的改善和调节是增产的关键措施

喀斯特地区地形条件特殊，水源分配不均匀，易造成旱涝灾害，因此必须兴修水利，进行储水灌溉。喀斯特地区群众修筑水库已有丰富的经验，如寻找不漏水的岩层且有泉水涌出之处进行修筑小型的山塘以解决灌溉用水。另外，混种、套种等耕作措施和经济用水等也是重要的措施。实行混种、套种，做到土不离根、根不离土，以保持地面四季常青，特别是在作物生长的春、夏、秋三季保持地面覆盖，减少土壤水分的蒸发，以利于土壤保蓄水分，达到保证作物正常生长而高产的目的。

2. 水土保持是保护和提高土壤肥力的关键

土壤侵蚀不但会破坏土壤肥力，而且会把熟化肥沃的耕层冲走而毁灭土壤，这在石灰岩地区危害更大。因为石灰岩地区土层薄，土层下为坚硬的基岩，侵蚀作用会把全部土壤及风化壳冲走，而使基岩全部裸露，丧失生产能力。因此，必须修建梯田，建立稳固的农业基地，加强对旱坡耕地的有效整治，才能遏制土壤养分的流失，改善农业生产基础条件，增强农业后劲。在整治坡耕地时，应大力推广以生物梯化为主的"SALT"（sloping agricultural land technology）技术，建立农林（果）、农牧复合生态系统。

3. 中、低产田土壤的改良

喀斯特石山土壤肥力偏低是造成作物单产偏低十分重要的原因。根据资料统计，低产土壤占土壤总面积的60%以上，土壤改良任务十分艰巨。消除中、低产障碍，是实现该地区农业可持续发展的关键所在。

农业土壤改良的任务是消除不利于土壤利用的障碍因素，改善土壤生产性能，提高土壤生产力。因此，喀斯特地区中、低产田的改良，必须根据其成因的不同，采取不同的措施。对过多施用石灰而引起的应进行深耕，通过减少石灰施用量、增施有机肥料、冬种绿肥或压青等办法来改良土性；由侧流矿化水引起的，除上述措施以外，在其侧流来源的上部开沟排除侧流物是根本措施；地下水引起的冷水田，应实行浅灌、勤灌，冬季沤田以防止地下水的上升；对黏板型中、低产田应采取添加砂土或粉煤灰加以改良。

4. 有机肥料和石灰的施用

增施有机肥料是改良土壤性质、提高土壤肥力、充分发挥土壤矿物质养分作用的重要措施。耕作土壤一般缺乏有机质，土壤团聚结构破坏，土质黏重，土壤耕性不良。喀斯特地区野生绿肥资源丰富，种类繁多，可以充分利用以改良土壤耕性，提高土壤肥力，创造良好的作物生长的土壤环境。喀斯特地区石灰来源方便，取之不尽，用之不竭，因而施用很普遍，且量多施用时与其他肥料配合恰当对增加生产起一定作用。但如果配合不当，不但得不到增产效果，反而会使土壤变坏而减产。石灰施用的关键问题在于其同有机肥料（绿肥、稻草还田及一般有机肥）的密切配合，配合得当，则既可提高产量，又可改良土壤的理化性质；否则，仅大量施用石灰，田土变硬，有机质遭到迅速分解，土壤理化性质变坏，肥力降低，退化为低产土壤。因此，石灰与有机质的良好配合是喀斯特山区增产改土的重要措施。

5. 因地制宜，合理安排种植茬口

喀斯特地区旱地面积广阔而零碎，地不连片，坡陡，土层浅薄，母岩裸露，但土壤肥力较高，农业生产潜力大，只要安排合理，就会获得良好的产量。在坡陡土少而不宜农作的地区应大力进行造林绿化，这样不仅可以改善气候，还可以减少水旱灾害和土侵蚀对农业生产的影响。此外，集约经营土地也是重要途径之一，如混种和套种、穴垦穴种，充分利用零星的土地。集约利用土地是石灰岩地区充分利用光能和热能、扩大耕地面积、增加粮食产量的主要措施之一。

6. 积极推进退耕还林（草）

退耕还林（草）是实施西部开发战略中生态建设的重要措施，这在喀斯特山区尤其重要。贵州喀斯特地区山多坡陡，大部分耕地属于坡耕地，每年土壤侵蚀量的90%来自坡耕地，搞好退耕还林（草）工作，是遏制喀斯特山区水土流失、重建生态的核心和关键。为顺利推进退耕工作的实施，要做到如下三点。一是加强基本农田建设，扩大良种推广面积，以提高基本农田单位面积的粮食产出，使农民在退耕后粮食不至于下降太多；二是适当加大对退耕还林（草）区的补贴力度（包括粮食和资金），保持退耕区农民的生活水平不下降；三是做好退耕地的开发和管理，根据喀斯特山区的具体情况，在退耕地上发展适生于喀斯特环境的既有生态效益又有经济效益的经济果林、药材林（如花椒、香椿、石斛、金银花等），使退耕区农民的纯收入稳步提高，确保退耕地不被复垦。

喀斯特地区是我国典型的生态脆弱区，人口容量小，生物生产力与生物量低，生态环境敏感度高，易遭破坏且难以恢复。该区造壤能力低，水土流失严重，旱涝灾害突出，是西部生态建设的重点区域之一。喀斯特地区土壤障碍的根本原因是喀斯特环境的脆弱性。其次，人为活动的干扰是该环境土壤质量下降的重要外营力，而喀斯特环境独特的地理结构即二元结构是该环境中土壤质量下降的主要影响因素。贵州喀斯特地区水热条件丰富，土壤资源匮乏，基本上没有可开发的耕地后备资源，尤其是高质量的基本农田。目前，退耕还林（草）已成为政府的主要政策取向。发展农业生产的唯一出路就是集约化经营，从而提高单位面积产量。为此，对喀斯特山区土壤资源来说，必须实行保护与利用并重的方针，保护好现有的土壤资源，才能做到土壤的持续利用。

1.2 喀斯特山区土壤环境问题与对策

1.2.1 问题的提出

贵州省岩溶山区是我国西部生态环境脆弱带的重要组成部分。近百年来，岩溶山区人口迅速增加，自然植被破坏，开荒、扩荒以及过度开发资源，使土壤质量发生了重大的变化。土壤环境的变化主要表现为土壤退化，生产力下降，土壤生态环境日益恶化，特别是在贫困山区人口增加和农业极低投入的双重作用下，土壤环境问题尤其突出，严重制约着岩溶山区经济、社会的可持续发展。在第18届国际土壤学大会上，土壤与环境问题成了会议的中心议题之一，成为全世界土壤学家共同关注的重大问题（Sposito and Reginato, 1992; 赵其国, 1995），大会除了研究土壤自身基本性质及其发生规律外，主要研究土壤及环境质量问题。岩溶山区土壤与环境问题是关系到岩溶地区经济社会可持续发展和我国西部大开发战略实施与推进的重大科学问题，为适应国民经济社会发展，全面建设小康社会，亟待开展岩溶山区土壤与环境问题的研究。

1.2.2 喀斯特山区土壤环境的主要科学问题

1. 岩溶动力系统对土壤环境元素迁移的影响

目前，CO_2 温室效应对全球的影响及其可能带来的环境问题，已成为许多国家政府普遍关注的一个重大问题。生物碳循环是全球碳循环中最活跃的子系统，其中土壤有机碳含量 1.6×10^{12} t，是大气 CH_4 和 CO_2 碳库总和的 2 倍。在岩溶地区，独特的岩溶作用对喀斯特环境土壤的形成和演变具有深远的影响，岩溶动力系统（$CaCO_3$-CO_2-H_2O）的运行及环境因素的相互作用驱动了土壤环境元素的迁移，最终影响土壤环境质量（Pan et al.，1997）。加强岩溶山区土壤中 CH_4、NO_2、CO_2 的源和汇及其在不同耕制与作物种植条件下 CH_4、NO_2 的变化规律研究对阐明全球土壤温室气体形成机理、变化规律具有重要意义。

2. 岩溶山区土壤退化时空变化、形成机理与调控对策

贵州高原地处长江、珠江上游分水岭地带，岩溶发育强烈并分布广泛，岩溶山区地貌类型复杂，区内山高坡陡，土被薄而不连续，加之森林植被的破坏和人为活动的干扰影响，土壤侵蚀极为严重。严重的土壤侵蚀是岩溶地区生态恶化的主要表现形式（土地石漠化），这已给这些地区土壤生态环境造成严重的影响，土壤侵蚀对生态环境和社会经济发展现状存在的危害较之其他地区更为严重（万国江和白占国，1998）。20 世纪 60 年代贵州省水土流失面积为 3.5 万 km^2，占全省土地面积的 14.2%；20 世纪 70 年代流失面积 19.9%；20 世纪 80 年代上升到 5 万 km^2，占 28.4%；20 世纪 90 年代已超过 8 万 km^2，占 43.5%；1998 年全省土壤年侵蚀总量已达 2.8 亿 t，相当于每年有 4.33 万 hm^2 平均厚度 33 cm 的土层被冲走，导致石漠化面积日益扩大，现已达 1.33 万 km^2，而且每年以 0.933 万 hm^2 的速度递增。仅贵州省毕节市水土流失面积占土地总面积 44.3%，每年泥沙流失量达 813.3 万 t/km^2，相当于每年侵蚀 0.4 cm 的表土层，约损失有机质 142 t、全氮 7.7 t、速效磷 0.04 t、速效钾 0.5 t，相当于该市每年施肥所提供的养分。全省严重的水土流失灾害造成了土地的严重损毁和污染退化，每年损毁的耕地约 0.67 万 hm^2，退化的耕地面积就更大，"生态移民"数量增加，引起了党中央和国务院的高度关注。

3. 岩溶山区土壤污染发生类型、形成规律与防治途径

贵州省是汞、镉、铅、钼、铜、锌、砷、铊等微量元素分布地球化学异常的省份，也是容易造成这些元素污染的省份。贵州新一轮 1∶20 万区域化探扫面工作的分析结果，与全国相比，贵州全省具有亲铜成矿元素呈强聚集的高地球化学背景占主导地位的特点。以汞、镉、砷、锑为代表（包括铜、钼、铅、锌）的地球化学背景值明显高于全国的背景值，其中汞、镉、砷、锑的富集系数为 1.80~39.6；钼、铜、锌、铅等重金属元素的富集系数为 1.20~2.00。与地壳克拉克值比较，汞、镉、铅、砷、锑的富集系数分别为 1.28、1.57、2.35、8.27 和 6.75。在卡林型金矿区、汞矿区、锑矿区普遍发育着汞、锑、砷、铊、金等元素组合异常；在铅锌矿区普遍发育铅、锌、镉、银、锰等元素组合异常。在这些矿种的矿区及其外围，这些元素的背景异常突出。汞、锑、金、磷矿是贵州的优势资源矿产，铅锌矿也具有重要地位，这些矿点多面广，导致有毒有害元素的原生地球化学富集，表生环境的地球化学异常以及人为开发的后天污染，将影响区域人类生态系统的土壤环境质量，这是贵州省一种不利的环境特征。这些元素如果在矿业活动中不断污染与累积，其毒性在生态系统的食物链传递过程中就会逐渐加强，最终影响人体健康。日积月累，还可能造成"爆炸性"的严重后果。例如，贵州省兴仁县的铊中毒、高砷燃煤砷中毒等事件，就是明显的例证。

4. 岩溶山区土壤质量的演变机制、评价体系及恢复重建

岩溶山区土壤类型复杂，幼年土壤所占比重大，并且土体浅薄，质地黏重，结构性差，通气透水能力弱，耕性不良。土壤中有机质、全氮、全磷、碱解氮、速效磷、缓效钾、速效钾处于中低水平（全国土壤普查肥力分级标准），土壤养分处于贫瘠状态。典型的岩溶山区石灰土中由于大量的游离钙的存在，土壤呈微碱性反应，这对土壤中微生物活动、养分有效性及各种养分的协调供应状况等产生不利影响，从而影响土壤生产力发挥。西南岩溶山区土壤普遍存在限制因素既是造成水土流失与生态环境恶化的原因之一，又是水土流失与生态环境恶化的结果之一。因此，只有加强保护有限的土壤资源，增加对耕地的投入，排除土壤障碍因素，培育可持续利用的土壤，提高土壤质量，才能实现农业的可持续发展。

5. 岩溶山区土壤生态环境建设及其治理途径

水土流失是岩溶山区土壤生态环境建设的主要祸源，水土保持已成为生态环境建设的主体和江河治理的根本措施。全国与生态环境有关的土地利用两大问题——即北方沙漠化和南方的石漠化中，沙漠化问题已受到重视，而石漠化问题至今未受到应有的重视。而事实证明，岩溶地区保护珍贵的土地资源比其他地区显得尤为急迫。岩溶山区土壤形成速度极为缓慢，土壤相对较少而珍贵，每千年的风化残留物仅为 1.27～4.60 mm，每形成 1 cm 土层需 2000～8000 a（张美良和邓自强，1994）。流失这宝贵的 1 cm 土层在岩溶山区一般只需 1 a 左右的时间，更有甚者，一场暴雨可使数厘米乃至数十厘米的土层流失殆尽，岩溶山区土壤的流失与生成比值较之任何山区都大，这就是岩溶山区土壤生态环境建设与治理的严酷现实。此外，由于岩溶山区地质地貌发育齐全，岩石组成结构、地貌特征、水热气候条件、土壤类型分布、水文地质条件及植被生态群落等诸多方面均存在明显的差异。山高坡陡，切割剧烈，裸岩出露面积大，硬地面易形成径流，溶洞、漏斗、裂隙、裂缝又使地表径流变成地下径流，从而造成这些地区地下水污染，"跑水跑肥"现象严重，加剧了岩溶山区土壤生态环境建设与治理的难度。

6. 粗放的矿产资源开发对土壤环境的影响机制

开发矿产资源的矿业活动是人类作用于地球表层强度大、扰动环境程度最重的活动，而当其作用于生态环境、地质环境贫瘠脆弱的喀斯特（岩溶）山区时，其影响则更加严重。在采掘过程中，常出现许多问题，如植被的破坏、地下水位下降、干涸、区域性干旱、地表塌陷、矿坑废水的污染、废弃尾矿堆积占用土地、开采造成的边坡失稳、滑坡、崩塌、泥石流等地质灾害问题。在矿产资源的粗放利用中，贵州普遍存在小土焦、小铅锌、小冶金、小硫磺等多种原始生产方式，虽屡屡明令禁止，但因种种原因常禁而不止，其对水、气、土壤、植被的污染和影响极其严重，加之地区的经济相对落后，对矿产资源开发和环境保护的资金、科技投入严重不足，普遍存在资源的回采率、回收率、综合利用率、土地复垦率、生态恢复率都十分低。这些都加剧了资源的浪费、环境的污染、生态的破坏，严重影响着资源的可持续利用和资源与生态环境的保护。

7. 岩溶山区土壤与环境有关的基础问题

岩溶山区土壤与环境有关的基础问题主要涉及土壤与古环境、古地貌；土壤碳循环与全球变化；土壤污染物质的转化规律与形成因素；水土资源的变化规律与调控；城市与近郊土壤的基本特性、发生分类及其对环境的影响；土壤资源的开发利用与环境影响；土壤信息与遥感技术的应用；土壤新仪器设备与手段的研制与开发；土壤环境技术与成果的开发、转化与推广应用。开展岩溶山区土壤环境问题的研究应着重于土壤因素与其他环境因素的相互作用，其核心内容是研究岩溶山区土壤与生态环境问题，开展岩溶山区土壤与生态环境的多样性、稳定性与土壤储存、转化和运输功能等三个方面研究工作。

1.2.3 治理对策

1. 制定喀斯特环境生态建设与保护规划

针对喀斯特生态环境脆弱性现状、类型及其成因，应尽快制定喀斯特生态环境建设与保护规划。其中应把喀斯特森林植被的恢复和营造、水土流失和石质荒漠化防治、天然林工程、主要工矿区的生态建设示范作为重点，明确目标，分类分期分批实施。

2. 设立喀斯特生态环境建设专项基金，实施合理的补偿机制

我国西南喀斯特地区地处长江和珠江上游，其生态状况的好坏对本地区和长江、珠江两大流域中下游地区可持续发展均有深远的影响，生态地位重要；同时，该地区是我国少数民族最集中、贫困面最大（贫困县约占全国的1/2）、贫困人口最多的地区，生态建设所需经费投入严重不足（蔡运龙，1990）。因此，除应考虑设立喀斯特生态环境建设专项基金外，还应实施合理的流域开发生态补偿机制，使流域上游喀斯特生态治理区能与中下游经济发达区形成一种良性的经济生态互动关系，促进整个流域的持续协调发展。

3. 加大喀斯特环境生态整治技术的研究开发与试验示范力度

选取适合喀斯特环境生长的优势经济果林，采用多种技术，特别是当地中药材品种的选育和规模化栽培技术、石漠化地区治理的先锋植被的选育技术、喀斯特环境造林营林与管理技术、喀斯特山区优势农副产品的保鲜与加工技术等，同时针对不同喀斯特地域的经济社会发展状况及生态脆弱性的类型、成因机理，选择有代表性的几种主要喀斯特生态脆弱类型区进行生态环境治理与可持续发展试验示范，不断总结经验，推广生态环境治理的成功模式。

4. 建立喀斯特山区中土壤环境质量的监测预警与管理系统

土壤环境演变实质是一个物质动态平衡过程，其数量和质量的变化有很强的时空变化特点。因此，建立喀斯特山区土壤环境质量时空动态的监测预警与管理系统是十分必要的。以典型喀斯特山区的定位观测资料和各种开发活动的动态监测资料为基础，通过系统分析与模拟，建立具有喀斯特环境地域特色的土壤生态环境监测预警与管理系统；根据喀斯特环境生态结构、功能及其演替规律，分析不同喀斯特生态类型对外界干扰的响应状态，确定合理的生态阈值，建立喀斯特景观动态变化的预测、预警系统；在上述系统的支持下，建立符合喀斯特区域环境土壤质量的监测信息系统，将土壤环境问题研究从静态发展到动态，及时为生态建设规划与决策服务。

1.3 喀斯特生态系统土壤成因及其恢复途径

土壤学界对石灰土的类型与特征已有详尽的研究，但仅限于土壤本身；而过去岩溶研究重基岩、轻土层。岩溶生态系统土壤和表层岩溶带是岩溶地区岩石、大气、水、生物等四大圈层的敏感交汇地带，又是生态系统赖以存在的基础。它作为土壤圈层的一部分，有其特殊性，因此很有必要从土壤在地球表层生态系统中的地位与作用的高度，从土壤形成演化的驱动力去探索并体现土壤与地质过程、生态过程及社会经济过程的关系，从地球表层系统演化、岩溶生态系统的角度来认识岩溶生态系统土壤的特征及其与岩溶生态退化恢复的关系。

1.3.1 喀斯特生态系统土壤成因与分布特征

1. 土壤成因

目前，对覆盖在碳酸盐岩之上的红色松散堆积物质的成因以及红色松散堆积物质与碳酸盐岩之间的关系仍存在很大的争议，随着对世界不同地区碳酸盐岩上覆土层物源及成因研究的深入，关于它们的物源及成因的认识，目前至少有如下几种观点：①碳酸盐岩酸不溶物的残余堆积；②碳酸盐岩上覆或附近高处碎屑岩的风化残余；③风成沉积物或火山灰的风化残余；④携带外来成土物质的表生流体对碳酸盐岩溶蚀、交代、沉淀和充填的成土方式；⑤多成因说，即上述观点中前三者或其中两者对碳酸盐岩上覆土层物质的形成都有贡献。

在中国西南岩溶地区（贵州），多种证据有力地证明了碳酸盐岩原地风化成土的可能性和现实性，也说明碳酸盐岩酸不溶物不仅可以残留形成上覆土层，还可以保留较好的原岩结构。甚至在岩溶镶嵌地貌景观中，上覆土层对下覆不同岩性的风化产物存在着明显的一一对应关系。碳酸盐岩风化成土作为一种重要的成土机制，是客观存在的，而碳酸盐岩上覆红土的来源与地貌演化阶段、地貌部位、岩层组合、生物发育等密切相关，可以是残积型，或坡积型，或冲积型等异地堆积。生物作用成土，在某些岩溶盆地可能是以碎屑岩风化产物为主。因此，用一种模式来归纳碳酸盐岩上覆土层的成因是不客观、欠科学的，不能把碳酸盐岩成土的客观性与碳酸盐岩上覆红土成因的多样性混为一谈。

2. 土壤剖面特征

发育完全的碳酸盐岩风化壳，自下而上具有由基岩-溶滤层-杂色黏土层-黄色黏土层-红色黏土层-土壤层构成的特殊结构层次，风化成土是自下而上进行的，下部最新，上部最老。碳酸盐岩母岩与土壤之间通常存在着明显的硬软界面，使岩土之间的亲和力与黏着力差。其次，西南岩溶区长期处于热带和亚热带气候下，强烈的化学淋溶作用使风化物中较高处的黏粒（<0.001 mm）发生垂直下移，形成上松（上层质地轻，孔隙度高，可达50%，水分容易下渗）下黏（质地黏重，孔隙度低，渗透性小）的一个物理性状不同的界面。岩溶区土石间和土层内部上、下层间存在的这两个质态不同的界面，使土壤产生壤中流，造成土层潜蚀、蠕动、滑移，这是坡面土壤主要的侵蚀方式。岩溶区之所以植被一旦遭受破坏，水土流失随之加速，环境生态很快恶化，并向石漠化方向演变，就是因为土层存在两个质态不同的界面，而界面处最容易发生突变，导致水土流失的产生和加剧。

碳酸盐岩的差异风化突出，使基岩面起伏强烈，在水平距离数米的范围内，基岩面高差可达数米，甚至十几米以上，差异性风化还使得风化（或溶蚀）作用并不完全集中在地表或近地表附近进行，在岩层深部也可以进行，从而降低了地表或近地表风化成土的有效性，风化残积土粒分布在不同深度部位，降低了地表土层的厚度。由于选择性溶蚀，碳酸盐岩基岩风化表面形成参差不齐的锯齿状表生带石芽地形。现代风化壳累积时间短，成土物质主要充填在石沟、石缝中，与大片的石芽相间分布，"土根"扎得很深，形成典型囊状土被，土层平均厚度多数仅数十厘米。红色风化壳累积时间较长，土层平均厚度达1~5 m，个别达10 m，但仍常常在不同深度遇到突起的石芽个体或群体。

3. 土壤空间分布特征与地貌演化阶段的关系

碳酸盐岩上覆土壤的连续分布与地貌的发展具有密切的关系。岩溶山区只能见到局部保存的黑色石灰土，如在黔南荔波茂兰岩溶森林自然保护区内，岩溶森林小生境岩石裸露率为42.51%~98.05%，平均为89.86%，石面石沟型和石面型是其最普遍的组合类型。岩溶区厚层风化壳只能形成于地貌起伏小、垂向岩溶作用不活跃的条件之下，从地理循环的角度来看，这样的景观就是地貌发育的终结阶段——准平原。当地壳长期相对稳定时，岩溶地下水作用以水平作用方式为主，岩溶作用以剥蚀夷平为主，岩溶演化从溶洼向溶原方向发展，地下裂隙减少，土壤流失减弱，风化残积物开始在地表聚集，逐渐形成较厚连续的红色风化壳。青藏高原红色风化壳在大的地貌部位上与主夷平面是一致的，在局部的缓丘或山顶上连续分布，如在定日、昂仁、安多、比如等地都可见到。云贵高原红色风化壳较连续，厚度一般为 3~5 m。在滇西一带大多位于宽阔平整的山顶面上（如白汉场以东地区），滇中和贵州西部一带大致位于高原面上（如宣威、威宁等地），湘桂丘陵红色岩溶风化壳主要位于岩溶平原上（如桂林、永州、道县等地），这些地区的岩溶风化壳主体基本上都与开阔平坦的地貌面联系在一起的。红色风化壳剥露的程度从青藏高原的完全剥露开始，到云贵高原逐渐演变为局部连续，向东到桂北、湘南等地逐渐转为完全覆盖。岩溶地貌制约石灰土的类型及分布，并延缓其地带性土壤演化。由棕（褐）色石灰土经地表流水淋溶演变为红色石灰土这一现象，不仅仅表现在它们之间的成土年龄和淋溶程度的差异上，同时，在其地形地貌分布上，还启示了有关岩溶地貌的演变关系，即由峰丛向峰林，再由峰林向孤峰平原的演变过程。

4. 土壤空间分布与岩性的关系

碳酸盐岩区域土壤分布的特点是：碳酸盐岩提供的特定地质背景、特定地貌类型及其空间组合的控制格局、季节性的干旱作用及人为的陡坡垦殖。土壤的空间分布受岩溶双层结构的影响，碳酸盐岩差异性溶蚀在地表形成大量洼地、岩石裂隙，大量的土壤物质聚集于此，在地表表现为土壤逐渐向裂隙、溶洼退缩，附近的基岩逐渐暴露（石漠化主要发生在输出土壤物质的正地形区）。这就使得岩溶地区土壤分布极不均匀，土层厚度悬殊，这可能是碳酸盐岩地区土被不能连续发育的主要原因。尤其在石灰岩分布区，地表土壤有进一步被带到深部地下管网堆积的可能。可以想象，碳酸盐岩地区的土层如果能均匀分布于地表，则基岩裸露与石漠化就不会这样严重。

从灰岩与白云岩的岩性差异看，白云岩的风化过程以物理风化为主，物理崩解提供的岩石碎块更有利于化学风化的进行，再加上白云岩中晶间孔隙均匀，有利于整体溶蚀作用的进行；而灰岩在受力时节理裂隙分布极不均匀，易形成岩石裂缝和洞穴系统，表现为差异性溶蚀作用显著。灰岩和白云岩的岩性差异决定了二者在岩溶形态、岩石裂隙发育程度、土层厚度及风化壳持水性等方面都有差异，二者的溶蚀残余物在地表具有不同的堆积和丢失方式。灰岩区土粒易聚集在岩体的裂隙和地下空隙系统中，白云岩中溶蚀残余物质能相对均匀地分布于地表，白云岩地区的土层厚度往往大于石灰岩区。因此，白云岩地区石漠化程度较灰岩地区轻。但也正因为灰岩区土层积聚在溶沟溶隙里，在区域水文条件较好时，能形成高大的森林，而纯白云岩区岩溶地貌不如石灰岩区典型，物理风化与化学风化同时进行，成土速度较灰岩岩组快，土体较连续（基岩裸露率 15%~30%），土层分布均匀，但石砾含量高，往往形成草坡。另外，由于岩溶地区岩石成土主要以化学风化形式为主（地表水及地下水溶蚀交代作用），同种岩石，倾角的不同而导致其在成土速度、成土量存在差异，一般高倾角地区岩石成土性能较好。

1.3.2 土壤的演变与特征

1. 矿物成分的演变

碳酸盐岩上覆土壤的变化包括 3 种情况：残积于原地所发生的变化、气候变化后（构造抬升）所发生的变化和在搬运堆积后所发生的变化（李德文等，2001）。形成碳酸盐岩风化壳剖面的主要原始物质（酸不溶物）多为表生环境下较为稳定的矿物，这样的物质基础导致了碳酸盐岩风化壳剖面具有独特的发育特征，即残积土继续接受风化作用时，风化作用进行相对缓慢，风化速率较低，整个剖面上由风化作用形成的分异作用较弱，化学风化蚀变指数变化较小，这和含有较多相对不稳定矿物的结晶岩类风化壳剖面的发育形成鲜明对比。与成土作用阶段对应，碳酸盐岩地表堆积物早期的岩溶溶蚀及黏土化过程是富硅、钛，脱钙、镁的过程，与其他母岩红土脱硅、铝过程不同，这个过程总的来说是破坏母岩及堆积物并形成松散多孔物质；后期的红土化作用是相对脱硅富铁阶段。

不同亚类的石灰土，其所经历的溶蚀、风化程度不同，从黑色石灰土→棕色石灰土→红色石灰土，云母类矿物的脱钾作用逐渐加深。在黏土矿物组成的演化上，则由云母→伊利石→蛭石→蒙脱石→高岭石方向演化，而随着时间的推进，$w(SiO_2)/w(Al_2O_3)$ 和 $w(SiO_2)/w(Fe_2O_3)$ 也依次逐渐变小，这充分反映了岩溶地区石灰土土壤在长期的淋溶过程中，有逐渐向地带性红壤化或砖红壤化的演变趋势。根据碳酸盐岩红土的黏土矿物组合和微结构特征，其黏土矿物的形成和演化具有多途径和多阶段性，至少存在 3 个演化序列：水铝英石-埃洛石-高岭石-三水铝石；伊利石-蛭石-绿泥石/蛭石混层矿物-绿泥石-三水铝石；伊利石-高岭石-三水铝石。高岭石和三水铝石的富集反映了碳酸盐岩红土已达到风化成土作用的最高阶段。

2. 土壤侵蚀特征的演变

虽然部分学者提出岩溶区水土流失严重是形成石漠化的重要原因，但对贵州省水土流失的调查发现，岩溶地区侵蚀强度和侵蚀程度不一致的现象突出。岩溶石漠化区的水土流失强度并不比碎屑岩区严重，岩溶地区土壤亏损的负增长过程并不完全依赖于水土流失速率，在很大程度上取决于特定地质环境背景下的成土速率和岩溶地区特有的"土层丢失"现象。

岩溶区成土速率慢，最大土壤允许流失量不超过 50 t/(km²·a)（蒋有保，1991），不同于紫色页岩的风化→侵蚀→风化→侵蚀的过程（母质侵蚀），以红枫湖流域为例，碳酸盐岩风化残留物的成土速率仅为物理侵蚀速率的 1/3。实际上碳酸盐岩化学侵蚀是一个成土过程，但从高速流场和低速流场不同的形态过程响应可知，碳酸盐岩的溶蚀风化过程和溶蚀侵蚀过程存在差别，前者为土化过程；对于后者，水流不但溶移了碳酸盐岩矿物，而且将所有溶出及后生的黏土矿物一起带走，是岩溶形态的塑造过程。[137]Cs 测定表明，在 [137]Cs 的时间量程内（33 a），整个 Mundrabilla 景观内黏土层平均减少 7.5 t/(hm²·a)（周世英等，1988）。从全球来看，这是相对低的土壤损失率；但对土壤厚度有限、种子库和养分仅存于土壤剖面顶部 20～30 mm 的岩溶贫瘠土壤来说，这是重要资源的永久损失。同时土被是岩溶石山区最大的水分储存库之一，其损失也必将加剧岩溶性干旱。上述特点是碳酸盐岩地区土壤脆弱性与其他岩石类型区的根本区别之一，也是岩溶地区土地利用较困难的原因。

由于岩溶地区特有的双层地表形态结构，除土层自然侵蚀外，另一种"土壤丢失"现象在岩溶山区地表土层的发育过程中扮演着重要的角色。在重力和水的作用下，碳酸盐岩地区土粒沿垂直和水平方向上经微距离和短距离搬运到地洼部位或地下空间中，甚至由地下河带到更远的地方，从根本上制约了地表残余物质的长时间积累和风化壳的持续发展，使区域土层长期处于负增长状态。这是碳酸盐岩地区地表少土的重要原因，也是形成石漠化的最主要地质因素。

需要指出的是，岩溶地区土壤侵蚀是与第四纪生态环境的演变、土地利用景观演化紧密联系的，现代侵蚀是自然侵蚀和人为加速侵蚀的综合作用过程，森林砍伐导致了岩溶环境广泛分布的土层在相对短时期内的侵蚀。

3. 植被破坏（生态系统转换）后所发生的变化

1）土壤类型的演替过程

黄色石灰土在中亚热带山地温湿气候条件下形成山地腐殖质黄壤，而后两种不同耕垦方式对其发育序列影响也不同。经保护性耕垦：山地腐殖质黄壤→耕淀黄壤→高度发育的农业土壤；掠夺式不合理耕垦：山地腐殖质黄壤→退化黄壤→黄色石灰土→黑色石灰土。这一发育序列严格受地形、植被以及母质等环境因素的强烈控制，在人类活动干扰下，这一发育序列也可以发生逆转。黄壤可以经复盐基作用退化为黄色石灰土，黄色石灰土经生草化过程也可以转变为黑色石灰土。

2）土壤肥力特征的演变

在岩溶脆弱生态系统中，土地利用方式影响植被种类和生物量与土壤种子库组成等，是控制土地生态演替的关键因素。以水稳性团聚体、有效土层厚度为主的物理因素和以有机质为中心的肥力因素，通过影响植物的生长而影响土壤肥力的恢复。岩溶环境中不同土地利用方式下土壤的理化性质是不同的，但土壤物理性质、化学性质、生物学性质三者与土地利用方式的关系并不一致，土壤质量与岩溶生态退化恢复过程并不具有线性关系。和林地相比较，灌木林和灌丛地土壤没有显著退化，草地和退耕 3 a 的蒿草地土壤退化程度非常严重，土壤微生物总数下降，土壤酶活性减弱，土壤生化作用强度降低。农林生态系统转变耕作几十年后原森林土壤有机质的含量仍占有主要地位，但土壤源于 C_3 植物的有机质中大量容易矿化的组分降解，植物营养有效的有机质含量较低，毁林造田同时也降低了土壤有机质中活性大的组分的比例，使土壤肥力下降。

1.3.3 岩溶生态系统土壤的生态功能

1. 土层的空间组合构成小生境的多样性

岩溶山区土壤在较大取样面积尺度上呈集群分布，受限于裂隙的空间展布和地貌部位；在较小取样面积尺度上呈均匀分布和随机分布，分布于石坑、石沟等肥沃生境。土壤异质性不仅改变了土壤物质的局部分配，也同时造成景观格局与过程的变化。降水资源的再分配及与此相应的土壤资源再分配（通过侵蚀和沉积），是土壤斑块异质性形成最为主要的影响因素；同时裸露岩面生物结皮与景观内的微地形变化相结合，显著地改变了小尺度范围内的水文循环和土壤侵蚀过程，加速了景观中一个个土壤资源斑块的形成，促进了景观异质性的发展；而自然演替形成的小尺度上的土壤斑块和生境异质性对于维持岩溶景观的健康状况是非常重要的，生境异质性的存在甚至成为植被演替的主导因素。

岩溶环境的土壤可以与石面、石缝、石沟、石洞、石槽、溶洞等组合形成多种小生境类型，即使地表土被不连续，也可以与地下空间广阔但低水平持续供应养分的生境相结合，形成多层生态空间，即使在较高岩石裸露率情况下，不同小生境的组合类型并不相同，相应的生境严酷程度也不相同。植物对各种小生境的利用特点为岩溶环境岩石裸露率较高的地段植被恢复的可能性和途径、方式提供了理论依据。土面、石沟的温湿度及辐射都比较和缓，又有良好的土壤条件，适宜树木的良好生长；石面上若积累残落的土壤，则能适宜耐旱的藓类、蕨类生长；石缝中若有土壤，则能适宜喜潮湿的藓蕨类及耐阴湿的树种生长。

2. 土壤资源的养分库、水库、种子库功能

从岩溶地区土壤形成演变机制中可以得出结论，目前所见碳酸盐岩台地上的红土层应该是全新世以前形成的，岩溶地（山）区土壤不足甚至土壤奇缺是"先天性"的地质环境造成的，而且随着时间的推移，由于水土流失的不断进行，土壤还将会越来越减少，生态环境也将越加恶化。这是岩溶环境自然本底，也是岩溶土壤资源稀缺性与脆弱性的一面，生态格局与过程受限于此。然而岩溶土壤资源还有高肥力性与多样性的特征，虽然土壤总量少，但它仍然是岩溶生态系统的养分库、水库和种子库，也是岩溶生态系统演替的基础，我们必须利用其优势。

岩溶环境表土侵蚀受微地形影响，大部分被侵蚀的土粒经短距离位移，在低洼部位堆积，但照样可划为侵蚀区和堆积区，形成土壤层的空间斑块分布与土壤的资源岛特性。一般在小气候和植被生长条件较好的幼年期岩溶地貌单元，如较高的石峰上部的岩隙、溶裂、溶沟、溶洼及山麓凹处，或排水不良的坡麓、槽谷和封闭洼地中，有黑色石灰土发育。黑色石灰土有较厚的均腐殖质层，并形成较好的团粒结构，自然肥力高，养分丰富。因此，其岩溶土壤上的生物量也是相对可观的。据报道，弄岗森林下的凋落物量一般为 $18.9 \sim 23.2$ kg/hm^2（干物质），高于云南西双版纳雨林下砖红壤（9.4 kg/hm^2）和海南岛次生林下的砖红壤（12.3 kg/hm^2）。桂林岩溶试验场虽然属于岩溶石山环境，没有森林植被，但是其岩溶土壤的地表和地下生物量也分别有 2.5 kg/m^2 和 6.0 kg/m^2。

一般的传统概念认为南方岩溶区水土分离，地表干旱严重，而忽视了岩溶山区土壤的保水功能。岩溶环境土壤水分亏缺是一种湿润气候背景上的临时性干旱，土壤水分亏缺有明显的时空异质性。表层土壤（$0 \sim 30$ cm）含水量变幅较大，深层则相对稳定。岩溶地区，特别是在岩石裸露率高的地段，生境的离散性高，裸露的岩石分散了土被，隔断了各土块间的水分联系，更加剧了土壤水分的异质性，其水分分布与岩溶环境土壤的斑块状分布是一致的。在贵州典型石漠化区花江峡谷区连续干旱了一个多月后，我们测定了不同坡位、不同植被下的土壤含水量（表1-1）。由表1-1可以看出，土壤含水量与土层厚度、小地形有很大关系，土壤水仍然是在极端干旱条件下维持植被生长的水分来源之一。因此，我们认为土被也是石山区最大的水分储存库之一。

表1-1　花江峡谷区南坡不同植被下土壤含水量　　　（单位：g/kg）

植被	坡位	0~10 cm	10~20 cm	20~30 cm	30~40 cm	40~50 cm
毛椿林	坡麓	117.8	188.8	201.5	211.4	-
栾树	坡麓	56.6	87.6	131.4	-	-
构树	中坡	55.8	111.0	-	-	-
花椒	中坡	60.2	183.0	250.2	-	-
次生林	坡顶	57.4	117.4	121.5	-	-
构树	中上坡	37.4	168.0	-	-	-
花椒	中坡	47.8	83.2	138.7	167.8	189.7
构树	坡麓	87.6	159.0	237.2	297.6	322.0

岩溶森林的土壤种子库具有丰富的植物种子，是岩溶森林更新和演替的基础。特别是作为岩溶生境中最主要的石面小生境，也具有相当数量的种子，可达76~807粒/m^2，这使植物利用石面生境成为可能，也使岩溶退化生境具有一定的恢复潜力。不过与土面比，其种子数量还是相对的少，且没有植被覆盖的石面上所接受的种子常难以保存活力于种子库中。岩溶森林土壤中植物的无性繁殖体数量巨大，萌芽能力强，从土层到土表均有分布，是植被自然恢复的潜在力量。

3. 土壤的生态功能与植被的关系

事实上，石生植物（藻类、地衣、苔藓等）在石灰岩表面分布十分广泛，一般湿润地区近地表石灰岩表面几乎很少是纯裸露的，大都具有这类植物覆盖，而这种植物的覆盖及其产生的相应作用，往往是一种重要的岩溶侵蚀营力和成土作用。苔藓殖居后，进一步提高了岩石的持水量，随着苔藓的发育，苔藓假根常黏结大量的棕黑色的细粒土。石灰岩表面苔藓等植物形成的土壤中，全氮、全磷、全钾质量分数分别为47.1 g/kg、1.234 g/kg、4.37 g/kg，碱解氮、速效磷、速效钾质量分数分别为1276.0 mg/kg、102.0 mg/kg、186.4 mg/kg。随着土壤的逐步形成，碳酸盐岩生境中植物群落的正向演替次序为裸露岩石→藻菌/地衣群落→苔藓/蕨类植物群落→草本植物群落→木本植物群落。以生物量增长及土壤形成为纽带，其生态演替为石质岩溶→生物岩溶→土壤岩溶→岩溶生态系统，最终成为以生物活动和土壤媒体过程为主导的岩溶生态系统。

岩溶生态系统土壤的形成、演化是与植被的生长相互促进的，但土壤与植被的退化恢复具有差异性。根据西南岩溶生态系统土壤与植被属性的现状，土壤与植被的关系可大致分为4类：土壤肥力与植被条件均较好；土壤肥力较好但植被退化；土壤肥力较差而植被有所恢复；土壤肥力与植被条件均较差。

综上所述，有理由认为岩溶生态系统各圈层发生着地质地貌组合→水文土壤组合→植被和小生境组合结构的作用过程，不同组合结构的岩溶生态系统具有特殊的功能，其本底稳定性与脆弱性各异，从而形成了不同区域岩溶生态系统及生境类型的多样性。土层和表层岩溶带是岩溶地区岩石、大气、水、生物等四大圈层的敏感交汇地带，又是生态系统赖以存在的基础。因此，应改变过去岩溶研究重基岩、轻土层的传统思想，强化土壤研究，从岩溶表层生态系统的运行过程来把握岩溶生态系统土壤的动态特征和相互间的反馈关系。

1.4 喀斯特环境不同土地利用方式对土壤退化的影响

在亚热带喀斯特山区，由于成土慢、土层薄、水土易流失和生境干旱等特点，随着人口压力的增大，大量的陡坡开荒（>25°）和耕作等一些不合理的土地利用方式在喀斯特地区普遍存在。本节研究喀斯特环境在不同土地利用方式下土壤退化的情况，并应用土壤退化指数来定量描述不同土地利用下的土壤退化程度。

1.4.1 研究区域概况

研究地点位于贵州省紫云县宗地乡，其地理位置为东经106°40′，北纬25°35′，面积为300 km²，林地所占面积<40%。该地区低山丘陵的面积占总土地面积的66.7%以上，为典型的喀斯特地貌类型，属于中亚热带季风湿润气候。土地利用类型主要包括林地、灌木林、灌丛和坡耕地。该区域植被以喀斯特次生林为主，母岩以碳酸盐岩为主，土壤类型以石灰土为主。

在野外调查中选取了林地、灌木林、灌丛、坡耕地、退耕1 a的草地5种土地利用类型。林地的植物种主要有青冈（*Cyclobalanopsis glauca*）、翠柏（*Calocedrus macrolepis*）、云贵鹅耳枥（*Carpinus pubescens*）、女贞（*Ligustrum lucidum*）、紫檀（*Pterocarpus indicus*）、山鸡椒（*Litsea cubeba*）等；灌丛的植物种主要有麻栎（*Quercus acutissima*）、白栎（*Quercus fabri*）、火棘（*Pyracantha fortuneana*）、岩凤尾蕨（*Pteris deltodon*）等；坡耕地的种植的作物为玉米（*Zea mays* Linn.）；草地的植物种主要有芒草（*Miscanthus sinensis*）、野古草（*Arundinella hirta*）、金银花（*Lonicera japonica*）、苦蒿（*Conyza blinii*）、蒲公英（*Taraxacum mongolicum*）等。调查过程中，选择相对一致的地形部位，取0~20 cm表层土壤多点混合为一个样品。林地、灌木林、灌丛分别选取3个样地，每个样地3个重复，当年开垦的坡耕地和草地的样品重复数分别为7个和5个。取样点的土壤类型均为粗骨性石灰土。检验的土壤属性包括土壤容重、土壤有机质、全氮、全磷、全钾、碱解氮、速效磷和速效钾，土壤取样点的描述见表1-2。

表 1-2 土壤取样点的描述

土地利用类型	地理位置	海拔/m	植被恢复年龄/a	样品数	土壤质地	土层厚度/cm
林地	25°39′11″N, 106°18′39″E	1320	30	7	壤质	10
灌木林	25°34′20″N, 106°18′39″E	1200	11	7	壤质	15
灌丛	25°34′41″N, 106°18′39″E	980	4	6	壤质	16
坡耕地	25°34′41″N, 103°18′39″E	910	2	9	砂壤质	20
退耕草地	25°35′51″N, 106°20′28″E	750	1	8	砂壤质	50

1.4.2 结果与讨论

1. 喀斯特环境不同土地利用方式下的土壤属性显著性比较

土壤容重是表征土壤属性的一个重要参数，由表 1-3 可知，土壤容重在喀斯特环境不同土地利用方式下存在显著差异。林地的土壤容重最低，为 0.51 g/cm³；退耕 1 a 草地的土壤容重最高，为 1.07 g/cm³；其他几种土地利用类型下土壤容重值的大小为：灌丛＜灌木林＜坡耕地。土壤容重在坡耕地和退耕草地之间，林地和灌木林之间没有显著差异。森林砍伐后及随后的耕种严重破坏了土壤原有的结构，使土壤变得易于侵蚀，表现为土壤容重的增加，特别是在喀斯特山区更是非常明显。这都是由于其脆弱的生态环境所决定的，和土地利用程度的加剧有关。和林地相比，坡耕地和退耕草地的土壤容重分别增加了 46.8% 和 52.3%。坡耕地的土壤容重和退耕草地没有显著差异，这可能与牲畜（山羊等）对坡耕地的践踏有关。

表 1-3 不同土地利用方式之间土壤理化性质的比较

土地利用类型	容重/(g/cm³)	有机质/%	全氮/%	全磷/(g/kg)	全钾/(g/kg)	碱解氮/(mg/kg)	速效磷/(mg/kg)	速效钾/(mg/kg)
林地	0.51a^z	16.79a	1.070a	6.18a	8.64	801a	16a	160a
灌木林	0.75b	21.65a	1.226ab	3.66b	7.68	1052c	11b	88b
灌丛	0.64ab	13.98b	0.838b	9.62c	6.82	628ab	6c	85b
坡耕地	0.96c	11.87c	0.554c	2.08b	7.00	434b	7c	64c
退耕草地	1.07c	2.26d	0.164d	1.15d	7.53	201d	2d	15d
LSD^y	a	c	b	b	NS	b	b	c

注：z：每列含有相同字母的平均值没有显著差异（$P<0.05$）；a：显著性水平在 5%；b：显著性水平在 1%；c：显著性水平在 0.1%；NS：没有显著差异。

土壤有机质的含量在几种土地利用类型之间的大小排序为灌木林＞林地＞灌丛＞坡耕地＞退耕草地（表 1-3）。最高的林地土壤有机质为 21.65%，已达到有机质土壤含量水平；最低的退耕草地土壤有机质为 2.26%，两者间相差近 20 倍。土壤有机质在林地和灌木林之间没有显著的变化，但与坡耕地和退耕草地相比差异达极显著水平。由此可以看出，在喀斯特环境中，土壤有机质含量在不同土地利用方式下差异非常明显。

全氮含量在不同土地利用之间有明显不同（表 1-3）。灌木林（1.226%）和林地（1.070%）的全氮量最高，其次是灌丛（0.838%），然后是坡耕地（0.554%），退耕 1 a 的草地土壤全氮最低（0.164%）。同有机质相似，坡耕地和退耕草地与林地相比，全氮含量分别下降 48.2% 和 84.7%。灌丛全磷含量为最高（9.62 g/kg），并显著高于其他的土地利用类型，退耕草地全磷含量最低（1.15 g/kg），灌木林和坡耕地之间的土壤全磷值没有显著的差异。全钾含量在几种土地利用类型中变化不明显，没有达到显著水平（表 1-3）。表明在喀斯特生态环境逆向演变过程中，土壤中的养分除全钾外，均显著下降。这可能是由于土壤全钾对环境因素的变化不敏感、同种土地利用内样点的差异不明显，使其在不同土地利用类型之间的差异变得不显著。

由表 1-3 可看出，土壤碱解氮含量的变化也很显著，含量最高的为灌木林（1052 mg/kg），最低为退耕草地（201 mg/kg）。碱解氮含量在灌丛和坡耕地之间差异不明显，林地和灌木林分别比退耕草地的碱解氮含量高出近 4 倍和 5.2 倍。与土壤碱解氮相似，土壤速效磷含量差异极显著，除灌丛和坡耕地之间土壤速效氮含量差异不明显之外，其余土地利用类型均达显著水平。土壤速效磷含量最高为林地（16 mg/kg），最低为退耕草地（2 mg/kg），两者之间相差 8 倍。速效钾含量的变化趋势是：林地（160 mg/kg）＞灌木林（88 mg/kg）＞灌丛（85 mg/kg）＞坡耕地（15 mg/kg）＞退耕草地（15 mg/kg）。土壤速效钾含量的变化趋势表现和有机质类似，其含量在灌木林和灌丛之间没有差异，而坡耕地和退耕草地速效钾含量则明显降低。尤其是退耕 1 a 的草地与林地相比，下降幅度达 91%。

2. 喀斯特环境不同土地利用方式的土壤退化特点

喀斯特环境是一种处于碳物质能量循环变异极强烈和快速的状态下，环境生态系统变异敏感度高，环境容量低，灾害承受阈值弹性小的脆弱环境。有资料表明，喀斯特环境中土壤的成土速度十分缓慢，主要是靠可溶性碳酸盐岩的溶蚀和淀积提供物质来源，形成 1 cm 土层一般需要 1.3 万～3.2 万 a，所以喀斯特环境中土层厚度较薄，漏水漏肥现象十分严重。土壤退化与土壤退化恢复实质是一个相互对立的物质、能量可逆过程。因此，可以通过对土壤退化停止后的不同土地利用方式的土样分析来研究喀斯特环境中土壤退化的特点，其土壤理化指标变化如图 1-2 所示。

在图 1-2 中，纵轴分别表示各个土壤理化指标，横轴是表 1-2 中的样品序号，从小到大对应表 1-3 中的土地利用方式（林地→灌木林→灌丛→坡耕地→退耕草地）。由图 1-2 可得知喀斯特环境中土壤退化有以下特点：①喀斯特环境土壤退化过程中生物富集作用不断减弱，表现在土壤有机质含量不断降低，土壤中全氮、全磷含量不断下降，但土壤中全钾含量变化不明显；与此相反，土壤退化恢复过程中生物富集作用表现出不断增强的趋势。按图 1-2（b）中的实测数值，喀斯特森林破坏后变成灌丛的过程中，土壤有机质含量将从 20% 以上降到 10% 左右，而在灌丛条件下进一步开荒耕种后，如没有适当的土壤退化防治措施，土壤有机质含量将下降到 5% 以下，全氮、全磷含量也同样有递减的趋势。②在喀斯特环境土壤退化过程中，随着土地利用方式的演变（从林地→退耕草地），其速效养分的含量降低趋势非常明显（序号5为退耕1a的草地，其碱解氮、速效磷、速效钾的含量最低；序号1为林地，其土壤速效养分含量最高）。恢复30a的森林土壤碱解氮、速效磷、速效钾含量的增长幅度分别是恢复1a的草地的4倍、4倍和10.7倍。与此同时，在从喀斯特森林→灌丛→坡耕地的演变过程中，速效养分迅速递减，严重影响当地农作物生长。③从土壤容重增加来看，土壤孔隙度降低，说明在喀斯特环境土壤退化过程中，土壤的物理性状在不断恶化；与此相反，在土壤退化恢复过程中（退耕草地→林地），土壤物理性状呈改善的趋势。

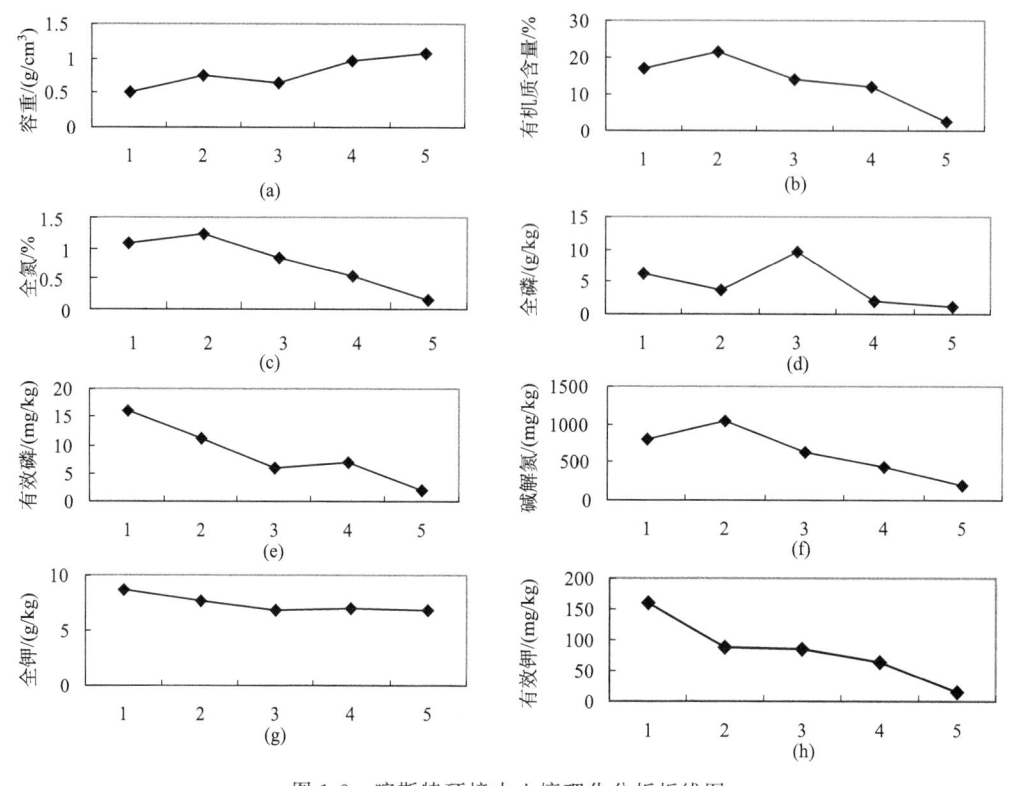

图1-2 喀斯特环境中土壤理化分析折线图

最后应该指出的是，喀斯特环境的二元结构是喀斯特环境脆弱的根本原因，也是喀斯特环境中土壤退化的主要影响因素。所谓二元结构是指地表喀斯特景观单元和地下喀斯特景观单元共同组成的一个密切联系相互制约的双重结构体，具有不完善的地表水系与地下水系。在这种结构中，大气降水形成的地表水很快通过落水洞进入地下溶洞，导致土壤养分流失现象十分严重，即使是在我国降水高达1000～1200 mm的亚热带，也会出现在"湿润条件下干旱"的情况。加上土层较薄，植物生长缓慢，在人口不断增加的今天，毁林开荒比较普遍。因此，一旦植物被破坏后，土壤将很快退化，最终使整个喀斯特环境退化到一个低水平层次的物质、能量动态平衡状态。

3. 喀斯特环境不同土地利用方式的退化评价

为了定量描述不同土地利用方式下土壤退化的程度，本节引进了土壤退化指数。土壤退化指数的计算首先是以某种土地利用类型为标准，假设其他的土地利用类型都是由作为基准的土地利用类型转变而来，然后计算土壤各个属性在其他土地利用类型与基准土地利用类型之间差异（以百分数表示），最后将各个属性的差异求和平均，得到各土地利用类型的土壤退化指数（傅伯杰等，1999；郭旭东等，2001）。具体公式如下：

$$DI = \frac{[(P_1 - P'_1)/P'_1 + (P_2 - P'_2)/P'_2 + \cdots + (P_n - P'_n)/P'_n]}{n} \times 100\%$$

式中，DI 为土壤退化指数；P'_1，P'_2，…，P'_n 为基准土地利用类型下土壤属性1，属性2，…，属性 n 的值；P_1，P_2，…，P_n 为其他土地利用类型下土壤各属性值；n 为选择的土壤属性数。土壤退化指数可以是正数，也可以是负数，负数表明土壤退化，正数说明土壤不仅没有退化，质量还有所提高。本研究以林地作为基准的土地利用类型，选择的土壤属性包括土壤容重、土壤有机质、全氮、全磷、碱解氮、速效磷和速效钾，土壤属性没有包括全钾是因为它们在不同的土地利用类型之间没有显著变化。一般说来，较高的土壤容重值表明土地有退化的趋势，至少在本研究容重变化范围内（0.51～1.07 g/cm^3）有这样的趋势，所以实际的计算中采用了容重差值的相反数。

图 1-3 是不同土地利用方式下的土壤退化指数及与林地比较的结果。退耕 3 a 的草地、坡耕地、灌丛和灌木林的土壤退化指数分别为 −88%、−56%、−20% 和 −12%。灌丛和灌木林的土壤退化指数和林地相比没有显著的变化，说明这两种土地利用下土壤没有发生明显的退化，这与其他地区的研究结果一致；而坡耕地的土壤退化指数显著低于林地，表明坡耕地的土壤发生了较为严重的退化；退耕 1 a 的草地退化程度最为严重，其退化指数最低，表明陡坡开荒和耕种引起的土壤退化速率最快。

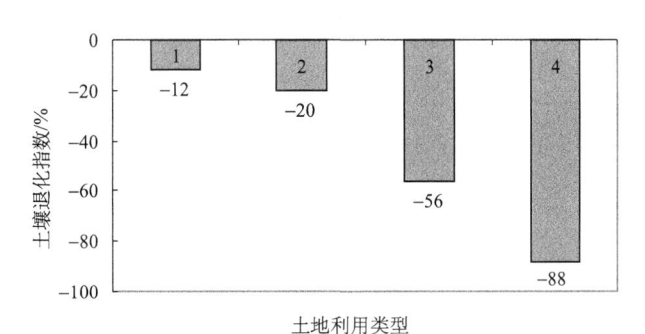

图 1-3　不同土地利用下土壤退化指数
1. 灌木林；2. 灌丛；3. 坡耕地；4. 退耕草地

灌木林和灌丛的土壤没有发生显著退化，与其部分养分含量和林地相比没有明显变化有关，但是，它们的容重和林地相比，已经有了升高的趋势（表 1-3），容重升高意味着紧实度增加，孔隙度下降，保肥和保水能力下降，土壤微生物的活动也受到影响，这表明土壤已经表现出退化趋势，经过一定时间的人为干扰后养分含量可能会有较大下降。从上面的分析可以看出,土壤退化指数能够清楚地反映出在没有采取合理的水土保持措施下,自然森林系统转化为农业生产用地后土壤退化的程度。因此,采取合理的水土保持措施对防止喀斯特山区土壤退化及保持其生态系统的良性循环非常重要。

参 考 文 献

曹建华,袁道先,潘根兴.2003.岩溶生态系统中的土壤.地球科学进展,18(1):37-44.
陈建庚.1994.贵州地理环境与资源开发.贵阳:贵州教育出版社.
陈刚才,甘露,万国江.2000.贵州岩溶地区的生态环境现实与可持续发展对策.农业现代化研究,21(2):108-111.
蔡运龙.1990.贵州省地域结构与资源开发.北京:海洋出版社.
傅伯杰,陈利顶,马克明.1999.黄土丘陵区小流域土地利用变化对生态环境的影响.地理学报,54(3):241-246.
甘露,陈刚才,万国江.2001.贵州喀斯特山区农业生态环境的脆弱性及可持续发展对策.山地学报,19(2):130-134.
郭旭东,傅伯杰,陈利顶,等.2001.低山丘陵区土地利用方式对土壤质量的影响——以河北省遵化市为例.地理学报,56(4):447-455.
蒋有保.1991.广西石灰岩地区水土流失及其治理措施的探讨.水土保持通报,2(3):21-23.
蒋忠诚.1998.中国南方表层岩溶带的特征及形成机理.热带地理,18(4):34-39.
李德文,崔之久,刘耕年,等.2001.岩溶风化壳形成演化及其循环意义.中国岩溶,20(3):183-188.
李彬.1995.中国南方岩溶区环境脆弱性及其经济发展滞后原因浅析.中国岩溶,(3):209-214.
李景阳.1991.试论碳酸盐岩风化壳与喀斯特成土作用.中国岩溶,(1):29-35.
李瑞玲,王世杰,周德全.2003.贵州岩溶地区岩性与土地石漠化的空间相关分析.地理学报,58(2):314-320.
林昌虎,朱安国.2002.贵州喀斯特山区土壤侵蚀与环境变异的研究.水土保持学报,16(1):9-12.
刘松,刘波.2000.喀斯特石漠化山区生态重建研究-以贵州罗甸县大关村为例.青年地理学家,10(1):61-65.
卢耀如.1986.中国喀斯特地貌的演化模式.地理研究,5(4):25-34.
苏维词.2000.贵州喀斯特山区生态环境脆弱性及其生态整治.中国环境科学,20(6):547-551.
苏维词,周济祚.1995.贵州喀斯特山地的"石漠化"及防治对策.长江流域资源与环境,4(2):177-182.
覃小群,朱明秋,蒋忠诚.2006.近年来我国西南岩溶石漠化研究进展.中国岩溶,25(3):234-238.
屠玉麟.1996.贵州土地石质荒漠化现状及原因分析.灰岩地区开发与治理.贵阳:贵州人民出版社.
屠玉麟,杨军.1995.贵州中部喀斯特灌丛群落生物量研究.中国岩溶,(3):199-203.
万国江,白占国.1998.论碳酸盐岩侵蚀与环境变化.第四纪研究,(3):279-285.
王克林,章春华.1999.湘西喀斯特山区生态环境问题与综合整治战略.山地学报,17(2):125-130.
王宇,张贵.2003.滇东岩溶石山地区石漠化特征及成因.地球科学进展,18(6):933-938.
徐樵利.1993.中国南方石灰岩荒山开发利用新探.自然资源学报,(2):115-121.
杨明德.1998.贵州喀斯特环境与经济发展的初步探讨.贵州喀斯特环境研究.贵阳:贵州人民出版社.
杨明德.1990.论喀斯特环境的脆弱性.云南地理环境研究,2(1):21-29.
杨明德.1986.贵州高原喀斯特地貌结构及演化规律.喀斯特地貌与洞穴.北京:科学出版社.

杨胜天, 朱启疆. 1999. 论喀斯特环境中土壤退化的研究. 中国岩溶, 18 (2): 169-175.

杨汉奎, 朱文孝, 李坡, 等. 1994. 喀斯特环境质量变异. 贵阳: 贵州科技出版社.

袁道先. 1993. 碳循环与全球岩溶. 第四纪研究, 1: 1-16.

赵其国. 1995. 为跨世纪土壤学的发展作出新贡献——第 15 届国际土壤学会会议综述. 土壤学报, 32 (1): 1-13.

赵其国. 1991. 土壤退化及其防治. 土壤, (2): 57-60.

张殿发, 王世杰, 周德全. 2002. 土地石漠化的生态地质环境背景及其驱动机制——以贵州省喀斯特山区为例. 农村生态环境, 18 (1): 6-10.

张美良, 邓自强. 1994. 我国南方喀斯特地区的土壤及其形成. 贵州工学院学报, 23 (1): 67-75.

张耀光. 1995. 西南喀斯特贫困地区的地生态环境效应. 中国岩溶, (1): 71-74.

张桃林, 王兴祥. 2000. 土壤退化研究的进展与趋向. 自然资源学报, 15 (3): 280-284.

周世英, 朱德洁, 劳文科. 1988. 桂林岩溶峰丛区溶蚀速度计算及探讨. 中国岩溶, 7 (1): 73-79.

周游游, 时坚, 刘德深. 2001. 峰丛洼地的基岩物质组成与土地退化差异分析. 中国岩溶, 20 (1): 35-39.

朱安国. 1986. 水土流失与水土保持. 贵阳: 贵州人民出版社.

Brown M. 1994. Examples of recent IGCP research: Introduction. Nature & Resourcer, 30 (3&4), 8-30.

Cargo D N, Mallory B F. 1974. Man and his Geologic Environment. Addison-wesley Publishing Company, California.

Hajabbasi M A, Jalalian A, Hamid R K. 1997. Deforestation effects on soil physical and chemical properties, Lordegan, Iran. Plant and Soil, 190: 301-308.

Islam K R, Weil R R. 2000. Land use effects on soil quality in a tropical forest ecosystem of Bangladesh. Agriculture, Ecosystems and Environment, 79: 9-16.

Lal R. 2004. Soil carbon sequestration impacts on global climate change and food security. Science, 304: 1623-1628.

Lowery B, Swan J, Schumacher T, et al. 1995. Physical properties of selected soils by erosion class. J. Soil Water Conserv., 50: 306-311.

Pan G, Tao Y, Sun Y, et al. 1997. Some features of carbon cycles in karst and the implication for epikarstification. The Journal of Chinese Geography, 7 (3): 48-57.

Solomon D, Lehmann J, Zech W. 2000. Land use effects on soil orgabnic matter properties of chromic luvisols in semi-arid northern Tanzania: carbon, nitrogen, lignin and carbohydrates. Agriculture, Ecosystems and Environment, 78: 203-213.

Sposito G, Reginato R J. 1992. Opportunities in basic soil science research. Soil Science Society America, Inc., Madison Wisconsin, USA. 32-53.

第 2 章 喀斯特环境退化过程对土壤质量演变的影响机制

20 世纪以来，人口的快速膨胀与人地矛盾的不断激化，导致喀斯特地区生态条件日趋恶化，森林覆盖率急剧下降，水土流失加剧，喀斯特生境严重退化，石漠化面积迅速扩大，这已成为制约我国西部大开发生态建设中不可回避的重要科学问题，严重影响了该地区社会、经济的可持续发展（龙健等，2002）。据初步调查，在喀斯特地区，因土壤质量下降而造成的难利用土地比例高达 20%～30%，而且其下降速度正在不断加快（魏亚伟等，2010）。所以，从喀斯特环境特点出发，进行土壤质量演变特征及其驱动机理的研究，对于喀斯特地区社会、经济发展是十分必要和迫切的。前期的研究表明，喀斯特环境中土壤质量演变是喀斯特石漠化的重要组成部分，也是影响岩溶地区生态环境恶化的重要因素和制约农业可持续发展的主要方面。本研究是在一个较小的时间和空间尺度上，选择典型脆弱环境单元，研究影响石漠化过程的土壤质量退化的特征、机理和演变规律，以期为西部大开发的实施和推进提供科学依据。

2.1 喀斯特石漠化地区不同恢复和重建措施对土壤质量的影响

2.1.1 试验条件与方法

1. 试验区概况

试验地位于贵州西南部关岭县和贞丰县交接处的北盘江花江段，归属珠江流域。研究区出露地层主要为中、上三叠统地层，主要有杨柳组、垄头组、赖石科组、竹杆坡组和瓦窑组，碳酸盐类岩石占 78.45%，属典型的喀斯特峰丛峡谷地貌，年均温 18.4 ℃，年均极端最高气温为 32.4 ℃，年均极端最低气温为 6.6 ℃，年均降水量为 1100 mm，但时空分布不均，多暴雨，5～10 月降水量占全年总降水量的 83%。由于人类活动破坏，研究区内森林覆盖率很低，除在一些村寨的四周有树林分布及在一些陡峻的峰丛顶部尚残存少数灌丛外，其余大部分地区都存在强烈的水土流失，基岩裸露，石漠化十分严重，裸露面积比重达 70% 以上。由于研究区域生态环境恶化，代表性强，该区一直是国家"九五"攻关项目："典型喀斯特石山脆弱生态环境治理与可持续发展示范研究"和"十五"重点科技攻关计划"喀斯特高原生态（石漠化）综合治理技术与示范"的重点生态示范区域。

2. 治理措施

花椒种植类型（措施 A）：花椒（*Zanthoxylum bungeanum*）为一种浅根植物，当地群众俗称"顺坡溜",较耐旱、不耐涝、积水易死亡,喜欢在排水良好、土层一般、肥沃湿润中性偏碱的土壤上生长,是亚热带喀斯特地区良好的水保经济植物。1990 年对严重石漠化地进行水平沟台状整地、挖穴、施基肥,次年种植花椒,密度为 700 株/hm²,每年抚育 2 次,2004 年调查时盖度为 45%,树高 2.78 m,长势良好,并出现扭黄茅、狗芽根、狗尾草、马唐等杂草,盖度达 70%,A+AB 层厚 1~3 cm。

花椒+金银花+香椿乔灌藤混交种植类型(措施 B):1991 年冬在严重石漠化地采用小水平沟整地、下基肥,1992 年在香椿林下套种花椒和金银花,当年 5 月、8 月及第 2 年 5 月追肥 3 次(尿素)。2004 年调查时,该区形成花椒、金银花、香椿乔灌藤混交林,林内生长有少量火棘、构树、小果蔷薇,亦出现马唐、狗芽根、芒萁、地衣等植物,盖度 20% 左右,A+AB 层厚 1~4 cm。

封山育林(措施 C):试验点位于离集镇较远的分水岭地带,1990 年采取封山育林办法,由于人为破坏较少,林木长势良好,主要树种有枫香、乌桕、圆果化香等,林下植被主要为芒萁,盖度达 80%,A+AB 层厚 10 cm 左右。

喀斯特次生林(措施 D):当地保留较好的以香椿、乌桕为主的次生林,林龄 30 a 左右,树下植被主要有构树、悬钩子、五节芒、莎草等,盖度达 60%,林内有较多枯枝落叶,A+AB 层厚 20 cm 左右。

严重石漠化类型(对照):各地试验地具体情况详见表 2-1。

表 2-1 不同恢复和重建措施植物多样性

治理措施	乔木状况 种数/种	乔木状况 种名	个体数/个	乔木层 D	乔木层 J	林下植被层 D	林下植被层 J	群落 D	群落 J
对照	1	圆叶乌桕	3	0	0	0.42	0.23	0.73	0.50
措施 A	1	马蹄荷	6	0	0	1.11	0.57	1.42	0.71
措施 B	3	香椿+圆叶乌桕+小叶柿	11	0.63	0.41	1.56	0.64	1.48	0.65
措施 C	3	圆叶乌桕+马蹄荷+小叶柿	25	0.75	0.53	1.52	0.55	1.61	0.62
措施 D	3	斜叶榕+圆叶乌桕+马蹄荷	43	0.87	0.76	1.46	0.51	1.57	0.67

3. 试验布置

2004 年 4 月和 8 月分别在各试验地内设置临时标准地(20 m×20 m)各 3 个,对标准地植物生长状况(胸径、高度、密度、盖度、郁闭度)进行调查,在每个标准地内设置 5 个 5 m×5 m 样方,调查林下植被种、个体数、地径、高度,测定植物种多样性(D)和均匀度(J)。植物多样性计算方法如下:

$$D = 3.3219(\lg N - 1) = \sum_{i=1}^{s} n_i \lg n_i$$

式中,N 是所有种的个数;n_i 是第 i 个种的个数;s 是种数。

均匀度采用以下方法测定:

$$J = [N(N/s - 1)] / \sum_{i=1}^{s} n_i(n_i - 1)$$

式中，N 是所有种的个数；n_i 是第 i 个种的个数；s 是种数。

同时，在每个标准地内按 S 形布点，取表层土壤（0～20 cm）进行混合，每个标准地取样点 10～12 个，进行土壤物理、化学和生物学指标分析。

2.1.2 结果与分析

1. 不同恢复和重建措施植物多样性

生物多样性是否增加是评价严重退化生态系统恢复和重建工作成功与否的重要指标之一，也是土壤质量是否恢复的主要标志（张华等，2003；张庆费等，1999）。在生态系统中，生物多样性是建立在植物多样性基础上的。采取治理措施后，林下植被层和群落植物多样性均有明显增加（表 2-1），乔木层中多样性以措施 D 最大，其次为措施 C 和措施 B，措施 D、措施 C 和措施 B 乔木种数虽然相同，但措施 D 乔木种个体数（43个）及分布均匀度（0.76）均比措施 C 和 B 高，导致其乔木层多样性大。分析结果表明（表 2-1），林下植被层植物多样性以措施 B（1.56）最大，其次为措施 C 和措施 D，措施 A（1.11）较小，对照（0.42）则最小。从表 2-1 还可看出，措施 C 的群落植物多样性最大，其次为措施 D 和措施 B，措施 A 较小，而对照的则最低（0.73），说明不同治理和恢复措施采取后，不同群落植物多样性均得到明显提高，其中以封山育林（措施C）对群落多样性恢复最为有利。

2. 不同恢复和重建措施土壤物理性质

喀斯特石漠化土壤物理性质极端恶劣，土壤保水和供水能力极差（对照），降雨时土壤水分很快达到饱和，极易发生严重水土流失，由于其储水能力相当低，干旱时土壤供水能力差，植被生长所需的最低水分无法得到满足，植被难以生长，属极典型严重石漠化土壤。

土壤容重是土壤紧实程度的一个敏感性指标，也是表征土壤质量的一个重要参数（胡斌等，2002；刘世梁等，2004；龙健等，2002）。分析结果表明（表 2-2），采用不同治理措施后，与对照相比，土壤容重下降了 12.6%～31.8%。土壤容重的降低可能主要是由砂砾和黏粒含量的改变而导致的，庞学勇等（2004）研究表明，土壤容重与土壤颗粒组成之间有着密切的相关性。土壤孔隙是土壤通气和水分渗透的一个重要参数，它能影响土壤与大气之间水和气体的交换以及植物体对土壤中水分和养分的吸收（苏永中和赵哈林，2003）。在本研究中，土壤总孔隙度、非毛管孔隙度和孔隙比与对照相比均有明显增加，其中措施 B 土壤非毛管孔隙度、总孔隙度和孔隙比分别是对照的 2.63 倍、1.42 倍和 1.93 倍，措施 B 土壤中>0.25 mm 水稳性团聚体含量是对照的 2.04 倍。措施 C 和措施 D 土壤孔隙状况和土壤水稳性团聚体组成和性质恢复更为明显（表 2-2）。由表 2-2 还可看出，采取不同治理措施后，土壤保水和供水能力亦得到不同程度改善，如措施 B 土壤饱和持水量、田间持水量、有效水含量分别是对照的 1.71 倍、1.43 倍和 1.83 倍，措施 C 和措施 D 土壤水分状况恢复则尤为明显。这表明对喀斯特石漠化地区，采取不同恢复和重建措施，土壤孔隙、结构、土壤水分性能均得到不同程度改善和提高，这对植物的生长以及土壤微生物活性等都有积极的促进作用。

表 2-2 不同恢复和重建措施土壤物理性质

治理措施	容重/(g/cm³)	非毛管孔隙度/%	毛管孔隙度/%	总孔隙度/%	非毛管孔隙度/毛管孔隙度	饱和持水量/%	田间持水量/%	有效水含量/%	>0.25mm水稳性团聚体含量/%
对照	1.51	1.27	29.45	30.72	0.043	20.21	17.87	10.23	8.24
措施 A	1.32	3.20	35.62	38.82	0.090	27.85	23.10	16.35	15.27
措施 B	1.24	3.34	40.21	43.55	0.083	34.46	25.47	18.74	16.78
措施 C	1.10	6.75	41.53	48.28	0.163	42.75	32.32	25.41	56.53
措施 D	1.03	8.41	43.27	51.68	0.194	47.23	35.43	27.26	67.21

3. 不同恢复和重建措施土壤养分状况

土壤有机质含量被认为是衡量土壤质量的一个重要的指标，这些有机质是土壤养分的源和库，并能改善土壤的物理和化学性状，促进土壤生物活性（黄宇等，2004；龙健和李娟，2004；张华等，2003；郑华等，2004，龙健等，2005）。分析结果表明（表2-3），采取不同治理措施后，土壤有机质、全氮、全磷含量均有明显增加，其中措施 B 的土壤有机质、全氮和全磷含量分别是对照的 5.25 倍、2.73 倍和 4.13 倍，措施 C 和措施 D 增加则更为明显（表 2-3）。土壤速效养分亦有明显增加，其中措施 A、措施 B、措施 C、措施 D 土壤碱解氮含量分别是对照的 2.60 倍、2.86 倍、4.32 倍和 6.02 倍，土壤速效磷和速效钾亦有此趋势（表 2-3），表明采取不同治理措施，土壤养分储量和速效养分供应强度均有不同程度的改善。从表 2-3 还可见，措施 A、措施 B、措施 C、措施 D 土壤阳离子交换量分别是对照的 2.15 倍、2.60 倍、3.07 倍和 3.62 倍，说明经过 13 a 治理后，土壤保肥性能得到一定的改善。

表 2-3 不同恢复和重建措施土壤养分状况

治理措施	有机质/(g/kg)	全氮/(g/kg)	全磷/(g/kg)	碱解氮/(mg/kg)	速效磷/(mg/kg)	速效钾/(mg/kg)	阳离子交换量/(cmol/kg)	腐殖质酸/(g/kg)	HA/%	FA/%	HA/FA
对照	2.61	0.15	0.072	20.23	0.87	29.71	4.75	0.87	0.01	32.75	0.00
措施 A	12.45	0.37	0.221	52.64	1.67	45.56	10.22	4.73	5.21	41.64	0.13
措施 B	13.71	0.41	0.279	57.78	2.32	52.44	12.35	5.41	5.56	35.21	0.16
措施 C	25.84	0.95	0.386	87.43	3.45	101.21	14.56	7.65	8.32	23.55	0.35
措施 D	29.32	1.12	0.413	121.71	3.92	113.34	17.21	10.23	9.67	22.68	0.43

注：HA：胡敏酸；FA：富里酸。

土壤腐殖质化度（即胡敏酸占土壤总有机碳的百分比）是衡量土壤腐殖质品质优劣的标志之一（杨玉盛等，1998；1999）。胡敏酸（HA）是土壤腐殖质最活跃的部分，它能提高土壤吸收性能，增加土壤中养分和水分的储量，同时也能促进土壤结构的形成。由表 2-3 可见，对照地（石漠化）土壤胡敏酸含量极少（痕量），措施 D 最大，而

且措施采取后土壤 HA/FA 比值亦有不同程度增大,表明土壤腐殖质品质在朝着好的方向转化。

4. 不同恢复和重建措施土壤生物学性质

分析结果表明（表 2-4），对照地土壤细菌、真菌和放线菌数量相当低，其微生物总数亦极低，土壤各类酶的活性和土壤呼吸作用极为微弱，这与严重退化生态系统（石漠化）的植被稀疏、有机质含量极低有关。采取不同措施后土壤细菌、真菌和放线菌数量均有明显增加（表 2-4），其中措施 B 土壤细菌、真菌和放线菌及微生物总数分别是对照的 37.7 倍、20.9 倍、7.8 倍和 39.3 倍，措施 C 和措施 D 土壤微生物数量增加则更为显著。由于土壤微生物积极参与土壤中物质转化过程，其数量增加直接影响土壤供肥和保肥能力（龙健和李娟，2004；苏永中和赵哈林，2003；杨玉盛等，1999）。

表 2-4 不同恢复和重建措施土壤微生物活性

治理措施	细菌 /(×10⁵ 个/g, 干土)	真菌 /(×10³ 个/g, 干土)	放线菌 /(×10³ 个/g, 干土)	总数 /(×10⁵ 个/g, 干土)	脲酶 /(mg/g)	蔗糖酶 /(mg/g)	蛋白酶 /(mg/100g)	脱氢酶 /(mg/g)	过氧化氢酶 (0.1mol/L KMnO₄) /(mL/g)	呼吸作用强度(CO₂) /(mg/(20g, 24h))
对照	1.34	0.46	0.25	1.35	1.102	0.72	14.551	0.01	1.03	0.021
措施 A	47.3	6.82	0.63	49.3	2.943	1.66	30.723	0.18	3.98	0.091
措施 B	50.5	9.63	1.95	53.1	3.421	1.89	33.571	0.27	4.21	0.122
措施 C	59.3	12.14	4.09	62.7	3.837	2.31	37.210	0.35	5.43	0.173
措施 D	123.4	14.79	152.6	135.7	6.425	7.52	53.232	0.41	6.77	0.374

研究酶的活性强度有助于了解土壤质量状况和演变，一般有机质残体分解强度差异可由土壤水解酶活性强弱得到解释，而土壤氧化还原酶活性则可用来解释土壤中腐殖质再合成强度。土壤中蔗糖酶直接参与土壤碳元素循环，而蛋白酶和脲酶则直接参与土壤中含氮有机化合物的转化（张萍等，1999；庄铁诚等，1999）。严重石漠化地在采取各种治理措施后，土壤中脲酶、蔗糖酶、蛋白酶活性有明显加强（表 2-4），其中措施 D 以上各类酶活性增加最为明显，其次为措施 C，措施 B 和措施 A 的酶活性较差。以上三种水解酶活性明显增加，表明土壤中碳元素和氮元素营养循环强度有较大程度提高，更有利于土壤有机质残体的分解。

分析结果表明（表 2-4），采取不同措施后，土壤中脱氢酶和过氧化氢酶活性亦有较大幅度的提高，如措施 B 脱氢酶和过氧化氢酶活性分别是对照的 27.0 倍和 4.1 倍，措施 C 和措施 D 以上两种酶活性增加更为明显。这表明采取不同治理措施后土壤氧化还原能力增强，从而有利于土壤中某些有毒物质转化和土壤腐殖质形成。从表 2-4 还可看出，严重石漠化地（对照）土壤呼吸作用十分微弱，采取措施后土壤呼吸作用强度均有明显增强，其中措施 D 呼吸作用强度最大，为对照的 17.8 倍。

从以上分析可以看出，在喀斯特石漠化地区采取有效恢复和重建措施后，土壤微生物数量显著增加，土壤酶活性和土壤呼吸作用强度明显提高，土壤氧化代谢能力得到一定程度的改善，土壤质量在不断恢复过程中。

5. 不同恢复和重建措施土壤质量指数

经过 13 a 的持续利用和植被恢复建设，不同恢复和重建措施对土壤质量有很大的影响（图 2-1），对照、措施 A、措施 B、措施 C、措施 D 土壤质量综合指数分别为 0.034、0.541、0.682、0.721、0.913。从图 2-1 可以看出，保存较好的喀斯特次生林土壤质量指数最高，其次为封山育林，对照最低。与水土流失严重、基岩裸露、呈现大规模石漠化景观的对照地相比，不同恢复和重建措施明显提高了土壤质量，而在不同的治理措施中天然次生林（措施 C、措施 D）土壤质量又要明显优于人工林（措施 A、措施 B）。在 12 a 内，自然恢复更有利于提高土壤质量。同时，采用较大规模工程措施改种花椒（措施 A）或在香椿林下套种花椒和金银花（措施 B）后，植物多样性明显增大，凋落物量增加，土壤孔隙状况、土壤水分条件得到一定程度改善，有利于分解枯枝落叶的微生物数量增加，导致凋落物分解速率加快，土壤养分逐渐积累，土壤酶活性和土壤呼吸作用亦得到不同程度的提高，土壤质量得到较好的保护和恢复，退化生态系统朝着良性循环方向发展。

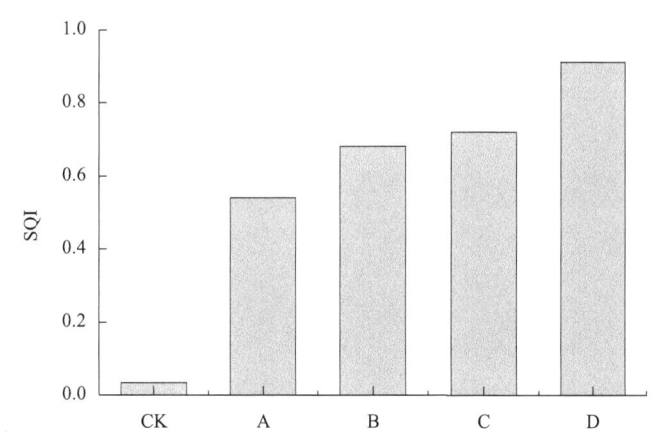

图 2-1 不同恢复和重建措施下土壤综合质量指数（SQI）变化
CK：对照；A：措施 A；B：措施 B；C：措施 C；D：措施 D

综上所述，喀斯特石漠化区（对照）植物多样性极低，土壤质量极差，生态环境极为恶劣；采用较大规模工程措施改种花椒（措施 A）或在香椿林下套种花椒和金银花（措施 B）后，植物多样性明显增大，林地土壤质量得到一定程度恢复，生态系统朝着良性循环方向发展；采取封山育林（措施 C）后，林下植被层和群落多样性最大，林地土壤质量亦得到较快的恢复；保留较好的喀斯特次生林（措施 D）植物多样性较高，土壤质量最好。因此，要根据喀斯特生态环境退化状况及治理目标，结合当地实际情况，采取不同恢复和重建措施，除了采取单纯保护生物多样性和地力如封山育林及保护现有常绿阔叶林次生林外，在靠近村镇地带可考虑采取以经济效益为主的开发和治理相结合的集约经营措施（如花椒、金银花、板栗等），而在离村镇较远地带则采用营造多种乔灌藤混交林及退耕还林（草）措施，以达到不同程度增加植物多样性、控制土壤侵蚀、提高土壤质量目的，使喀斯特石漠化地区生态环境得到明显恢复，同时使贫困地区农民能增收致富，这对我国西南喀斯特地区生态恢复和重建工作具有一定指导意义。

2.2 喀斯特山区退耕还林（草）模式对土壤肥力质量演变的影响

2.2.1 研究地区概况

研究地位于贵州省安顺地区紫云县水塘镇境内，地理位置为东经107°52′～108°05′，北纬25°09′～25°20′，属于典型的亚热带喀斯特地区。海拔640～1320 m，年均温为19.6℃，≥10℃积温为5767.9℃，全年降雨量为1177 mm，其中约90%的降水集中在4～9月，年均相对湿度为80%，年均霜日为7.3 d，全年日照时数为1272.8 h，日照百分率为29%。属中亚热带季风湿润气候，有利于林木生长。区内主要出露岩石为纯质石灰岩和白云岩，属裸露型喀斯特地貌，与常态地貌相比，生境复杂多样，有石面、石沟、石洞、石槽、石缝、土面等多种小生境，其生态因素变化很大。土壤以黑色石灰土和棕色石灰土为主，土层浅薄且不连续，剖面构型多为AF-D型、A-D型。地表水缺乏，土体持水量低，土壤富钙和富盐基化，pH为6.5～8.0，有机质含量高。

2.2.2 研究方法

1. 退耕模式

模式Ⅰ（工程-植草措施）：试验地点位于宗地。1992年条沟状整地、施足基肥（农家有机肥），按一定比例撒播黑麦草、圆果雀稗、金色狗尾草等近10个品种的草种，第二年牧草全部覆盖林地，当时起到一定水土保持作用，草地侵蚀量仅为裸地1/9。在1998年调查时，仅在沟边或相对阴湿地带出现少量芒萁、圆果雀稗、小叶赤楠等，盖度为5%～10%，A+AB层极薄（约1 cm以下）。模式Ⅱ（工程-果木措施）：试验地点位于水塘。1991年对原侵蚀地进行水平沟台状整地、挖大穴、施基肥，1992年种植板栗，每年抚育2次，2000年大面积结果，平均单产150 kg，1998年调查时板栗长势较好，出现狗尾草、马唐、颖果等草类，盖度达70%，板栗树冠下枯枝落叶达4.2 kg/株，A+AB层厚1～3 cm。模式Ⅲ（疏林补栽措施）：试验地点位于板当。1991年春在原侵蚀地采用小水平沟整地，以有机肥和钙镁磷肥等为基肥，1992年春季在马尾松林下种植胡枝子和紫穗槐，当年5月、8月及第二年5月追肥3次（尿素），每年砍伐胡枝子和紫穗槐覆盖林地，1998年调查时，林地仍保留少量紫穗槐和胡枝子，亦出现马唐、芒萁、地衣等植物，盖度为10%左右，A+AB层厚1～2 cm。模式Ⅳ（封山育林措施）：试验点位于离集镇较远的分水岭地带，采取封山育林办法，由于人为破坏较少，林木长势良好，林下植被主要为芒萁，盖度达80%，A+AB层厚10 cm左右。对照Ⅰ、对照Ⅱ、对照Ⅲ为治理模式Ⅰ、模式Ⅱ、模式Ⅲ各相应点的严重侵蚀地（未治理），模式Ⅳ的对照区（即对照Ⅳ）未采取封山育林治理区，各相应项目数值以对照Ⅰ、对照Ⅱ、对照Ⅲ的平均值取之。各试验地具体状况详见表 2-5。

表 2-5　不同退耕模式区概况

退耕模式	坡度	坡向	树龄/a	密度/(株/hm²)	郁闭度	树高/m	胸径/cm
模式Ⅰ	15°	NW26°	17	2540	0.44	4.25	4.80
对照Ⅰ	10°	NW30°	20	2310	0.25	2.10	3.22
模式Ⅱ	14°	SE25°	13	2050	0.55	5.73	5.41
对照Ⅱ	14°	SE45°	15	765	0.20	2.31	2.37
模式Ⅲ	15°	SE34°	16	2470	0.75	7.64	7.07
对照Ⅲ	15°	SE37°	16	2430	0.18	3.17	3.13
模式Ⅳ	31°	NW50°	11	2620	0.85	12.76	6.95
对照Ⅳ	27°	NW39°	14	2515	0.22	2.55	3.74

2. 试验布置与土样采集

2002 年 4 月和 8 月，在各退耕模式区邻近分别设置标准对照区，并对区内植物生长状况（胸径、树高、密度、盖度、郁闭度）进行调查，取样时按 S 形布点。模式Ⅱ、模式Ⅲ由于采取小水平台状整地，进行了穴种植，故按一定比例分别在穴内外取样，进行混合，以上取样点均为 10 个。

2.2.3　结果与分析

1. 不同退耕模式土壤微生物数量

喀斯特地区的土壤遭到严重侵蚀后，土壤肥力严重退化，但采取较为有效治理措施（10 a 后），土壤肥力得到初步改善，这在土壤微生物数量上得到最为明显的体现。结果表明（表 2-6），严重侵蚀地（对照Ⅰ、对照Ⅱ、对照Ⅲ）土壤细菌、真菌和放线菌数量最低，其微生物总数极低（$0.31\times10^5 \sim 0.55\times10^5$ 个/g 干土），这与严重退化地的植被稀疏、有机质含量极低相关。经过退耕后，不同模式土壤细菌、真菌和放线菌数量增加均较为明显（表 2-6）。土壤微生物数量高低顺序是：模式Ⅳ＞模式Ⅲ＞模式Ⅱ＞模式Ⅰ，模式Ⅳ土壤微生物总数分别是模式Ⅰ和其对照Ⅳ的 2.76 倍、412.9 倍；模式Ⅲ土壤细菌、真菌和放线菌及微生物总数分别是相应对照Ⅲ的 180.0 倍、31.5 倍、15.8 倍和 184.7 倍。经过治理后，土壤微生物数量大幅度增加，这与治理后土壤中有机质和 pH 增加有关。由于土壤微生物积极参与土壤中物质转化过程，其数量直接影响土壤供肥和保肥能力。

由表 2-6 还可看出，不同退耕模式土壤氨化细菌、硝化细菌数量增加明显，与对照相比，退耕模式（Ⅰ、Ⅱ、Ⅲ、Ⅳ）土壤氨化细菌数量增幅达 88.9%～98.0%，土壤硝化细菌数量增幅达 73.8%～84.2%。土壤中氨化细菌和硝化细菌直接参与分解土壤中

表 2-6 不同退耕模式表层土壤微生物数量（个/g 干土）

退耕模式	细菌 /×10⁵	真菌 /×10³	放线菌 /×10³	总数 /×10⁵	氨化细菌 /×10⁵	硝化细菌 /×10³	纤维素分解菌/×10³	固氮菌 /×10³
模式Ⅰ	47.4	6.83	0.64	49.2	2.87	0.54	28.5	0.46
对照Ⅰ	0.43	0.41	0.13	0.55	0.32	0.13	6.6	0.12
模式Ⅱ	50.6	12.15	1.97	53.2	2.64	0.65	30.7	0.65
对照Ⅱ	0.37	0.36	0.17	0.31	0.25	0.17	5.3	0.11
模式Ⅲ	59.4	14.82	4.10	62.8	3.05	0.78	38.1	0.81
对照Ⅲ	0.33	0.47	0.26	0.34	0.27	0.20	6.8	0.17
模式Ⅳ	123.5	9.62	152.5	135.8	25.37	1.14	56.7	1.28
对照Ⅳ	0.57	0.40	0.18	0.37	0.51	0.18	7.5	0.33

有机态氮，退耕后土壤中这两类土壤微生物数量增加，增强了土壤的供氮能力。纤维素是组成森林枯枝凋落物的主要成分，纤维素分解菌积极参与植物残体中纤维素的分解。模式Ⅳ土壤纤维素分解菌与模式Ⅰ和对照Ⅳ相比分别增加了49.7%和86.8%（表2-6）。土壤纤维素分解菌数量增加，直接影响到植物残体的转化速度，使土壤中难分解的植物残体积累量减少。土壤中自生固氮作用是喀斯特森林土壤氮元素的重要来源之一，从表2-6中可见，与对照相比，退耕模式（Ⅰ、Ⅱ、Ⅲ、Ⅳ）土壤固氮菌数量增幅达73.9%~83.3%。

由以上分析可见，喀斯特地区经退耕还林还草后，土壤中易分解物质（特别是碳、氮等）的储量提高，参与碳、氮转化的氨化细菌、硝化细菌数量、固氮菌数量明显增加；纤维素分解菌数量亦增加，更利于分解土壤中的植物残体。因此，随着退耕时间（10 a）的推移，土壤环境愈来愈利于有益微生物的繁殖和活动，从而大大增强土壤中碳、氮营养元素的循环速率和能量流动。

2. 不同退耕模式土壤酶活性和呼吸作用

土壤酶活性是土壤肥力的重要组成部分，研究酶活性强度将有助于了解土壤肥力状况和演变，一般土壤有机残体分解强度差异可由土壤水解酶活性强弱得到解释，而氧化还原酶活性则可用来解释土壤中腐殖质再合成强度。分析结果表明（表2-7），侵蚀地（对照Ⅰ、对照Ⅱ、对照Ⅲ）土壤各类酶的活性和土壤呼吸作用微弱，治理后土壤脲酶、蔗糖酶、蛋白酶活性均有明显加强，其中模式Ⅳ以上各类酶活性增加最为明显，其次为模式Ⅲ，模式Ⅰ最差。模式Ⅳ的土壤脲酶、蔗糖酶和蛋白酶分别是其对照Ⅳ的5.0倍、8.3倍和5.9倍。土壤蔗糖酶直接参与土壤碳元素循环，而蛋白酶则直接参与土壤中含氮有机化合物的转化。严重退化地采取各种退耕模式后，以上三种水解酶活性明显增强，表明土壤中碳元素和氮元素营养循环强度有较大程度提高，土壤肥力在不断恢复过程中。

喀斯特地区土壤磷元素普遍缺乏，往往成为林木生长的限制因素，严重退化地磷元素缺乏更为明显，而土壤碱性磷酸酶酶促作用加速土壤有机磷的脱磷速度，可提高磷元

表 2-7 不同退耕模式土壤酶活性

退耕模式	脲酶/(mg/g)	蔗糖酶/(mg/g)	蛋白酶/(mg/100g)	碱性磷酸酶/(mg/100g)	过氧化氢酶/(0.1mol/L KMnO$_4$)/(mL/g)	多酚氧化酶/(0.01mol/L I$_2$)/(mL/g)	土壤呼吸作用强度(CO$_2$)/(mg/(20g·24h))
模式Ⅰ	2.953	1.64	32.617	1.024	0.35	3.97	0.089
对照Ⅰ	1.517	0.83	15.542	0.321	0.10	1.05	0.023
模式Ⅱ	3.412	1.87	30.626	0.986	0.47	4.28	0.132
对照Ⅱ	2.263	0.90	18.851	0.257	0.11	1.13	0.024
模式Ⅲ	3.828	2.21	38.216	1.158	0.53	5.42	0.175
对照Ⅲ	1.211	1.05	21.323	0.377	0.15	1.20	0.021
模式Ⅳ	7.627	8.54	73.675	1.625	0.73	6.71	0.473
对照Ⅳ	1.520	1.03	12.538	0.365	0.16	1.25	0.025

素有效性。分析结果表明（表 2-7），不同治理措施土壤碱性磷酸酶活性提高较为明显，其中模式Ⅳ碱性磷酸酶活性是对照Ⅰ的 5.1 倍，模式Ⅲ的是对照Ⅲ的 3.1 倍，这对改善严重缺磷的喀斯特地区供磷状况有积极意义。从表 2-7 还可看出，采取不同退耕措施后，过氧化氢酶和多酚氧化酶活性亦有较大幅度的提高，如模式Ⅳ过氧化氢酶和多酚氧化酶活性分别是对照Ⅱ的 6.6 倍和 5.9 倍，表明不同退耕模式的土壤氧化还原能力增强，从而有利于土壤中某些有毒物质转化和土壤腐殖质形成。

土壤呼吸主要是由土壤微生物、植物根系活动及土壤动物活动来进行的。从表 2-7 可见，治理后土壤呼吸作用强度均有明显增强，其中模式Ⅳ呼吸作用强度最大，其次为模式Ⅲ，模式Ⅰ最小。模式Ⅳ土壤呼吸作用强度是其对照Ⅳ的 18.9 倍，模式Ⅲ是对照Ⅲ的 8.3 倍。从以上分析可以看出，严重退化喀斯特地区采取有效退耕措施后，土壤酶活性和土壤呼吸作用强度明显提高，氧化代谢能力得到一定程度改善。

3. 不同退耕模式土壤化学性质

喀斯特地区严重退化地（对照Ⅰ、对照Ⅱ、对照Ⅲ）土层裸露，土壤有机质、全氮和全磷含量均较低，速效养分含量更是贫乏（表 2-8），立地条件严重恶化，侵蚀地寸草不生（土地石漠化），土壤抗侵蚀性能很差，生境处于恶性循环阶段，土壤质量日趋下降，单纯采取生物措施进行治理相当困难。分析结果表明（表 2-8），采用不同退耕措施 10 a 后，林地土壤有机质、全氮、全磷含量均有明显增加，其中模式Ⅳ的土壤有机质、全氮和全磷含量分别是对照Ⅰ的 6.1 倍、6.2 倍和 7.8 倍，模式Ⅲ的土壤有机质、全氮和全磷含量分别是对照的Ⅲ的 5.1 倍、5.0 倍和 3.7 倍；土壤速效养分亦有明显增加，其中模式Ⅰ、模式Ⅱ、模式Ⅲ土壤碱解氮含量分别是相应对照的 2.3 倍、3.0 倍和 3.1 倍，土壤速效磷和速效钾亦有此趋势（表 2-8）。表明采用不同退耕模式后，土壤营养元素供应容量和供应强度有一定程度的改善。从表 2-8 可见，退耕后土壤阳离子交换量均有不同程度提高，其中模式Ⅰ、模式Ⅱ、模式Ⅲ土壤阳离子交换量分别是相应对照的1.5倍、1.7倍和2.2倍,模式Ⅳ的则是模式Ⅰ的1.4倍。这说明采用不同退耕措施后,土壤保肥性能得到一定的改善。

表 2-8 不同退耕模式表层土壤化学性质

退耕模式	pH (1:2.5)	有机质 /(g/kg)	全氮 /(g/kg)	全磷 /(g/kg)	碱解氮 /(mg/kg)	速效磷 /(mg/kg)	速效钾 /(mg/kg)	CEC /(cmol/kg)	HA /(g/kg)	FA /(g/kg)	HA/FA
模式Ⅰ	7.42	44.72	4.02	0.188	132.5	2.7	72.5	19.25	33.2	285.2	0.11
对照Ⅰ	7.16	12.38	1.21	0.045	58.2	1.0	58.3	13.24	0.1	311.3	0.00
模式Ⅱ	6.90	54.57	5.53	0.202	143.3	3.8	63.1	21.28	55.4	425.7	0.13
对照Ⅱ	7.39	16.31	1.27	0.078	47.6	1.4	55.2	12.52	0.1	370.6	0.00
模式Ⅲ	7.20	68.35	6.10	0.284	265.8	4.8	71.1	25.45	52.7	362.0	0.14
对照Ⅲ	7.02	13.44	1.22	0.077	85.2	1.7	47.5	11.74	0.1	309.5	0.00
模式Ⅳ	7.26	75.58	7.56	0.350	276.7	5.5	109.0	27.36	91.2	241.3	0.42
对照Ⅳ	7.05	15.42	1.29	0.067	92.8	1.6	87.3	15.90	0.1	323.8	0.00

注:CEC:阳离子交换量;HA:胡敏酸;FA:富里酸。

土壤腐殖质化度(胡敏酸总量/土壤全碳量)是衡量土壤腐殖质品质优劣的标志之一。从表 2-8 可见,对照地土壤胡敏酸含量极少(痕量),经过治理后,腐殖化度均有一定程度的提高,其大小顺序为模式Ⅳ>模式Ⅲ>模式Ⅱ>模式Ⅰ>对照Ⅰ、对照Ⅱ、对照Ⅲ,治理后土壤 HA/FA 比值亦变大,说明治理后,土壤腐殖质品质得到了提高。

4. 不同退耕模式土壤物理性质

土壤颗粒组成是构成土壤结构体的基本单元,并与成土母质及其理化性状和侵蚀强度密切相关。分析结果表明(表 2-9),喀斯特严重退化地(对照Ⅰ、对照Ⅱ、对照Ⅲ)土壤具有典型的粗骨性土壤的特征,<0.001 mm 黏粒含量很少,0.001~0.05 mm 粉粒含量较高,细土部分的砂粒含量次于粉粒含量,高于黏粒含量,说明土壤矿质胶体缺乏,土壤颗粒粗大紧实,影响土壤团粒结构的形成。经过 10 a 治理后,退耕模式Ⅰ、模式Ⅱ、模式Ⅲ、模式Ⅳ的土壤颗粒组成更加趋近于合理,土壤通透性能增加,土壤物理性质改善。

由表 2-9 还可看出,模式Ⅰ、模式Ⅱ、模式Ⅲ、模式Ⅳ的各级水稳性团聚体含量较高,大小团聚体所占比例较为适宜,其中以>2 mm 团聚体占的比例最高,土壤结构性好;而对照Ⅰ、对照Ⅱ、对照Ⅲ的各级水稳性团聚体含量较低,团聚体大小的分配不合理,以>0.25 mm 团聚体所占比例最大,且团聚体从大到小所占比例有逐渐增加的趋势,土壤结构性差,部分样品中全部是>0.25 mm 的水稳性团聚体,而较大的团聚体遇水后几乎完全分散。这证明土壤正在砂化(土地石质荒漠化),因为这类土壤中>0.25 mm 水稳性结构体有很大一部分是由颗粒组成中的粗砂粒构成的。土壤水稳性团聚体数量表现为模式Ⅳ>模式Ⅲ>模式Ⅱ>模式Ⅰ>对照Ⅰ、对照Ⅱ、对照Ⅲ,表明喀斯特地区退耕还林还草措施明显提高了水稳性团聚体含量,增强了土壤抗蚀性和储水性,退耕后团聚体可在一定程度上得到恢复。

表 2-9 不同退耕模式表层土壤物理性质

退耕模式	颗粒组成/%			水稳性团聚体含量/%			团聚体破坏率/%
	1~0.05 mm	0.05~0.001 mm	<0.001 mm	>5 mm	>2 mm	>0.25 mm	
模式Ⅰ	32.65	54.25	13.10	16.5	33.4	75.7	13.3
对照Ⅰ	43.45	49.39	7.16	4.3	13.5	59.5	32.7
模式Ⅱ	27.44	54.17	18.39	21.5	35.6	78.3	12.6
对照Ⅱ	40.24	50.22	9.54	8.6	11.2	69.5	20.4
模式Ⅲ	32.21	53.64	14.15	27.8	56.4	74.2	11.3
对照Ⅲ	41.43	50.04	8.53	14.3	45.1	70.6	24.2
模式Ⅳ	30.16	52.49	17.35	17.6	45.8	77.3	8.4
对照Ⅳ	39.23	50.45	10.32	12.3	43.7	72.0	16.7

5. 不同退耕模式下土壤肥力质量综合评价

根据土壤肥力质量指标与植被生长因素密切相关且它对生大小态系统组成、物质和能量流动变化,以及管理措施有较强敏感性原则,从土壤物理、化学和生物学性质角度,选取土壤肥力综合评价指标,运用因素分析,以各主成分特征贡献率为权重,加权计算各立地土壤肥力综合指标值,结果见图 2-2。

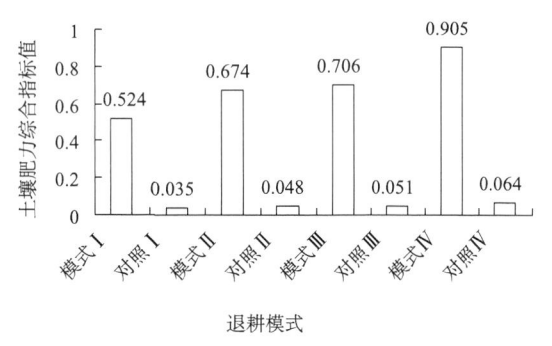

图 2-2 土壤综合肥力指标值

从图 2-2 可以看出,不同退耕还林(草)模式土壤 IFI 不一样。模式Ⅰ、模式Ⅱ、模式Ⅲ、模式Ⅳ土壤肥力综合指标值为 0.524、0.674、0.706、0.905,分别是相应对照的 15.0 倍、14.0 倍、13.8 倍、14.1 倍。由此可见,退耕后土壤肥力逐渐提高,这是由于随着时间的推移,林(草)生长速度加快,光照、土壤水分条件得到一定程度改善,凋落物量增加,土壤养分逐渐积累。同时,土壤酶活性和微生物数量得到不同程度的恢复,有利于分解枯枝落叶的真菌数量增加,导致凋落物分解速率加快。而喀斯特严重退化地(对照Ⅰ、对照Ⅱ、对照Ⅲ、对照Ⅳ)植被稀少,水土流失严重,生态条件恶劣,生物与土壤间物质和能量的交换能力减弱,自肥能力低,土壤肥力耗损十分严重,故土壤肥力综合指标值下降显著(分别为 0.035、0.048、0.051、0.064)。

综上所述,喀斯特区土壤侵蚀严重,表层土壤侵蚀殆尽,生态系统急剧恶化,土壤肥力质量极差,植被自然恢复相当困难,土壤处于逆向演替过程中,生态系统极为脆弱。采用不同退耕模式后土壤微生物数量、土壤酶活性、土壤理化性质都获得明显改善。采用工程措施和生物措施相结合的方法对严重退化喀斯特生态系统进行治理过程中，单纯种植牧草，其早期生长较好，但基肥耗尽后，牧草难以继续生长。采用较大规模工程措施种植板栗或在马尾松林下套种胡枝子及紫穗槐，林地土壤肥力恢复和林木生长较快，土壤生态系统朝着良性循环方向发展。而在离集镇较远、人为干扰少的区域，采取封山育林，土壤肥力质量可得到明显恢复。因此，要根据土壤退化状况，采取工程和生物措施结合，乔、灌、草一齐上，或封山育林，增加土地覆盖率，促进植物生长，使喀斯特区生态环境进入良性循环。

2.3 喀斯特石漠化演变过程对土壤质量性状的影响

2.3.1 研究区概况

1. 研究区概况

研究区域位于贵州省紫云县水塘镇，地理位置为106°40′18″E，25°35′41″N，面积为300 km²，林地所占面积<40%，低山丘陵的面积占总土地面积的66.7%以上。年平均气温15.3℃，最低气温5.7℃。年平均降水量1328.4 mm，主要集中分布在4~10月，年平均相对湿度79%。由于中三叠统相变带上的生物礁灰岩在云贵高原南倾大斜坡带的大面积出露，从而集中发育了典型、造型奇特雄伟的峰丛洼地与锥状峰林喀斯特。该地区属于典型的亚热带喀斯特地区，是贵州喀斯特最发育、形成环境条件最具代表性的分布地之一。该区域植被以喀斯特次生林为主，母岩以碳酸盐岩为主，土壤为石灰土。地形破碎，切割强烈，水土流失严重，岩石类型为三叠纪纯石灰岩，石漠化为其突出的生态特征。

2. 土壤样品采集

在研究区范围内，根据不同喀斯特石漠化程度选定样地，每个样地都选在一完整的岩溶地貌单元内，尽量保证地形、地貌和土地利用方式的一致性。在每个样地设一个10 m×10 m样方，土壤取样在样方内进行，采用梅花形或S形采集表层土壤（0~20 cm）15~20个土壤样品，混合制样，带回实验室，测定土壤理化性质和土壤微生物学指标。采样时间为2004年7月上旬~9月中旬。土壤样品基本上代表了贵州喀斯特地区土壤石漠化的不同演化阶段和土地利用类型（表2-10）。

表2-10 样点分布情况

石漠化程度	地理位置	样地数/个	植被类型	植被覆盖度/%	土地利用情况
正常土壤	25°27′50″N，106°32′14″E	5	玉米	75	坡耕地
轻度石漠化	25°34′41″N，106°18′39″E	6	玉米	60	弃耕地（2 a）
中度石漠化	25°40′23″N，103°36′15″E	7	蒿草	44	弃耕地（15 a）
严重石漠化	25°47′50″N，106°20′31″E	7	蒿草	17	撂荒地（7 a）
极严重石漠化	25°34′41″N，106°18′39″E	10	-	-	撂荒地（20 a）

2.3.2 结果与讨论

1. 土壤物理性质

土壤物理学特性影响土壤的通气、透气、持水、导热、抗蚀等各种功能，是反映土壤质量的一个重要方面。土壤容重、孔隙度反映了土壤紧实状况，孔隙分布可反映出土壤结构的好坏，影响土体中水、肥、气、热等肥力因素的变化与协调。在石漠化过程中伴随着土壤的粗粒化，必然引起土体的分散和结构的破坏，造成土壤物理性质的变化。从图 2-3 可以看出，正常土壤比严重石漠化土壤容重明显低，土壤总孔隙度和持水性能明显高，在植被破坏和不合理土地利用的情况下，黏粒和粉粒由于土壤侵蚀而流失，这使得土壤粗粒化，结构分散，导致土壤容重增加，孔隙度降低，持水性能下降。极严重石漠化较正常土壤容重增加 53.2%，孔隙度下降 39.7%，毛管持水量和田间持水量分别是正常土壤的 47.7% 和 42.8%。从孔隙分布看，正常土壤和轻度石漠化的土壤，毛管孔隙、通气孔隙处于较为理想的状况，而中度至极严重石漠化的土壤，总孔隙度低，而非毛管孔隙度和通气孔隙度很高，说明严重石漠化土壤主要是由单一的粗颗粒垒结而成，增加了通透性，土壤对水、肥、气、热等肥力因素的容蓄、保持和释供能力的恶化和丧失。

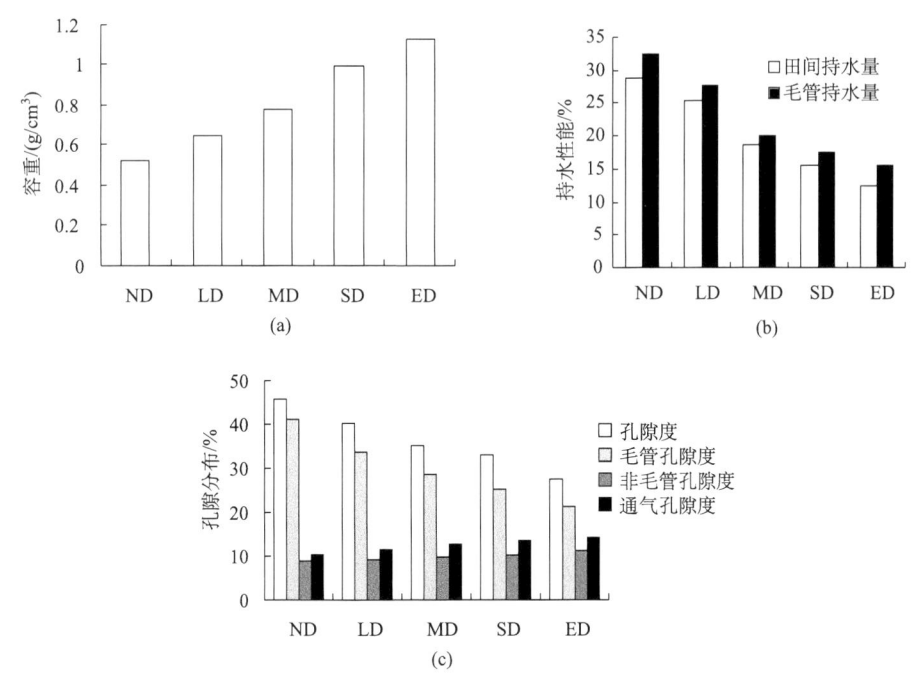

图 2-3 不同石漠化程度土壤容重、孔隙分布和持水性能

2. 土壤机械组成

土壤颗粒组成是构成土壤结构体的基本单元，并与成土母质及其理化性状和侵蚀强度密切相关。分析结果表明（表 2-11），喀斯特严重石漠化土壤具有典型的粗骨性土壤的特征，<0.001 mm 黏粒含量很少，0.001~0.05 mm 粉粒含量较高，细土部分的砂粒含量次于粉粒含量，高于黏粒含量，说明土壤矿质胶体缺乏，土壤颗粒粗大紧实，影响土壤团粒结构的形成。而正常土壤的颗粒组成则趋近于合理，土壤通透性能增加，土壤物理性质良好。在植被破坏和开垦利用后，土壤表层颗粒明显粗化，使其失去了保水保肥的物质基础，在干旱年份绝收或撂荒。由表 2-11 还可看出，正常土壤的各级水稳性团聚体含量较高，大小团聚体所占比例较为适宜，其中以>2 mm 团聚体占的比例最高，土壤结构性好；而不同石漠化程度土壤的各级水稳性团聚体含量较低，大小团聚体的分配不合理，以>0.25 mm 团聚体所占比例最大，且团聚体从大到小所占比例有逐渐增加的趋势，土壤结构性差，部分样品中全部是>0.25 mm 的水稳性团聚体，而较大的团聚体遇水后几乎完全分散。这证明土壤正在砂化（土地石质荒漠化），因为这类土壤中>0.25 mm 水稳性结构体有很大一部分是由颗粒组成中的粗砂粒构成的。土壤水稳性团聚体数量表现为正常土壤>轻度石漠化>中度石漠化>严重石漠化>极严重石漠化。不同石漠化程度的土壤机械组成差异表明，合理的土地利用和生态重建会使土壤质量向良性方向演化，反之土壤发生严重侵蚀，将很快演化为粗骨土。可以说，广种薄收的土地利用方式是喀斯特地区土壤石漠化蔓延的主要根源之一。

表 2-11 不同石漠化程度对土壤机械组成的影响

石漠化程度	土壤颗粒组成/%					水稳性团聚体/%			团聚体破坏率/%
	1.00~0.05 mm	0.05~0.01 mm	0.01~0.005 mm	0.005~0.001 mm	<0.001 mm	>5 mm	>2 mm	>0.25 mm	
正常土壤	0.19	45.32	13.61	17.69	23.19	27.8	59.4	43.3	11.3
轻度石漠化	1.21	47.25	19.32	18.68	13.54	16.5	56.1	69.5	12.6
中度石漠化	4.15	51.07	25.47	12.59	6.72	11.5	35.6	74.2	13.3
严重石漠化	8.21	55.62	15.22	15.38	5.57	8.6	13.5	75.7	20.4
极严重石漠化	10.32	65.41	9.41	11.42	3.44	4.3	11.2	78.3	32.7

3. 土壤养分

土壤有机质是评价土壤肥力质量的一项重要指标，与多种土壤养分相关，同时对土壤持水供水能力、孔隙度和团聚体等物理性质有重要的影响。土壤有机碳和全氮量一定程度上反映了土壤环境因素组合的最佳程度。由表 2-12 可看出，表层土壤有机质含量从正常土壤的 53.21 g/kg 下降到极严重石漠化土壤的 8.22 g/kg，降幅达 80% 以上。不同石漠化程度下土壤有机质、全氮的水平只是正常土壤的 15.4%~66.6% 和 14.8%~56.7%，说明喀斯特地区在植被破坏后，土壤养分随之丧失，逐渐失去了农业生产的土壤营养物质基础,虽然在人为长期合理的利用和培肥下有一定程度的恢复,但碳、氮库容的恢复和重建将是一个十分漫长的过程。由表 2-12 还可看出,严重石漠化地由于土层裸露,立地条件严重恶化,速效养分含量更是贫乏,侵蚀地寸草不生(土地石漠化),土壤抗侵蚀性能很差,生境处于恶性循环阶段,土壤质量日趋下降。土壤阳离子交换量(CEC)是反映土壤保持养分和缓冲能力的重要指标。从表 2-12 可见,正常土壤阳离子交换量分别是石漠化土壤的 1.2~3.8 倍,说明在喀斯特石漠化过程中,土壤保肥性能逐渐地恶化。实地调查结果表明,采用退耕还林或封山育林措施后,土壤营养元素供应容量和供应强度有一定程度的改善。

表 2-12 不同石漠化程度对土壤养分的影响

石漠化程度	pH (H_2O)	有机质 /(g/kg)	全氮 /(g/kg)	碱解氮 /(mg/kg)	速效磷 /(mg/kg)	速效钾 /(mg/kg)	CEC /(cmol/kg)	腐殖质组成(占土壤总有机碳量)		
								HA /(g/kg)	FA /(g/kg)	HA/FA
正常土壤	7.25	53.21	7.56	281.52	5.75	110.21	37.42	91.2	241.3	0.38
轻度石漠化	7.37	35.45	4.29	143.31	2.83	75.10	30.53	52.7	362.0	0.15
中度石漠化	7.16	17.33	2.34	68.25	1.57	62.34	21.37	33.2	285.2	0.12
严重石漠化	7.58	12.67	1.57	44.42	1.12	35.27	15.22	11.1	370.6	0.03
极严重石漠化	7.20	8.22	1.12	22.35	0.24	25.31	9.75	0.1	311.3	0.00

土壤腐殖质是有机物在土壤酶及微生物作用下形成的,并在一定的条件下缓解分解释放养分供植物生长,而且对土壤理化性质也有很大的影响,对评价土壤质量有重要作用。土壤腐殖质化度(胡敏酸总量/土壤全碳量)是衡量土壤腐殖质品质优劣的标志之一。结果表明(表 2-12),严重石漠化土壤胡敏酸含量极少(痕量),经过植被恢复后,腐殖化度均有一定程度的提高,正常土壤 HA/FA 比值亦变大,说明生态恢复后提高了土壤腐殖质品质。其大小顺序为:正常土壤>轻度石漠化>中度石漠化>严重石漠化>极严重石漠化。

4. 土壤微生物

在土壤质量的演变过程中,土壤微生物参与土壤的碳、氮、磷等元素的循环过程和土壤矿物的矿化过程。微生物是供给植物营养元素的活性库,微生物种群数量的消长,一般能反映土壤肥力的变化。喀斯特地区的土壤遭到严重侵蚀后,土壤肥力严重退化,这在土壤微生物数量上得到最为明显的体现。结果表明(表 2-13),严重石漠化地土壤细菌、真菌和放线菌数量最低,其微生物总数极低(5.94×10^3 个/g 干土),这与严重退化地的植被稀疏、有机质含量极低相关。随着石漠化程度的加剧,土壤微生物数量呈降低趋势,正常土壤细菌、真菌、放线菌和固氮菌及微生物总数分别是石漠化土壤的 1.4~29.3 倍、1.0~2.9 倍、1.3~6.6 倍和 1.6~46.3 倍及 1.1~32.1 倍。由于土壤微生物积极参与土壤中物质转化过程,其数量直接影响土壤供肥和保肥能力。在陆地生态系统中，土壤微生物生物量作为有机质降解和转化的动力，是植物养分重要的源和库，对植物营养元素转化、有机碳代谢具有极其重要的作用，通常以微生物生物量碳含量来表示。由表 2-13 可看出，不同石漠化程度的土壤微生物生物量碳差异明显，正常土壤分别是石漠化土壤的 2.6~39.3 倍，降幅达 97.5%，这与土壤微生物总数密切相关。

表 2-13　不同石漠化程度对土壤微生物的影响

土壤微生物指标	正常土壤	轻度石漠化	中度石漠化	严重石漠化	极严重石漠化
细菌/(×10³ 个/g)	132.83	94.15	78.22	61.53	4.54
真菌/(×10³ 个/g)	4.61	4.41	1.74	1.61	0.0
放线菌/(×10³ 个/g)	20.51	15.35	10.37	4.23	3.10
固氮菌/(×10³ 个/g)	58.75	37.71	17.53	7.32	1.27
总数/(×10³ 个/g)	190.50	177.82	87.86	70.87	5.94
微生物生物量碳/(mg/kg)	342.52	134.32	92.43	67.27	8.71

5. 土壤酶活性

由土壤微生物生命活动和植物根系产生的土壤酶，不但在土壤物质转化和能量起着主要的催化作用，而且通过它对进入土壤的多种有机物质和有机残体进行生物化学转化，使生态系统的各种组分有了功能上的联系，从而保证了土壤生物化学的相对稳衡状态。土壤酶对因环境或管理因素引起的变化较为敏感，并具有较好的时效性，是反映土壤质量或土壤健康较为敏感的指标。土壤酶活性是土壤肥力的重要组成部分，研究酶活性强度将有助于了解土壤肥力状况和演变。一般土壤有机残体分解强度差异可由于土壤水解酶活性强弱得到解释，而氧化还原酶活性则可用来解释土壤中腐殖质再合成强度。分析结果表明（表 2-14），石漠化土壤各类酶的活性和土壤呼吸作用微弱，正常土壤的脲酶、蔗糖酶和蛋白酶分别是石漠化土壤的 3.9 倍、6.3 倍和 4.2 倍。土壤蔗糖酶直接参与土壤碳素循环，而蛋白酶则直接参与土壤中含氮有机化合物的转化。发生石漠化后，以上三种水解酶活性明显降低，表明土壤中碳元素和氮元素营养循环强度有不同程度减弱，土壤肥力在不断恶化过程中。

表 2-14　不同石漠化程度对土壤酶活性的影响

石漠化程度	脲酶/(mg/g)	蔗糖酶/(mg/g)	蛋白酶/(mg/100g)	碱性磷酸酶/(mg/100g)	过氧化氢酶(0.1mol/L KMnO₄)/(mL/g)	多酚氧化酶(0.01mol/L I₂)/(mL/g)	土壤呼吸作用强度(CO₂)/(mg/(20g·24h))
正常土壤	5.953	4.62	52.617	1.724	0.53	6.42	0.175
轻度石漠化	3.828	2.21	39.216	1.158	0.47	4.28	0.132
中度石漠化	3.412	1.87	30.626	0.986	0.35	3.97	0.089
严重石漠化	2.263	0.90	18.851	0.321	0.16	1.13	0.024
极严重石漠化	1.517	0.73	12.545	0.257	0.10	1.05	0.023

喀斯特地区土壤磷元素普遍缺乏，往往成为林木生长的限制因素，严重退化地磷元素缺乏更为明显，而土壤碱性磷酸酶酶促作用加速土壤有机磷的脱磷速度，可提高磷元素有效性。分析结果表明（表 2-14），石漠化过程对碱性磷酸酶活性影响较为明显，其中正常土壤碱性磷酸酶活性是严重石漠化土壤的 5.3 倍，极严重石漠化土壤的 6.7 倍，这对表征严重缺磷的喀斯特地区供磷状况有一定指示意义。从表 2-14 还可看出，在石漠化过程中，过氧化氢酶和多酚氧化酶活性亦有较大幅度的降低，如正常土壤过氧化氢酶和多酚氧化酶活性分别是石漠化土壤的 1.1～5.3 倍和 1.5～6.1 倍，表明喀斯特石漠化过程中土壤氧化还原能力减弱，从而不利于土壤中某些有毒物质转化和土壤腐殖质形成。

6. 土壤质量退化的过程

土壤质量退化受环境生态演化和人为干扰及其强度的制约，因此其退化过程在时空上也有与之相应的演化类型。在喀斯特地区，由于地表破碎，成土过程缓慢，生态系统稳定性差，人为活动（不合理利用等）是喀斯特环境土壤侵蚀和石漠化的主要原因（如生物多样性衰减、陡坡开垦等）。土壤质量退化一般可以分为两种形式：一是渐变型退化，是从正常土壤→轻度石漠化→中度石漠化→严重石漠化→极严重石漠化的退化过程，当植被破坏后，随着人类利用土地强度的加大，土壤侵蚀逐渐加剧，其作用是渐进的、平稳的，随着时间的推移，土壤质量逐渐退化，退化的程度从轻度发展到极严重程度；二是跃变型退化，从正常土壤直接到极严重石漠化的退化过程，这种情形多半发生在陡坡开荒（>25°），在持续不断并逐渐加剧的自然和人为因素的干扰下，土壤质量产生退化阶段上不连续的退化过程，不合理的耕作方式和过度开垦，造成严重的水土流失，使正常土壤在短期内丧失土地生产能力，导致基岩大面积裸露，而呈现大规模的石漠化景观。

喀斯特地区的土壤质量退化，既有生态系统本身自然属性决定的内在原因，如喀斯特环境独特的二元三维结构及其脆弱的生态环境特征，又有人为外部干扰的外在原因，如人类对岩溶生态系统的破坏和土地不合理利用。因此，对退化土壤的恢复和改造及其合理利用，首先应增加植被覆盖率，促进林木生长，改善小生境，使土壤生态系统朝着良性循环方向发展；或采取退耕还林和工程措施相结合，加强基本农田建设，切实保护耕地，重视土壤肥力的培育与管理，促进土壤质量的持续稳定发展。

在喀斯特石漠化过程中，伴随着土壤细粒组成的丧失和颗粒的粗化，土体结构破坏，容重增加，孔隙度降低，持水性能变劣，土壤有机质和氮、磷养分逐渐丧失。土壤质量退化的演变，既有岩溶生态系统本身自然属性决定的原因，又有人为外部干扰的外在原因。退化的过程既有渐变型，又有跃变型。退化演变的结果是成土过程中断或发生基岩大面积裸露向大规模石漠化景观演变。

2.4 喀斯特环境退化对土壤质量的生物学特性影响

2.4.1 材料和方法

1. 材料

研究区域位于贵州省紫云县宗地乡，地理位置为 106°40′18″E，25°35′41″N，面积为 300 km²，林地面积＜40%。年平均气温 15.3℃，最低气温 5.7℃。年平均降水量 1328.4 mm，主要集中分布在 4～10 月，年平均相对湿度 79%，属典型的亚热带喀斯特生态环境。该区域植被以喀斯特次生林为主，母岩以碳酸盐岩为主，土壤为黑色石灰土。土壤样品采集：按不同植被类型（森林→灌木林→灌丛→草地→裸荒地）进行。每个类型设一个 10 m×10 m 植被样方，土壤取样在样方内进行，采用梅花形或 S 形混合取样法采集表层土壤（0～20 cm）。采样时间为 2001 年 7 月上旬～9 月中旬，供试土壤的基本情况见表 2-15。

表 2-15 土壤取样点的描述

植被类型	海拔/m	枯落物量/(kg/m²)	土壤含水量/%	pH（H$_2$O）
森林	1320	1.20	55.2	7.43
灌木林	1200	0.85	46.4	7.21
灌丛	980	0.78	31.8	6.90
草地	750	0.21	27.9	6.48
裸荒地	910	0	25.4	6.00

2. 方法

土壤微生物记数：细菌——牛肉膏蛋白胨琼脂平板表面涂布法；真菌——马丁氏（Martin）培养基平板表面涂布法；放线菌——改良高氏一号合成培养基平板表面涂布法；硝化细菌——Stephenson 培养基 MPN 法；亚硝化细菌——MPN 法；固氮细菌——阿西比（Ashby）无氮琼脂平板表面涂布法；纤维素分解菌——表面涂布法；氨化细菌——蛋白胨琼脂表面涂布法。

土壤生化作用强度：土壤氨化作用强度——土壤培养法；硝化作用强度——溶液培养法；固氮作用强度——土壤培养法；纤维素分解强度——埋片法；土壤呼吸作用采用碱吸收滴定法，计算 CO$_2$ 释放量。

土壤酶活性：脲酶——苯酚钠比色法；蛋白酶——铜盐比色法；过氧化氢酶——高锰酸钾滴定法；多酚氧化酶——碘量滴定法；碱性磷酸酶——磷酸苯二钠比色法；蔗糖酶——3,5-二硝基水杨酸比色法；脱氢酶——比色法。

2.4.2 结果与讨论

1. 不同植被类型的土壤微生物

土壤微生物是维持土壤质量的重要组成部分，在枯枝落叶分解、腐殖质合成、土壤养分循环、物质和能量的代谢过程中，起着十分重要的作用。土壤微生物的数量分布，不仅是土壤中有机养分、无机养分以及土壤通气透气性能的反映，也是土壤中微生物活性的具体体现。

1) 土壤微生物区系

分析结果表明（表2-16），不同植被退化类型下土壤细菌、真菌、放线菌的数量有明显差异，与森林土壤相比，灌木林、灌丛土壤微生物总数下降53.76%和60.80%，其中土壤细菌、真菌数量分别下降55.14%和61.75%、35.24%和48.94%，而灌木林、灌丛土壤放线菌数量却比森林的有明显增加（灌木林、灌丛土壤放线菌的数量是森林的3.14倍和2.27倍），这可能与灌木林、灌丛凋落物含有较多木质化纤维成分，从而刺激了参与难分解物质转化的放线菌数量增加有关。从表2-16中还可见，森林土壤细菌、真菌和放线菌数量分别占微生物总数97.53%、2.11%和0.36%，说明土壤细菌在喀斯特森林凋落物分解过程中起重要作用。

表 2-16 不同植被类型土壤微生物数量　　　　（单位：个/g 干土）

植被类型	细菌	真菌	放线菌	总数	氨化细菌	硝化细菌	纤维素分解菌	固氮菌
森林	13 248.8	286.9	48.6	13 584.3	7635.3	1.14	56.7	1.28
灌木林	5943.1	185.8	152.5	6281.6	3058.3	0.78	38.1	0.81
灌丛	5068.0	146.5	110.4	5324.9	2867.6	0.65	30.7	0.60
草地	4736.0	136.8	27.6	4900.4	2648.8	0.54	28.5	0.46
裸荒地	3028.0	129.4	18.2	3175.6	1038.6	0.38	8.6	0.33

与灌丛相比，草地和裸荒地土壤微生物总数分别下降19.24%和40.36%，其中土壤细菌数量分别下降18.39%和40.25%，土壤真菌数量分别下降6.62%和11.67%，土壤放线菌数量分别下降75%和83.51%，下降程度表现为放线菌>细菌>真菌。土壤微生物3大类群的数量与其发挥的生态功能密切相关，数量的减少反映出土壤质量的下降。

2) 土壤微生物主要生理类群

土壤微生物是土壤中各种生物化学过程的主要调节者，各主要生理类群直接参与土壤中碳、氮等营养元素循环和能量流动，其数量和活性是反映土壤质量的主要生物学指标。结果表明（表2-16），从森林→灌木林→灌丛→草地→裸荒地演替过程中，土壤微生物各主要生理类群均呈下降的趋势。与森林相比，灌木林、灌丛土壤氨化细菌、硝化细菌数量分别下降59.95%和62.44%、31.58%和42.98%，与灌丛相比，草地和裸荒地土壤氨化细菌数量分别下降7.63%和63.78%，土壤硝化细菌数量则分别下降16.92%和41.54%。土壤中氨化细菌和硝化细菌直接参与分解土壤中有机态氮，喀斯特生境退化后土壤中这两类土壤微生物数量减少，降低了土壤的供氮能力。

纤维素是组成森林枯枝凋落物的主要成分，纤维素分解菌积极参与植物残体中纤维素的分解。灌木林和灌丛土壤纤维素分解菌与森林相比分别下降32.80%和45.86%，草地和裸荒地土壤纤维素分解菌，与灌丛相比则分别下降29.97%和71.99%（表2-16）。土壤纤维素分解菌数量降低，直接影响到植物残体转化速度，使土壤中难分解的植物残体积累量增加。土壤中固氮作用是土壤氮元素的重要来源之一，从表2-16中可见，与森林相比，灌木林和灌丛土壤固氮菌数量分别下降36.72%和53.13%，与灌丛相比，草地和裸荒地土壤固氮菌数量急剧下降，下降幅度达64.06%和74.22%。土壤中固氮菌数量降低，与土壤pH随植被退化而降低有关（表2-16）。

由以上分析可见，随着喀斯特生境的退化与人为活动的干扰，水土流失加剧，使土壤中积累的大量养分通过挥发、流失等而损失，土壤中腐殖质数量减少，其品质下降，土壤中易分解物质（特别是碳、氮等）的储量亦减少，参与碳、氮转化的氨化细菌、硝化细菌数量明显降低；土壤pH降低，直接导致固氮数量减少；纤维素分解菌数量降低，使土壤中积累了大量的难分解的植物残体。因此，随着喀斯特生境的逆向演替，土壤环境愈来愈不利于有益微生物的繁殖和活动，从而大大削弱土壤中碳、氮营养元素的循环速率和能量流动。

2. 土壤酶活性

土壤酶与土壤微生物共同推动土壤的代谢，营养物质的转化速度主要取决于酶促作用。土壤酶活性是反映土壤质量的生物学指标。

1）土壤水解性酶活性

分析结果（表2-17）表明，森林土壤脲酶、蔗糖酶、蛋白酶活性均比灌木林、灌丛土壤的高，其中土壤脲酶活性分别是灌木林、灌丛的1.47倍和11.65倍。与森林的相比，草地和裸荒地土壤脲酶活性分别下降42.03%和55.27%，土壤蔗糖酶活性分别下降35.43%和59.45%，土壤蛋白酶活性分别下降28.23%和49.53%。土壤中蔗糖酶直接参与土壤碳元素循环，而土壤脲酶和蛋白酶则直接参与土壤含碳有机化合物的转化，其活性强度常用来表征土壤氮元素供应强度。喀斯特环境退化后，以上3种土壤酶活性降低，削弱了土壤中碳和氮营养循环。

土壤碱性磷酸酶酶促作用能加速土壤有机磷的脱磷速度，从而提高磷的有效性。分析结果（表2-17）表明，与森林土壤相比，灌木林、灌丛土壤碱性磷酸酶活性分别下降27.08%和36.98%；与灌丛相比，草地和裸荒地土壤碱性磷酸酶活性分别下降18.36%和44.63%，从而在一定程度上削弱了土壤供磷能力。

2) 土壤氧化还原酶活性

分析结果（表 2-17）表明，森林退化成灌丛后，土壤多酚氧化酶和过氧化氢酶均明显下降，其中森林土壤过氧化氢酶、多酚氧化酶活性是灌丛的 1.30 倍和 1.57 倍；与灌丛相比，草地和裸荒地土壤过氧化氢酶活性分别下降 25.53% 和 65.96%，土壤多酚氧化酶活性分别下降 11.45% 和 41.36%。

表 2-17 不同植被类型土壤酶活性

植被类型	脲酶 /(mg/g)	蔗糖酶 /(mg/g)	蛋白酶 /(mg/100g)	碱性磷酸酶 (酚)/(mg/100g)	过氧化氢酶 (0.1mol/L KMnO$_4$) /(mL/g)	多酚氧化酶 (0.01mol/L I$_2$) /(mL/g)
森林	5.627	2.54	42.675	1.625	0.61	6.70
灌木林	3.828	2.21	38.216	1.185	0.53	5.43
灌丛	3.412	1.87	32.617	1.024	0.47	4.28
草地	3.262	1.64	30.626	0.986	0.35	3.97
裸荒地	2.517	1.03	21.538	0.567	0.16	2.51

注：酶活性的表示：脲酶（氨态氮，mg/g，土，37℃，24h）；蔗糖酶（葡萄糖，mg/g，土，37℃，24h）；蛋白酶（氨基氮，mg/100g，土，30℃，24h）；碱性磷酸酶（酚，mg/100g，土，37℃，24h）；过氧化氢酶（0.1mol/L KMnO$_4$，mL/g）；多酚氧化酶（0.01mol/L I$_2$，mL/g）。

从以上分析可见，在喀斯特环境演替过程中（森林→灌木林→灌丛→草地→裸荒地），土壤有机残体分解速度及腐殖质再合成能力均有明显的下降，这与酶促作用底物浓度降低有关，因为随退化程度加剧，土壤有机质和腐殖质数量减少，土壤腐殖质品质下降，土壤中黏粒含量和土壤酸度降低，土壤微生物数量减少，这些变化均导致土壤酶活性减弱。

3. 土壤微生物生化作用强度

土壤氨化、硝化、固氮及纤维素分解作用的强度是在土壤微生物各主要生理类群直接参与下进行的，这些微生物群体的协调对维持土壤生态系统的碳、氮平衡起着重要的作用。而土壤中呼吸作用强度则主要是由土壤微生物、植物根系和动物生命活性组成，一般可以把土壤呼吸作用强度作为衡量土壤微生物活性的总的综合指标之一。土壤微生物活动是土壤呼吸作用的主要来源，代表了土壤碳元素的周转速率及微生物的总体活性，并在一定程度上能反映土壤环境质量的变化情况。

分析结果（表 2-18）表明，喀斯特森林退化为灌丛后，土壤生化作用强度明显下降，其中土壤氨化作用、硝化作用、固氮作用和纤维素分解强度分别下降 45.75%、46.32%、55.02% 和 43.77%，土壤 CO_2 释放量下降 25.38%。与灌丛相比，草地和裸荒地土壤氨化作用强度分别下降 10.24% 和 35.84%，硝化作用强度分别下降 14.52% 和 29.84%，固氮作用强度分别下降 12.50% 和 35.27%，纤维素分解强度分别下降 12.62% 和 27.73%，CO_2 释放量分别下降 33.60% 和 51.82%。这表明喀斯特环境退化后,土壤生化作用强度明显下降,削弱了土壤中速效养分的供应强度,直接导致土壤质量的下降。

表 2-18 土壤生化作用强度

植被类型	氨化作用/(g/kg)	硝化作用/(g/kg)	固氮作用/(g/kg)	纤维素分解强度/(g/kg)	呼吸作用(CO_2)/($\mu L/(g \cdot h)$)
森林	0.612	0.231	0.498	10.783	33.1
灌木林	0.384	0.165	0.267	6.835	29.5
灌丛	0.332	0.124	0.224	6.063	24.7
草地	0.298	0.106	0.196	5.298	16.4
裸荒地	0.213	0.087	0.145	4.382	11.9

贵州高原喀斯特地貌发育强烈,生态环境极其脆弱。近年来,由于人类活动的干扰和破坏,陡坡开荒十分普遍,水土流失严重,喀斯特环境日益恶化。研究表明,喀斯特环境退化(森林→灌木林→灌丛→草地→裸荒地)过程中,土壤有机残体分解速度及腐殖质合成能力均有明显的下降,土壤中黏粒含量和土壤酸度降低。随着退化程度加剧,土壤有机质和腐殖质数量减少,土壤腐殖质品质劣化,土壤微生物总数下降,主要微生物类群(优势类群)所占比例亦有所变化,土壤微生物各主要生理类群数量明显减少,土壤酶活性、土壤呼吸作用强度减弱,土壤生化作用强度也呈降低趋势。由此可见,土壤微生物活性降低是表征喀斯特环境演替过程中土壤质量下降的重要生物学特征之一。

2.5 喀斯特石漠化过程土壤质量变化及生态环境影响评价

喀斯特石漠化以脆弱的生态地质环境为基础,以强烈的人类活动为驱动力,以土地生产力退化为本质,以出现类似荒漠景观为标志。目前对于石漠化的特点、成因、生态治理原则以及关于喀斯特土壤质量退化已进行了一些研究,但对喀斯特石漠化形成机理和过程的研究主要在生态地质环境、生物群落演变等方面,在宏观上对石漠化有了比较一致的定性认识,即石漠化主要标志是基岩裸露率高、植被覆盖率低、土被连续性差及土层浅薄。然而,仅从宏观上对石漠化过程及程度进行评价存在一定的局限性,在喀斯特地区同时出现岩石出露率高、植被覆盖率高的原生景观。因此,需要从微观上定量地研究石漠化过程中环境质量的变化,才能对石漠化形成机理和过程进行系统研究,建立完整评价石漠化程度和潜在危害性的指标体系。以贵州中部喀斯特石漠化区作为研究区域,从土壤质量的变化研究石漠化的发生及其演变规律,探讨石漠化过程中土壤质量的变化及其对生态环境的影响,并筛选适合的土壤质量指标对石漠化的生态环境影响进行评价,为喀斯特地区植被恢复、土壤资源利用以及生态恢复提供科学依据。

2.5.1 调查地区基本概况

本研究调查区分三个区域,即北盘江(花江)峡谷区、清镇峰林区和花溪峰丛区。花江峡谷区属亚热带湿热河谷气候,年均温为17～18℃,≥10℃的活动积温为5800～6130℃,年降雨量为1200 mm左右;区内是逆断层向斜地质构造,河流深切,海拔变化范围在400～1470 m,成土母岩主要是白云质灰岩、泥质灰岩,其次是白云岩,土壤类型主要是黑色石灰土、黄色石灰土,植被稀疏,森林覆盖率不足5%,植被覆盖率为10%～90%,岩面出露率(岩石出露的面积占土地面积的百分率,包括有植被覆盖的岩石出露面积)为40%～90%,基岩裸露率(没有植被覆盖情况下岩石出露的面积占土地面积的百分率)为50%～80%,土地开垦率(长期种植农作物的耕地面积占土地面积的百分率)为10%～70%;从整体来看,属中强度喀斯特石漠化区。清镇峰林区、花溪峰丛区属典型的亚热带湿润气候,年均温在14.5～15.5℃,≥10℃的活动积温为4800～5600℃,年降雨量为1100～1200 mm,海拔变化范围一般为1000～1400 m,成土母岩主要是白云质灰岩、灰质白云岩,其次是白云岩,森林覆盖率为5%～15%,植被覆被率为10%～90%,岩面出露率为30%～90%,基岩裸露率为30%～60%,土地开垦率为10%～70%;从整体来看,属轻度喀斯特石漠化区。

本研究采用样地调查的方法,在地形地貌、坡度以及岩性(白云质灰岩和灰质白云岩)相对一致下,对不同植被条件的坡地设置样地(15 m×20 m)进行植被和土壤调查,在研究区域内共选择了4块阔叶林(乔木)地、12块灌木林地、8块灌丛草地和5块稀疏草地进行土壤样品采集,其中1～11号为花江峡谷区土壤,12～20号为清镇峰林区土壤,21～29号为花溪峰丛区土壤(表2-19);同时对每块样地的主要植物种类进行鉴定,其中乔木树种主要由香椿(*Toona sinensis*)、乌桕(*Sapium rotundifolium*)、香叶树(*Lindera communis*)、密花树(*Rapanea neriifolia*)、枫香(*Liquidambar formosana*)、朴树(*Celtis sinensis*)、圆果化香(*Platycarya longipes*)等组成;灌木树种主要由花椒(*Zanthoxylum bungeanum* Maxim)、火棘(*Pyracantha flrtuneana*)、构树(*Broussonetia papyrifera*)、小果蔷薇(*Rosa cymosa*)、月月青(*Itea ilicifolia*)、悬钩子(*Rubus palmatus*)等组成;草本植物主要由五节芒(*Miscanthus floridulus*)、扭黄茅(*Heteropogon contortus*)、狗牙根(*Cynodon dactylon*)、莎草(*Cyperus* sp.)等组成。另外,对每块样地的植被覆盖率、岩面出露率、土地复垦率等景观指标进行调查及分级(按10%为一个等级,从0～100%分10级),具体方法是在调查的样地上,测定出露在土体表面上基岩的面积,计算岩面面积占全部土地面积的百分率;同时测定种植农作物的耕地面积,计算旱地面积占全部土地面积的百分率;另外,在样地内选择样方面积为5 m×5 m的小区测定植被覆盖率。每块样地的植被覆盖等级(VD)、岩面出露等级(RD)、土地复垦等级(LD)见表2-19。

表 2-19 喀斯特石漠化区土壤理化性质

土壤编号	土地利用方式	pH(H₂O)	有机质/(g/kg)	全氮/(g/kg)	全磷/(g/kg)	有效钾/(mg/kg)	碱解氮/(mg/kg)	速效磷/(mg/kg)	速效钾/(mg/kg)	<0.01mm/%	<0.001mm/%	VD	RD	LD
1	灌木林地	7.82	147.5	8.07	1.48	305	442	10.5	145	45.2	23.8	9	8	1
2	灌丛草地	7.18	78.0	3.27	0.81	200	285	5.4	65	69.9	41.8	7	4	3
3	灌木林地	6.81	92.2	5.2	0.44	288	350	6.8	60	65.9	37.7	8	7	1
4	灌木疏林地	7.78	48.4	2.91	0.39	237	223	1.4	67	79.2	58.1	3	8	5
5	灌木疏林地	8.02	32.8	2.36	0.43	250	189	1.9	62	69.9	50.5	2	7	7
6	稀疏草地	7.71	20.8	1.72	0.70	276	113	2.3	78	79.5	64.2	1	9	3
7	灌木林地	8.02	44.2	3.29	1.02	300	198	3.6	85	70.4	41.4	3	7	2
8	灌丛草地	7.75	57.3	3.84	1.10	275	241	2.7	105	63.4	37.6	6	8	1
9	灌丛草地	7.45	42.7	3.38	1.06	318	195	5.4	70	74.1	52.1	5	6	4
10	灌木疏林地	8.04	39.1	2.49	0.73	272	158	2.1	90	76.5	50.1	4	7	5
11	稀疏林地	7.44	17.4	1.78	0.36	245	90	2.5	92	74.5	50.0	1	7	7
12	阔叶林地	7.24	198.8	10.3	1.16	360	508	12.8	175	43.6	22.3	9	8	1
13	阔叶疏林地	7.47	87.85	4.59	0.71	325	268	4.4	112	55.0	27.4	7	9	3
14	灌木林地	7.60	117.2	6.70	1.71	390	363	6.8	90	64.3	34.1	8	8	2
15	灌丛草地	6.95	82.4	3.46	0.84	350	236	4.8	145	67.2	33.2	7	4	2
16	灌丛草地	7.45	75.4	4.68	0.94	412	238	5.8	177	71.2	49.8	5	7	1
17	灌丛草地	7.20	56.2	2.61	0.41	400	182	3.2	150	76.5	43.6	3	9	3
18	灌丛草地	6.49	64.5	3.38	0.46	275	214	7.2	88	71.3	44.1	4	6	5
19	灌丛草地	6.99	31.9	1.95	0.35	210	135	2.0	65	74.1	48.5	5	8	3
20	稀疏草地	7.54	33.9	5.05	0.91	205	203	6.0	87	80.7	51.4	1	9	5
21	阔叶林地	7.75	100.1	5.29	0.86	380	445	6.2	125	47.6	26.2	9	3	1
22	灌丛草地	7.15	75.2	4.49	0.80	310	275	6.5	160	50.2	28.8	9	7	1
23	灌丛草地	7.28	55.8	2.75	0.88	330	178	5.2	125	68.2	47.1	7	8	2
24	灌木林地	6.85	54.7	2.72	0.42	400	177	4.4	185	69.9	50.5	6	5	1
25	灌木林地	7.53	84.3	4.43	0.67	265	264	6.8	95	46.6	24.7	8	8	1
26	灌丛草地	7.49	129.1	6.85	1.28	365	419	9.4	115	49.5	28.8	9	7	1
27	灌丛草地	7.10	51.4	2.76	0.59	295	208	4.4	120	65.9	41.8	7	8	4
28	灌丛草地	7.12	38.1	4.57	0.54	260	212	2.4	145	73.4	47.6	4	9	2
29	稀疏草地	7.68	18.4	1.82	0.53	190	64	1.8	60	78.9	51.7	1	8	7

2.5.2 结果与分析

1. 喀斯特石漠化过程土壤-植物系统变化及其对生态环境的影响

在人为干扰下南方喀斯特森林普遍退化，其群落演变过程为顶级常绿落叶阔叶混交林阶段→乔林阶段→灌乔过渡阶段→灌木灌丛阶段→灌草群落阶段→草本群落阶段，随着森林群落退化度的增加，群落高度逐渐下降，层次分化简单，形成结构与功能不完整的生态系统。本研究区目前多数是乔灌、灌木灌丛、灌草群落，局部地区只有零星的草被植物，其数量、盖度均不足以形成一个层次。由于生物群落的演变，土壤的理化性质也发生变化。从表 2-19 看出，不同群落下喀斯特土壤黏粒含量出现明显的差异，小于 0.01 mm 黏粒含量的变化范围达 43.6%～80.7%，小于 0.001 mm 的黏粒含量的变化范围在 22.3%～64.2%，由此可见，不同群落之间土壤质地发生了变化，随着群落退化程度的提高，土壤质地逐渐向黏质化方向发展。喀斯特群落的变化同样使土壤有机质含量发生改变，其变化范围达到 18.4～198.8 g/kg，随着群落的明显退化，土壤有机质含量急剧下降，其原因是喀斯特群落的退化造成生物量下降，使土壤有机质的来源减少；同时由于生境向旱生方向演变，土壤有机质分解速度加快，从而使土壤有机质含量迅速降低。从表 2-19 还可看出，喀斯特石漠化地区不同群落下土壤主要养分的数量也发生了变化，土壤全氮、全磷含量的变化范围分别是 1.82～10.3 g/kg、0.35～1.71 g/kg，土壤酸溶性钾含量是 190～412 mg/kg，土壤速效氮、速效磷和速效钾含量的变化范围分别为 64～508 mg/kg、1.4～12.8 mg/kg、60～185 g/kg，群落退化后土壤主要有效养分的含量出现下降，特别是生长零星草被植物的土壤，速效氮、速效磷、速效钾含量低于一般植物生长的需求水平，即土壤达到缺素水平，因而土壤养分降低的同时，植物可利用的养分也相应地减少，造成植株低营养的胁迫生长，植株生长速率和生物量明显下降。

可见，随着喀斯特群落退化度的增加，土壤出现黏质化，有机质含量急剧下降，引起土壤板结，使土壤透水能力下降，地表径流强度增加，水土流失风险明显提高；同时地表土壤蓄水能力减弱，相对湿度降低，生境条件向干旱、温度变化剧烈、空气湿度小的严酷生境演变，从而影响植物的种群结构，生物多样性明显减少，土壤质量逐渐退化，增加了生态环境的脆弱性，为喀斯特石漠化创造了条件。因此喀斯特生境群落的退化，使土壤质量明显退化，其对生态环境影响的潜能也明显提高，使喀斯特石漠化的强度增加，这与前人的一些研究结论相一致。

2. 喀斯特石漠化坡地土壤质量指标与植被覆盖度、岩面出露率和土地复垦率的关系

喀斯特石漠化区人地矛盾突出，人为干扰严重，植被遭受破坏后，土地退化、基岩裸露，形成奇特的石漠化景观。另一方面，喀斯特石漠化区人口多，土地负荷压力大，多数土壤开垦为旱地，使农业生态系统以较单一的旱作为主，农业生态系统生态结构和功能单一，不合理的土地利用导致土地系统退化，生物多样性减少，使得喀斯特进一步石漠化。由于小尺度范围内喀斯特小生境的复杂多样性以及土壤分布的随机性，土层厚度变化没有规律性，使不同石漠化程度的坡地土层厚度差异性表现不明显。通过对 29 块样地的调查，石漠化区内土层厚度的变化范围一般在 20～50 cm 之间，植被覆盖率变化范围在 10%～90%，岩面出露率变化范围为 30%～90%，土地复垦率变化范围为 10%～70%。

相关分析结果表明（表 2-20），喀斯特石漠化区土壤有机质、氮、磷、钾含量与植被覆盖等级（VD）之间均存在显著的正相关，而黏粒含量与植被覆盖等级之间存在显著的负相关，土壤有机质、黏粒、氮、磷、钾含量与土地复垦等级（RD）之间也存在显著的相关性，但它们与岩面出露等级（LD）的相关性表现不明显。由此可见，植被覆盖率下降和土地复垦率提高是喀斯特石漠化的重要前提，而岩面出露率的大小并非起到决定性的作用。喀斯特石漠化多发生在石灰岩分布地区，由于岩石的结构特点，其岩面出露率一般高于其他地区，大量的风化残余物存在于岩石构造裂隙中，植物根系可以在这些裂隙中生长，地上部分形成连续的植被层，全部覆盖在出露的岩石上，对地表土壤起到保护作用，虽然土被不完整且土层厚薄不一，但小生境条件复杂多样，留存于石沟、石缝、石槽中的土壤肥力水平高，能提供充足的植物营养，在降雨较丰富的条件下，植物生长茂盛，从而形成良好的生态系统。但是，植被遭受破坏后，局部土壤质量开始退化，零星生长的植物形成生态结构和功能不良的生态系统，使未被植被覆盖的出露岩石直接在雨滴下受到冲刷，出现基岩裸露的景观，同时形成的地表径流造成土壤侵蚀，从而产生石漠化现象；当植被遭受严重的破坏时，大面积的土壤质量出现退化，限制了植物的生长，出露的岩石在雨滴和地表径流的直接冲刷下，造成土壤严重的流失以及生态环境恶化，基岩裸露面积不断扩大，从而使喀斯特石漠化强度明显的增加。

表 2-20　喀斯特石漠化区土壤质量指标与植被覆盖度、岩面出露率和土地复垦率的相关系数

景观指标	土壤质量指标									
	pH	有机质	全氮	全磷	有效钾	碱解氮	速效磷	速效钾	<0.01 mm	<0.001 mm
VD	−0.246	0.797**	0.654**	0.495**	0.489**	0.804**	0.704**	0.402*	−0.842**	−0.829**
RD	0.197	−0.123	0.056	−0.001	−0.204	−0.225	−0.130	−0.030	0.150	0.165
LD	0.203	−0.621**	−0.566**	−0.469**	−0.598**	−0.624**	−0.545**	−0.565**	0.626**	0.598**

* $P<0.05$。

** $P<0.01$。

由此可见，随着植被覆盖率下降、土地垦殖率增加，土壤质量明显退化，加剧了石漠化发生的强度和速度，虽然喀斯特石漠化还与坡度以及降雨强度等因素密切相关，但石漠化过程中土壤质量的明显下降是加速生态环境恶化的重要前提。在一定程度上可用土壤理化常规分析测定值来评估或预测石漠化对生态环境的潜在影响，特别是土壤有机质既可以提供植物需要的养分，又可以直接影响土壤的理化性质，而物理性黏粒的数量能反映土壤质地的变化，碱解氮、速效磷、速效钾含量水平能反映土壤中植物可利用的主要养分量。因此，在一定的程度上可以考虑采用有机质、物理性黏粒、速效氮、速效磷、速效钾的含量作为数量指标来评价石漠化对生态环境的潜在影响，也可以作为指示石漠化过程中土壤质量变化对生态环境影响的预警指标，来判断喀斯特存在石漠化的可能性。

3. 喀斯特石漠化过程中土壤质量变化的生态环境影响评价

土壤中有效氮、有效磷、有效钾数量主要反映土壤养分水平及植物可利用养分量的变化，而有机质和黏粒主要用来表征土壤理化性质的变化，可以根据这些参数的变化判定土壤质量退化的阈值及石漠化对生态环境影响的潜力，评价石漠化过程中土壤质量变化对生态环境的影响。本研究选择土壤有机质、物理性黏粒、碱解氮、速效磷、速效钾含量作为评价指标，采用 DPS 软件对数据中心化处理，计算距离系数（欧氏距离法），然后选择最短距离法对石漠化区土壤（$n=29$）的质量水平进行聚类分析，结果（图2-4）表明这些土壤的质量等级可分为 3 大类型（1 号、26 号、21 号、12 号土壤为一类，4 号、5 号、19 号、6 号、11 号、29 号、10 号、7 号、9 号、20 号土壤为一类，其他号土壤为一类），对这 3 大类型土壤的理化测定值及相应植被覆盖率、岩面出露率和土地复垦率进行统计，得出不同指标的数值变化范围（表2-21）。

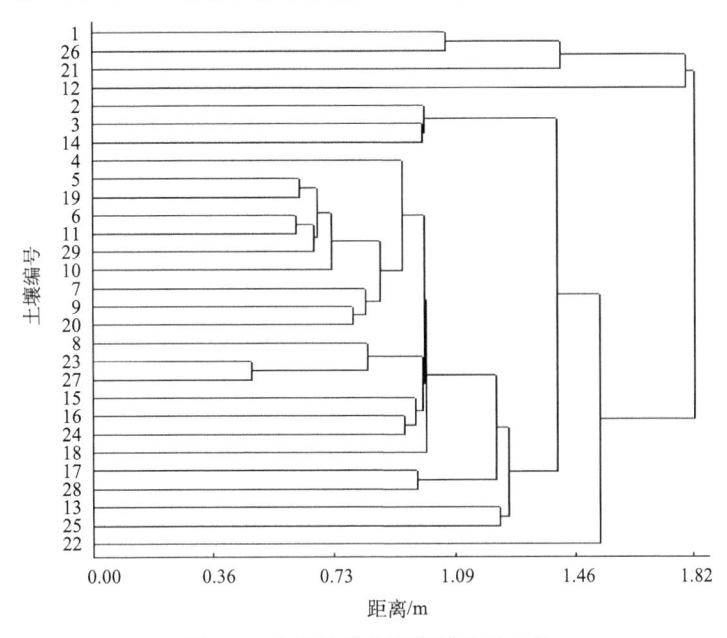

图 2-4 土壤质量水平聚类分析结果

表 2-21 不同土壤质量等级数量指标的变化范围

类别	土壤质量指标					景观指标		
	有机质/(g/kg)	全氮/(mg/kg)	全磷/(mg/kg)	全钾/(mg/kg)	<0.01mm/%	VD	RD	LD
Ⅰ ($n=4$)	100.1~198.8 (143.9)	419~508 (453)	6.2~12.8 (9.6)	115~175 (140)	43.6~49.5 (46.5)	9 (9)	3~8 (6)	1 (1)
Ⅱ ($n=15$)	38.1~117.2 (71.4)	128~363 (242)	2.4~7.2 (5.1)	60~185 (122)	46.6~76.5 (65.3)	3~9 (6)	4~9 (7)	1~5 (2)
Ⅲ ($n=10$)	17.4~48.4 (32.9)	64~223 (157)	1.4~6.0 (2.9)	60~92 (76)	69.9~80.7 (75.8)	1~5 (2)	6~9 (7)	2~7 (4)

注：括号内的数字为平均值。

根据上述土壤质量等级的聚类分析结果，在不考虑极大值和极小值的情况下，结合具体土壤的分析数据（表2-20），得出第1、2、3类型土壤的有机质变化范围分别是>10.0%、10.0%~5.0%和<5.0%，物理性黏粒的变化范围分别是40%~50%、50%~70%和>70%，碱解氮的变化范围分别是>350 mg/kg、350~200 mg/kg和<200 mg/kg，速效磷的变化范围分别是>10 mg/kg、10~5 mg/kg和<5 mg/kg，速效钾的变化范围分别是>120 mg/kg、120~90 mg/kg和<90 mg/kg。依据这些土壤质量指标的变化范围，参考土壤肥力等级评价标准，可初步将石漠化过程中土壤质量变化对生态环境潜在影响的程度分为3个等级：第1类型土壤有机质含量高、质地适中、氮含量丰富、磷、钾含量较高，这类土壤对生态环境未产生明显的影响；第2类型土壤有机质含量较高、质地偏黏、氮、钾含量较高、磷含量一般，这类土壤对生态环境可能产生一定的影响，应作为喀斯特石漠化的一般治理区；第3类型土壤有机质含量一般、质地黏重、氮含量一般、磷、钾含量偏低，这类土壤对生态环境可能产生明显的影响，应作为喀斯特石漠化的重点治理区。

综上所述，土壤理化性质测定值的范围在一定程度上反映了石漠化过程中土壤质量变化对生态环境影响的程度。但是，本研究就土壤质量变化对生态环境影响程度划分而得出的三个等级，并不代表单独用土壤理化性质的变化进行喀斯特石漠化评价，只不过是土壤理化性质变化常作为衡量生态环境变化的指标，因而把土壤理化性质的变化范围列出作为一个参考数据。而土壤质量的变化除土壤理化性质外，还应考虑土壤的生物学特性，才能全面地了解石漠化过程中土壤质量变化对生态环境的影响。同时，还应考虑植被覆盖率、土地复垦率等，采用综合生态环境指标来对喀斯特石漠化的强度及其生态环境影响进行评价。从本研究结果看，土壤质量指标是评价石漠化对生态环境潜在影响的主要指标之一，但喀斯特地区小生境复杂多样，土被不完整，土壤多留存于石沟、石缝、石槽中，土层厚薄不一，土壤分布没有明显的规律性，空间变异较大，增加了评价的复杂性，这方面还需进行深入的研究。

参 考 文 献

白占国, 万国江. 1998. 贵州碳酸盐岩区域的侵蚀速率及环境效应研究. 土壤侵蚀与水土保持学报, 4 (1): 1-8.
蔡运龙. 1999. 中国西南喀斯特山区的生态重建与农林牧业发展：研究现状与趋势. 资源科学, 21 (5): 37-41.
柴宗新. 1989. 试论广西岩溶区的土壤侵蚀. 山地研究, 7 (4): 255-259.
常庆瑞, 安韶山, 刘京. 2003. 陕北农牧交错带土地荒漠化本质特性研究. 土壤学报, 40 (4): 518-523.
陈奇伯, 齐实, 孙立达. 2007. 土壤容许流失量研究的进展与趋势. 水土保持通报, 20 (1): 9-13.
陈晓平. 1997. 喀斯特山区环境土壤侵蚀特征的分析研究. 土壤侵蚀与水土保持学报, 3 (4): 31-36.
甘露, 万国江, 梁小兵. 2002. 贵州岩溶荒漠化成因及其防治. 中国沙漠, 22 (1): 69-74.
关松荫. 1986. 土壤酶及其研究法. 北京：农业出版社.
胡斌, 段昌群, 王震洪, 等. 2002. 植被恢复措施对退化生态系统土壤酶活性及肥力的影响. 土壤学报, 39 (4): 604-608.
黄宇, 汪思龙, 冯宗炜, 等. 2004. 不同人工林生态系统林地土壤质量评价. 应用生态学报, 15 (12):

2199-2205.

李阳兵,谢德体,魏朝富. 2004. 岩溶生态系统土壤及表生植被某些特性变异与石漠化的相关性. 土壤学报,41(2):196-202.

刘世梁,傅伯杰,马克明,等. 2004. 岷江上游高原植被类型与景观特征对土壤性质的影响. 应用生态学报,15(1):26-30.

龙健,李娟. 2004. 江新荣贵州茂兰喀斯特森林土壤微生物活性的研究. 土壤学报,41(7):597-602.

龙健,江新荣,邓启琼,等. 2005. 贵州喀斯特地区土壤石漠化的本质特征研究. 土壤学报,42(3):419-427.

龙健,李娟,黄昌勇. 2002. 我国西南地区的喀斯特环境与土壤退化及其恢复. 水土保持学报,16(5):5-8.

吕明辉,王红亚,蔡运龙. 2007. 西南喀斯特地区土壤侵蚀研究综述. 地理科学进展,26(2):87-96.

庞学勇,刘庆,刘世全. 2004. 川西亚高山云杉人工林土壤质量性状演变. 生态学报,24(2):261-267.

裴建国,李庆松. 2006. 典型岩溶峰丛山区土地利用与水土流失. 水土流失通报,26(2):94-99.

宋林华. 2000. 喀斯特地貌研究进展与趋势. 地理科学进展,19(3):193-202.

苏永中,赵哈林. 2003. 科尔沁沙地不同土地利用和管理方式对土壤质量性状的影响. 应用生态学报,14(10):1681-1686.

孙承兴,王世杰,周德全,等. 2002. 碳酸盐岩差异风化成土特征及其对石漠化形成的影响. 矿物学报,22(4):308-314.

万军. 2003. 贵州省喀斯特地区土地退化与生态重建研究进展. 地球科学进展,18(3):447-453.

王世杰,李阳兵,李瑞玲. 2003. 喀斯特石漠化的形成背景、演化与治理. 第四纪研究,22(6):657-666.

王效举,龚子同. 1998. 红壤丘陵小区域不同利用方式下土壤变化的评价和预测. 土壤学报,35(1):135-139.

韦启蟠. 1996. 我国南方喀斯特区土壤侵蚀特点及防治途径. 水土保持研究,3(4):72-76.

魏亚伟,苏以荣,陈香碧,等. 2010. 桂西北喀斯特土壤对生态系统退化的响应. 应用生态学报,21(5):1308-1314.

熊康宁,黎平,周忠发. 2002. 喀斯特石漠化的遥感-GIS典型研究——以贵州省为例. 北京:地质出版社,56-71.

徐则民,黄润秋,唐正光,等. 2005. 中国南方碳酸盐岩上覆红土形成机制研究进展. 地球与环境,33(4):29-36.

许光辉. 1986. 土壤微生物分析方法手册. 北京:农业出版社.

许月卿,邵晓梅. 2006. 基于GIS和RUSLE的土壤侵蚀量计算——以贵州省猫跳河流域为例. 北京林业大学学报,28(4):67-71.

杨汉奎. 1995. 喀斯特石漠化是一种地质-生态灾难. 海洋地质与第四纪地质,15(3):137-147.

杨胜天,朱启疆. 2000. 贵州典型喀斯特环境退化与自然恢复速率. 地理学报,55(4):459-466.

杨玉盛,何宗明,林光耀,等. 1998. 退化红壤不同治理模式对土壤肥力的影响. 土壤学报,35(2):276-282.

杨玉盛,何宗明,邱仁辉,等. 1999. 严重退化生态系统不同恢复和重建措施的植物多样性与地力差异研究. 生态学报,19(4):490-494.

姚智,张朴,刘爱明. 2002. 喀斯特区域地貌与原始森林关系的讨论——以贵州荔波茂兰、望谟麻山为例. 贵州地质,19(2):99-102.

袁道先. 1993. 中国岩溶学. 北京:地质出版社:44-52,92-129.

张殿发, 王世杰, 周德全. 2002. 土地石漠化的生态地质环境背景及其驱动机制-以贵州省喀斯特山区为例. 农村生态环境, 18 (1): 6-10.

张华, 张甘霖, 漆智平, 等. 2003. 热带地区农场尺度土壤质量现状的系统评价. 土壤学报, 40 (2): 186-193.

张萍, 郭辉军, 杨世雄, 等. 1999. 高黎贡山土壤微生物生态分布及其生化特性的研究. 应用生态学报, 10 (1): 74-78.

张庆费, 宋永昌, 由文辉. 1999. 浙江天童植物群落次生演替与土壤肥力的关系. 生态学报, 19 (2): 174-178.

张信宝, 焦菊英, 贺秀斌, 等. 2007. 允许土壤流失量和合理土壤流失量. 中国水土保持科学, 5 (2): 114-116.

张治伟, 傅瓦利, 张洪, 等. 2007. 岩溶坡地土壤侵蚀强度的 137Cs 法研究. 山地学报, 25 (3): 302-308.

郑华, 欧阳志云, 王效科, 等. 2004. 不同森林恢复类型对南方红壤侵蚀区土壤质量的影响. 生态学报, 24 (9): 1994-2002.

中国科学院地质研究所岩溶研究组. 1987. 中国岩溶研究. 北京: 科学出版社: 3-5.

中国科学院南京土壤研究所编. 1978. 土壤理化分析. 上海: 上海科学技术出版社.

中国科学院学部. 2003. 关于推进西南岩溶地区石漠化综合治理的若干建议. 地球科学进展, 18 (4): 489-492.

庄铁诚, 张瑜斌, 林鹏, 等. 1999. 武夷山森林土壤生化特性的初步研究. 应用生态学报, 10 (3): 283-285.

Deng L, Wang K B, Chen M L, et al. 2013. Soil organic carbon storage capacity positively related to forest succession on the Loess Plateau, China. Catena, 110: 1-7.

Frostegard A, Tunlid A. 1993. Phospholipid fatty acid composition, biomass and activity of microbial communities from two soil types experimentally exposed to different heavy metals. Appl. Environ. Microbiol., 59: 3605-3617.

Fu B J, Liu S L, Chen L D, et al. 2004. Soil quality regime in relation to land cover and slope position cross a highly modified slope landscape. Ecological Research, 19: 111-118.

Hu S, Coleman D C, Carroll C R, et al. 1997. Labile soil carbon pools in subtropical forest and agricultural ecosystems as influenced by management practices and vegetation types. Agriculture, Ecosystems and Environment, 65: 69-78.

Insam H, Domsch K H. 1998. Relationship between soil organic carbon and microbial biomass on chronosequences of reclamation soites. Microbial Ecol., 15: 177-188.

Jiang Y, Zhang Y G, Liang W J, et al. 2005. Profile Distribution and Storage of Soil Organic Carbon in an Aquic Brown Soil as Affected by Land Use. Agricultural Sciences in China, 4 (3): 199-206.

Post W M, Izaurralde R C, Mann L K, et al. 2001. Montoring and verifying changes of organic carbon in soil. Climatic Change, 51: 73-99.

Springob G, Kirchmann H. 2003. Bulk soil C to N ratio as a simple measure of net N mineralization from stabilized soil organic matter in sandy arable soils. Soil Biology and Biochemistry, 35 (4): 629-632.

Zhu Z D, Wang T. 1993. Trends of desertification and its rehabilitation in China. Desertification Control Bulletin, 22: 15-19.

第3章 喀斯特环境退化对小生境土壤性质及恢复能力的影响

土壤是陆地生态系统物质能量循环的中心环节，其肥力是其本质属性，它不仅对绿色植物生产有直接决定性作用，对人们的经济生活也有着重要影响。许多自然和人为的生态过程如植被演替、气候波动、土地利用情况变化等，都显著影响土壤肥力的时空演变。其中土地利用方式和管理水平是影响土壤肥力变化最普遍、最直接、最深刻的因素，它可以导致土壤养分退化、水土流失、土地沙化等现象，亦可以达到提高土壤肥力、改善生态环境的目的。研究不同土地利用和管理方式下土壤肥力演化的过程、特征和机制，是建立科学的土壤培肥调控体系、改进土壤管理水平的基础，也是区域农业可持续发展的需要。

贵州省有91.2%的人口居住在喀斯特地区，可供开垦的后备耕地非常有限，是我国唯一没有平原支撑的山区省份。所以，保障并提高单位面积产量，了解并改善土壤肥力条件，寻找喀斯特地区土地的持续利用方式，将是当前和今后很长一段时间所面临的实际问题。目前在各级政府的引导下，各地正积极开发利用土壤资源，但如何使土地资源得以持续利用是大家密切关注的问题。本章针对喀斯特山区几种主要的土地利用和生态模式，研究其土壤肥力和养分的变化，为本区更好地利用土地资源和培肥地力提供科学依据。

3.1 喀斯特山区不同土地利用和管理方式对土壤肥力的影响

3.1.1 材料与方法

1. 土壤样品的采集

土样采自贵州中部的紫云县境内，地理位置为106°40′18″E、25°35′41″N，该区属于典型的亚热带喀斯特地区，是贵州喀斯特最发育、形成环境条件最具代表性的分布地之一，低山丘陵的面积占总土地面积的66.7%以上。根据区内土地的主要利用方式，选择环境条件（坡度、坡向、海拔）相似、相距不远而利用方式不同的样地，于2004年7月中旬至8月中旬采样。每种类型选3块样地，在样地内按S形采样（0~20 cm），混合制样后，立即带回室内进行各项测定。采集的土壤样品基本上反映了岩溶丘陵区的土地利用方式和管理水平，调查样地的土地利用管理方式基本情况见表3-1。

表 3-1 调查样地土地利用方式和管理水平

利用类型	利用状况	管理水平
林地	喀斯特次生林、灌木林、灌丛	大部分枯枝落叶物留在系统中，植被覆盖度85%，人为干扰较轻
草地	稀疏草地，退化程度较轻，现为放牧草场	植被覆盖度70%，牲畜（牛、黑山羊等）放牧
坡耕地	种植小麦、荞麦、玉米、豆类等	少量农肥和氮、磷肥配施，保护性耕作（少耕）
弃耕地	种植玉米、豆类	少量化肥投入，在干旱年份绝收或弃耕
石漠化地	撂荒 5 a，出现狗尾草、马唐、颖果等草类	植被覆盖度15%，少量牲畜对撂荒地践踏
园地	每公顷 300 株板栗，树冠郁闭，行间定植狗尾草	农肥和氮、磷化肥配施，无耕作，枯枝落叶还田
农田	种植油菜、玉米、豆类、苜蓿等	农肥和氮、磷、钾化肥配施，常规耕作

2. 分析方法

土壤微生物细菌、真菌、放线菌的数量采用稀释平板法测定；呼吸作用采用碱液吸收滴定法；微生物生物量采用三氯甲烷熏蒸法。

土壤理化性质的测定，按常规方法进行。有机质——重铬酸钾滴定法；全磷、速效磷——钼锑抗比色法；全钾、速效钾——火焰光度计法；碱解氮——扩散法；阳离子交换量——NH_4OAc 法；土壤腐殖质分离——Knonova 快速法；E_4/E_6 值测定——Knonova 推荐法。

3.1.2 结果与分析

1. 土壤容重、孔隙分布和持水性能的变化

土壤物理学特性影响土壤的通气、透气、持水、导热、抗蚀等各种功能，是土壤肥力的一个重要方面。土壤容重、孔隙度反映了土壤紧实状况，孔隙分布可反映出土壤结构的好坏，影响土体中水、肥、气、热诸肥力因素的变化与协调。

从表 3-2 可看出，林地、草地和园地比坡耕地、撂荒地、石漠化地容重明显低，土壤总孔隙度和持水性能明显高。在粗放经营下，土壤严重侵蚀，土壤颗粒粗化、结构分散，导致土壤容重增加，孔隙度降低，持水性能下降。石漠化地较林地容重增加 53.6%，孔隙度下降 39.8%，毛管持水量和田间持水量分别是林地的 47.8% 和 42.9%。从孔隙分布看，精细管理的园地和农田，毛管孔隙、通气孔隙处于较为理想的状况；粗放管理的弃耕地和石漠化地，总孔隙度低，而非毛管孔隙度和通气孔隙度很高，说明石漠化地主要是由单一的粗颗粒垒结而成，增加了通透性，土壤对水、肥、气、热等诸因素的容蓄、保持和释放能力的恶化和丧失。

2. 土壤有机质、氮、磷、钾养分和交换性能的变化

不同土地利用管理方式土壤养分变化有明显差异，表现出以下特征：土地利用方式的改变，使土壤向贫瘠化方向演变。

表 3-2　不同土地利用管理方式对土壤容重、孔隙分布和持水性能的影响

利用类型	容重/(g/cm³)	孔隙度/%	毛管孔隙度/%	非毛管孔隙度/%	通气孔隙度/%	田间持水量/%	毛管持水量/%
林地	0.52	45.7	41.1	8.9	10.3	28.7	32.4
草地	0.64	40.2	33.7	9.2	11.5	25.4	27.7
坡耕地	0.78	35.2	28.7	9.8	12.7	18.5	20.1
弃耕地	0.99	33.1	25.3	10.3	13.5	15.4	17.6
石漠化地	1.12	27.5	21.3	11.2	14.2	12.3	15.5
园地	0.56	42.2	34.5	9.5	11.4	27.3	25.2
农田	0.57	44.7	42.3	8.1	10.6	30.2	34.3

从表 3-3 可看出，从林地→草地→坡耕地→弃耕地→石漠化地，土壤有机质、碱解氮、磷、钾养分和交换性能总体呈降低趋势；相对于林地而言，土壤有机质、碱解氮、速效磷、速效钾和阳离子交换量含量均有不同程度的减少（表 3-4），其中农田的减幅最低，分别仅减少 23.5%、2.98%、7.14%、10.4% 和 16.3%。而石漠化地的减幅最大，有机质、碱解氮、速效磷、速效钾和阳离子交换量（CEC）分别从林地的 41.2 g/kg、127.3 mg/kg、3.78 mg/kg、147.3 mg/kg 和 39.23 cmol/kg 减少到 7.3 g/kg、27.6 mg/kg、0.66 mg/kg、36.3 mg/kg 和 8.34 cmol/kg，说明植被破坏和不同合理的土地利用管理方式是土壤肥力下降的最主要原因，同时也说明，土地退化的表现之一是土壤养分含量的显著降低。值得一提的是，坡耕地作为岩溶山区的主要土地利用类型，耕作管理方式粗放，地力的恢复依靠短期的休闲和砍烧，随着人口的增长和陡坡开荒（>25°）加剧，垦殖周期逐渐缩短，土地过度利用是造成喀斯特石漠化的直接原因。而草地、农田、园地土壤养分处于较为"理想"的状况，这是由于其每年的投入水平较高，农林（林草）复合生态系统对土壤有明显的生态保护作用，木（草）本植物和农作物可有效地保护表层土壤免遭侵蚀，并通过发达的根系富集土壤养分，通过枯枝落叶和

表 3-3　不同土地利用管理方式对土壤养分的影响

利用类型	有机质/(g/kg)	全氮/(g/kg)	全磷/(g/kg)	全钾/(g/kg)	碱解氮/(mg/kg)	速效磷/(mg/kg)	速效钾/(mg/kg)	CEC/(cmol/kg)
林地	41.2	3.721	1.129	17.354	127.3	3.78	147.3	39.23
草地	30.3	2.365	0.857	13.216	103.2	2.35	122.1	24.52
坡耕地	18.7	1.573	0.340	10.182	77.5	1.42	78.6	15.27
弃耕地	14.3	1.315	0.307	12.171	45.2	1.27	55.2	12.36
石漠化地	7.3	0.707	0.223	8.223	27.6	0.66	36.3	8.34
园地	22.9	1.701	0.632	11.445	106.2	2.77	117.2	23.71
农田	31.5	4.027	0.752	15.453	123.5	3.51	132.0	32.83

表 3-4　土地利用过程中的养分衰退率　　　（单位:%)

利用类型	有机质	碱解氮	速效磷	速效钾	CEC
林地	100	100	100	100	100
草地	26.5	18.9	37.8	17.1	37.5
坡耕地	54.6	39.1	62.4	46.6	61.1
弃耕地	65.3	64.5	66.4	62.5	68.5
石漠化地	82.3	78.3	82.5	75.4	78.7
园地	44.4	16.6	26.7	20.4	39.6
农田	23.5	2.98	7.14	10.4	16.3

腐根将养分集中到表土层，提高了土壤有机质和养分含量。园地和农田相比，农田因为每年施用肥料，因而保持了相对较高的水平，全氮量以农田最高，分别是其他类型的1.08~3.06倍（石漠化地除外），在不施肥的条件下仍能保持相对较高的全氮量，这是种植固氮植物（苜蓿、豆类）培肥的结果。同时园地和农田由于受生产经营活动的影响，土壤交换性能也都保持在一个较高的水平。

3. 土壤腐殖质组成和品质的变化

土壤有机质是土壤的重要组成成分，既是植物矿质营养和有机营养的源泉，又是土壤中微生物和各种土壤动物的能源物质，同时也是形成土壤结构的重要因素。因此，有机质是反映土壤养分储量的重要标志，也是决定土壤综合肥力水平的基础。而腐殖质又是有机质的最主要部分，其组成和质量是反映土壤熟化度的指标。从表 3-5 可知，植被和水分条件较好的林地其胡敏酸碳占全碳的 16.86%，HA/FA 比值高达 1.35，E_4/E_6 值较低为 4.26；而石漠化地其胡敏酸碳仅占全碳的 8.27%，HA/FA 比为 0.22，E_4/E_6 值高达 7.82。这说明林地的腐殖质芳构化度和相对分子质量较石漠化地大。随着土壤的利用，肥料的不断投入，园地和农田土壤中胡敏酸碳占全碳的比、HA/FA 比却不断提高，而 E_4/E_6 值减少，表明土壤熟化程度越来越高，其中农田土壤的 HA/FA 比已超过林地。

表 3-5　不同利用管理方式对土壤腐殖质品质的影响

利用类型	土壤全碳 /(g/kg)	胡敏酸碳 /(g/kg)	胡敏酸碳 占全碳/%①	富里酸碳 /(g/kg)	富里酸碳 占全碳/%①	HA/FA	E_4/E_6
林地	23.90	4.03	16.86	2.99	12.51	1.35	4.26
草地	17.58	2.92	16.61	2.61	14.85	1.12	5.93
坡耕地	10.85	1.14	10.51	1.50	13.82	0.76	6.25
弃耕地	8.29	0.75	9.05	1.67	20.14	0.45	7.02
石漠化地	4.23	0.35	8.27	1.56	36.88	0.22	7.82
园地	13.28	2.66	20.03	2.51	18.90	1.06	5.28
农田	18.27	5.38	29.45	3.54	19.38	1.52	4.12

① 占干土全碳比例。

4. 土壤微生物的变化

土壤短期供肥能力取决于土壤现有的养分状况,而长期供肥能力则与地上植被和土壤微生物的生长代谢有关。枯落物必须经过微生物的分解作用才能被植物吸收利用。而有机质和土壤微生物在良好土壤结构的形成过程中起重要作用,有机物质为微生物的生长提供营养源,而细菌的黏液和胶质以及真菌、放线菌的菌丝则能稳定土壤团粒。我们测定了土壤微生物数量、呼吸作用和微生物生物量,由表3-6可见,土壤微生物的变化与养分的变化基本一致,集中在两个方面:从林地→草地→坡耕地→弃耕地→石漠化地,土壤微生物数量、呼吸作用和微生物生物量均呈降低趋势;相对于林地而言,不同土地利用管理方式土壤微生物状况均有不同程度的下降(表3-7),且退化程度增高减幅增大。这表明随着土地退化程度的增高,土壤微生物的生长代谢水平显著降低,其衰减的速率比土壤养分的衰减更快(表3-4);林地的土壤微生物总数、呼吸作用(CO_2)、微生物生物量分别从 324.0×10^4 个/g(干土)、$30.73\ \mu L/(g \cdot h)$(干土)和 32.17×10^{-3} g/g(干土),减少到 44.0×10^4 个/g(干土)、$5.43\ \mu L/(g \cdot h)$(干土)和 6.30×10^{-3} g/g(干土),分别减少了86.42%、82.33%和80.42%,说明随退化程度增高,植被和环境条件的改变,地上归还物的减少或枯落物养分含量降低,严重影响着土壤微生物的生长代谢水平以及它们之间的协同作用,从而影响土壤碳、氮循环代谢途径,降低土壤肥力水平。另外在合理的利用和管理下(农田、园地),通过小环境的改善和合理的耕作尽可能降低或消除土壤障碍因素,改善水分条件;施用有机无机肥料,秸秆、枯枝落叶还田,使营养物质处在良性环境中,促进有机物质的积累、结构的改善和微生物学性状的提高。

表3-6 不同土地利用管理方式对土壤微生物的影响

利用类型	土壤含水量/%	微生物数量/($\times 10^4$ 个/g,干土)				呼吸作用 $(CO_2)/(\mu L/(g \cdot h),$干土$)$	微生物生物量/($\times 10^{-3}$ g/g,干土)
		细菌	真菌	放线菌	总数		
林地	23.6	252.2	9.6	62.2	324.0	30.73	32.17
草地	25.6	283.1	9.4	34.6	327.1	28.00	31.08
坡耕地	13.7	78.0	4.3	20.7	103.0	16.73	16.13
弃耕地	17.5	108.9	2.3	5.9	117.1	8.09	9.12
石漠化地	14.7	39.6	1.6	2.9	44.1	5.43	6.30
园地	22.9	181.1	5.5	50.6	237.2	27.90	21.97
农田	20.1	179.3	6.4	28.9	214.6	23.43	22.88

枯落物是土壤养分的主要来源,也是土壤微生物的主要营养源。不同土地利用管理方式土壤养分的不同以及环境条件的改变,必然导致土壤微生物生长代谢水平的改变,从而影响土壤肥力水平。林地和草地枯落物的量较大,营养较丰富,加之水热条件适宜,枯落物易于分解,土壤微生物的生长代谢水平较高,土壤也肥沃。相对林地而言,

坡耕地枯落物的量和环境条件发生了较大改变，植被在烧毁过程中，植物的地上部分迅速转变为植物和微生物易吸收形态，这种土壤种农作物确实会有一定肥力。但是，土壤完全裸露、岩溶山区降雨强度大且降雨时间集中等特点，势必使土壤养分很快流失；同时，管理粗放，投入少，生境条件变劣，从而导致土壤微生物生长代谢水平和土壤养分含量迅速下降。加之土地利用强度过大，逐渐向石漠化土地演替，土地生产力降低甚至完全丧失。

表 3-7　土地利用过程中的土壤微生物衰退率　　　　（单位：%）

利用类型	土壤含水量	呼吸作用	微生物生物量	微生物总数
林地	100	100	100	100
草地	−8.47	8.89	3.39	−0.97
坡耕地	41.95	45.56	49.87	68.21
弃耕地	25.85	73.68	71.66	63.86
石漠化地	37.72	82.33	80.42	86.39
园地	2.97	9.21	31.71	26.79
农田	14.84	23.76	28.88	33.77

3.1.3　小结

（1）土壤养分和土壤微生物生长代谢水平的衰退是岩溶地区土地退化的重要表现形式。土壤微生物和土壤结构主要受有机质的影响，林地被开垦后或破坏后，有机质补充减少或分解缓慢，加之水热条件的改变，是导致土壤微生物和物理性质变劣的重要原因。因此，若能增加有机质的投入，改善环境条件（如园地、农田），将减少对土壤微生物的破坏，增加土壤养分含量，控制土壤结构的稳定性，从而有利于植被的生长，增加农业产量。

（2）管理粗放、缺乏有机物料投入的岩溶旱坡耕地，其土壤肥力出现退化现象，耕种年限愈长，退化愈严重。因此，坡耕地的开发应注意先养地后用地、用养结合的原则，避免盲目开发又无力管理，造成石漠化土地的出现和资源的破坏。

（3）林地、草地和园地有利于水土保持和土壤养分的积累，应因地制宜调整农业结构，发展果林业。实行基本农田精细管理、退耕还林（草）措施是保护土地资源，是实现岩溶地区农业可持续发展的根本途径。

3.2　喀斯特山区土地利用方式对石漠化土地恢复能力的影响

3.2.1　研究区域概况

研究区域选择在贵州省安顺地区紫云县的宗地、水塘、猴场、板当、大营、四大寨

6个乡镇,总面积1290 km²,人口约12万,属于典型的亚热带喀斯特生态环境。该区是国家"九五"攻关项目"典型喀斯特石山脆弱生态环境治理与可持续发展示范研究"和贵州省"八五"科技攻关项目"贵州岩溶旱坡耕地治理及周年丰产计划"及贵州省"九五"重点攻关项目"贵州麻山地区喀斯特环境治理与脱贫示范研究"的示范区域。中三叠统相变带上的生物礁灰岩在云贵高原南顷大斜坡带的大面积出露,使这里集中发育了典型、造型奇特雄伟的锥状峰林喀斯特,这在中国和世界都是独有的,是西南喀斯特最发育、形成环境条件最具代表性的分布地之一。境内海拔450~1260 m,地形破碎,切割强烈,水土流失严重。喀斯特地区虽基岩裸露,但未经破坏的情况下,植被仍然十分茂密,以热带、亚热带常绿阔叶林为主,其组成多为喜钙旱生属种,其中不少是石灰土上特有的树种,如细叶石斛、灰叶械、香木莲、黑节草、贵州苏铁,部分地区有喀斯特原始森林和次生林。在石灰土地区,地势较低、坡度较缓的石灰土多数已被开垦农用,是该区的主要耕作土壤之一。该地区为亚热带季风气候,年均温15~18 ℃,降雨量1200~1430 mm。

3.2.2 研究方法

1. 选点与采样

在研究区内选择代表性土地利用方式。样地选择时采用以空间换时间的方法,并考虑到岩溶地区生态演替序列:自然林地(原始)→次生林地→灌草丛→坡耕地→弃耕地→石漠化土地→果园→农田。每个研究样区都选在一个完整的岩溶地貌单元内,尽量保证地形的一致性。依不同地貌部位、不同石漠化程度、不同土地利用方式在选定的73个样地上采集土壤样品(0~20 cm),混合制样,自然风干,去除根系、石块等研磨过筛,用于土壤理化性质分析和颗粒组成测定,同时采集新鲜土样带回室内测定土壤微生物指标,最后计算各样地的平均值作为最终数据。研究区基本上代表了喀斯特地区土地利用的生产经营方式和类型,不同土地利用方式的样地分布情况详见表3-8。

表3-8 不同土地利用方式样地分布情况

土地类型	地点	样地数/个	恢复时间①	地理位置	植被类型	植被覆盖度/%
林地	宗地	9	30	25°35′51″N,106°20′28″E	次生森林	97
草地	水塘	8	17	25°34′41″N,106°18′39″E	三叶草	75
果园	板当	10	15	25°34′20″N,106°18′25″E	果树+灌丛	80
坡耕地	大营	15	6	25°34′41″N,103°18′39″E	玉米+大豆	65
弃耕地	宗地	13	5	25°35′51″N,106°20′28″E	草甸	30
农田	猴场	7	10	25°39′11″N,106°14′53″E	水稻+油菜	70
石漠化地	四大寨	11	1	25°34′41″N,103°18′39″E	玉米	15

①恢复时间是指石漠化停止后的自然恢复时间。

2. 研究方法

土壤理化性质分析：有机质采用重铬酸钾外加热法测定，全氮用凯氏法，碱解氮用碱解扩散法，全磷用硫酸-高氯酸消煮-钼锑抗比色法，速效磷用 0.5 mol/L 碳酸氢钠浸提-钼锑抗比色法，全钾用酸溶-火焰光度计法，速效钾用醋酸铵浸提-火焰光度计法，土壤机械组成用比重计法，土壤 pH 用电位法，阳离子交换量用 NH_4OAc 法。

土壤微生物分离计数：细菌、真菌、放线菌和固氮菌采用平板表面涂布法；土壤微生物生物量：采用熏蒸提取法，熏蒸提取基本参照 Vance 等的步骤，提取液中碳采用 (Shimazu TOC-500，日本购置) 总有机碳自动分析仪测定：$C_{mic}=F_C/0.45$，F_C 为熏蒸土壤和未熏蒸土壤释放 CO_2-C 之差；土壤微生物群落功能多样性：采用常规的碳元素利用（Biolog）法。土壤微生物群落功能多样性测度方法：采用 Biolog GN 微平板孔中吸光值来计算土壤微生物群落功能多样性指数，即 Shannon 指数（H），其计算公式为 $H=-\sum P_i \ln P_i$，式中 P_i 为第 i 孔相对吸光值（C-R）与整个平板相对吸光值总和的比率。代谢剖面反应孔的数目可代表微生物群落的丰富度（S）。

植物群落调查对象为未受干扰的石漠化区、林区和不同年限的退耕地，调查时间为 7～9 月份，每月 1 次，样方面积为 5 m×5 m，各地类样方重复 7 次，共调查样方 106 个。

（1）群落物种丰富度及种群重要值。丰富度（R）用群落种数表示；重要值＝相对多度＋相对盖度＋相对频度。

（2）物种多样性指数。其计算公式如下：

$$D = 3.3219(\lg N - 1) = \sum_{i=1}^{s} n_i \lg n_i$$

式中，N 是所有种的个数，n_i 是第 i 个种的个数，s 是种数。

（3）均匀度。均匀度指样方中各植物种多度的均匀度，即观察多样性与最高多样性的比率：

$$J = [N(N/S - 1)] / \sum_{i=1}^{s} n_i(n_i - 1)$$

式中，N 是所有种的个数，n_i 是第 i 个种的个数，s 是种数。

（4）生态优势度。生态优势度用来表示群落的组成结构特征：

$$C = \sum_{i=1}^{s} \{[n_i(n_i - 1)/N(N - 1)]\}$$

式中，N 是所有种的个数，n_i 是第 i 个种的个数，s 是种数。

3.2.3 结果与分析

1. 土地利用类型对土壤肥力的影响

土地利用方式可引起自然和生态过程变化及土壤养分变化，因此，土地利用方式对提高和恢复石漠化土地肥力具有重要的作用。由表 3-9 可看出，按贵州农田土壤肥力的划分标准，各土地利用类型的土壤全氮和全磷都处于中低产田下限值（4 g/kg）左右，除石漠化土地外其他土地利用类型的土壤有机质和全钾含量均高于中产田的上限值（15 g/kg和10～15 g/kg）。各土地利用类型的土壤营养元素含量排序均为有机质＞全钾＞全氮＞全磷。各类土地利用类型的有机质占营养元素总量的 51.72%～75.01%，全钾、全氮和全磷量分别占 7.26%～15.32%、2.44%～3.25%、0.67%～1.29%。上述数据表明了岩溶地区土壤富含钾元素、氮元素较低，磷元素不足的特点。其他类型土地中的有机质、全氮、全磷、全钾含量分别比石漠化地区高 3.6～12.3 倍、1.2～4.1 倍、4.3～5.7 倍、3.2～4.5 倍。这说明在一定的环境条件下，石漠化土地在人类合理的干预下是可以逆转的。但是土地利用方式和投入经营水平的不同，以及不同作用对土壤养分的消耗的差异，使得其对土地养分的补给（枯枝落叶、肥料、水分等）和调节作用也会存在一定差异。林地、草地的有机质、全磷和全钾含量最高，农田因为每年施用肥料，因而保持了相对较高的水平，全氮量以草地最高，分别是其他类型的 2.8～1.2 倍（石漠化地除外），在不施肥的条件下仍能保持相对较高的全氮量，这是种植固氮植物（三叶草、苜蓿）培肥的结果。林地土壤有机质、氮元素的提高主要受林分凋落物及部分枯枝落叶的腐殖质矿化影响。值得注意的是，林地土壤表层有机质含量从 51.6 g/kg 下降到石漠化地的 7.2 g/kg，降幅达 80% 以上。产生这种情况的原因是一方面，石漠化使有机质随着细粒物质的侵蚀而损失；另一方面，地表植被覆盖度降低，有机物来源减少，矿化分解作用强烈，不利于有机质积累。因此，土壤有机质表层对土壤有重要的保护作用。

由表 3-9 还可看出，各类土壤速效养分含量的排序均为速效磷＞碱解氮＞速效钾。林地的各项元素相对高于农田和果园，林地的速效磷和速效钾分别比农田提高了16.7% 和 72.9%，较果园提高了 29.3% 和 61.3%，这与农田和果园长年年单施氮肥有关。据研究，长年单施氮肥，可使土壤全氮保持平衡，但速效磷、速效钾显著降低。值得说明的是坡耕地、弃耕地、石漠化地的碱解氮和速效磷均显著低于林地、草地和果园，而农田的这两项元素又高于草地和石漠化地，这是经营水平和干扰强度的差异所致。林地管理措施虽然和草地相同，但由于乔木具有庞大的根系，无疑增强了对土壤矿物

表 3-9 不同土地利用类型对土壤肥力的影响

土地类型	有机质/(g/kg)	全氮/(g/kg)	全磷/(g/kg)	全钾/(g/kg)	碱解氮/(mg/kg)	速效磷/(mg/kg)	速效钾/(mg/kg)	CEC/(cmol/kg)	pH(H$_2$O)
林地	51.6	3.094	0.912	16.857	135.2	159.5	3.80	47.18	7.18
草地	33.7	3.821	0.655	13.216	103.3	117.4	2.15	34.83	7.05
果园	22.9	1.701	0.432	11.445	101.6	112.7	1.47	26.17	7.09
坡耕地	19.6	1.439	0.340	10.182	78.1	85.3	1.30	15.25	7.15
弃耕地	15.3	1.351	0.307	12.171	52.2	58.9	1.23	27.36	7.04
石漠化地	7.2	0.707	0.323	8.223	25.4	36.3	0.60	8.24	7.06
农田	30.3	2.854	0.431	15.453	121.6	132.8	1.03	25.45	7.23

质的分解转化作用。土壤阳离子交换量由林地的 47.18 cmol/kg 一直降到石漠化地 8.24 cmol/kg，降幅达 82.5%，而农田由于受生产经营活动的影响，土壤交换性能保持在一个较好的水平。

2. 土地利用类型对土壤质地的影响

喀斯特石漠化是人为活动的干扰破坏造成土壤严重侵蚀、基岩大面积出露、生产力严重下降的土地退化现象。受此影响，土壤会发生质地粗化、肥力降低、生产力下降等一系列变化。在石漠化过程中，人为因素是加速这一过程的主要驱动力。分析结果表明（表3-10），土壤颗粒主要集中在<0.05 mm 的范围内，土壤黏粒含量普遍大于 20%。喀斯特环境中土壤颗粒组成主要受母质影响，而植被和土地利用方式对其也有很大影响，长期的耕作与土壤侵蚀作用可以影响到表层土壤的颗粒组成。已有的研究表明，热带亚热带土壤中活性较强的无机结构胶结物甚至黏粒在成土过程中总是呈减少下降的趋势，在亚热带地区由于降雨量多且强度大，土壤一般因水的动力学作用而呈现出黏粒含量较高的现象。研究结果表明，这一现象在喀斯特地区十分普遍，但不同利用方式差别很大。就 1~0.05 mm 颗粒而言，林地明显大于坡耕地和石漠化土地（表3-10），说明在自然植被演替为次生植被或人工开垦利用后，喀斯特山地土壤表层出现砂化，具有粗骨性土壤的特征，<0.001 mm 黏粒含量很少，0.05~0.001 mm 粉粒含量较高，细土部分的砂粒含量次于粉粒含量，高于黏粒含量，说明土壤矿质胶体缺乏，土壤颗粒粗大紧实，影响土壤团粒结构的形成。而林地、草地、果园和农田土壤颗粒组成更加趋近于合理，增加土壤通透性能，改善土壤物理性质。可见，在人类对土地资源合理开发利用下，土壤物理性质向好的方向发展。

表3-10 不同土地利用类型对土壤质地的影响

土地类型	土壤机械组成/%				水稳性团聚体含量/%			团聚体破坏率/%
	1~0.05 mm	0.05~0.001 mm	<0.001 mm	<0.01mm	>5 mm	>2 mm	>0.25 mm	
林地	15.63±15.61	64.72±14.46	35.22±16.12	55.34±13.75	28.1±7.3	53.7±12.3	85.3±12.1	15.7±13.2
草地	12.46±7.22	57.33±12.15	25.34±13.51	61.73±12.52	13.2±6.5	45.4±13.1	78.7±13.4	16.5±10.3
果园	13.52±8.43	52.77±14.62	22.35±10.25	58.72±11.37	21.3±5.3	32.5±11.7	76.5±10.2	18.7±8.5
坡耕地	10.23±4.75	61.32±11.25	20.57±12.33	61.35±10.23	2.5±3.7	15.4±8.9	54.8±11.3	36.2±11.2
弃耕地	9.85±4.76	62.97±13.91	19.13±14.21	66.12±17.14	8.6±8.2	15.7±16.7	52.7±6.1	17.6±6.6
石漠化地	6.21±2.55	73.62±14.52	12.34±10.32	69.42±18.75	2.4±2.7	9.73±4.51	31.2±9.7	45.3±13.5
农田	10.54±5.62	63.22±17.11	30.21±12.44	57.87±14.21	25.56±3.2	35.4±10.2	78.32±8.5	15.42±5.2

土壤水稳性团聚体含量变化可由表3-10看出，林地、草地和果园的各级水稳性团聚体含量较高，大小团聚体所占比例较为适宜，其中以>0.25 mm 团聚体占的比例最高，土壤结构性好；而坡耕地、弃耕地各级水稳性团聚体含量较低，大小团聚体的分配不合理，且团聚体从大到小所占比例有逐渐增加的趋势，土壤结构性差，部分样品中全部是>0.25 mm 的水稳性团聚体，而较大的团聚体遇水后几乎完全分散。这证明土壤正在砂化（土地石质荒漠化），因为这类土壤中>0.25 mm 水稳性结构体有很大一部分是

由颗粒组成中的粗砂粒构成的。石漠化地的水稳性团聚体低于60%，与其土壤黏粒和有机质含量较低有关。土壤水稳性团聚体数量表现为农田＞林地＞草地＞果园＞弃耕地＞坡耕地＞石漠化地，表明土地利用方式和人为耕作活动对土壤团聚体的形成有较大影响。退耕还林（草）措施明显提高了水稳性团聚体含量，增强土壤抗蚀性和蓄水性，退耕后团聚体可在一定程度上得到恢复。有研究表明，在人为因素的干扰下，耕地土壤经过17 a的合理耕作后，与原生土壤比较，土壤质地变化不显著，并且土壤中的营养元素都高于原生土壤，土地并未出现退化现象。这表明只要长期坚持对土地资源的合理保护和开发利用，可以延缓或遏制石漠化土地的扩展和发生。

3. 土地利用类型对土壤微生物的影响

在土壤质量的演变过程中，土壤微生物参与土壤的碳、氮、磷等元素的循环过程和土壤矿物的矿化过程。微生物是供给植物营养元素的活性库，微生物种群数量的消长，一般能反映土壤肥力的变化。由表3-11可看出，各土地利用类型的微生物总量排序为林地＞草地＞果园＞农田＞坡耕地＞弃耕地＞石漠化地。各地类的细菌和固氮菌数量远远超过放线菌和真菌，最高达45.0倍，最低为1.4倍。林地、果园的微生物细菌数量占绝对优势，分别占微生物总量的69.7%和73.3%，固氮菌分别占19.8%和18.6%，两者合计分别占89.5%和91.9%。各菌种数量按地类排序分别是：细菌为林地＞果园＞草地＞农田＞坡耕地＞弃耕地＞石漠化地；放线菌为农田＞草地＞林地＞果园＞弃耕地＞坡耕地＞石漠化地；真菌为林地＞草地＞农田＞果园＞坡耕地＞弃耕地＞石漠化地；固氮菌为草地＞林地＞农田＞果园＞坡耕地＞弃耕地＞石漠化地。细菌的数量以林地和果园最高，为农田和草地的1.25~1.61倍；相反，农田和草地的放线菌数量比果园和林地高，尤其是农田较果园和林地增加了1.79倍和2.97倍；在真菌的分布上，林地和草地接近，果园和农田近于等量，前两者是后两者的1.73倍和1.62倍；而石漠化地未见真菌；固氮菌含量以草地最高，分别是林地、果园、农田、石漠化地的1.56倍、1.97倍、1.79倍、17.97倍。许多研究表明，通过施肥或种植固氮植物，可提高土壤氮元素水平，增加土壤微生物的繁衍和活性。可见，土地利用方式和集约经营程度（施肥、管理等）对土壤环境的调节作用，是增强土壤微生物活性、提高土壤肥力，防止喀斯特石漠化的重要措施。

表3-11 不同土地利用类型对土壤微生物的影响

土壤微生物指标	林地	草地	果园	坡耕地	弃耕地	石漠化地	农田
细菌/($\times 10^3$/g)	132.83	94.15	117.52	78.22	61.53	4.54	82.52
真菌/($\times 10^3$/g)	4.61	4.41	2.67	1.74	1.61	0.0	2.73
放线菌/($\times 10^3$/g)	15.35	20.51	10.22	0.37	0.41	0.13	23.15
固氮菌/($\times 10^3$/g)	37.71	58.75	29.85	7.53	7.32	1.27	32.73
总数/($\times 10^3$/g)	190.50	177.82	160.26	87.86	70.87	5.94	141.13
微生物生物量/(mg/kg)	342.52	322.34	256.35	92.43	67.27	8.71	135.45
微生物群落丰富度（S）	93	80	75	38	21	4	47
群落Shannon指数（H）	7.548	5.361	3.210	1.354	1.140	0.241	2.876

在陆地生态系统中，土壤微生物生物量作为有机质降解和转化的动力，是植物养分重要的源和库，对植物营养元素转化、有机碳代谢具有极其重要的作用，通常以微生物量碳含量来表示。表 3-11 可看出，不同土地利用类型中表现为：林地＞草地＞果园＞农田＞坡耕地＞弃耕地＞石漠化地，表明不同土地利用方式下微生物量差异明显。Biolog 系统是反映土壤微生物生理轮廓和微生物群落结构的有效手段。由于 Biolog GN 盘中制备有 95 种不同性质的碳源，在培养过程中土壤的不同类群微生物对各自的优先利用碳源具有选择性，进而使 Biolog GN 盘中反应孔的颜色变化出现不同程度的差异。因而，Biolog GN 盘中反应孔的颜色变化数目在一定程度上可间接反映土壤微生物群落结构组成上的差异，颜色变化孔数越多则表明土壤微生物群落种类相对就越丰富。通常把颜色变化孔数作为土壤微生物群落功能多样性的丰富度（S）。由表 3-11 可知，林地土壤的显色孔数最多（达 93 目），其微生物群落丰富度最大；严重石漠化的土壤显色孔数最少（仅为 4 目），其微生物群落丰富度最小。Shannon 指数是研究群落物种数及其个体数和分布均匀程度的综合指标，是目前应用最为广泛的群落多样性指数之一。本研究采用这个指数来表示供试土壤微生物群落功能多样性相对多度的信息。分析结果表明，石漠化地的土壤群落 Shannon 指数明显低于其他各类土壤，降幅达 78.9%～96.4%。可见，土壤微生物群落的种群结构受到了土地石漠化的严重影响，从而使其微生物群落功能多样性出现相应的降低。

4. 土地利用类型对植物群落演替和物种多样性的影响

从表 3-12 可看出，在退耕还林（封山育林）初期，蛇根草群落多样性指数为 0.957，均匀度为 0.285，而优势度高达 0.751。经过 13 a 的退耕恢复过程，蛇根草已经逐渐衰亡，现已为青冈＋圆果化香群落代替。多样性指数、均匀度明显增高，优势度减少。同样，密花树＋冷水花群落也逐步过渡到小叶栎树＋圆果化香群落。而石漠化区由于土壤被侵蚀殆尽，基岩大面积裸露，生境恶劣，其鼠李＋蛇根草群落在植物组成、多样性等性状方面无明显变化，需要进行长时期恢复。另外，受人为不良耕作制度的影响，耕地因土壤贫瘠而被迫退耕。退耕地随退耕年限增长土壤性状趋于良好，退耕地土壤肥力越来越高。此时，退耕地的植物变化进入次生演替阶段。岩溶植被具喜钙性、耐旱性及石生性，植被逆向演替快、顺向演替难，生物资源集聚程度低的特点。从群落水

表 3-12 退耕还林区与石漠化区群落演替与多样性

土地类型	时间/年份	群落名称	丰富度(R)	物种多样性指数(D)	均匀度(J)	生态优势度(C)
退耕还林区	1980	蛇根草	5	0.957	0.285	0.751
	2003	青冈＋圆果化香	11	1.924	0.531	0.356
	1980	密花树-冷水花	8	2.112	0.377	0.434
	2003	小叶栎树＋圆果化香	15	3.675	0.419	0.222
石漠化区	1980	鼠李-蛇根草	10	2.341	0.547	0.527
	2003	鼠李-蛇根草	13	2.252	0.556	0.513

平特征来看，退耕地多样性指数、均匀度在退耕初期随退耕年限的延长逐渐增大（表 3-13），在 17 a 以后才趋于稳定。从生态环境角度看，亚热带喀斯特环境条件下的退耕地植被演替，随时间的推移，以钙生的植物种代替了旱生的植物种。从时空分布来看，退耕地在初期是以一年生杂草为优势种，到了后期，植被向钙生和石生方向演替。这表明土地利用强度越大，木本植物越少，草本植物种子越多，且以杂草为主。可见，土地利用方式的变化对次生植被及其种子库有重要影响。

表 3-13 退耕地不同时段的多样性指数、均匀度和优势度值

退耕年限/a	丰富度（R）	多样性指数（D）	均匀度（J）	优势度（C）	总盖度/%
1	5	0.823	0.223	0.652	15
5	8	1.214	0.325	0.543	23
10	11	2.710	0.541	0.467	64
17	21	3.576	0.578	0.354	85
30	23	5.221	0.742	0.323	92

5. 土地利用与喀斯特石漠化

研究区在自然植被演替成为次生植被或人工开垦利用后，喀斯特山地土壤表层出现砂化。经开垦利用后，该区环境土壤表层砂化现象更加明显。土地利用强度越大，对土壤团粒结构的破坏也越大，土壤有机质受土地利用强度的明显影响。退耕后，土壤团粒结构、有机质则有所恢复。林地、草（灌）地开垦后，土壤有机质含量下降是土壤水稳性团聚体下降及减少的主要原因。林地、草（灌）地对水分的保持能力强，土地利用强度较大的土壤保水能力相对较弱。土地利用强度越大，木本植物越少，草本植物越多，且以农田杂草为主。土地利用方式的变化（如陡坡开垦）是对次生植被及其种子库的主要威胁，导致在人类经常干扰的土地，其植被自然恢复需要较长的时间，恢复潜力很小。在人们环境意识未强化、相关举措未到位的前提下，土地利用方式的改变如超垦、滥樵，加大了环境负荷，造成植被稀疏，土壤细颗粒流失、减少，粗颗粒富集、岩石裸露，进而产生土地石漠化。因此，采取合理的水土保持措施和土地利用（或生产经营）方式对喀斯特山区防止土地退化及保持生态系统的良性循环非常重要。

3.2.4 小结

喀斯特山区土壤具有富含钾元素而磷元素不足、氮元素极低的特点，在生产条件较差和非宜农耕地上，可通过种树种草来改善和恢复石漠化土地的生态功能和土壤环境。通过土地资源的合理利用，可以大大提高土壤微生物数量，增加微生物多样性。土壤颗粒粗化是石漠化过程的重要标志，防治喀斯特石漠化的重要措施是进行合理的土地利用和退耕还林（草）。对喀斯特地区而言，土壤和植被是生态环境中最为敏感的自然环境要素，具有明显的脆弱特征。它们在干扰下发生迅速演替，诱发地表水文条件的改变，

导致石漠化的形成和加剧,喀斯特山区土地利用类型与植被演替的方式和进程的多样性对喀斯特生态系统有重要影响。了解喀斯特地区土地利用和人为生产经营活动方式对石漠化土地恢复治理具有重要意义,可为揭示喀斯特石漠化过程及关键环节和生态重建提供理论依据。

3.3 喀斯特小生境土壤类型及其土壤性质的变化

由于喀斯特小生境在外部形态上不同,使之在光照、热量、水分等方面有较大差异,表现在这些生态因素的强度和变化进程不同,从而导致小生境间生态有效性各异。

3.3.1 喀斯特小生境土壤物理性质

土壤颗粒是土壤结构形成的重要基础物质,不同级别土粒含量的组合构成不同的土壤质地类型,进而影响土壤的物理、化学和生物学过程,土壤中的养分状况和对各养分吸附能力的强弱都与土壤的粒级组成有关,因此,土粒组合比例关系或质地类型的定量化描述具有重要的现实意义(黄冠华和詹卫华,2002)。

土壤结构是土壤功能表现的基础,土壤结构退化是土壤退化最重要的过程之一,其最明显特征表现在土壤团聚体构成比例失调以及团聚体稳定性下降(彭新华等,2003;赵世伟等,2005)。土壤团聚体是土粒经各种作用形成的直径为 0.25~10 mm 的结构单位,是土壤结构最基本的单元和土壤结构构成的基础,土壤团聚状况可作为评价土壤肥力的综合指标(陈恩凤等,2001;周礼恺等,1986)。

1. 土壤团聚体

表 3-14 测定结果表明,总的来讲各级风干团聚体在各小生境土壤中分布不均匀,大团聚体所占比例较高,>0.25 mm 的团聚体都在 96% 以上,平均值为 98.31%,并以 2~5 mm 和 >5 mm 为主(一般都大于 30%),平均值分别为 34.75% 和 42.21%。这在一定程度上表明原生林地中各小生境土壤结构性较好,通透性也较好。在各小生境土壤之间,除 >0.25 mm 总团聚体外之外,石缝和石坑土壤各粒级团聚体中无明显差异,而石沟和石洞土壤在所测定的这些粒级的团聚体中均无明显的差别,在 5~2 mm 和 >5 mm 粒级团聚体中土面土壤和石沟、石洞、石缝土壤有显著差异,在 2~1 mm 粒级团聚体和石沟、石洞土壤差异也显著。总的来讲各小生境之间各级土壤团聚体数量差异不大,但数量较多,土体结构性较好。

2. 土壤机械组成

由表 3-14 可以看出,原始森林生态系统中,小生境土壤的黏粒(<0.002 mm)含量在 6%~25% 波动;其中多重比较(LSD)结果表明,石洞和石缝中土壤黏粒含量最高而与石沟和石坑中土壤黏粒含量达到显著差异水平。土壤粉粒(0.002~0.02 mm)含量在石洞、石缝和土面土壤中差异不明显,而石坑中土壤粉粒含量相对最少(33%),

表 3-14　喀斯特生态系统中的小生境土壤团聚体及粒级组成

小生境土壤	各级风干团聚体组成/%						土壤粒级组成/%			质地名(国际制)
	>5 mm	5~2 mm	2~1 mm	1~0.5 mm	0.5~0.25 mm	>0.25 mm	2~0.02 mm	0.02~0.002 mm	<0.002 mm	
石沟	35.75±5.40c	36.71±2.54a	8.28±2.55a	14.27±3.27ab	3.37±1.59a	98.37±0.37ab	52±1ab	36±3bc	12±3b	壤土
石洞	31.29±11.11c	37.54±2.86a	8.96±0.15a	16.81±6.23a	3.45±2.54a	98.06±1.43ab	38±7c	43±2ab	19±6a	黏壤土
石缝	37.10±10.29bc	37.47±5.63a	5.40±1.07b	13.31±2.94abc	3.44±2.53a	96.73±2.17a	41±3c	41±2ab	18±2a	黏壤土
石坑	53.20±0.19ab	33.37±0.60ab	5.24±0.87b	6.65±1.19c	1.08±0.31a	99.43±0.05b	58±9a	33±6c	9±3b	砂质壤土
土面	53.81±11.81a	28.67±5.33b	5.40±1.04b	9.14±3.87bc	1.95±1.26a	98.98±0.36b	42±6bc	44±6a	14±3ab	壤土

注：表中数字为 3 个样本的平均值±标准差，字母为多重比较（LSD）结果，同一列中字母不同的处理之间达到 P 为 0.05 的显著性水平。

与粉粒含量最高的土面（44%）土壤有明显的差异。与黏粒相对应石洞和石缝土壤中砂粒（0.02~2 mm）含量相对较少，而石坑和石沟土壤中砂粒含量最高，分别为 58% 和 52%。这是因为研究区属中亚热带季风湿润气候地区，雨量充沛，大量黏粒和粉粒被面流和径流带走，而砂粒保留在了有起伏的石沟和石坑之中；石缝和石洞相对而言受到降水和径流影响较小，因此保留了较多半风化岩粒。总体而言，原生林地各小生境土壤质地较好，以壤土为主，土体透性适中，保水保肥能力较好。

3.3.2　喀斯特小生境土壤化学性质

1. pH

土壤 pH 是土壤酸碱度的强度指标，是土壤的基本性质和肥力的重要影响因素之一，它直接影响土壤养分的存在状态、转化和有效性，从而影响植物的生长发育（张桃林等，1998）。由表 3-15 可以看出，在各种小生境类型土壤中，土壤 pH 变化表现为石洞＞石沟＞石缝＞石坑＞土面，特别是石洞土壤的 pH 与石缝、石沟、石坑、土面土壤的 pH 均达到显著差异水平；这可能是因为石洞中土壤多干燥，枯落物少，受外界影响较小，土壤 pH 主要受基岩的影响，pH 相对较大；而石沟（7.24）和石缝（7.22）中枯落物数量增加，同时土壤水分增多，土壤盐基饱和度下降，土壤 pH 降低；此外石坑（6.85）枯落物较多，石坑中土壤旱季湿润雨季水饱和，土壤有机酸累积，土壤 pH 比石沟和石缝更低，使石缝和石沟土壤 pH 与石坑出现显著性差异；而土面土壤 pH 最低，可能与其土层较厚，植被根系作用相对较强有关。

表 3-15 喀斯特生态系统中的小生境土壤化学性质

小生境土壤	pH	有机质 /(g/kg)	全氮 /(g/kg)	全磷 /(g/kg)	缓效钾 /(mg/kg)	碱解氮 /(mg/kg)	速效磷 /(mg/kg)	速效钾 /(mg/kg)
石沟	7.24±0.06b	124.13±5.91b	7.05±0.87b	0.762±0.043b	148±34b	521.25±34.33b	11.53±1.93bc	105±30ab
石洞	7.98±0.05a	59.76±11.43b	3.39±0.21b	0.649±0.041b	127±15b	248.97±12.44c	3.84±0.10c	60±10b
石缝	7.22±0.03b	331.18±55.10a	19.00±3.09a	1.378±0.185a	253±35a	894±122.68a	33.60±5.51a	213±29a
石坑	6.85±0.24c	291.04±168.75a	11.16±9.49ab	0.797±0.330b	170±89ab	603.76±299.38b	16.34±11.06b	150±123ab
土面	6.74±0.33c	113.30±24.00b	5.77±0.42b	0.688±0.110b	123±33b	456.70±32.23bc	7.62±2.55bc	83±32b

注：表中数字为 3 个样本的平均值±标准差，字母为多重比较（LSD）结果，同一列中字母不同的处理之间达到 P 为 0.05 的显著性水平。

2. 有机质

由表 3-15 可以看到，石洞土壤有机质含量相对最低，平均仅有 59.76 g/kg。石沟、石洞和土面土壤三者之间没有明显的差异，而石缝和石坑土壤中的有机质含量都显著高于石沟、石洞和土面土壤；其中石缝和石坑土壤中含量分别是石洞土壤的 5.54 倍和 4.87 倍。这是由于石灰岩地区的差异风化使基岩表面强烈起伏，地表岩石风化残积形成的土壤或酸不溶物在重力和水的作用下，以微距离和短距离垂直向下迁移，使土壤积聚在低洼的负地形中，在雨热充沛的亚热带地区，人为干扰少的情况下，植物生物量和微生物活性都较高，大量的枯枝落叶在微生物的分解作用下转化为腐殖质，这些腐殖质再与钙结合凝聚形成腐殖质钙，分布在较少的土壤量中，使得地表残积风化物或酸不溶物的生物成土作用强烈，有机质形成大量结构稳定的有机无机复合体，缓解了微生物的迅速分解，使土壤有机质保持较高的含量。而在石缝土壤中，光、热、相对湿度等环境因素相对较好，多有大量适宜喜潮湿的薛蕨类及耐阴湿的树种生长，而这些植被能提供大量的枯枝落叶，在微生物作用下形成了稳定的腐殖质。

3. 氮元素

土壤中的氮是植被生长不可缺少的元素之一，主要来源于土壤中的有机质。所以土壤全氮、碱解氮含量在各小生境土壤之间的变化，与有机质很相似。其石洞土壤全氮含量平均只有 0.21 g/kg，碱解氮含量也只有 248.97 mg/kg，在石缝土壤中全氮、碱解氮含量都与石洞土壤中土壤含量达到显著水平差异，石缝土壤全氮与石沟、土面土壤也有明显的差别，而石缝土壤碱解氮含量与石沟、石坑和土面土壤也有显著差异。其中石沟、石缝、石坑和土面土壤全氮含量分别是石洞土壤的 2.80 倍、5.60 倍、3.29 倍和 1.70 倍，而土壤碱解氮含量则分别是 2.09 倍、3.60 倍、2.43 倍和 1.83 倍。

4. 磷元素

石缝土壤中全磷和速效磷含量显著的高出了石沟、石洞、石坑、土面土壤（表 3-15），但石沟、石坑、石洞和土面土壤中土壤全磷并没有很大差异，在 0.7 g/kg 上下波动。相似地，速效磷含量在石沟、石坑和土面土壤中也未体现出明显差异，而石坑土壤速效磷与石洞土壤却有明显的差异，是石洞（3.84 mg/kg）的土壤速效磷的4.26 倍。石缝土壤全磷和速效磷含量都较高，平均分别达到 1.378 g/kg 和 33.60 mg/kg，这主要与其有机质含量较高有关，同时石缝土壤黏粒含量相对较多并为黏壤土，所以土壤的保肥性能较好，有机质的存在也使土壤磷的有效性较高。

5. 钾元素

由表 3-15 同样可以看出，土壤缓效钾含量在各小生境土壤中的变化趋势为石缝＞石坑＞石沟＞石洞＞土面；而土壤速效钾含量表现略不一样，为石缝＞石坑＞石沟＞土面＞石洞。土壤缓效钾含量在石缝土壤（253 mg/kg）中明显比石沟（148 mg/kg）、石洞（127 mg/kg）和土面土壤（123 mg/kg）高，而与石坑土壤（170 mg/kg）缓效钾差异不明显，石沟、石洞和土面土壤之间土壤缓效钾差异不显著；土壤速效钾在石沟、石洞、石坑和土面四个小生境土壤中差异不大，石缝土壤与石洞及土面土壤都达到显著差异水平。

总的来看，在不同小生境土壤中，有机质、全氮、碱解氮、速效磷、速效钾含量变化均有相同的变化趋势，即石缝＞石坑＞石沟＞土面＞石洞。

3.3.3 喀斯特小生境土壤呼吸强度及酶活性

1. 土壤酶活性

由于土壤酶活性与土壤理化性质和土壤生物数量及生物多样性等密切相关，所以土壤酶活性常常被作为土壤质量的整合生物活性指标（杨万勤和王开运，2004）。土壤酶主要来源于土壤微生物及部分植被根系，而土壤呼吸强度与土壤微生物数量的多少紧密相关。土壤酶是土壤中的生物催化剂，是具有加速土壤生化反应速率功能的一类蛋白质。土壤中的一切生化过程，包括各类植物物质的水解与转化、腐殖物质的合成与分解以及某些无机物的氧化与还原，都在土壤酶的参与下进行和完成（关松荫和孟昭鸥，1986）。本研究选定了广泛存在于土壤中的脲酶、过氧化氢酶、碱性磷酸酶、蛋白酶、蔗糖酶，这些酶对土壤的生物呼吸强度和土壤的碳、氮、磷等主要营养物质的转化起着重要的作用。

一般情况下，土壤湿度较大时，酶活性较高，但土壤过湿时，酶活性减弱（关松荫和孟昭鸥，1986）。土壤酶只有一小部分存在于土壤溶液中，绝大多数为吸附态，极少数为游离态，主要以物理和化学的结合形式吸附在土壤有机质和矿质颗粒上，或与腐殖物质络合共存，其可通过阳离子交换反应的方式与黏粒矿物结合（周礼恺，1980）。由表 3-16 测定结果得出，从不同的小生境类型土壤来看，各种酶在不同小生境土壤中变化各异。在各小生境土壤中脲酶活性的变化趋势是石沟＞石缝＞石洞＞石坑＞土面；过氧化氢酶活性的变化趋势则是石缝＞土面＞石洞＞石沟＞石坑；碱性磷酸酶活性的变化趋势是石缝＞石沟＞石坑＞土面＞石洞；蛋白酶活性的变化趋势是土面＞石沟＞石坑＞石缝＞石洞；蔗糖酶活性的变化趋势则是石缝＞石坑＞石洞＞石沟＞土面；土壤呼吸强度表现为石缝＞石沟＞石坑＞土面＞石洞。

表 3-16　不同小生境土壤中土壤呼吸强度及酶活性

小生境土壤	土壤呼吸强度	脲酶	过氧化氢酶	碱性磷酸酶	蛋白酶	蔗糖酶
石沟	844.82±115.70b	936±46a	1.20±0.14b	1.79±0.23ab	92.52±34.50a	8.93±1.94ab
石洞	645.35±103.97b	792±81ab	1.25±0.11ab	1.21±0.16c	70.89±6.81a	10.20±6.07ab
石缝	1255.49±298.15a	830±34a	1.56±0.11a	2.11±0.19a	81.38±1.48a	16.47±2.20a
石坑	781.26±251.17b	704±234ab	1.11±0.33b	1.70±0.45abc	92.10±14.15a	11.73±7.55ab
土面	748.99±157.80b	548±235b	1.28±0.11ab	1.35±0.28bc	92.95±20.61a	6.00±2.03b

注：表中数字为平均值±标准差，字母为多重比较（LSD）结果，同一列中字母不同的处理之间达到 P 为 0.05 的显著性水平。土壤呼吸强度以 28℃恒温培养 24 h，1 kg 土壤释放出来的 CO_2 的质量（mg）表示。脲酶以 37℃恒温培养 3 h 后，1 g 土壤中 NH_3-N 的质量（μg）表示。过氧化氢酶以 1 g 土在 1 h 所消耗的 0.1 mol/L $KMnO_4$ 的体积（mL）表示。碱性磷酸酶以 37℃恒温培养 24 h 后每 1 g 土样生成酚的质量（mg）表示。蔗糖酶以 37℃恒温培养 24 h 后，1 g 土壤中葡萄糖的质量（mg）表示。蛋白酶以 50℃恒温培养 2 h，1 g 土壤中 NH_2 的质量（μg）表示。

（1）脲酶是一种专性酶，它能分解有机物，促其水解生成氨和 CO_2，其中氨是树木氮元素营养的直接来源，它的活性可用来表示土壤氮元素状况（关松荫和孟昭鸥，1986）。分析表明，石沟和石缝土壤脲酶活性要明显高于土面土壤，而属石沟土壤脲酶活性最高，土面土壤脲酶的活性最低，石沟土壤比土面土壤中土壤脲酶活性高出了 70.8%。而石沟、石坑、石缝和石洞四者之间的土壤中，土壤脲酶活性并无太大的差异。陈会明等（2000）研究发现，土壤脲酶的两个最适 pH 为 6.5～7.0 或 8.8～9.0。张志明和周礼恺（1986）提出，黑土、棕壤脲酶活性主要集聚在微团聚体上，相当于土壤粒级的黏粒部分。随粒径增大，脲酶活性有下降趋势。冯贵颖等（1999）研究表明，土壤黏粒对脲酶均有吸附，且吸附数量不尽相同，同一土壤黏粒，原样土壤黏粒的吸附量大于去有机质土壤黏粒。这说明土壤脲酶活性的高低受到很多因素的影响，具体原因有待进一步在研究。

（2）过氧化氢酶是衡量土壤中氧化过程的方向和强度的指标，其活性高低可以反映土壤解除呼吸过程中产生的过氧化氢的能力（关松荫，1986）。表 3-16 中分析结果表明，除石缝土壤外，石沟、石洞、石坑和土面土壤过氧化氢酶活性之间差异不大。石缝中土壤过氧化氢酶活性分别为土面、石洞、石沟和石坑土壤的 121.9%、124.8%、131.1% 和 140.5%。而石缝中土壤过氧化氢酶活性与石坑和石沟土壤中过氧化氢酶活性达到了显著差异水平。这在一定程度上说明石缝土壤中生物化学过程强度高于石沟和石坑。

（3）磷酸酶是土壤中广泛存在的一种水解酶，能够催化磷酸脂或磷酸酐的水解反应，其活性高低直接影响着土壤中有机磷的分解转化及其生物有效性。磷酸酶在土壤磷元素转化中起一定作用，也是土壤磷元素肥力的指标之一（张志明等，1987）。石灰性土壤以碱性磷酸酶为主。由表 3-16 可以看出，石缝土壤中碱性磷酸酶的活性显著高于石洞和土面土壤，而石缝、石沟和石坑三者之间的土壤中碱性磷酸酶的活性没有明显的差异。这与土壤脲酶活性变化相似，即负面地形中碱性磷酸酶的活性要高于正面地形。

（4）蛋白酶参与土壤中存在的氨基酸、蛋白质以及其他含蛋白质氮的有机化合物的转化，它们的水解产物是高等植物的氮源之一（关松荫和孟昭鸥，1986）。从分析结果（表 3-16）可以看出，土壤蛋白酶活性在 70.89~92.95 μg/g（以 NH_2 计）之间，在各土壤小生境土壤中无明显差异。其中石洞土壤中蛋白酶活性最低，只有 70.68 μg/g（以 NH_2 计），而属土面土壤中蛋白酶活性最高为 92.95 μg/g（以 NH_2 计）。

(5) 蔗糖酶对增加土壤中易溶性营养物质起着重要作用，它比其他酶类能更明显地反映土壤的速效养分含量和生物学活性强度（关松荫，1986）。由表 3-16 可以看出，土壤蔗糖酶活性只在石缝和土面二者间的土壤中有明显的差异，而在石沟、石洞、石坑和土面土壤四者间的土壤中并无显著差异。来自植物根的主要是磷酸酶和蔗糖酶，土壤的蔗糖酶活性与植物密度和组成密切相关（周礼恺，1986）。而石缝中大多存在喜潮湿的藓蕨类及耐阴湿的树种的根系影响，相对来讲土壤受根系影响较强，因此石缝土壤中土壤蔗糖酶和碱性磷酸酶活性都要比其他小生境土壤要强。

2. 土壤呼吸强度

土壤呼吸从严格意义上来讲，是指未受扰动的土壤产生 CO_2 的所有代谢作用。由土壤微生物呼吸、根呼吸、土壤动物呼吸和含碳矿物质的化学氧化作用 4 个过程组成，是大气 CO_2 的重要来源，在生物圈和大气圈碳交换中起着关键作用；另外，土壤呼吸也是土壤中生命活动的表征，它能指示土壤和枯枝落叶层碳代谢、林木地下碳分配以及生态系统生产力、土壤肥力等信息的良好指标（Raich and Schelesinger，1992）。表 3-16 测定结果表明，石缝土壤中土壤呼吸强度显著高于其他四类小生境土壤，为 1255.49 mg/kg。而最弱的为石洞土壤，CO_2 仅有 645.35 mg/kg，约为石缝土壤呼吸强度的 1/2。这主要是因为石缝中枯落物较多，而土壤数量较少，大量分解半分解的有机物集中在少量土壤中，并且石缝中土壤常年湿润，所以土壤微生物、土壤动物较多，使其土壤呼吸强度相对较大；而石洞中土壤多干燥，枯落物很少，有机质含量低，土壤受动植物干扰也较少，因此其土壤呼吸强度较弱。此外，石沟土壤中土壤呼吸强度较石缝土壤低，可能与石沟受地表径流冲刷相对较多，且其土层较厚土量较多有关。石坑土壤中土壤呼吸强度较石沟土壤弱，可能是因为石坑土壤多处于水分饱和状态，大量需氧型微生物和土壤动物不能在该环境下生存，所以其土壤呼吸强度也较低。土面土壤呼吸强度较石沟和石坑土壤弱，原因可能是由于在喀斯特山区山体坡度较大且土层浅薄，土壤多集中在小台地或是不平整的低凹沟道和石坑内，因此石沟和石坑多为土壤、枯落物和营养元素的汇集区；而土面多为局部连续的土体表面，岩体被土层覆盖，为不连续的小台地类型，其多为雨水和径流所冲刷，且土壤较干燥，所以土面土壤呼吸强度比石洞土壤强而比石沟和石坑土壤弱。

总的来看，除土壤脲酶和蛋白酶之外，石缝土壤呼吸强度、过氧化氢酶活性、碱性磷酸酶活性和蔗糖酶活性都相对其他四类小生境土壤要高。而整体上来讲石沟、石缝和石坑这三种负地形小生境土壤的各种酶活性和土壤呼吸强度要比石洞和土面土壤要高，这可能与石沟、石缝和石坑这类负面地形中（石洞除外），土壤有机质含量相对较高，另外原始森林中石沟、石坑和石缝土壤都常年湿润，而土面土壤则是雨季湿润旱季较干燥，石洞则是常年干燥，这使得植物根系、微生物、土壤动物等多集中在石沟、石缝和石坑土壤之中,而进一步增强了土壤呼吸和土壤酶活性。

3.4 喀斯特生境退化过程土壤理化性质的变化特征

从上节中可见喀斯特生态系统退化中的各小生境土壤之间存在明显的差异,而在喀斯特生境由原生林→次生林→灌木林→灌丛草地演替的过程中,群落结构发生很大的改变,各小生境受到外界影响加大,生境的原生性受到很大影响。由于所处的地理位置不同,其受外界干扰程度差别很大,因此不同小生境土壤之间的变化存在一定的差异。卢红梅和王世杰(2006)、王世杰和李阳兵(2007)研究表明,为了促进岩溶山区土壤退化研究中数据之间的可比性,复杂生境样地中可只考虑样地内占绝大部分(95%左右)土壤面积的小生境类型,其结果与考虑所有小生境类型的样地土壤代表值接近。由表3-17可以看出,由原生林地→灌丛草地的样地中,除原生林3号、次生林4号和5号样地外,样地内土壤面积都是土面面积最大,其次是石沟和石洞,石缝面积最小(个别除外)。在每个样地所研究的五个小生境类型中,土面、石沟及石洞三者的面积之和占样地总土壤面积的91.25%~99.84%,而平均每种生态模式下土面、石沟及石洞三者的面积之和都超过了95%,为此以下将主要对土面、石沟及石洞进行进一步的分析,探讨其在原生林→次生林→灌木林→灌丛草地演替序列中的变化规律。

表3-17 不同生态模式下小生境土壤占样地总土壤面积比例 (单位:%)

生态模式	石沟	石洞	石缝	石坑	土面	沟+洞+面	生态模式	石沟	石洞	石缝	石坑	土面	沟+洞+面
原生林地1	12.21	3.11	0.66	0.07	83.94	99.26	灌木林地7	32.43	1.87	1.31	0.19	64.19	98.49
原生林地2	11.44	1.66	0.25	2.31	84.34	97.44	灌木林地8	15.31	2.08	0.04	0.21	82.36	99.75
原生林地3	60.75	5.50	2.25	6.50	25.00	91.25	灌木林地9	29.33	3.83	0.67	0.83	65.33	98.49
均值	28.13	3.42	1.05	2.96	64.43	95.98	均值	25.69	2.59	0.67	0.41	70.63	98.91
次生林地4	47.33	10.00	2.67	5.07	34.93	92.26	灌丛草地10	2.44	0.47	0.28	1.63	95.19	98.10
次生林地5	57.15	3.38	1.13	1.04	37.30	97.83	灌丛草地11	6.61	1.10	0.10	0.07	92.13	99.84
次生林地6	21.75	11.06	1.56	1.25	64.38	97.19	灌丛草地12	4.06	1.28	0.36	0.03	94.19	99.61
均值	42.08	8.15	1.79	2.45	45.54	95.76	均值	4.37	0.98	0.25	0.58	93.84	99.18

3.4.1 喀斯特生境退化过程中的土壤物理性质

1. 退化过程中的石沟土壤物理性质

森林植被是喀斯特环境的命脉,对喀斯特环境水分的循环和储存、养分的归还和积累有着至关重要的作用。不同的植被类型在降水的再分配、土壤结构的改善和养分保存能力方面有较大差异,植被越好,形成的生态系统结构越复杂,稳定性和抗干扰能力越强,环境脆弱性越小。但在人为干扰下,其群落从顶级常绿落叶阔叶混交林阶段、灌木灌丛阶段、灌草群落阶段、草本群落阶段,最后演变到荒草地,植被数量明显减少,群落高度明显降低，植物根系在土壤中占的比例逐步减少，根系可以深入到土壤中的数量和范围减小，对土壤疏松作用降低。另外，由于植物根系的生长代谢分泌大量的有机物质，土壤微生物的积极活动对土壤的团粒结构形成有重要作用，植被退化使得该作用力减小，影响土壤物理性质（王德炉等，2003）。

表 3-18 石沟土壤测定结果表明，在各生态模式下，各级风干团聚体分布不均匀，大团聚体所占比例较高，>0.25 mm 的团聚体都在 92% 以上，平均值为 97.81%，并以 5~2 mm 和 >5 mm 为主，平均值分别为 33.54% 和 39.26%；<0.25 mm 的团聚体含量最少，平均值为 2.19%。>0.25 mm 的团聚体数量在喀斯特森林由原生林→灌丛草地发展的过程中，有下降趋势，<1 mm 的风干团聚体含量都有先减少后增加的趋势。<0.002 mm 黏粒含量次生林地、灌木林地和灌丛草地都比原生林地含量要高，而 2~0.02 mm 砂粒含量次生林地、灌木林地和灌丛草地原生林地比原生林地要相对变低，0.02~0.002 mm 粉粒含量基本没有变化。从质地来看，原生林地 3 个样地的石沟土壤均为壤土，而退化后的次生林地、灌木林地和灌丛草地多为黏壤土或壤质黏土。

表 3-18 退化过程中石沟土壤团聚体及粒级组成

生态模式	>5 mm	5~2 mm	2~1 mm	1~0.5 mm	0.5~0.25 mm	>0.25 mm	2~0.02 mm	0.02~0.002 mm	<0.002 mm	质地名（国际制）
原生林地 1	30.32	33.79	11.18	17.64	5.04	97.96	52.0	35.0	13.0	壤土
原生林地 2	41.12	37.92	6.41	11.34	1.88	98.67	52.0	34.0	14.0	壤土
原生林地 3	35.81	38.42	7.25	13.84	3.18	98.49	51.0	40.0	9.0	壤土
均值	35.75	36.71	8.28	14.27	3.37	98.38	51.7	36.3	12.0	-
次生林地 4	55.25	30.91	4.48	7.48	1.44	99.56	32.0	40.0	28.0	壤质黏土
次生林地 5	58.89	29.13	4.49	6.01	1.08	99.60	44.0	41.9	14.1	壤土
次生林地 6	63.67	22.56	4.21	6.82	1.98	99.24	39.0	36.0	25.0	黏壤土
均值	59.27	27.53	4.39	6.77	1.50	99.47	38.3	39.3	22.4	-
灌木林地 7	40.13	33.68	9.13	12.34	2.86	98.14	36.0	37.0	27.0	壤质黏土
灌木林地 8	23.25	34.56	16.12	18.96	4.12	97.01	38.0	38.0	24.0	黏壤土
灌木林地 9	21.45	41.46	14.13	16.55	3.63	97.22	44.0	35.0	21.0	黏壤土
均值	28.28	36.57	13.13	15.95	3.54	97.46	39.3	36.7	24.0	-
灌丛草地 10	50.20	28.53	5.02	11.62	3.15	98.52	52.0	35.0	13.0	壤土
灌丛草地 11	30.15	35.34	7.46	18.13	5.46	96.54	41.0	39.0	20.0	黏壤土
灌丛草地 12	20.87	36.18	8.79	20.00	6.88	92.72	46.0	38.0	16.0	黏壤土
均值	33.74	33.35	7.09	16.58	5.16	95.93	46.3	37.3	16.3	-

2. 退化过程中的石洞土壤物理性质

由表 3-19 可见，石洞土壤各级风干团聚体数量差异不大，就 >5 mm 风干团聚体而言，灌丛草地含量要明显地高于其他类型的用地，而5～2 mm粒级团聚体含量却由原生林地向灌丛草地逐步降低。<0.002 mm黏粒含量随原生林地向灌丛草地演替有增加的趋势，灌丛草地、灌木林地和次生林地分别是原生林地的2.27倍、1.42倍和2.06倍。0.002～0.02 mm粉粒含量次生林地、灌木林地和灌丛草地原生林地比原生林地要相对变低，0.02～2 mm砂粒含量基本没有变化。从质地上看，原生林地的石洞土壤除2号样地为粉砂质壤土外，其余两个样地均为壤土；相比之下，退化后的次生林地、灌木林地和灌丛草地石洞土壤则多为黏壤土和壤质黏土。

表3-19 退化过程中石洞土壤团聚体及粒级组成

生态模式	>5 mm	5～2 mm	2～1 mm	1～0.5 mm	0.5～0.25 mm	>0.25 mm	2～0.02 mm	0.02～0.002 mm	<0.002 mm	质地名（国际制）
原生林地1	21.86	37.24	8.79	22.27	6.25	96.42	39.0	42.0	11.0	壤土
原生林地2	43.54	34.85	9.07	10.02	1.29	98.77	44.0	46.0	10.0	粉砂质壤土
原生林地3	28.47	40.54	9.02	18.14	2.82	98.99	44.0	43.0	13.0	壤土
均值	31.29	37.54	8.96	16.81	3.45	98.06	42.3	43.7	11.3	-
次生林地4	43.20	34.49	6.47	11.20	2.95	98.31	41.0	35.0	24.0	黏壤土
次生林地5	34.71	33.39	6.39	16.28	6.01	96.78	45.0	36.0	19.0	黏壤土
次生林地6	37.61	31.90	5.06	12.61	5.67	92.85	35.0	38.0	27.0	壤质黏土
均值	38.51	33.26	5.97	13.36	4.88	95.98	40.3	36.3	23.3	-
灌木林地7	48.32	26.46	4.46	11.12	6.00	96.36	43.0	40.0	17.0	黏壤土
灌木林地8	33.76	34.15	8.01	16.46	2.46	94.84	44.0	36.0	20.0	黏壤土
灌木林地9	37.09	31.10	8.50	18.08	4.21	98.98	49.0	40.0	11.0	壤土
均值	39.72	30.57	6.99	15.22	4.22	96.73	45.3	38.7	16.0	-
灌丛草地10	25.37	39.90	8.22	17.19	5.08	95.76	38.0	30.9	31.1	壤质黏土
灌丛草地11	46.95	27.86	6.63	12.64	3.46	97.54	39.0	35.0	26.0	壤质黏土
灌丛草地12	63.64	23.56	4.76	6.77	0.68	99.42	40.9	39.1	20.0	黏壤土
均值	45.32	30.44	6.54	12.20	3.07	97.57	39.3	35.0	25.7	-

3. 退化过程中的土面土壤物理性质

由表3-20可见，在各个生态模式下土面土壤风干团聚体以>5 mm为主，平均都在50%以上，其次为5～2 mm、1～0.5 mm、2～1 mm和0.5～0.25 mm风干团聚体。<0.002 mm黏粒含量原生林地要比次生林地、灌木林地和灌丛草地都低，仅为13.7%，原生林地黏粒、粉粒和砂粒之比为1:3:3，而次生林地、灌木林地和灌丛草地分别为1:2:3、1:1:1和1:2:2。同样从质地上看，原生林地的3个样地中，只有3号样地为壤土，而1号样地为黏壤土，2号样地为粉砂质黏壤土，次生林地、灌

木林地和灌丛草地的土面土壤则多为黏壤土和壤质黏土。

表 3-20 退化过程中土面土壤团聚体及粒级组成

生态模式	>5 mm	5~2 mm	2~1 mm	1~0.5 mm	0.5~0.25 mm	>0.25 mm	2~0.02 mm	0.02~0.002 mm	<0.002 mm	质地名（国际制）
原生林地 1	54.46	28.64	5.24	9.13	1.67	99.14	46.0	38.0	16.0	黏壤土
原生林地 2	65.29	23.36	4.45	5.28	0.85	99.23	35.0	49.9	15.1	粉砂质黏壤土
原生林地 3	41.69	34.01	6.52	13.01	3.32	98.56	46.0	44.0	10.0	壤土
均值	53.81	28.67	5.40	9.14	1.95	98.98	42.3	44.0	13.7	-
次生林地 4	62.89	26.02	4.24	5.06	0.86	99.07	47.0	38.9	14.1	壤土
次生林地 5	48.15	25.32	4.78	13.20	5.71	97.16	42.0	42.0	16.0	黏壤土
次生林地 6	65.57	22.11	3.67	6.17	1.49	99.01	41.0	38.0	21.0	黏壤土
均值	58.87	24.48	4.23	8.14	2.69	98.41	43.3	39.6	17.0	-
灌木林地 7	71.36	21.14	3.04	3.42	0.65	99.61	33.0	37.0	30.0	壤质黏土
灌木林地 8	71.20	22.58	2.86	2.88	0.29	99.81	28.0	41.0	31.0	壤质黏土
灌木林地 9	49.90	33.54	5.01	9.66	1.28	99.38	34.0	41.0	25.0	黏壤土
均值	64.15	25.75	3.64	5.32	0.74	99.60	31.7	39.7	28.7	-
灌丛草地 10	36.98	28.04	5.97	15.86	5.01	91.85	52.0	31.0	17.0	黏壤土
灌丛草地 11	65.72	25.97	3.25	4.29	0.58	99.81	45.0	38.0	17.0	黏壤土
灌丛草地 12	73.01	19.96	0.80	0.73	0.41	94.90	33.0	39.0	28.0	壤质黏土
均值	58.57	24.66	3.34	6.96	2.00	95.52	43.3	36.0	20.7	-

综上所述，在各个生态模式下石沟、石洞和土面土壤风干团聚体都以>5 mm 和 5~2 mm 两个粒级为主，平均两者之和占团聚体总量的 76.40%。总的来看各级团聚体数量多少依次为>5 mm、5~2 mm、1~0.5 mm、2~1 mm 和 0.5~0.25 mm。在喀斯特森林由原生林→次生林→灌木林→灌丛草地演替过程中，同一粒级不同小生境间各级风干团聚体数量差异不明显，同一小生境不同生态模式下各级风干团聚体数量差异也不明显。在原生林→灌丛草地演替过程中石沟、石洞和土面土壤 2~0.02 mm 砂粒含量没有明显的差异，而 0.02~0.002 mm 粉粒含量和<0.002 mm 黏粒含量略有增加，从而使土壤质地有向黏重方向发展的趋势。

3.4.2 喀斯特生境退化过程中的土壤化学性质

喀斯特植被在未遭受人为破坏之前，大多覆盖着茂密的森林，林下的土壤肥沃，有机质和养分含量十分丰富。对喀斯特山区而言，土壤发育速度极慢，土层浅薄，一个稳定的植被系统的土壤养分主要来源于土壤的植被残体，丰富的养分得以维持植被的稳定生长，从而维持一个土壤-植被系统之间的养分动态循环。植被系统被人为破坏后，植被向土壤输送的养分减少或完全中断，土壤表层的枯枝落叶也因植被的破坏而流失，表层土壤中丰富的有机质和氮、磷、钾等养分随之流失，土壤-植被系统的养分平衡被打破，因土壤养分逐渐枯竭，植被生长受阻，整个系统便向逆向演替的方向发展（赵中秋等，2006）。

喀斯特植被群落的变化不仅改变土壤物理性质，同时影响土壤化学性质。一方面，植被系统退化，使土壤失去了植被的保护作用，导致土壤淋失量增加，同时由于生境向旱生方向演变，土壤有机质分解速度加快，使土壤氮、磷、钾在淋溶作用下流失加剧；另一方面，由于森林环境的消失，生物种类和数量急剧减少，生物富集作用不断减弱，母岩矿化减缓，导致土壤养分含量减少（戴礼洪等，2008）。

1. 退化过程中的石沟土壤化学性质

由于地表植被的缺失，喀斯特生境的光照、水分、温度等生态因素发生变化，伴随植被退化，土壤养分也发生相应变化。由表3-21可以看出，在喀斯特森林由原生林→次生林→灌木林→灌丛草地不断退化的过程中，石沟土壤pH变化不大，石沟土壤有机质含量有不断减少的趋势，变化范围为80.06～130.82 g/kg。其中原生林地石沟土壤有机质含量平均为124.13 g/kg，次生林地石沟土壤有机质含量平均为113.83 g/kg，灌木林地石沟土壤有机质含量平均为103.99 g/kg，而灌丛草地石沟土壤有机质含量平均为88.28 g/kg。各生态模式下石沟土壤有机质含量变化不是很明显，其原因可能是喀斯特森林群落退化造成生物量下降，使土壤有机质的来源减少；同时由于生境向旱生方向演变，土壤有机质分解速度加快。但石沟特定的小生境条件，使各种养分随降水向低洼地聚集，并部分停留在石沟中起伏的部位，因此石沟土壤有机质在喀斯特原生林轻度退化后未体现明显差异，当退化为灌丛草地后，有机质含量有了明显的下降。石沟土壤全氮变化范围是4.19～8.05 g/kg，原生林地、次生林地、灌木林地和灌丛草地平均分别为7.05 g/kg、5.95 g/kg、5.69 g/kg和4.95 g/kg。当原生林地退化为灌丛草地后，土壤全氮含量也有了明显的下降。石沟全磷变化范围是0.463～0.908 g/kg；在原生林向灌丛草地退化过程中，石沟土壤全磷与全氮、有机质含量变化相似，都在不断减少，但差异不是很明显。石沟土壤缓效钾含量变化起伏不定，最低值（80 mg/kg）出现在次生林地之中，而最高值（200 mg/kg）出现在灌丛草地中，同一生态模式不同样地间缓效钾含量差异较大，其中灌木林地的变异系数达到0.29。石沟土壤碱解氮含量在原生林地平均为521.25 mg/kg，次生林地平均为483.39 mg/kg，灌木林地平均为452.33 mg/kg，灌丛草地平均为358.79 mg/kg。同样当原生林地退化为灌丛草地后，土壤碱解氮含量也有了明显的下降。石沟土壤速效磷含量变化范围是3.12～13.66 mg/kg，其中原生林地与次生林地、灌木林地和灌丛草地相比都有明显的差异，分别是次生林地、灌木林地和灌丛草地的1.85倍、2.50倍和2.62倍。石沟土壤速效钾含量变化范围是50～140 mg/kg。与碱解氮变化很相似，原始林地和灌丛草地间达到显著差异水平。其中原生林地平均为105 mg/kg，次生林地平均为77 mg/kg，灌木林地平均为70 mg/kg，灌丛草地平均为53 mg/kg。

表 3-21　退化过程中的石沟土壤化学性质

生态模式	pH	有机质/(g/kg)	全氮/(g/kg)	全磷/(g/kg)	缓效钾/(mg/kg)	碱解氮/(mg/kg)	速效磷/(mg/kg)	速效钾/(mg/kg)
原生林地 1	7.29	121.97	6.61	0.755	160	512.51	9.89	140
原生林地 2	7.25	130.82	8.05	0.808	175	559.10	13.66	85
原生林地 3	7.18	119.60	6.49	0.908	110	492.13	11.03	90
均值	7.24	124.13	7.05	0.824	148	521.25	11.53	105
次生林地 4	7.18	108.92	5.10	0.613	110	430.98	4.13	70
次生林地 5	7.18	112.44	5.74	0.804	80	451.36	6.71	60
次生林地 6	7.41	120.13	7.01	0.768	140	567.84	7.87	100
均值	7.26	113.83	5.95	0.728	110	483.39	6.24	77
灌木林地 7	7.24	80.06	4.19	0.463	110	311.58	3.12	50
灌木林地 8	6.78	103.76	5.47	0.747	160	451.36	4.43	80
灌木林地 9	7.01	128.15	7.41	0.724	200	594.05	6.31	80
均值	7.01	103.99	5.69	0.645	157	452.33	4.62	70
灌丛草地 10	7.54	82.32	5.08	0.601	138	369.82	3.95	50
灌丛草地 11	6.75	100.19	5.39	0.674	180	333.82	5.30	60
灌丛草地 12	6.69	82.34	4.39	0.607	118	372.74	3.98	50
均值	6.99	88.28	4.95	0.628	145	358.79	4.41	53

2. 退化过程中的石洞土壤化学性质

由表 3-22 可以看出，石洞土壤 pH 在不同生态模式之间变化不是很大，原生林地 pH 要略高一点，平均为 7.98；石洞土壤 pH 都在 7.5 以上（个别除外），属碱性土壤，这与石洞的常年干燥、很少有物质的输入和输出有关，这使得石洞土壤保持了喀斯特石灰岩母质的特性。石洞土壤有机质含量为 51.62~78.86 g/kg，集中在 60 g/kg 上下波动，各生态模式之间没有明显的差异，其中次生林地最高平均为 64.02 g/kg，灌丛草地最低平均为 56.09 g/kg。石洞土壤全氮、全磷和缓效钾的变化范围分别是 3.03~6.00 g/kg、0.294~0.963 g/kg 和 0.11~0.23 g/kg，不同生态模式之间变化都不明显。土壤缓效钾含量在原生林→灌丛草地的演替序列里略有增加的趋势。森林退化后植被覆盖度降低，生境向旱生方向演变，同时由以上分析可知在原生林→灌丛草地的过程中，土壤质地有变黏的趋势，这可能促进了土壤对钾的固定，从而使缓效钾含量有所增加。石洞土壤碱解氮、速效磷和速效钾含量变化范围分别是 214.03~403.31 mg/kg、0.38~5.76 mg/kg 和 40~90 mg/kg，不同生态模式之间变化也都不明显。出现这种情况，很可能是因为石洞相对闭塞，与外界物质能量交换相对较少，而喀斯特森林群落退化之后，石洞的原生性遭到破坏，受外界影响的因素复杂多变，所以最终表现为在森林植被次生演替过程中石洞土壤的无规律性。

表 3-22 退化过程中的石洞土壤化学性质

生态模式	pH	有机质 /(g/kg)	全氮 /(g/kg)	全磷 /(g/kg)	缓效钾 /(mg/kg)	碱解氮 /(mg/kg)	速效磷 /(mg/kg)	速效钾 /(mg/kg)
原生林地 1	7.94	54.64	3.50	0.686	130	250.43	3.94	70
原生林地 2	8.03	51.78	3.15	0.605	140	235.87	3.74	60
原生林地 3	7.96	72.86	3.53	0.657	110	260.62	3.84	50
均值	7.98	59.76	3.39	0.649	127	248.98	3.84	60
次生林地 4	7.74	55.59	3.69	0.569	128	294.11	0.38	60
次生林地 5	7.89	72.82	4.52	0.735	120	342.16	3.45	60
次生林地 6	7.95	63.65	4.71	0.741	170	253.34	3.02	70
均值	7.86	64.02	4.31	0.682	139	296.54	2.28	63
灌木林地 7	7.45	53.32	3.03	0.467	120	214.03	1.98	40
灌木林地 8	7.59	55.85	4.95	0.294	230	345.07	3.89	90
灌木林地 9	7.62	70.72	6.00	0.963	188	403.31	5.76	80
均值	7.55	59.96	4.66	0.575	179	320.81	3.88	70
灌丛草地 10	7.56	63.64	3.85	0.636	210	269.36	3.92	70
灌丛草地 11	7.72	53.00	3.47	0.591	226	251.89	3.07	70
灌丛草地 12	7.90	51.62	3.14	0.564	150	247.52	2.95	50
均值	7.73	56.09	3.52	0.597	195	256.26	3.31	63

3. 退化过程中的土面土壤化学性质

由表 3-23 可以看出，随着喀斯特森林由原生林→灌丛草地演替过程中，土面土壤 pH 在各生态模式之间没有太大的变化，都在 6.5 上下波动。而有机质含量不断减少，在 46.36~135.06 g/kg 波动，其中原生林地平均有机质含量为 113.30 g/kg，分别为次生林地的 1.57 倍、灌木林地的 1.67 倍和灌丛草地的 1.82 倍。土面土壤全氮含量也逐步下降，变化范围为 2.75~6.18 g/kg，原生林地含量最高平均为 5.77 g/kg，次生林地评价为 4.14 g/kg，其次是灌木林地为 3.86 g/kg，灌丛草地为 3.61 g/kg。喀斯特原生林退化之后，土壤有机质和全氮含量都明显降低。土面土壤全磷含量平均最高为原生林地 0.688 g/kg，平均最低为次生林地 0.463 g/kg，各生态模式之间没有明显的差异。土面土壤缓效钾含量变化范围为 79~200 mg/kg，次生林地和灌丛草地含量差异较大，而次生林地与原始林地和灌木林地差异不明显。相对来讲，灌丛草地土壤缓效钾含量比原生林地、次生林地和灌木林地都有所提高，这进一步说明了在喀斯特森林退化为灌丛草地的过程中，土壤缓效钾含量有增加的趋势。土面土壤碱解氮和速效磷含量都随着原生林的退化而逐步降低，原始林地碱解氮含量平均为 456.70 mg/kg，明显高于次生林地（351.87 mg/kg）、灌木林地（325.66 mg/kg）和灌丛草地（291.20 mg/kg）。而原生林地土面土壤速效磷平均含量为 7.62 mg/kg，是次生林地的 1.40 倍，灌木林地的 2.71 倍，灌丛草地的 3.17 倍。土面土壤速效钾含量随着原生林地的退化有逐步下降趋势，只有原生林地和灌丛草地之间差异较为明显，其他生态模式之间差别不是很大。

表 3-23　化过程中的土面土壤化学性质

生态模式	pH	有机质/(g/kg)	全氮/(g/kg)	全磷/(g/kg)	缓效钾/(mg/kg)	碱解氮/(mg/kg)	速效磷/(mg/kg)	速效钾/(mg/kg)
原生林地 1	6.76	135.06	6.18	0.814	160	493.58	9.77	120
原生林地 2	6.41	117.26	5.78	0.610	110	442.62	4.81	60
原生林地 3	7.06	87.57	5.34	0.641	98	433.89	8.29	70
均值	6.74	113.30	5.77	0.688	123	456.70	7.62	83
次生林地 4	6.56	73.08	3.97	0.635	94	342.16	4.67	50
次生林地 5	6.54	80.21	3.93	0.327	79	384.38	7.06	45
次生林地 6	6.63	63.75	4.54	0.428	80	329.06	4.56	70
均值	6.58	72.35	4.14	0.463	84	351.87	5.43	55
灌木林地 7	6.25	64.50	3.36	0.361	103	289.74	3.12	45
灌木林地 8	6.10	64.24	3.72	0.563	135	337.79	2.40	65
灌木林地 9	6.16	74.63	4.50	0.726	140	349.44	2.80	60
均值	6.17	67.79	3.86	0.550	126	325.66	2.81	57
灌丛草地 10	7.08	64.49	3.94	0.663	200	313.04	2.45	40
灌丛草地 11	6.68	75.67	4.14	0.658	170	336.34	2.70	50
灌丛草地 12	5.91	46.36	2.75	0.417	120	224.22	1.84	40
均值	6.56	62.18	3.61	0.579	163	291.20	2.33	43

4. 退化过程中各小生境土壤化学性质对比

将喀斯特森林由原生林→次生林→灌木林→灌丛草地演替系列中的每个小生境土壤化学性质进行加权平均，得表 3-24。

由表 3-24 可以看出，土壤 pH 的变化为石洞＞石缝＞石坑＞石沟＞土面，而有机质和全氮含量变化相同，为石坑＞石缝＞石沟＞土面＞石洞，全磷和速效钾含量变化也相同为石缝＞石坑＞石沟＞石洞＞土面，缓效钾的为石缝＞石坑＞石洞＞石沟＞土面，碱解氮和速效磷含量有相同变化趋势，为石缝＞石坑＞石沟＞土面＞石洞。总的来讲在所测定的这五类小生境之中，石缝和石坑养分含量较高，而石洞和土面相对较低，石沟居中。

表 3-24　各小生境土壤化学性质均值对比（$n=12$）

小生境	pH	有机质/(g/kg)	全氮/(g/kg)	全磷/(g/kg)	缓效钾/(mg/kg)	碱解氮/(mg/kg)	速效磷/(mg/kg)	速效钾/(mg/kg)
石沟	7.13	107.56	5.91	0.706	140	453.94	6.70	76
石洞	7.78	59.96	3.97	0.626	160	280.64	3.33	64
石缝	7.27	311.53	14.79	1.275	252	845.86	21.67	183
石坑	7.16	323.55	15.90	1.232	244	818.27	20.41	171
土面	6.51	78.90	4.34	0.570	124	356.36	4.55	60

总的看来，在喀斯特森林由原生林→次生林→灌木林→灌丛草地演替过程中，石沟和土面土壤有机质、全氮、全磷和碱解氮、速效磷、速效钾含量都有逐步下降的趋势，且当原生林地退化至灌丛草地时，和石沟土壤相比，土面土壤有机质和氮元素含量降幅要大，而磷、钾等元素含量降幅要小；石洞土壤有机质、全氮、全磷和碱解氮、速效磷、速效钾，因其相对封闭、与外界物质和能量交换较少而没有明显的变化。在原生林→灌丛草地演替过程中石沟、石洞和土面土壤 pH 变化都不明显，石沟、石洞和土面土壤缓效钾变化也不明显，但石洞和土面土壤缓效钾略有增加的趋势。

3.5 喀斯特生境退化过程中的土壤呼吸强度及酶活性

一般来说，土壤酶在很大程度上来源于土壤中微生物所释放的累积在土壤中的游离胞外酶，同样它也可能来源于植物和土壤动物。植物可直接或间接地影响土壤酶的含量，植物活的根系对土壤酶活性的影响，一方面在于植物根系能够分泌胞外酶，另一方面也可能是根系刺激了土壤微生物的活性（曹慧等，2003），改变了微生物分泌的酶的种类和活性。植物残体（含凋落物和根系脱落物）在分解的过程中也能够向土壤释放酶，或者通过对土壤动物和微生物区系的作用间接影响到土壤酶活性。土壤酶少部分存在于土壤溶液中而成为游离态酶，大部分都以物理或化学作用吸附在有机和无机土壤颗粒上，并与土壤无机成分结合在一起而成为吸附态酶（张焱华等，2007）。

喀斯特原始森林在没有或很少有人为干扰的情况下，生态系统处于较稳定的状态，系统内生物种类数量相对较多，且活力较高；而在人为对原始森林的破坏作用不断加大，原生林地逐步向灌丛草地演替的过程中，森林生态系统功能迅速下降，物种数量锐减，植被趋于单一化，土壤微生物、植物根系和动植物残体数量不断减少，土壤呼吸强度及土壤酶活性也发生了相应的变化。

3.5.1 喀斯特生境退化过程中土壤呼吸强度及酶活性变化

1. 森林退化过程中的石沟土壤呼吸强度及酶活性

由表 3-25 可见，在喀斯特生境由原生林→次生林→灌木林→灌丛草地演替过程中，石沟土壤脲酶活性明显下降，在 190～984 $\mu g/g$（以 NH_3-N 计）波动；其中原生林地脲酶活性平均值 936 $\mu g/g$（以 NH_3-N 计），是次生林地的 1.46 倍，灌木林地的 1.75 倍，灌丛草地的 2.12 倍。喀斯特森林退化后，地表植被类型结构改变，植株数量也明显改变，由此引起喀斯特生境的光照、水分、温度等生态因素发生变化，受微生物、植物根系和土壤动物的影响，土壤脲酶活性也出现明显下降趋势。石沟土壤过氧化氢酶活性变化范围为 1.05～1.56 mL/g（以消耗 0.1 mol/L $KMnO_4$ 的体积（mL）计），各个生态模式之间差异不明显，但原生林地土壤过氧化氢酶活性比次生林地、灌木林地和灌丛草地都低。石沟土壤碱性磷酸酶和蛋白酶活性在原生林→灌丛草地演替过程中，都有相同的变化趋势，表现为次生林地＞原生林地＞灌木林地＞灌丛草地。总的来看，灌木林地和灌丛草地石沟土壤碱性磷酸酶和蛋白酶活性明显比原生林地和次生林地低。磷酸酶是土壤中广泛存在的一种水解酶,能够催化磷酸脂的水解反应,其活性高低直接影响着土壤中有机磷的分解转化及其生物有效性,而蛋白和脲酶都是参与土壤氮代谢的酶类,它们的活性强弱表明了土壤氮元素转化特别是有效化过程的强弱(徐秋芳,2003)。分析结果说明,灌木林地、灌丛草地与原生林地、次生林地相比,土壤中植被可利用氮源大大减少,而表3-26土壤磷元素和氮元素含量的变化也证明了这点。原生林地石沟土壤蔗糖酶活性与次生林地有明显的差异,而灌木林地和灌丛草地之间差异不明显。而原生林地比其他生态模式都低平均只有8.9 mg/g(以葡萄糖计),但次生林地却为18.5 mg/g(以葡萄糖计),灌木林地为15.7 mg/g(以葡萄糖计),灌丛草地为15.9 mg/g(以葡萄糖计)。

表 3-25 退化过程中的石沟土壤酶活性

生态模式	脲酶	过氧化氢酶	碱性磷酸酶	蛋白酶	蔗糖酶	土壤呼吸强度
原生林地 1	930	1.22	1.78	52.69	10.6	718.68
原生林地 2	984	1.32	2.02	113.08	9.4	946.02
原生林地 3	893	1.05	1.56	111.80	6.8	869.75
均值	936	1.20	1.78	92.52	8.9	844.82
次生林地 4	625	1.45	1.73	122.08	12.0	843.35
次生林地 5	383	1.43	1.87	83.53	20.4	286.01
次生林地 6	912	1.40	1.99	109.23	23.1	1054.56
均值	640	1.43	1.86	104.94	18.5	727.97
灌木林地 7	288	1.18	1.54	70.68	15.0	447.34
灌木林地 8	387	1.56	1.68	88.67	10.0	530.95
灌木林地 9	927	1.43	1.66	96.38	22.2	736.28
均值	534	1.39	1.62	85.24	15.7	571.52
灌丛草地 10	842	1.11	1.44	61.68	13.0	739.22
灌丛草地 11	292	1.30	1.37	51.40	19.4	425.34
灌丛草地 12	190	1.38	1.06	60.40	15.4	495.74
均值	441	1.26	1.29	57.83	15.9	553.43

注:土壤呼吸强度以28℃恒温培养24 h,1 kg土壤释放出来的CO_2的质量(mg)表示。脲酶以37℃恒温培养3 h后,1 g土壤中NH_3-N的μg数表示。过氧化氢酶以1 g土在1 h所消耗的0.1 mol/L $KMnO_4$的体积(mL)表示。碱性磷酸酶以37℃恒温培养24 h后每1 g土样生成酚的质量(mg)表示。蔗糖酶以37℃恒温培养24 h后,1 g土壤中葡萄糖的质量(mg)表示。蛋白酶以50℃恒温培养2 h,1 g土壤中NH_2的质量(μg)表示。

在原生林→灌丛草地演替过程中,石沟土壤呼吸强度有明显逐步下降的趋势,其变幅为286.01~1054.56 mg/kg(以CO_2计),其中原生林地平均呼吸强度为844.82 mg/kg(以CO_2计),是次生林地的1.16倍,灌木林地的1.49倍,灌丛草地的1.53倍。

2. 退化过程中的石洞土壤呼吸强度及酶活性

由表3-26可知,石洞土壤脲酶活性变化范围为338~885 $\mu g/g$(以NH_3-N计),各生态模式之间经多重比较（LSD）分析差异不显著，其中灌丛草地脲酶活性要明显比原生林地、次生林地和灌木林地都低。过氧化氢酶活性变化范围在1.09～1.60 mL/g（以消耗0.1 mol/L KMnO₄的体积（mL）计），原生林地过氧化氢酶活性最低，平均只有1.25 mL/g（以消耗0.1 mol/L KMnO₄的体积（mL）计），灌木林地过氧化氢酶活性最高达到1.54 mL/g（以消耗0.1 mol/L KMnO4的体积（mL）计）。在喀斯特森林由原生林→次生林→灌木林的过程中，土壤过氧化氢酶活性有逐步增加的趋势；当再退化至灌丛草地阶段后，过氧化氢酶活性又有下降的表现。石洞土壤碱性磷酸酶活性的变化范围为1.08～1.80 mg/g（以酚计），与过氧化氢酶相似，总体为先增加后减少的趋势。石洞土壤蛋白酶活性以灌丛草地最低平均仅有43.05 μg/g（以NH₂计），显著地低于原生林地、次生林地和灌木林地，而原生林地、次生林地和灌木林地三者之间差异不太明显。而蔗糖酶的活性为6.4～34.2 mg/g（以葡萄糖计），原生林地活性最低，从次生林地到灌丛草地过程中有逐步下降的现象，但差异不明显。

表3-26 退化过程中的石洞土壤酶活性

生态模式	脲酶	过氧化氢酶	碱性磷酸酶	蛋白酶	蔗糖酶	土壤呼吸强度
原生林地1	739	1.31	1.39	71.96	17.2	762.68
原生林地2	885	1.09	1.15	63.61	7.0	608.68
原生林地3	753	1.36	1.08	77.10	6.4	564.68
均值	792	1.25	1.21	70.89	10.2	645.35
次生林地4	499	1.55	1.32	56.54	11.4	828.69
次生林地5	808	1.36	1.80	70.68	13.8	564.68
次生林地6	877	1.57	1.30	59.11	34.2	485.48
均值	728	1.49	1.47	62.11	19.8	626.28
灌木林地7	647	1.49	1.54	82.24	17.2	356.41
灌木林地8	440	1.60	1.54	75.82	18.8	673.12
灌木林地9	853	1.52	1.49	70.03	18.4	852.15
均值	647	1.54	1.52	76.03	18.1	627.26
灌丛草地10	594	1.50	1.20	48.83	10.8	563.11
灌丛草地11	338	1.34	1.32	46.90	19.2	660.02
灌丛草地12	592	1.24	1.10	33.41	20.0	579.76
均值	508	1.36	1.21	43.05	16.7	600.99

注：土壤呼吸强度以28 ℃恒温培养24 h，1 kg土壤释放出来的CO_2的质量（mg）表示。脲酶以37 ℃恒温培养3 h后，1 g土壤中NH_3-N的质量（μg）表示。过氧化氢酶以1 g土在1 h所消耗的0.1 mol/L KMnO₄的体积（mL）表示。碱性磷酸酶以37 ℃恒温培养24 h后每1 g土样生成酚的质量（mg）表示。蔗糖酶以37 ℃恒温培养24 h后，1 g土壤中葡萄糖的质量（mg）表示。蛋白酶以50 ℃恒温培养2 h，1 g土壤中NH_2的质量（μg）表示。

3. 退化过程中的土面土壤呼吸强度及酶活性

在原生林→灌丛草地演替过程中，土面土壤脲酶活性有明显逐步下降的趋势

(表3-27)，原生林地脲酶活性平均为548 μg/g（以NH₃-N计），而次生林地脲酶活性仅为232 μg/g（以NH₃-N计），原生林地脲酶活性是次生林地的2.36倍，是灌木林地的3.10倍，是灌丛草地的3.94倍。和石沟土壤脲酶活性相比，土面土壤下降的幅度要大得多。土面土壤过氧化氢酶活性与脲酶活性正好相反，有明显的逐步提高的趋势，其中原生林地平均为1.28 mL/g（以消耗0.1 mol/L KMnO₄的体积(mL)计），而次生林地平均为1.38 mL/g（以消耗0.1 mol/L KMnO₄的体积(mL)计），灌木林地平均为1.42 mL/g（以消耗0.1 mol/L KMnO₄的体积(mL)），灌丛草地平均为1.53 mL/g（以消耗0.1 mol/L KMnO₄的体积(mL)计）。过氧化氢酶是衡量土壤中氧化过程的方向和强度的指标（关松荫，1986），和石沟土壤相似，原生林地土壤过氧化氢酶活性要比次生林地、灌木林地和灌丛草地要低。这可能是退化喀斯特森林向旱生方向发展，在一定程度上加速了有机质的氧化分解的侧面体现。土面土壤碱性磷酸酶活性原生林地和次生林地之间没有明显的差异，但二者和灌木林地以及灌丛草地都有明显的差异，原生林地和此生林地碱性磷酸酶活性明显高于灌木林地和灌丛草地。和脲酶活性变化相似，土面土壤蛋白酶活性也随着原生林→灌丛草地发展过程中逐步下降。原始林地土面土壤蛋白酶活性平均为92.95 μg/g（以NH₂计），是次生林地的1.52倍，灌木林

表3-27 退化过程中的土面土壤酶活性

生态模式	脲酶	过氧化氢酶	碱性磷酸酶	蛋白酶	蔗糖酶	土壤呼吸强度
原生林地1	705	1.36	1.46	91.24	6.4	784.68
原生林地2	278	1.33	1.03	73.15	3.8	576.41
原生林地3	662	1.15	1.56	114.37	7.8	885.89
均值	548	1.28	1.35	92.95	6.0	748.99
次生林地4	163	1.44	1.25	57.83	12.0	462.01
次生林地5	219	1.16	1.58	62.97	12.4	520.68
次生林地6	315	1.55	1.51	62.97	16.8	797.88
均值	232	1.45	1.45	61.25	13.7	593.52
灌木林地7	128	1.21	0.50	48.83	19.6	357.87
灌木林地8	192	1.63	0.77	43.69	14.4	545.61
灌木林地9	192	1.42	1.22	57.83	15.2	418.01
均值	171	1.42	0.83	50.12	16.4	440.50
灌丛草地10	163	1.49	1.08	47.55	18.4	476.68
灌丛草地11	170	1.60	0.86	35.98	19.4	516.28
灌丛草地12	83	1.51	0.36	19.28	18.2	712.82
均值	139	1.53	0.77	34.27	18.7	568.59

注：土壤呼吸强度以28 ℃恒温培养24 h，1 kg土壤释放出来的CO₂的质量(mg)表示。脲酶以37 ℃恒温培养3 h后，1 g土壤中NH₃-N的质量(μg)表示。过氧化氢酶以1 g土在1 h所消耗的0.1 mol/L KMnO₄的体积(mL)表示。碱性磷酸酶以37 ℃恒温培养24 h后每1 g土样生成酚的质量(mg)表示。蔗糖酶以37 ℃恒温培养24 h后，1 g土壤中葡萄糖的质量(mg)表示。蛋白酶以50 ℃恒温培养2 h，1 g土壤中NH₂的质量(μg)表示。

地的 1.85 倍，灌丛草地的 2.71 倍。土面土壤蔗糖酶活性变化和过氧化氢酶活性相似，体现为随着原生林→灌丛草地演替其活性不断增强，活性最强的灌丛草地为 18.7 mg/g（以葡萄糖计），是原生林地的 3.12 倍。而石沟土壤相比，都表现为次生林地、灌木林地和灌丛草地土壤蔗糖酶活性比原生林地有所提高。主要原因可能还是生境向旱生发展而加速了有机质的矿化，使与土壤碳循环密切联系的蔗糖酶活性有所增强。

土面土壤呼吸强度原生林地要明显高于次生林地、灌木林地和灌丛草地，而次生林地、灌木林地和灌丛草地之间并无明显的差异。总体来说，喀斯特原始森林退化后土面土壤呼吸强度明显下降。

4. 退化过程中各小生境土壤呼吸强度及酶活性对比

同样将在喀斯特生境由原生林→次生林→灌木林→灌丛草地演替系列中的每个小生境土壤酶活性及土壤呼吸强度进行加权平均，得表 3-28。

表 3-28　各小生境土壤酶活性及土壤呼吸强度均值对比（$n=12$）

小生境土壤	脲酶	过氧化氢酶	碱性磷酸酶	蛋白酶	蔗糖酶	土壤呼吸强度
石沟	638	1.32	1.64	85.13	14.8	674.44
石洞	652	1.41	1.35	63.02	16.2	624.97
石缝	868	1.62	2.30	85.34	22.4	976.79
石坑	847	1.57	2.17	87.92	22.8	988.43
土面	273	1.40	1.10	59.65	13.7	587.90

注：土壤呼吸强度以 28 ℃恒温培养 24 h，1 kg 土壤释放出来的 CO_2 的质量（mg）表示。脲酶以 37 ℃恒温培养 3 h 后，1 g 土壤中 NH_3-N 的质量（μg）表示。过氧化氢酶以 1 g 土在 1 h 所消耗的 0.1 mol/L $KMnO_4$ 的体积（mL）表示。碱性磷酸以 37 ℃恒温培养 24 h 后每 1 g 土样生成酚的质量（mg）表示。蔗糖酶以 37 ℃恒温培养 24 h 后，1 g 土壤中葡萄糖的质量（mg）表示。蛋白酶以 50 ℃恒温培养 2 h，1 g 土壤中 NH_2 的质量（μg）表示。

由表 3-28 可见，土壤脲酶活性在各小生境之间的变化为石缝＞石坑＞石洞＞石沟＞土面；土壤过氧化氢酶活性则为石缝＞石坑＞石洞＞土面＞石沟；碱性磷酸酶活性为石缝＞石坑＞石沟＞石洞＞土面；蛋白酶活性和土壤呼吸强度有相同变化趋势为石坑＞石缝＞石沟＞石洞＞土面；蔗糖酶活性变化趋势为石坑＞石缝＞石洞＞石沟＞土面。相对来讲石缝和石坑土壤所测定的这五个酶活性之中，都比其他三个小生境要高。

总的来看，在喀斯特生境由原生林→次生林→灌木林→灌丛草地演替过程中，石沟和土面土壤脲酶活性、土壤呼吸强度都逐步下降，而土壤蛋白酶活性则都表现为原生林地和次生林地要比灌木林地、灌丛草地高，原生林地和灌丛草地相比，土面土壤蛋白酶活性降幅要比石沟土壤的大。石沟和土面土壤碱性磷酸酶活性在该次生演替序列中，都表现为先增强后降低的趋势，也即次生林地＞原生林地＞灌木林地＞灌丛草地，但石沟土壤原生林地、次生林地、灌丛草地分别为 1.78 mg/g、1.86 mg/g、1.29 mg/g（以酚计），而土面土壤则分别为 1.35 mg/g、1.45 mg/g 和 0.77 mg/g（以酚计）。石沟土壤过氧化氢酶和蔗糖酶活性随着原生林→灌丛草地演替，几乎都表现为先增强后减弱的趋势，而土面土壤过氧化氢酶和蔗糖酶活性则为逐步增强表现。但可以看到过氧化氢和蔗糖酶活性无论是土面土壤还是石沟土壤,原生林地都要比其他生态模式低。

随着原生林→灌丛草地退化,石洞土壤脲酶活性和土壤呼吸强度略有下降的趋势。和石沟、土面土壤相似,灌丛草地石洞土壤蛋白酶活性比原生林地、次生林地和灌丛草地都低。石洞土壤过氧化氢酶活性和石沟土壤相似,也有先增强后减弱的情况,并且原生林地都比其他生态模式下的过氧化氢酶活性要低,但石洞土壤活性最高在灌木林地出现,而石沟土壤则是在次生林地中出现。同样地石洞土壤碱性磷酸酶活性和石沟、土面土壤相比,也同样有先增强后减弱的趋势存在;但不同之处在于石洞土壤最高在灌木林地中出现,而石沟和土面土壤则是在次生林地中出现。石洞土壤蔗糖酶活性与石沟土壤蔗糖酶活性变化相近,也是先增强后减弱,原生林地土壤蔗糖酶活性同样也都比次生林地、灌木林地和灌丛草地都低。但和石洞土壤过氧化氢酶、石洞土壤碱性磷酸酶不同在于,蔗糖酶活性最强在次生林地中出现,而过氧化氢酶和碱性磷酸酶活性最强在次生林地出现。

3.5.2 土壤呼吸强度及酶活性与主要养分因素关系分析

1. 相关分析

许多研究表明,土壤肥力水平在很大程度上受制于土壤酶的影响,与土壤酶活性之间存在着非常密切的相关关系。为进一步验证土壤呼吸强度与酶活性能否作为评价土壤肥力的指标,本节对土壤呼吸强度及酶活性与主要养分因素进行了相关分析,如下表3-29所示。

表3-29 土壤呼吸强度及酶活性与主要养分因素相关系数 ($n=60$)

项目	有机质	全氮	全磷	缓效钾	碱解氮	速效磷	速效钾
脲酶	0.57**	0.54**	0.62**	0.54**	0.61**	0.55**	0.59**
过氧化氢酶	0.56**	0.61**	0.64**	0.68**	0.61**	0.47**	0.54**
碱性磷酸酶	0.79**	0.77**	0.74**	0.63**	0.83**	0.72**	0.73**
蛋白酶	0.37**	0.34**	0.32*	0.20	0.45**	0.36**	0.33*
蔗糖酶	0.45**	0.45**	0.50**	0.50**	0.46**	0.30*	0.42**
土壤呼吸强度	0.63**	0.67**	0.60**	0.49**	0.62**	0.65**	0.67**

* $P<0.05$。

** $P<0.01$。

分析结果表明(表3-29),土壤脲酶、过氧化氢酶、碱性磷酸酶活性以及土壤呼吸强度都与土壤有机质、全氮、全磷、缓效钾、碱解氮、速效磷和速效钾含量达到极显著相关水平;蛋白酶活性除与土壤缓效钾相关性不显著外,与有机质、全氮、全磷、碱解氮、速效磷和速效钾含量都达到了显著或极显著相关;蔗糖酶活性除与速效磷含量达到显著相关外与表3-29中其他养分因素都达到极显著相关。这个结果说明用土壤脲酶、过氧化氢酶、碱性磷酸酶、蛋白酶、蔗糖酶活性和土壤呼吸强度作为评价土壤肥力的指标是具有一定可靠性的。

2. 因素分析

为了寻找喀斯特生态系统退化过程中土壤退化的主导因素，采用 DPS (7.05) 软件对 18 种土壤理化和生化参数进行因素分析。首先主成分分析是一种采取降维，将多个指标化为少数几个综合指标的统计分析方法。这些综合指标尽可能地反映了原来变量的信息量，而且彼此之间互不相关。而因素分析是主成分分析的推广和发展，它的基本思想就是通过对变量的相关系数矩阵内部结构的研究，找出能够控制所有变量的少数几个随机变量去描述多个变量之间的相关关系，但在这里，这少数几个随机变量是不可观测的，通常称为因素。然后根据相关性的大小把变量分组，使得同组内的变量之间相关性较高，但不同组的变量相关性较低。

按所选主因素的信息量之和占总体信息量的 90%，得出主因素（$M=7$）的特征值和贡献率（表 3-30），再考虑特征值大于 1 的主因素，得出由 4 个主因素组成的因素载荷矩阵，考虑到土壤理化和生化参数之间不可能彼此无关，所以选用经 Primax 旋转后的斜交参考因素结构矩阵（表 3-31），在第 1~4 主因素中提取负荷值大于 0.70 的因素来评价土壤质量的变化。

表 3-30 主因素特征值及累积百分率

因素	1	2	3	4	5	6	7
特征值	9.8889	1.9061	1.6217	1.0214	0.7154	0.6551	0.5779
百分率/%	54.9381	10.5894	9.0095	5.6744	3.9742	3.6397	3.2107
累积百分率/%	54.9381	65.5275	74.537	80.2114	84.1856	87.8253	91.036

表 3-31 斜交参考因素结构矩阵

参数	因素 1	因素 2	因素 3	因素 4
脲酶	0.6558	0.8694a	0.758	−0.6104
过氧化氢酶	0.6281	0.1949	0.1109	−0.1075
磷酸酶	0.8223a	0.5979	0.7835	−0.6413
蛋白酶	0.4019	0.3856	0.9424a	−0.4497
蔗糖酶	0.4606	0.2958	0.0975	−0.2464
土壤呼吸强度	0.745a	0.4698	0.5427	−0.2413
pH	0.1529	0.9030a	0.2896	−0.2464
有机质	0.9557a	0.357	0.5294	−0.5937
全氮	0.9586a	0.3704	0.4942	−0.5083
全磷	0.9106a	0.4888	0.4671	−0.5654
缓效钾	0.8384a	0.4956	0.3058	−0.4232
碱解氮	0.9613a	0.3777	0.5934	−0.5884
速效磷	0.9277a	0.3633	0.5076	−0.4819

续表

参数	因素 1	因素 2	因素 3	因素 4
速效钾	0.9405a	0.4235	0.4817	−0.4616
大于 0.25 mm 风干团聚体	−0.17	−0.1907	0.028	0.0658
砂粒	0.6509	0.4657	0.5417	−0.9233
粉粒	−0.4803	−0.3381	−0.2927	0.4505
黏粒	−0.5503	−0.429	−0.5416	0.9627a

注：a. 因素负荷值大于 0.70。

由表 3-31 可知，第 1 主因素主要由磷酸酶活性、土壤呼吸强度、有机质、全氮、全磷、缓效钾、碱解氮、速效磷和速效钾决定，第 2 主因素主要由脲酶活性和 pH 决定，第 3 主因素主要由蛋白酶活性决定，第 4 主因素主要由黏粒（<0.002 mm）含量决定。喀斯特森林退化后，土壤有机质、全氮、全磷含量发生变化，随后磷酸酶、脲酶、蛋白酶活性以及土壤呼吸强度、pH、黏粒、速效养分等都发生明显的变化。

参 考 文 献

埃塞林顿 J R. 1989. 环境与植物生态学. 曲仲湘译. 北京：科学出版社.
曹慧, 孙辉, 杨浩, 等. 2003. 土壤酶活性及其对土壤质量的指示研究进展. 应用与环境生物学报, 9 (1): 105-109.
曹建华, 袁道先. 2006. 受地质条件约束的中国西南岩溶生态系统. 北京：地质出版社：3-5.
曹文藻, 张明, 蔡是华, 等. 1993. 贵州土壤及其利用改良. 贵阳：贵州科技出版社.
陈恩凤, 关连珠, 汪景宽, 等. 2001. 土壤特征微团聚体的组成比例与肥力评价. 土壤学报, 38 (1): 49-53.
陈会明, 马耀华, 和文祥, 等. 2000. 外源铜作用下土壤脲酶活性与缓冲性及时间关系的模型研究. 西北农业学报, 9 (3): 59-62.
陈祖拥, 刘方, 蒲通达, 等. 2009. 贵州中部喀斯特森林退化过程中土壤酶活性的变化. 贵州农业科学, 37 (2): 47-50.
戴礼洪, 闫立金, 周莉. 2008. 贵州喀斯特生态脆弱区植被退化对土壤质量的影响及生态环境评价. 安徽农业科学, 36 (9): 3850-3852.
冯贵颖, 朱铭莪, 呼世斌. 1999. 土壤粘粒吸附脲酶量的影响因子研究. 西北农业大学学报, 27 (4): 48-53.
关松荫, 孟昭鸥. 1986. 不同垦殖年限黑土农化性状与酶活性的变化. 土壤通报, (4): 157-158.
黄冠华, 詹卫华. 2002. 土壤颗粒的分形特征及其应用. 土壤学报, 39 (4): 390-397.
姜培坤, 周国模. 2003. 侵蚀型红壤植被恢复后土壤微生物量碳、氮的演变. 水土保持学报, 17 (1): 112-114, 127.
礼洪, 闫立金, 周莉. 2008. 贵州喀斯特生态脆弱区植被退化对土壤质量的影响及生态环境. 安徽农业科学, 36 (9): 3850-3852.
李辉信, 胡峰, 徐盛荣. 1996. 红壤丘陵区不同农业利用和管理方式对土壤肥力的影响. 土壤通报, 27 (3): 114-116.
刘方, 王世杰, 罗海波, 等. 2008. 喀斯特森林生态系统的小生境及其土壤异质性. 土壤学报, 45 (6):

1055-1062.

龙健,邓启琼,江新荣,等.2005.贵州喀斯特石漠化地区土地利用方式对土壤质量恢复能力的影响.生态学报,25(12):3188-3194.

龙健,江新荣,邓启琼,等.2005.贵州喀斯特地区土壤石漠化的本质特征研究.土壤学报,42(3):419-427.

龙健,李娟,汪境仁.2006.贵州中部岩溶丘陵区不同土地利用和管理方式对土壤肥力的影响.土壤通报,37(2):249-252.

龙章富,刘世贵.1995.川西北退化草地土壤微生物生化活性的初步研究.土壤学报,32(2):221-227.

卢红梅,王世杰.2006.花江小流域石漠化过程中的土壤有机碳氮的变化.地球与环境,32(1):41-46.

南京农业大学编.1986.土壤农化分析.北京:农业出版社.

牛灵安,郝晋珉,李吉进.2001.盐渍土熟化过程中腐殖质特性的研究.土壤学报,38(1):114-122.

彭新华,张斌,赵其国.2003.红壤侵蚀裸地植被恢复及土壤有机碳对团聚体稳定性的影响.生态学报,23(10):2176-2183.

孙波,张桃林,赵其国.1999.我国中亚热带缓丘红粘土红壤肥力的演化Ⅱ.化学和生物学肥力的演化.土壤学报,37(2):203-216.

王德炉,朱守谦,黄宝龙.2003.贵州喀斯特区石漠化过程中植被特征的变化.南京林业大学学报(自然科学版),27(3):26-30.

王世杰,季宏兵,欧阳自远,等.1999.碳酸盐岩风化成土作用的初步研究.中国科学:D辑,29(5):441-449.

王世杰,李阳兵.2007.喀斯特石漠化研究存在的问题与发展趋势.地球科学进展,22(6):573-582.

翁焕新,吴自军,张兴茂,等.2001.红壤中结合态磷在酸化条件下的变化及其相互关系.环境科学学报,21(5):582-586.

武冠云.1986.不同肥力红壤及其微团聚体的肥力特征.土壤,(4):174-179.

徐秋芳,朱志建,俞益斌.2003.不同森林植被下土壤酶活性研究.浙江林业科技,23(4):9-11.

许光辉,郑洪元编.1986.土壤微生物分析方法手册.北京:农业出版社.

薛萐,刘国彬,戴全厚,等.2002.不同植被恢复模式对黄土丘陵区侵蚀土壤微生物量的影响.自然资源学报,22(1):20-27.

杨明德.1990.论喀斯特环境的脆弱性.云南地理环境研究,2(1):21-29.

杨万勤,王开运.2004.森林土壤酶的研究进展.林业科学,40(2):152-158.

张萍,冯志立.1997.西双版纳热带雨林次生林的生物养分循环.土壤学报,34(4):418-426.

张桃林,鲁如坤,李忠佩.1998.红壤丘陵区土壤养分退化与养分库重建.长江流域资源与环境,7(1):18-24.

张焱华,吴敏,何鹏,等.2007.土壤酶活性与土壤肥力关系的研究进展.安徽农业科学,35(34):11139-11142.

张志明,周礼恺.1986.辽西褐土的酶活性及肥力评价.土壤通报,17(7):42-46.

张志明,武冠云,李荣华,等.1987.脲酶抑制剂氢醌提高尿素肥效的研究.土壤通报,(5):214-216.

赵其国.1996.现代土壤学与农业持续发展.土壤学报,33(1):1-12.

赵世伟,苏静,杨永辉.2005.宁南黄土丘陵区植被恢复对土壤团聚体稳定性的影响.水土保持研究,12(3):27-28.

赵中秋,后立胜,蔡运龙.2006.西南喀斯特地区土壤退化过程与机理探讨.地学前缘(中国地质大学(北京);北京大学),13(3):185-189.

郑永春,王世杰.2002.贵州山区石灰土侵蚀及石漠化的地质原因分析.长江流域资源与环境,11(5):

461-465.

中国自然资源研究会编. 1989. 南方山丘综合开发利用研究. 北京：科学出版社.

周礼恺. 1980. 土壤酶活性. 土壤学进展，(4)：9-13.

周礼恺，严昶昇，武冠云，等. 1986. 土壤肥力实质的研究Ⅲ. 红壤. 土壤学报，23（3）：193-202.

朱安国. 1994. 贵州喀斯特山区农业持续发展的途径 // 中国土壤学会编写组. 土壤科学与农业持续发展. 北京：中国科学技术出版社，96-100.

Anderson T H, Domsch K H. 1990. Application of eco-physiological quotients (qCO$_2$ and qO) on microbial biomass from soils of different cropping histories. Soil Biology and Biochemistry, 22: 251-255.

Andrews S S, Carroll C R. 2001. Designing a soil quality assessment tool for sustainable agroecosystem management. Ecological Applications, 11 (6): 157-31585.

Arshad M A, Martin S. 2002. Identifying critical limits for soil quality indieators in agro-eeosystems. Agriculture, Ecosystems and Environment, 88: 153-160.

Craig A D, Arlene J T. 2002. Soil quality field tools: experiences of USDA-NRCS soil quality institute. Agron. J., 94: 33-38.

Daniel L K, James A B, Steven C P, et al. 1999. Soil quality assessment in domesticated forests: a southern pine example. Forest Ecology and Management, 22: 85-167

Dick R P, Breakwill D, Turco R. 1996. Soil enzyme activities and biodiversity measurements as integrating biological indicators // Doran J W, Jones A J. Handbook of methods for assessment of soil quality. Madison: SSSA, 247-272

Doran J W, Parkin T B. 1994. Defining and assessing soil quality // Doran J W. Defining soil quality or a sustainable environment. Madison: SSSA spec. publ. SSSA and ASA, 3-31

Doran J W, Sarrantonio M, Liebig M A. 1996. Soil health and sustainability. Adv. Agric., (56): 1-54

Duxbury J M, Nkambule S V. 1994. // Defining soil quality for a sustainable environment. Wisconsin: SSSA, Inc., Madison, 125-146.

Ericksen P J, Ardon M. 2003. Similarities and differences between farmer and scientist views on soil quality issues in centralHonduras. Geoderma, 111: 233-248

Glover J D, Reganold J P, Andrews P K. 2000. Systematic method for rating soil quality of conventional, organic and integrated apple orchards inWashington State. Agriculture, Ecosystems and Environment, 80: 29-45

Hajabbasi M A, Ahmad Jalalian, Hamid R. K. 1997. Deforestation effects on soil physical and chemical properties, Lordegan, Iran. Plant and Soil, 190: 301-308

Islam K R, Weil R R. 2000. Land use effects on soil quality in a tropical forest ecosystem ofBangladesh. Agriculture, Ecosystems and Environment, 79: 9-16

Jimenez P M, Horra M A, Pruzzo L, et al. 2002. Soil quality: a new index based on microbiological and biochemical parameters. Biol. Fertil. Soils, 35: 302-306.

Karlen D L, Ditzler C A, Andrews S S. 2003. Soil quality: why and how. Geoderma, 114: 145-156.

Kennedy A C, Papendick R J. 1995. Microbial characteristics of soil quality. Journal of Soil and Water Conservation, 50: 243-248

Larson W E, Piece F J. 1991. Conservation and enhancement of soil quality // Evaluation for sustainable land management in the developing world: proceedings of the International Workshop on Evaluation for Sustainable Land Management in the Developing World. Chiang Rai: International Board for Soil Research and Management, 15-21.

Larson W E, Pierce F J. 1994. Defining soil quality for a sustainable environment. Madison: Soil Science Society of America, Inc., 37-52.

Parkin T B. 1993. Spatial variability of microbial process in soil: a review. Environment Quality, 22: 409-417.

Pulido J S, Bocco G. 2003. The traditional farming system of a Mexican indigenous community: the case of Nuevo San Juan Parangaricutiro, Michoacan, Mexico. Geoderma, 111: 249-265

Raich J W, Schelesinger W H. 1992. The global carbon dioxide flux in soil respiration and it's relationship to vegetation and climate. Tellu., 448: 81-99

Romig D E, Garlynd M J, Harris R E, et al. 1995. How farmers assess soil health and quality. Journal of Soil and Water Conservation, 50: 229-236

Singer M J, Ewing S. 1999. Soil quality // Interdisci plinary aspects of soil science.

Soil and Water Conservation Society. 1995. Farming for a better environment-A white paper. Iowa: Soil Water Conservation Society.

Solomon D, Lehmann J, Zech W. 2000. Land use effects on soil organic matter properties of chromic luvisols in semi-arid northernTanzania: carbon, nitrogen, lignin and carbohydrates. Agriculture, Ecosystems and Environment, 78: 203-213

Stephen N. 2002. Standardisation of soi lquality attributes. Agrieulture, Ecosystems and Environment, 88: 161-168.

Tisdall J M, Smith S E, Rengasamy P. 1997. Aggregation of soil by fungal hyphae. Australian Journal of soil Research, 35: 55-60

Trasar-Cepeda C, Leirós C, Gil-Sotres F, et al. 1998. Towards a biochemical quality index for soils: An expression relating several biological and biochemical properties. Biol Fertil Soils, 26: 100-106

Trudills S. 1985. Limestone geomorphology. London: Longman Group Limited, 1-181

Vance E D, Brookes P C, Jenkinson D S. 1987. An extraction method for measuring soil microbial biomass C. Soil Biol. Biochem., 19: 703~707.

Wang S J, Liu Q M, Zhang D F. 2004. Karst rocky desertification in southwesternChina: geomorphology, land use, and impact and rehabilitation. Land Degradation & Development, 15 (1): 115-121

第4章 喀斯特山区生境类型对土壤有机碳及其活性组分的影响

在陆生生态系统中，土壤中的有机碳、氮是土壤质量表征的核心，也是土壤质量评价和土地可持续利用管理必须考虑的重要指标（章明奎等，2007）。土壤有机碳氮作为土壤微生物能源和最主要营养元素，不仅驱动土壤碳、氮、磷、硫等养分转化和循环，影响土壤性质及养分供应能力，而且调节和影响岩溶作用及生态系统的演替。对其研究不仅有助于揭示土壤的生产力水平，同时对于评估区域、陆地乃至全球等不同尺度下的土壤退化情况也极其重要。

4.1 不同土地利用方式下土壤有机碳和全氮分布特征

贵州是我国喀斯特发育最为完善的省份，特殊的地质背景导致其相对脆弱的生态环境，加之长期不合理的人为活动影响，致使喀斯特环境不断恶化，严重制约了区域经济的发展。贵州西南部喀斯特山区基岩出露，养分贫乏，土壤结构松散，风化剥蚀作用剧烈，土被连续性差，生境支离破碎，植被稀疏分布在土面、石沟及石坑等小生境中。但就目前来看，对石面、石沟、石坑、石洞、石缝和石槽等这些小生境中土壤有机碳和全氮分布的研究还相对较少。本节选取贵州西南部喀斯特山区乔木林、花椒林和草丛3种土地利用方式下的7类小生境（土面、石面、石沟、石坑、石缝、石槽、石洞）为研究对象，调查和分析了花江喀斯特小流域不同土地利用方式下小生境土壤有机碳、氮的变化特征。

4.1.1 材料与方法

1. 研究区域概况

研究区域位于贵州省安顺地区关岭县花江喀斯特小流域内（图4-1），属典型的喀斯特峡谷类型。区内为逆断层向斜地质构造，地表起伏较大，土体浅薄不连续，地表支离破碎，发育有多样的石面、石沟、石槽、石坑、石缝和石洞等小生境类型。该区碳酸盐岩广布，河谷深切，地下水深埋，热量丰沛，年均温度为17～18℃，全年无霜期在337 d以上，≥10℃的活动积温在5800～6130℃，年日照时数2500 h以上，年降水量为1200 mm左右，但降水分布极其不均，5～10月降水量达全年降水量的83%，致使冬春旱及伏旱严重。气候垂直变异明显，海拔850 m以下为南亚热带干热河谷气候，900 m以上为中亚热带河谷气候。成土母岩以白云质灰岩、泥质灰岩为主，土壤类型多以黑色石灰土和棕黄色石灰土为主，土壤pH一般在6.5以上，易旱，结构不良，质地相对黏重，土壤水、肥、气、热不平衡，结构松散。植被分布稀疏，森林覆盖率不足5%，土地开垦率在10%~70%，基岩总体裸露率在50%以上，从整体上看，花江喀斯特小流域属于中强度喀斯特石漠化地区。近年来，青壮年劳动力的大量外出务工，为国家退耕还林（草）、封山育林政策的顺利实施提供了便利。另一方面，自20世纪90年代初期，在花椒林有规模地栽种这种易于管理的水土保持植被，不仅维系了良好的生境景观，加快了当地农民的增收致富，并且对石漠化的防治作用也已初见成效。

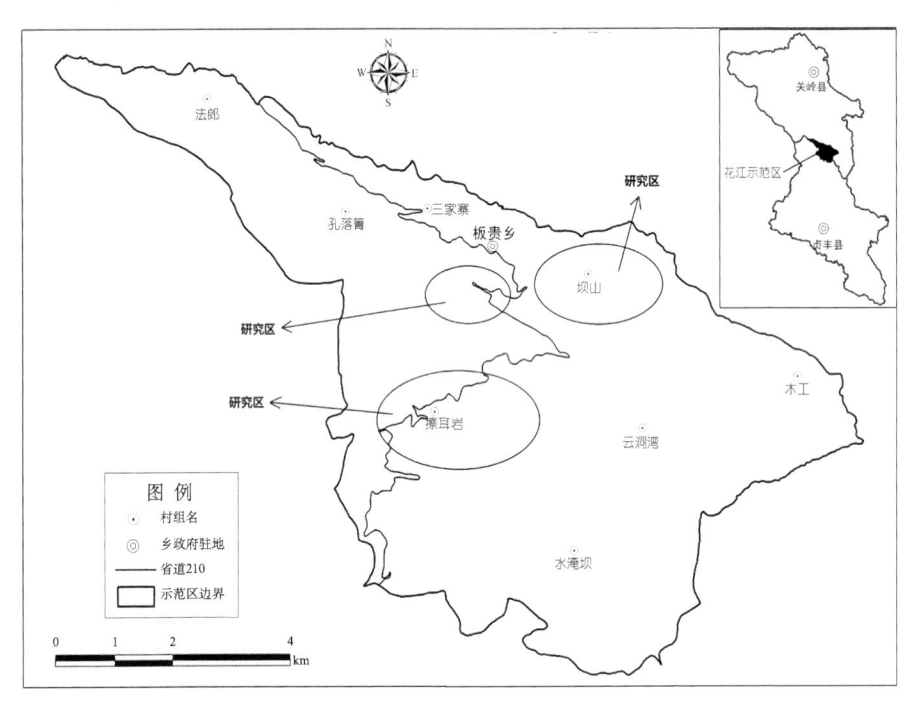

图 4-1 花江喀斯特小流域研究区域示意图

2. 样品采集及分析方法

2010年7月，通过对野外植被和土壤的调查，选取了地形地貌相对一致的山坡中下部作为样品采集地。在选取的2块乔木林、3块花椒林、2块草丛上，分别设置了20 m×20 m样地，根据样地的小生境形态特征，将各样地划分为7类小生境：土面（连续的土体表面）、石面（出露基岩的岩石表面）、石缝（出露基岩的不连续裂缝）、石沟（出露基岩的连续溶蚀沟或侵蚀沟）、石洞（半封闭状态的洞穴）、石槽（岩石水平突出形成半封闭条状裂隙）、石坑（出露基岩的溶蚀凹地）。采样时，先将土体表面枯枝落叶除掉，取样深度为0~15 cm，在样点附近采集3~5个点混合成一个样，样品的重量约1 kg，用自封袋密封。共采集样品103个，其中草丛样品29个，花椒林样品38个，乔木林样品36个。样品带回实验室风干后，挑出肉眼可见的石砾、凋落物及残根，混合均匀后磨碎过筛，供土壤理化性质测试用。采样点的基本信息见表4-1所示。

表 4-1　花江干热河谷样点基本情况

植被类型	地理位置	海拔/m	植被盖度/%	土壤质地	干扰强度
FO	25°39′59.0″N，105°38′94.2″E	767	77.5	壤土	弱
	25°39′53.9″N，105°39′03.1″E	711	83.5	壤土	弱
SR	25°38′98.8″N，105°45′50.5″E	783	53.4	壤土	强
	25°39′68.4″N，105°38′98.6″E	674	62.6	壤土	强
	25°39′86.0″N，105°39′31.0″E	641	73.9	壤土	强
GS	25°39′99.4″N，105°40′19.0″E	631	22.5	砂壤土	弱
	25°40′32.2″N，105°39′91.9″E	598	17.6	砂壤土	弱

注：FO 乔木林；SR 花椒林；GS 草丛；下同。

4.1.2　土地利用方式对小生境环境因素及土壤有机碳、氮的影响

1. 对小生境环境因素的影响

目前，大多数研究者对小生境的研究多集中在单一植被类型或整块区域，而忽视了不同土地利用类型下小生境土壤的研究。由表 4-2 可以看出，不同土地利用类型下小生境环境因素存在明显的空间变异。小生境中凋落物和土壤厚度及植物根系状况总体表现为乔木林＞花椒林＞草丛。此外，草丛所覆盖下的小生境普遍偏干燥，而花椒林及乔木林所覆盖下的小生境基本处于湿润的环境中。在研究区域中，小生境面积的空间变异性较大，其中草丛达 82%，花椒林达 79%，乔木林达 87%。已有研究表明，小生境面积的离散程度，是造成岩溶山区土壤性质变化的重要原因之一，而土壤凋落物厚度与土壤厚度在较大程度上反映出土壤有机碳的含量及分布。

表 4-2　不同土地利用方式下小生境环境因素

小生境	土地利用方式	样本数量	凋落物厚度/cm	土壤厚度/cm	小生境面积/m²	植物根系	水分状况
土面	GS	9	0.1	15.9	10.4	少	稍干
	SR	4	0.8	30.2	15.1	多	润
	FO	8	1.7	37.8	16.5	多	润
石面	GS	4	0.1	3.9	7.3	少	稍干
	SR	6	0.6	4.6	12.1	少	稍干
	FO	4	1.4	5.4	5.9	多	润
石缝	GS	3	0.3	12.1	0.8	少	润
	SR	3	0.6	22.5	1.7	多	润
	FO	6	1.5	31.3	1.9	多	润
石沟	GS	3	0.7	16.7	4.3	多	稍干
	SR	5	1.7	45.1	5.6	多	润
	FO	5	3.9	36.9	3.1	多	润

续表

小生境	土地利用方式	样本数量	凋落物厚度/cm	土壤厚度/cm	小生境面积/m²	植物根系物	水分状况
石洞	GS	3	0.5	13.5	2.4	极少	润
	SR	7	1.5	21.2	4.4	少	润
	FO	4	3.0	17.2	5.2	多	润
石槽	GS	4	0.3	18.5	0.9	极少	稍干
	SR	8	1.0	19.7	1.7	少	润
	FO	5	2.0	13.7	1.3	少	润
石坑	GS	3	1.4	29.5	3.7	多	稍干
	SR	5	3.2	42.3	5.0	多	润
	FO	4	5.0	53.4	7.9	多	润

2. 对小生境土壤有机碳、氮含量的影响

由表4-3可见，在不同土地利用方式下，除草丛中土面和石面小生境有机碳含量较低外，花椒林及乔木林下石缝、石槽、石洞土壤有机碳的含量也相对较低，而土面、石面、石坑和石沟土壤有机碳含量较高。同样，小生境土壤全氮含量也存在类似规律，但碱解氮在不同小生境中含量的变化规律并不明显。

表4-3 不同植被类型下小生境土壤有机碳氮含量的变化

测定项目	小生境	GS	SR	FO	差值（FO-GS）	提高比例/%
有机碳 /(g/kg)	土面	21.8±7.5b	40.9±4.9ab	60.0±20.4a	38.2	175
	石面	20.6±0.6b	35.8±11.1b	69.1±22.0a	48.5	235
	石沟	37.4±5.0a	45.8±11.7a	58.8±25.4a	21.4	57
	石洞	22.2±1.7b	30.3±7.2ab	38.5±9.5a	16.3	73
	石槽	21.9±4.8b	28.4±5.2b	45.3±16.0a	23.4	107
	石坑	31.6±6.0b	41.6±13.3b	71.9±7.1a	40.3	128
	石缝	20.3±5.0c	34.1±7.7b	47.9±4.9a	27.6	136
	平均值	24.3c	35.9b	56.9a	32.6	134
全氮 /(g/kg)	土面	2.2±0.9b	3.1±0.5ab	3.9±1.2a	1.7	77
	石面	1.5±0.1b	2.6±0.3b	5.2±1.2a	3.7	247
	石沟	2.9±0.6b	2.3±0.2ab	4.0±0.8a	1.1	38
	石洞	2.1±0.4b	2.7±0.6ab	3.6±0.6a	1.5	71
	石槽	1.9±0.3b	2.5±0.6ab	4.1±1.5a	2.2	116
	石坑	2.0±0.3c	3.0±0.7b	5.3±0.7a	3.3	165
	石缝	1.7±0.4b	2.2±0.8ab	3.8±0.6a	2.1	124
	平均值	2.09c	2.77b	4.21a	2.1	101

续表

测定项目	小生境	GS	SR	FO	差值（FO-GS）	提高比例/%
碱解氮/(mg/kg)	土面	134.0±55.0b	218.4±43.2ab	279.7±87.7a	145.7	109
	石面	147.6±36.9b	201.1±64.3b	308.1±90.5a	160.5	109
	石沟	187.1±23.3b	196.1±31.3ab	283.3±46.1a	96.2	51
	石洞	165.1±10.5b	231.9±79.6ab	276.5±46.5a	111.4	67
	石槽	118.0±7.7b	170.2±41.5b	309.±125.0a	191.0	162
	石坑	158.0±92.8b	234.8±74.5b	368.1±47.4a	210.1	133
	石缝	144.6±29.7b	215.6±45.9ab	288.5±72.6a	143.9	100
	平均值	146.2c	212.3b	299.6a	153.4	105

注：同行字母表示不同植被下小生境间差异显著（$P<0.05$）。

不同土地利用方式下小生境土壤有机碳、氮含量表现出明显的差异（表4-3）。除花椒林下石沟土壤全氮低于草丛外，小生境土壤有机碳、全氮、碱解氮含量均为乔木林＞花椒林＞草丛。植被由草丛→花椒林→乔木林变化过程中，乔木林较草丛中小生境土壤有机碳、全氮、碱解氮含量的提高幅度均达50%以上，平均值增加100%以上。这表明乔木林能大幅度提高小生境有机碳氮的含量。此外，不同小生境增幅也不尽相同，小生境有机碳及全氮的增加幅度以石面最大，分别达235%和247%；而小生境土壤碱解氮增加量以石槽最大，达162%。总体上看，小生境土壤有机碳及全氮含量的增加量也以生境较为开放的石面生境最为突出，而小生境土壤碱解氮含量的增加量以石槽最大。

喀斯特地区土层较为浅薄，土壤垂直变异性较小，土壤的分布及性质主要受到小生境空间变异的影响，在水平方向上的变异更为突出，加之各小生境面积和土壤厚度等环境条件差异，均可能造成不同小生境中土壤有机碳、氮含量的空间分布差异。在本研究中，生境相对开放的石沟和石坑等小生境的土壤有机碳和全氮含量普遍较半封闭石缝、石洞和石槽小生境高。这可能是因为在同种土地利用方式下，处于同一类开放或者封闭状态的小生境具有较为相似的光热及水分条件，且生境相对开放的石沟和石坑等小生境中植被凋落物更易积累，因而造成了小生境间土壤有机碳、氮的空间分布差异。

胡忠良等（2009）的研究表明，当植物由乔木林演替为灌木林后，灌木植物成为新的优势种，灌木林通过对土壤资源的吸收及沉淀，将有机物集中于其冠层下土壤中，并对养分的循环及分布产生影响，使得土壤资源异质性增强。但我们的结果并非如此，我们的研究显示，花椒林下的小生境土壤碳氮的空间变异最小，其原因可能与不同土地利用类型下小生境种类分布情况有关。另外，喀斯特地区乔木林有两个冠层，花椒林通常只有一个冠层，草丛则更为简单，乔木林冠层间凋落物的叠加作用及草丛植被零星不连续分布，这也可能是造成小生境土壤碳氮含量空间分布差异的原因。

随着小生境土壤有机碳含量的改善，土壤的其他养分也得到了相应的提高，且土壤有机碳和全氮、碱解氮、速效磷和碳氮比均呈现良好的正相关关系（表4-4）。这表明，环境因素条件相差较大的小生境土壤中有机碳含量的大小，很大程度上决定了土壤养分含量的多少。土地利用方式不同，其增加的幅度也存在较大差异，小生境土壤全氮及碱解氮含量以草丛的增加幅度最大,而小生境土壤速效磷及碳氮比的增加量以花椒林最大。

表 4-4 土壤有机碳、全氮、碱解氮、速效磷和碳氮比的回归方程

项目	植被	回归方程	R^2	项目	植被	回归方程	R^2
有机碳-全氮	GS	$Y=0.067X+0.319$	0.712	有机碳-速效磷	GS	$Y=0.100X-0.032$	0.438
	SR	$Y=0.036X+1.418$	0.414		SR	$Y=0.144X-0.894$	0.770
	FO	$Y=0.053X+1.331$	0.817		FO	$Y=0.091X+0.436$	0.837
有机碳-碱解氮	GS	$Y=4.524X+37.00$	0.507	有机碳-碳氮比	GS	$Y=0.209X+7.056$	0.463
	SR	$Y=4.326X+50.95$	0.611		SR	$Y=0.445X-2.484$	0.850
	FO	$Y=3.294X+117.6$	0.637		FO	$Y=0.212X+1.636$	0.657

3. 对小生境土壤有机碳氮分布特征的影响

对不同土地利用类型下小生境土壤有机碳、全氮、碱解氮的变异性特征进行了正态性检验,结果表明,除碱解氮在草丛、花椒林及乔木林下服从正态分布外,土壤有机碳、全氮在3种植被类型下均服从右偏态分布(图4-2)。

从变异系数来看,花椒林植被系统下小生境土壤有机碳和全氮的变异系数分别为29%和21%,小于草丛下(31%和35%),也小于乔木林下(35%和26%)。乔木林下小生境土壤碱解氮的变异系数为25%,小于花椒林下(29%)和草丛下(32%)。土壤有机碳、全氮、碱解氮在不同植被类型下的变异系数为21%~35%,属于中等程度变异。这些结果表明,不同植被类型下小生境有机碳、全氮和碱解氮存在不同的空间变异,并且从总体上以花椒林下小生境土壤空间变异性最小。

对不同土地利用类型下小生境土壤有机碳氮正态性检验结果表明,土壤有机碳和全氮含量的空间变化较碱解氮敏感,这表明小生境土壤碱解氮含量的变异是多种相互独立的随机因素微小变化的综合结果。而土壤有机碳及全氮含量除受随机变化因素影响外,很大程度上还受到土地利用和小生境分布及其他外在条件改变的影响。

4.1.3 小生境土壤养分特征及影响因素

由表4-5可见,除石沟外,其余小生境有机碳与全氮、碱解氮和速效磷均呈显著正相关关系。此外,土面和石面中有机碳与碳氮比也呈现出显著的正相关性,而所研究的7种小生境中全氮与碳氮比的相关性较弱。为了解小生境土壤养分的主要影响因素,对土壤有机碳、全氮、碱解氮、速效磷及碳氮比进行因素分析。从表4-6可以看出,影响小生境中土壤养分的主要因素有两个,土壤有机碳、土壤全氮、土壤碱解氮、土壤速效磷属于因素一,而碳氮比属于因素二。植被凋落物是土壤有机碳氮的重要来源,同时结合不同土地利用方式下小生境土壤有机碳氮含量的差异,表明植被生物量的释归作用对土壤养分含量起到了重要作用,故将该影响因素命名为植被因素。由表4-5中相关性分

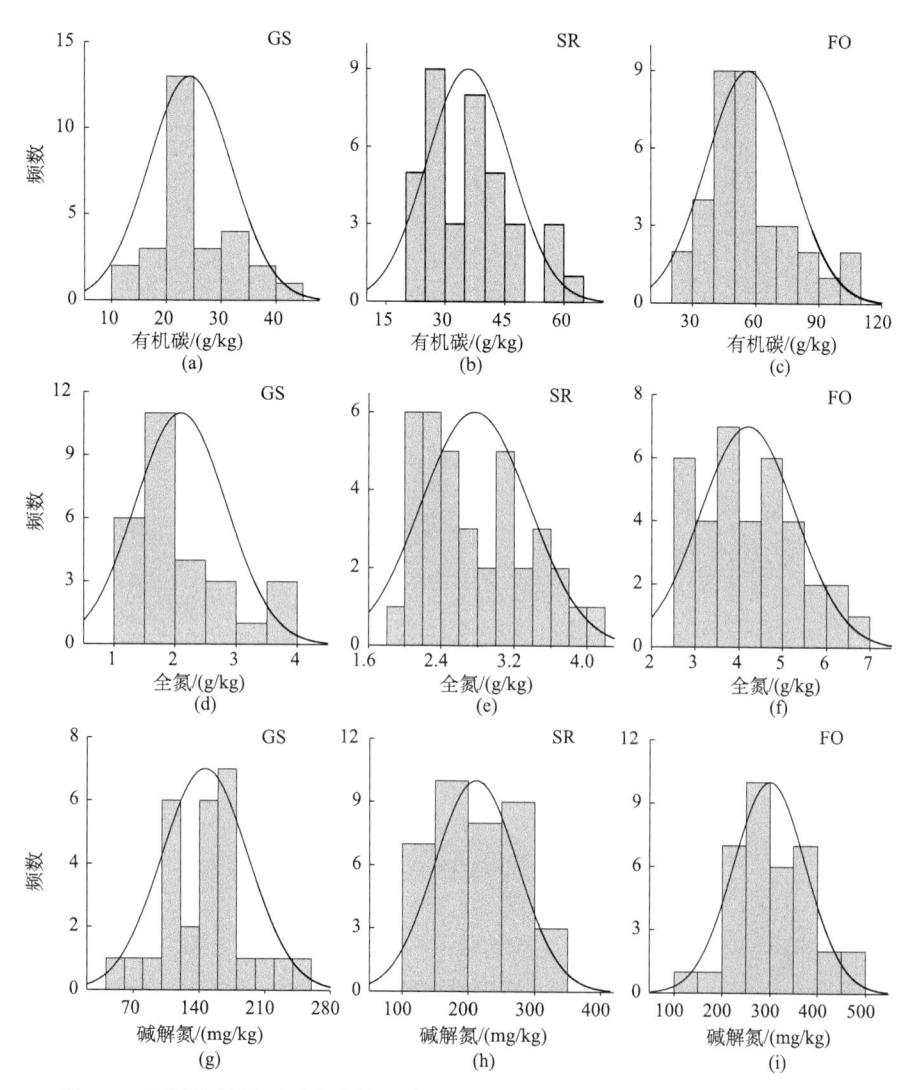

第 4 章 喀斯特山区生境类型对土壤有机碳及其活性组分的影响

图 4-2 不同植被类型下小生境土壤有机碳、全氮和碱解氮含量的频数分布图

析结果可见，各小生境土壤全氮与碳氮比相关性较弱，并且不同小生境土壤有机碳与全氮表现出不同的相关性。土壤有机碳、氮除受到植物凋落物的制约外，动物及微生物的残体、排泄物及其分解产物都是重要的土壤有机碳、氮来源，土壤中的有机质分解速度主要依赖于有机质的化学组成、土壤水热状况及物理化学等因素（吴建国，2007；杨曾奖等，2007）。喀斯特地区复杂的小生境组合及多样性特征为环境因素的空间变异创造了条件，由于不同小生境土壤的温度和水分等条件差异影响土壤中有机质组成及土壤动物、微生物的数量和种类，并且不同小生境中微生物对有机质的分解和转化能力的差异可进一步影响小生境土壤碳氮的分解及累积而影响土壤碳、氮关系，因此将上述影响因素命名为小生境因素。

表 4-5　小生境土壤有机碳、全氮、碱解氮、速效磷及碳氮比的相互关系

小生境	有机碳-全氮	有机碳-碱解氮	有机碳-速效磷	有机碳-碳氮比	全氮-碳氮比
土面	0.774**	0.767**	0.651**	0.667**	0.288
石面	0.942**	0.867**	0.841**	0.376	0.085
石缝	0.725**	0.754**	0.809**	0.314	−0.389
石沟	0.047	0.248	0.826**	0.815**	−0.520
石洞	0.912**	0.774**	0.589*	0.380	−0.027
石槽	0.927**	0.946**	0.705**	0.132	−0.236
石坑	0.770**	0.785**	0.799**	0.297	−0.360

* $P<0.05$。
** $P<0.01$。

表 4-6　5 个养分指标变量的因素载荷矩阵

变量	影响因素 植被因素	影响因素 小生境因素	共同性
土壤有机碳 SOC/(g/kg)	0.945	0.173	0.923
土壤全氮 TN/(g/kg)	0.841	−0.469	0.927
土壤碱解氮 AN/(mg/kg)	0.846	−0.280	0.795
土壤速效磷 AP/(mg/kg)	0.861	0.142	0.762
土壤碳氮比 C/N	0.380	0.912	0.975
特征值	3.202	1.180	
方差贡献率/%	64.03	23.60	
累计方差贡献率/%	64.03	87.63	

综上研究可见，草丛、花椒林及乔木林下所覆盖的各类小生境土壤有机碳、氮含量及其含量分布存在较大差异。各土地利用方式下小生境土壤有机碳与全氮、碱解氮、速效磷及碳氮比间均具有良好的相关关系。除土地利用因素主导土壤有机碳、氮的变化外，在所研究的 7 类小生境中，生境相对开放的石坑和石沟等小生境土壤有机碳及全氮的含量普遍高于处于相对封闭状态的石槽、石洞和石缝。喀斯特地区土壤浅薄，成土困难，生境破碎，不同小生境类型下土壤有机碳、全氮的变化明显。因而，在进行农业生产过程中，应强调合理利用土地资源及适度开发。

4.2　不同土地利用方式下土壤有机碳和基础呼吸特征

土壤活性有机碳是指受植物、微生物影响强烈，具有一定溶解性，在土壤中移动快、稳定性差、易氧化、矿化的那部分有机碳，同时也是土壤微生物活动的能量和土壤养分的驱动力。而土壤呼吸是表征土壤质量和肥力的重要生物学指标，在一定程度上反映了土壤氧化和转化能力，尤其是土壤基础呼吸部分，反映了土壤生物学特征和土壤物质的代谢强度（苏永红等，2008）。目前，部分学者对喀斯特地区的研究主要涉及不同土地利用方式下的土壤水分（王腈等，2006）、酶活性（周玮等，2008）和土壤呼吸

(邹军等，2008)等特征，但对于土壤活性有机碳的研究还鲜有报道。同时，喀斯特地区地表发育的不同小生境环境因素间（水热状况等）差异较大，可在一定程度上对土壤活性有机碳等土壤因素产生重要的影响。本节以贵州西南部花江喀斯特峡谷不同土地利用类型下的一般土壤（非小生境土壤）以及该地区具有一定代表性的石缝和石沟 2 种小生境土壤为研究对象，对其土壤微生物生物量碳、可溶性有机碳、易氧化有机碳 3 种活性有机碳和基础呼吸量进行比较研究。

4.2.1 样地的选取与样品采集

2010 年 5 月，在研究区域内分别设置裸荒地（Ⅰ）、草丛（Ⅱ）、花椒疏林地（Ⅲ）、花椒林（Ⅳ）和乔木林（Ⅴ）5 种植被群落作为研究对象，土壤样品分为一般土壤和小生境土壤采集。其中一般土壤样品采集按照 S 形路线在每个植被群落采集 5~7 个样点（0~20 cm），并制成一个土壤样品，重复 3 次。在各植被群落内选取了具有代表性的石缝（出露的岩石裂隙或溶蚀裂缝）和石沟（出露的岩石溶蚀沟或侵蚀沟）小生境作为研究对象，在每个植被群落中按随机采样的方式获得石缝和石沟混合土壤（0~20 cm）各 3 个，样品充分混匀后装入自封袋中，密封后带回室内，仔细挑除土样中可见的植物及土壤动物残体。取出部分土壤微生物生物量碳、可溶性有机碳和土壤基础呼吸的测定。其余土壤自然风干后分别过 0.25 mm 和 2 mm 尼龙筛，以供易氧化有机碳及土壤常规养分指标的测定。具体的土壤养分指标信息如表 4-7 所示。

表 4-7 样地基本特征

利用类型	土壤类别	含水量/%	总有机碳/(g/kg)	全氮/(g/kg)	碱解氮/(mg/kg)	速效磷/(mg/kg)
	NS	25.04	15.53	1.42	74.2	0.82
Ⅰ	SC	27.69	18.32	1.50	109.4	1.59
	SG	28.66	21.47	1.69	109.8	2.30
	NS	27.61	27.35	2.25	172.0	3.12
Ⅱ	SC	26.23	21.83	2.38	183.3	4.63
	SG	26.26	30.21	2.33	132.9	6.93
	NS	33.59	31.26	2.85	178.7	4.99
Ⅲ	SC	31.82	36.12	3.11	160.9	5.37
	SG	32.12	40.08	3.31	197.0	5.54
	NS	34.01	42.08	3.44	212.6	5.90
Ⅳ	SC	36.68	40.49	3.33	229.3	5.58
	SG	35.63	48.11	3.99	255.7	6.64
	NS	38.84	68.91	5.15	282.1	8.02
Ⅴ	SC	38.28	55.17	5.68	268.0	7.05
	SG	41.01	75.54	6.03	321.2	9.88

注：Ⅰ：裸荒地；Ⅱ：草丛；Ⅲ：花椒疏林地；Ⅳ：花椒林；Ⅴ：乔木林；NS：一般土壤；SC：石缝土壤；SG：石沟土壤；下同。

4.2.2 不同土壤不同活性有机碳组分变化特征

1. 土壤微生物生物量碳（MBC）变化

由图 4-3 可以看出，随着植被条件的逐渐改善，一般土壤、石缝土壤和石沟土壤微生物生物量碳（MBC）呈明显增加趋势，变幅为 123.2～616.8 mg/kg，均表现为乔木林＞花椒林＞花椒疏林地＞草丛＞裸荒地。其中乔木林中各类别土壤 MBC 含量均显著高于其他土地利用方式，而花椒林中各类别土壤显著高于草丛和裸荒地。在同一土地利用方式下，一般土壤、石缝土壤和石沟土壤 MBC 含量大小各异，统计结果表明，除裸荒地中石缝和石沟土壤显著高于一般土壤外，其余同一土地利用方式下一般土壤和小生境土壤间 MBC 含量未达显著差异水平。

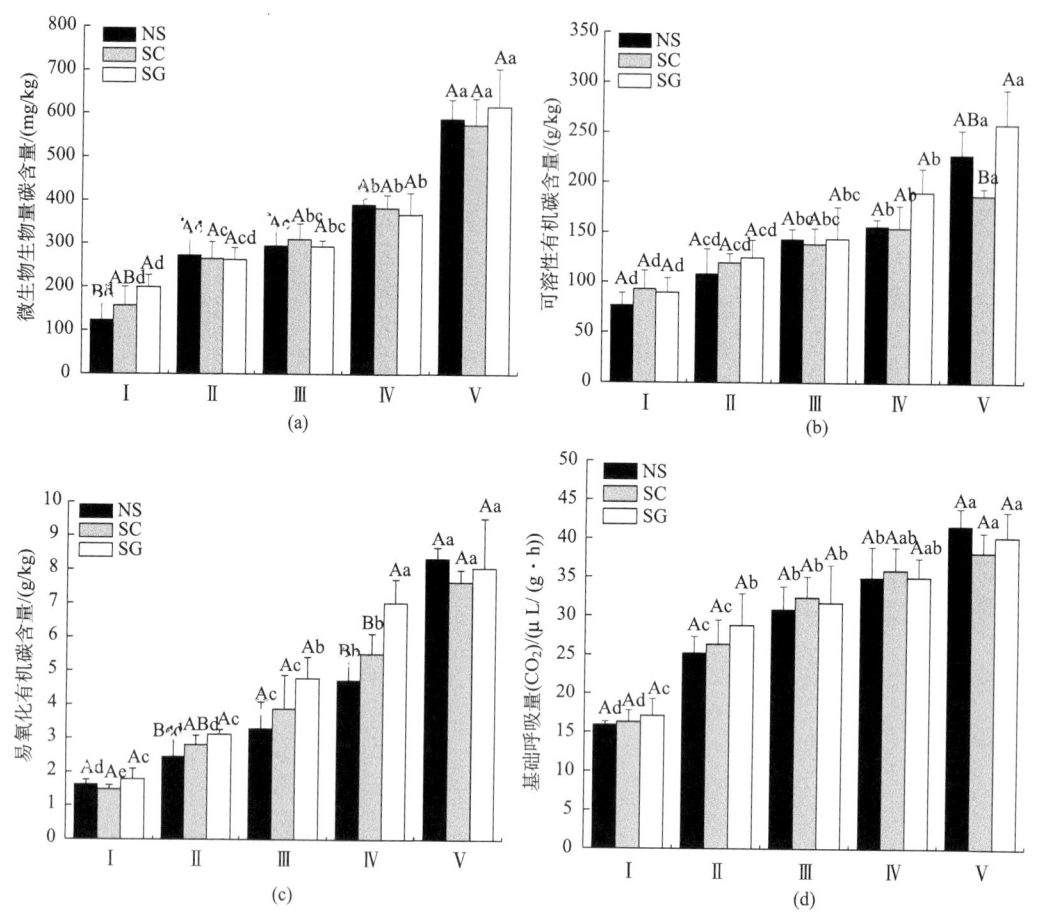

图 4-3　不同植被下土壤微生物生物量碳、可溶性有机碳、易氧化有机碳和基础呼吸量变化

不同大、小写字母分别表示同一土地利用方式不同土壤类别或不同土地利用方式相同
土壤类型间显著性差异（$P<0.05$）；下同

2. 土壤可溶性有机碳（DOC）变化

研究区域土壤可溶性有机碳（DOC）变幅为 76.6~258.6 mg/kg（图 4-3），含量大小均表现为乔木林＞花椒林＞花椒疏林＞草丛＞裸荒地。其中乔木林中各类别土壤 DOC 含量均显著高于其他土地利用方式，而花椒林地中各类别土壤显著高于草丛和裸荒地，但与花椒疏林的差异不显著。在同一土地利用方式下除裸荒地中石沟土壤 DOC 含量略低于石缝外，其余土地利用方式下石沟土壤 DOC 含量均较一般土壤和石缝土壤高，并以乔木林中石沟与石缝土壤 DOC 含量差异最大，达 71.5 mg/kg。另外，统计结果表明，除乔木林中石沟土壤和一般土壤 DOC 含量显著高于石缝土壤外，其余同一土地利用方式下一般土壤和小生境土壤间 DOC 含量均未达显著差异水平。

3. 土壤易氧化有机碳（EOC）变化

研究区域土壤易氧化有机碳（EOC）含量变幅为 1.62~8.32 g/kg（图 4-3），均表现为乔木林＞花椒林＞花椒疏林＞草丛＞裸荒地。除乔木林中石沟土壤与花椒林石沟土壤中 EOC 含量差异不显著外，其余情况下，乔木林各类别土壤均显著高于其余各土地利用方式。在同一土地利用方式下，除乔木林中石沟土壤 EOC 含量低于一般土壤外，其余各土地利用方式中均以石沟土壤 EOC 含量最高，其中花椒林下石沟土壤与一般土壤 EOC 含量差异最大，达 2.31 g/kg。统计结果表明，在花椒林中，石沟土壤 EOC 含量显著高于石缝和一般土壤。而在草丛中石沟土壤 EOC 含量显著高于一般土壤，与石缝土壤差异不显著。

4. 土壤基础呼吸量（BR）变化

本研究中土壤基础呼吸量（BR）（CO_2）变幅为 15.9~41.6 μL/(g·h)（图 4-3），均表现为乔木林＞花椒林＞花椒疏林＞草丛＞裸荒地。其中除乔木林石缝和石沟土壤基础呼吸量与花椒林差异不显著外，其余情况下，乔木林各类别土壤均显著高于其余土地利用方式。在同一土地利用方式下，各类别土壤基础呼吸量大小各异，且一般土壤、石缝土壤和石沟土壤 BR 均未达显著差异水平。

5. 土壤 EOC 占 TOC 分配比率变化

土壤活性有机碳占土壤总有机碳的比率被称为该种活性有机碳的分配比例，它比活性有机碳总量更能反映不同土地利用方式对土壤碳行为的影响结果（荣丽等，2011）。有研究报道，EOC 含量与 TOC 比率所占比例越高，说明土壤碳的活性越大，稳定性越差（Bolan et al.，1996）。在本研究中，土壤 EOC/TOC 值的变化范围为 8.27%~14.68%（图 4-4），除裸荒地中一般土壤 EOC/TOC 值较草丛高外，随植被逐渐改善，各类别土壤 EOC/TOC 值呈逐渐增加趋势。其中，乔木林中一般土壤 EOC/TOC 值最大，与裸荒地、花椒疏林和花椒林的差异不显著，但显著高于草丛。石缝土壤 EOC/TOC 值也在乔木林下达到最大，与花椒林未达到显著差异水平，但显著高于裸荒地、草丛和花椒疏林。石沟土壤 EOC/TOC 值在花椒林中达到最大，与花椒疏林差异不显著，但显著高于裸荒地、草丛和乔木林。同一土地利用方式下，除花椒林中一般土壤显著低于石缝和石沟土壤，乔木林中石缝显著高于石沟土壤和一般土壤外，其余土地利用方式中各类别土壤 EOC/TOC 值均未达到显著差异水平。

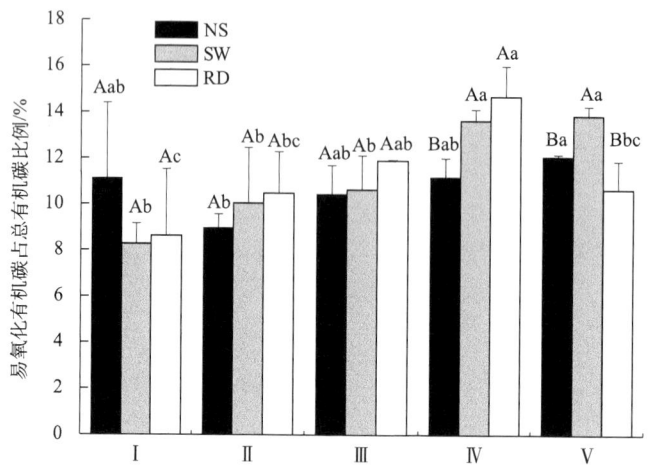

图 4-4　不同土地利用方式下土壤 EOC 占土壤 TOC 的分配比率

4.2.3　土壤养分、活性有机碳组分及基础呼吸的相互关系

由表 4-8 可以看出，土壤总有机碳、全氮、碱解氮、速效磷、含水量、微生物生物量碳、可溶性有机碳、易氧化有机碳以及基础呼吸均两两极显著正相关（$P<0.01$），其中微生物生物量碳、可溶性有机碳、易氧化有机碳与土壤有机碳、全氮、碱解氮的相关系数均达到 0.90 以上，且微生物生物量碳、可溶性有机碳与易氧化有机碳之间的相关系数，也达到了 0.90 以上。

表 4-8　土壤各相关指标的相关系数

	总有机碳	全氮	碱解氮	速效磷	MBC	DOC	EOC	含水量
MBC	0.923**	0.956**	0.907**	0.836**				
DOC	0.953**	0.923**	0.912**	0.881**	0.906**			
EOC	0.948**	0.944**	0.914**	0.846**	0.913**	0.926**		
含水量	0.774**	0.756**	0.763**	0.653**	0.747**	0.728**	0.782**	
基础呼吸	0.846**	0.836**	0.859**	0.861**	0.840**	0.809**	0.847**	0.728**

** $P<0.01$。

有研究表明，土壤活性有机碳可以表征土壤物质循环特征，作为土壤潜在生产力和土壤管理措施变化的早期指标（Dalal and Mayer，1986），土壤呼吸作用强度则常用来判断土壤有机残体的分解速度和强度，是土壤生物活性的总指标（David et al.，2002）。在本研究中，相关性分析结果表明（表 4-8），土壤水分、全氮、碱解氮和速效磷与土壤活性有机碳各组分以及基础呼吸量的相关性均达到极显著水平（$P<0.01$），表明MBC、EOC、DOC 和 BR 在一定程度上可以指示土壤肥力的动态变化及土壤质量水平，另外，MBC、EOC、DOC 与土壤有机碳两两之间达到极显著相关关系（$P<0.01$），这表明活性有机碳各组分间与土壤 TOC 的关系极为密切，且相关系数达 0.90 以上，表明 MBC、EOC 和 DOC 可以作为指示喀斯特地区土壤有机碳变化的敏感性指标。

4.2.4 土壤活性有机碳变化的影响因素

土壤活性有机碳主要来源于植被凋落物的分解、根系分泌物、土壤有机质的水解、土壤微生物本身及代谢产物（Bolan et al.，1996），宇万太等（2007）的研究也表明，植被归还土壤生物量的多少对土壤活性有机碳含量具有显著的影响。在本研究中，土地利用方式由裸荒地→草丛→花椒疏林→花椒林→乔木林变化过程中，土壤 MBC、EOC 和 DOC 增加明显，达显著差异水平，且与植被盖度最低的裸荒地相比，乔木林一般土壤、石缝和石沟土壤 MBC 分别提高了 2.10~3.77 倍，EOC 提高了 3.50~4.14 倍，DOC 提高了 1.01~1.98 倍。这可能是因为随着植被条件改善，生境的恶劣程度逐渐降低，植被释归至地表凋落物量逐渐增加，土壤微生物和动物的活性增强，加快了凋落物的分解，从而相应增加了土壤 MBC、EOC 和 DOC 含量，这也说明了喀斯特森林生态系统是一个潜在的巨大的土壤活性碳汇。同时，土壤 BR 也表现为乔木林＞花椒林＞花椒疏林＞草丛＞裸荒地，且与裸荒地相比，乔木林一般土壤、石缝土壤和石沟土壤 BR 含量提高了 1.34~1.62 倍，与龙健等（2004）的研究结果相一致。这是因为土壤基础呼吸主要来源于土壤微生物的活动，随植被盖度的增加，地表土壤逐渐湿润（表 4-7），有利于土壤微生物和动物的生长和繁殖，同时植被地上部分凋落物释归量逐渐增多，增加了土壤微生物可利用的碳氮来源，使土壤微生物的活性增强，因而相应增加了土壤基础呼吸量的大小。另外，植被由裸荒地→草丛→花椒疏林→花椒林→乔木林变化过程中，除裸荒地外，土壤 EOC/TOC 值总体呈上升的趋势，且一般土壤和石缝土壤在乔木林达到最大，石沟土壤在花椒林下达到峰值。这表明，与处于较低端的裸荒地和草丛植被群落相比较，花椒林和乔木林土壤有机碳表现出稳定性较弱，活性较高，易被微生物利用的特点。

喀斯特生境是由多种小生境类型镶嵌构成的复合体，具有高度的异质性，且不同小生境有不同的生态有效性（朱守谦，2003）。罗海波等（2010）研究表明，喀斯特地区破碎地形所形成的多样性微地貌对土壤有机碳数量和质量产生较为显著的影响。在本研究中，同一土地利用方式下石沟土壤 DOC 和 EOC 总体表现出了较高的含量水平，而一般土壤和石缝土壤的变化规律并不明显，并且同一植被中土壤有机碳在一般土壤和小生境土壤中的分配也表现出类似规律（表 4-7）。这可能是因为石沟呈连续的沟状、槽状分布在出露基岩形成的斜面凹地中，近地表风的搬运作用使植物凋落物易在其中积聚，从而相应增加了土壤有机碳和活性有机碳含量。然而，在同一土地利用方式下，石沟土壤 MBC 和 BR 并未表现出较高的含量水平，这可能是因为喀斯特小生境结构复杂多变，本研究以外形和尺寸特征对小生境进行界定，可能对小生境的遴选上易产生误差，而造成了石沟中土壤 MBC 和 BR 未表现出较高水平。

4.3 喀斯特山区土地利用方式土壤有机碳活性组分特征

土地利用是人类干预土壤肥力最重要、最直接的活动，通过改变土壤营养循环强度、总量及路径，从而使土壤供应作物的营养发生变化，进而导致土壤肥力的变化（秦明周，1999）。合理的土地利用可以改善土壤结构，增强土壤对外界环境的抵抗力，不合理的土地利用导致土壤质量下降或退化（王清奎等，2005）。喀斯特地区由于成土速率低，土层发育浅薄，土壤渗漏性强，岩石界面与土壤之间缺乏风化母质的过渡层（魏亚伟等，2010），使得土壤资源在该地区显得弥足珍贵。因此，选择合理的土地利用方式，不仅可提高喀斯特地区土地利用效率，还对喀斯特石漠化的防治也具有重要现实意义。近年来，在人为干扰加剧的情况下，有关土壤因素对土地利用变化响应方面的研究已逐渐成为喀斯特生态研究的重要切入点。然而，由于喀斯特土壤对生态变化的响应具有一定的滞后性（彭晚霞等，2008），采用土壤基础养分指标如有机碳、全氮和全磷等研究土地利用方式变化对土壤质量乃至喀斯特生态环境方面的影响，可能存在不足。Haynes 等（1999）提出土地利用方式影响最显著和最迅速的是土壤的活性组分。因此，探讨对土地利用方式变化响应敏感的土壤指示因素十分有必要。

土壤微生物生物量是土壤有机质和土壤养分碳、氮、磷、硫等转化和循环的动力，并参与土壤中有机质分解、腐殖质的形成、土壤养分的转化循环等各个生化过程，是土壤中最活跃的因素（李国辉等，2010）。土壤呼吸是表征土壤质量和肥力的重要生物学活性指标，在一定程度上反映了土壤氧化和转化能力（苏永红等，2008）。土壤活性有机碳则是土壤中有效性较高、易被土壤微生物分解利用、对植物养分供应有最直接作用的那部分有机碳，主要包括易氧化有机碳和可溶性有机碳等（王清奎等，2005）。已有研究表明，土壤微生物生物量、基础呼吸和土壤活性有机碳对土地利用方式的变化十分敏感（魏亚伟等，2010；宇万太等，2007）。然而，就目前研究而言，我们发现在喀斯特地区研究土壤活性组分多以选取微生物生物量碳为主要对象（朴河春等，2000；杨刚等，2008），基于此，本节通过喀斯特山区典型的利用方式对土壤有机碳活性组分的影响进行探讨，结合数量生态学中的冗余分析（RDA）手段来系统地研究土壤活性组分（土壤微生物生物碳、氮、磷、基础呼吸、可溶性有机碳和易氧化有机碳）对土地利用变化的响应特征，旨为喀斯特地区土壤资源的合理利用及石漠化防治提供科学依据。

4.3.1 研究区概况

样品采集于该县石漠化治理区内，根据野外调查选取了当地 5 种典型的土地利用方式，分别为林地、花椒林、火龙果林、退耕草丛和旱地。取样时间为 2010 年 12 月下旬，分别在 5 类土地利用方式的研究样区内设置 5~7 个 15 m×15 m 样方，在每个样方内按 S 形多点（不少于 7 个）采集表层土样（0~20 cm），采样时除去表层土壤植被凋落物，样方内土样混合制成一个样品，共采集土壤混合样 30 个。采集的土样密封后带回室内，仔细挑除土样中可见的植物及土壤动物残体。取出部分土壤用于微生物生物量碳、氮、磷、可溶性有机碳和基础呼吸的测定。其余土壤自然风干后分别过0.25 mm和2 mm尼龙筛,以供易氧化有机碳及土壤常规养分指标的测定。

1. 土地利用方式对土壤养分的影响

不同土地利用方式对土壤养分状况有显著的影响(表4-9),与林地相比,其他土地利用土壤有机碳降低了32.68%~65.71%,全氮降低了27.25%~61.50%,全磷降低了54.31%~68.10%(除花椒林外),碱解氮降低了14.93%~56.99%,速效钾降低了19.51%~39.40%。全钾在林地和花椒林地中含量较低,而在旱地中达到峰值,较其他土地利用方式提高了15.14%~41.96%,碳氮比以火龙果林最高,较其他土地利用方式提高了6.81%~20.03%。由此可见,不同土地利用方式由于投入和经营水平不同,以及不同作用对土壤养分的消耗差异,使得对土壤养分的补给(枯枝落叶、肥料、水分等)和调节作用也会存在一定差异。

表 4-9 不同土地利用方式下的土壤养分状况

土地利用方式	有机碳/(g/kg)	全氮/(g/kg)	碱解氮/(mg/kg)	全磷/(g/kg)	速效磷/(mg/kg)	全钾/(g/kg)	速效钾/(mg/kg)	碳氮比
林地	44.80±6.96a	4.00±0.40a	332.00±42.73a	1.16±0.20a	17.19±3.29a	7.18±0.91c	230.71±29.95a	11.21±1.31a
花椒林	30.16±4.74b	2.91±0.48b	282.43±40.49b	1.17±0.32a	15.26±2.69ab	6.86±0.60c	185.71±32.32b	10.50±1.76a
火龙果林	23.40±3.66c	2.07±0.47c	202.50±35.27c	0.53±0.02b	12.93±1.90bc	9.28±0.87b	147.33±27.70cd	12.03±4.23a
退耕草丛	15.36±1.39d	1.61±0.23cd	154.20±23.16d	0.37±0.10b	14.14±4.99abc	10.03±0.90b	139.80±28.91d	9.62±0.93a
旱地	16.44±2.45d	1.54±0.08d	142.80±15.72d	0.50±0.07b	11.36±1.32c	11.82±0.64a	179.80±26.21bc	10.70±1.90a

注:同列不同小写字母表示差异达显著水平($P<0.05$)。

喀斯特林地生态系统中土壤养分含量丰富,但该系统相对脆弱,一经人为破坏或利用后,土壤养分将会发生大量流失。同时,与旱地相比,退耕草丛土壤全氮、碱解氮、速效磷有所增加,而有机碳、全磷、全钾、速效钾却有所降低,但大多数土壤养分差异均不显著,这可能是因为与旱地相比,退耕草丛无化肥或有机肥的施入,使两者土壤养分含量差异较小,并且喀斯特生态系统土壤恢复可能滞后于地表植被的恢复。因此,选用对土地利用方式变化响应更为敏感的土壤活性组分来评价土壤质量的变化,十分有必要。

2. 土地利用方式对土壤微生物生物量和基础呼吸的影响

由图4-5可以看出,林地土壤微生物生物量碳、氮、磷含量和基础呼吸量最高,分别为477.86 mg/kg、102.87 mg/kg、17.54 mg/kg、32.74 μL/(g·h),并与其他4种土地利用方式均存在显著差异。其他 4 种土地利用方式中，土壤微生物生物量碳、磷和基础呼吸均表现为花椒林＞火龙果林＞退耕草丛＞旱地，其中花椒林土壤微生物生物量碳含量较火龙果林高出 46.59%，两者又显著高于旱地，分别高出 128.32% 和 55.75%，但旱地与退耕草丛未达显著差异水平。花椒林土壤微生物生物量磷含量显著高于退耕草丛和旱地，分别高出 64.09% 和 65.95%，与火龙果林差异不显著，退耕草丛和旱地间也未达显著差异水平。另外，花椒林土壤基础呼吸量显著高于火龙果林、退耕草丛和旱地，分别高出 36.38%、41.86% 和 78.55%，退耕草丛较旱地高出为 25.86%，差异显著。土壤微生物生物量氮表现为花椒林＞火龙果林＞旱地＞退耕草丛，其中花椒林显著高于退耕草丛和旱地，分别高出 57.93% 和 32.51%，与火龙果林差异不显著，退耕草丛和旱地之间也未达差异水平。

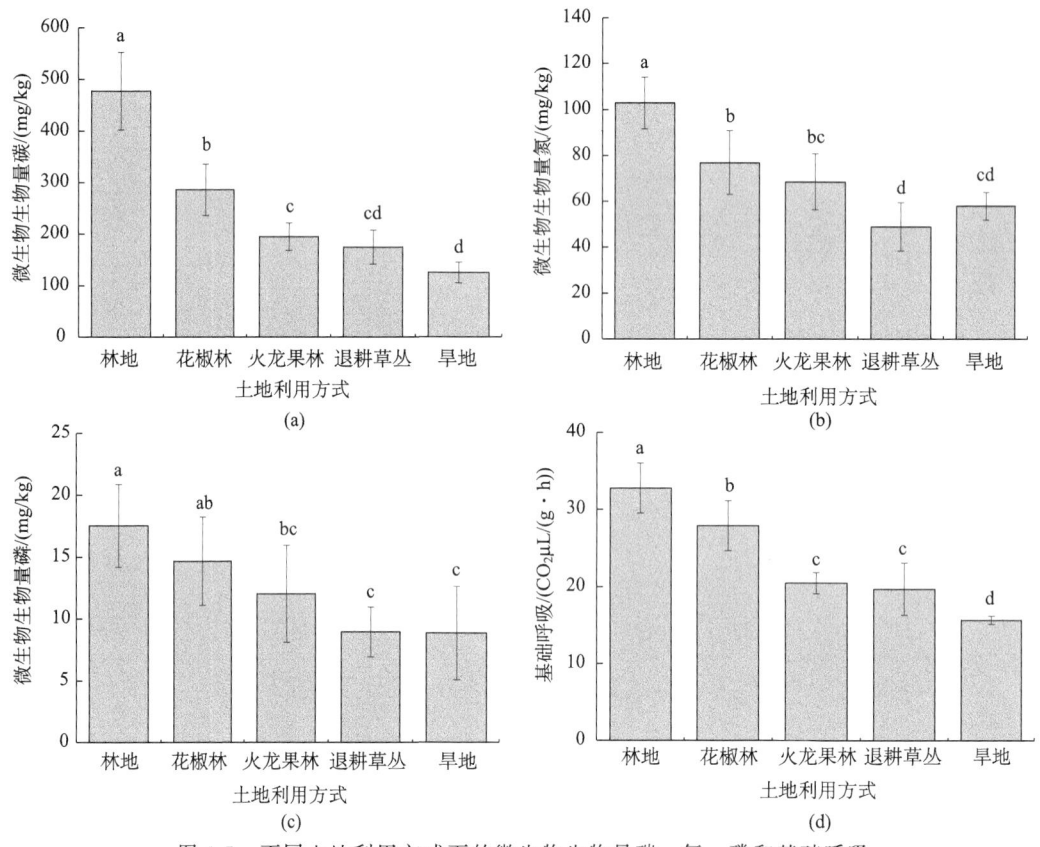

图 4-5 不同土地利用方式下的微生物生物量碳、氮、磷和基础呼吸
不同小写字母表示差异达显著水平（$P<0.05$），下同

综上所述，林地和花椒林中土壤微生物生物量和基础呼吸表现出较高的含量水平，并与其余土地利用方式差异显著。这主要受植被根系生物量、凋落物生物量的影响，一般认为根系庞大的植物，为土壤提供的有机质较多，其土壤中微生物生物量也较小根系植物的高（李国辉等，2010）。各土地利用方式下旱地土壤微生物生物量碳、磷和基础呼吸量最低，这可能是由于人为耕作、施肥和收获破坏了土壤表层结构，加速了土壤微

生物的死亡。另外，显著性分析表明，除土壤基础呼吸外，旱地与经 15 a 恢复的退耕草丛之间土壤微生物生物量碳、氮、磷含量接近，未达显著差异水平，这表明喀斯特山区退化生态系统的自然修复是一个非常缓慢的过程。

4.3.2 土地利用方式对土壤可溶性有机碳和易氧化有机碳的影响

林地土壤易氧化有机碳和可溶性有机碳含量分别为 7.72 g/kg 和 166.43 mg/kg（图 4-6），并与其他 4 种土壤均存在显著差异，其他 4 种土地利用方式中土壤易氧化有机碳含量表现为花椒林＞火龙果林＞退耕草丛＞旱地，其中花椒林显著高于火龙果林、退耕草丛和旱地，分别高出 69.07%、122.91% 和 154.14%，但火龙果林、退耕草丛和旱地间未达显著差异水平。可溶性有机碳表现为花椒林＞退耕草丛＞火龙果林＞旱地，其中花椒林显著高于退耕草丛、火龙果林和旱地，分别高出 28.74%、48.67% 和 77.80%。可见，与土壤微生物生物量及基础呼吸的变化相似，喀斯特林地生态系统土壤易氧化有机碳和可溶性有机碳含量丰富，是一个潜在的活性有机碳库，这与喀斯特山

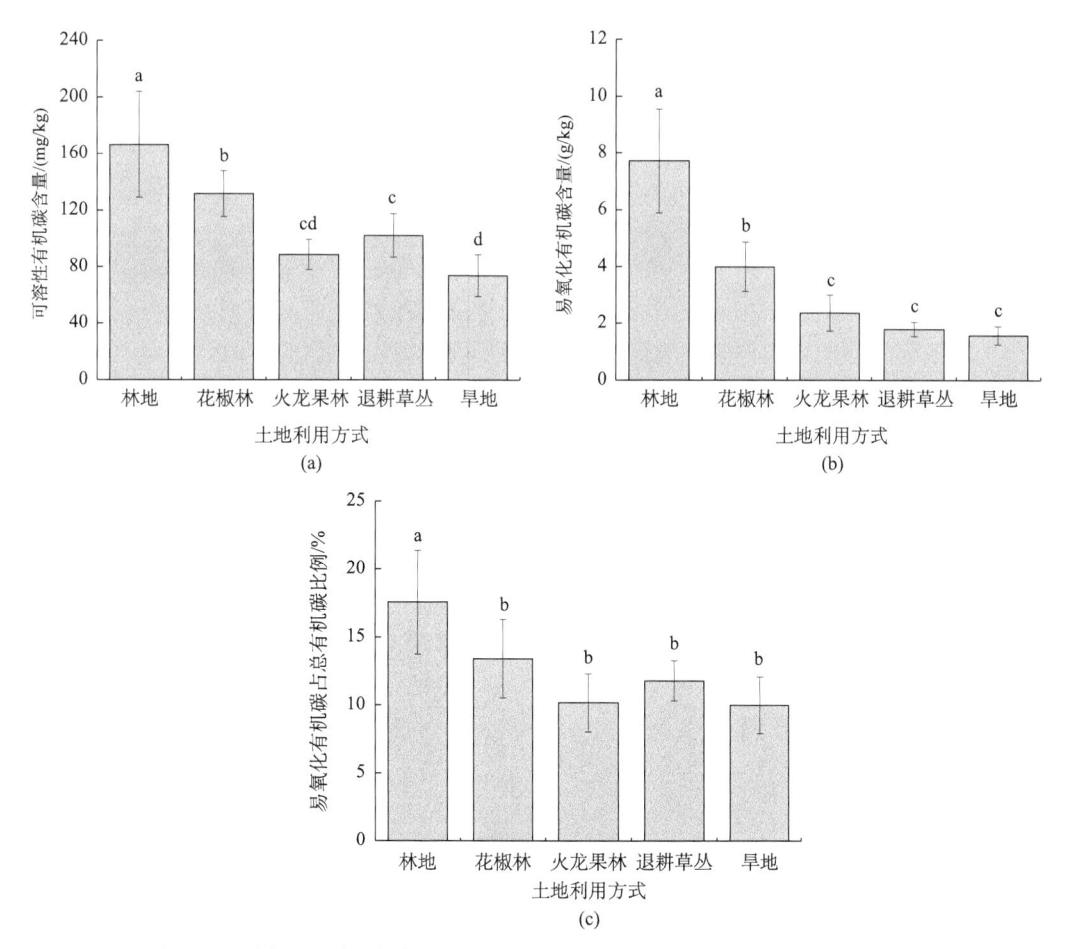

图 4-6 不同土地利用方式下的土壤 DOC、EOC 含量以及 EOC/TOC 的变化

区其他研究结果相一致（莫彬等，2006）。几种人工用地中，种植花椒林有利于土壤易氧化有机碳和可溶性有机碳的增加，而旱地土壤中易氧化有机碳和可溶性有机碳含量达到最低，这主要是因为耕种引起的土壤扰动最为强烈，使农作物残体与土壤充分接触，加速了土壤活性机有碳的消耗，与张金波等（2005）的研究获得了一致的结论。

土壤活性有机碳含量的大小可以反映土壤中活性养分含量和周转速率，对调节土壤养分流有很大的影响，并与土壤产力高度相关（柳敏等，2006）。土壤易氧化有机碳和可溶性有机碳是土壤活性有机碳的重要表征形式，对其进行研究可反映各种利用和管理条件下土壤恢复与退化能力。有研究表明，土壤易氧化有机碳含量与土壤有机碳的比率所占比例越高，说明土壤碳的活性越大，稳定性越高，更易被植物和微生物利用，它比有机碳总量更能反映不同土地利用方式下植被对土壤碳的行为结果（荣丽等，2011）。在本研究中，不同土地利用方式下土壤易氧化有机碳占有机碳的比例表现为：林地＞花椒林＞退耕草丛＞火龙果＞旱地，其中林地显著高于其余各土地利用方式，而花椒林、退耕草丛、火龙果和旱地间均未达显著差异水平。这表明，一旦喀斯特林地生态系统遭到破坏或人为开垦后，土壤活性有机碳总量下降的同时，土壤碳库的稳定性和生物可利用性也随之降低，并且这种变化可能在很长的时间内难以获得有效恢复。

4.3.3 不同土地利用方式下土壤养分与活性组分的冗余分析

为揭示土壤养分与土壤活性成分的相关关系，以及喀斯特山区人工用地的植被选择，本研究以土壤的活性成分作为物种（species），以土壤养分为环境因素（environment），将两个变量进行冗余分析（RDA）。8个土壤养分指标分别是有机碳（SOC）、全氮（TN）、碱解氮（AN）、全磷（TP）、速效磷（AP）、全钾（TN）、速效钾（AK）、碳氮比（C/N）。6个土壤活性指标分别为：微生物生物量碳（MBC）、微生物生物量氮（MBN）、微生物生物量磷（MBP）、基础呼吸（BR）、可溶性有机碳（DOC）、易氧化有机碳（EOC）。结果如图4-7所示，8个环境变量共解释了88.9%的变异，逐步选择有机碳、碱解氮、速效磷、碳氮比、全钾、全磷、速效钾、全氮后，解释变量的累计值分别为77.7%、83.1%、85.2%、86.7%、87.6%、88.0%、88.8%、88.9%。这表明，土壤有机碳是影响土壤活性组分变化的最主要因素，结合RDA排序图也不难看出，土壤有机碳对土壤活性组分存在较大影响，具体表现为微生物生物量碳、微生物生物量氮、土壤基础呼吸与土壤有机碳关系十分密切。

冗余分析的优点不仅能直观地解释不同变量的关系，而且还能展示变量与样本之间的关系，使样本与土壤因素的关系一目了然。由图4-7可以看出，除全钾外，土壤养分和活性组分均与第一排序轴呈明显正相关，并且第一排序轴可解释高达99.7%的物种-环境因素信息。因此，第一排序轴可作为判断样本与土壤质量关系的参考依据。林地所有重复样点（1~7号）均在第一排序轴的正方向，除9号重复样点外，花椒林地中的重复样点（8~14号）也在第一轴排序的正方向，表明这两种土地利用方式下土壤养分和活性组分可获得良好的积累，而火龙果、退耕草丛和旱地中各样点均在（15~30号）均在第一轴的负方向，表明这几种土地利用方式与土壤养分和活性组分的相关性较小，

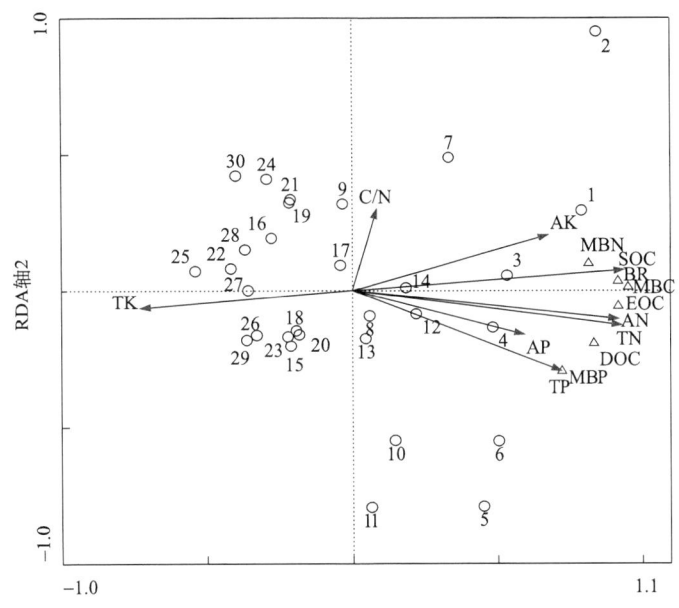

图 4-7 不同土地利用方式下土壤养分与活性组分的 RDA 排序图
圆圈代表土壤类型采样点，1~7 为林地采样点，8~14 为花椒林采样点，
15~20 为火龙果林采样点，21~25 为退耕草丛采样点，26~30 为旱地采样点

不利于土壤质量的改善。由此可见，喀斯特山区应加强对现有的林地资源的保护，而花椒的种植降低了人为干扰对喀斯特生态环境的负面效应，因此花椒可以作为喀斯特山区人工用地的优先考虑的植物，但需注意种植初期的管理以防止土壤质量的退化。火龙果林与土壤质量指标的关系不大，土壤质量可能存在下降或退化的风险，但火龙果种植历史还相对较短，其对喀斯特山区的生态效应还有待进一步的考究，建议火龙果的种植应以示范区的种植为主，暂且不宜大面积推广种植。另外，喀斯特山区生态脆弱，环境容量小，抗干扰能力低下，经 15 a 自然修复的退耕草丛与旱地土壤养分和活性组分含量较为接近，大多未达显著差异水平，因此喀斯特山区不能过分依赖自然修复，需辅以一定的造林措施加速修复。

综上可见，喀斯特山区不同土地利用方式对土壤养分和有机碳活性组分产生了显著的影响，其中林地生态系统中土壤养分和活性组分含量最高，花椒林次之，旱地和退耕草丛相对较低。因此，在喀斯特山区应加强对林地资源的保护，减少人为干扰，充分发挥其养分库和碳汇的作用，而在人工用地的选择上，花椒可以作为喀斯特山区农业生产或生态恢复过程中优先考虑的植被类型。旱地与自然恢复 15 a 的退耕草丛土壤养分和有机碳活性组分含量较为接近，且大多未达显著差异水平，表明在喀斯特山区自然修复过程相对缓慢，可辅以适当的造林措施，加快修复速度，以防止其土壤质量的进一步退化。本研究表明，土壤有机碳是影响土壤微生物量、活性有机碳组分和基础呼吸变化的主导因素（解释信息量达 77.7%）。因此，重视喀斯特地区土壤有机碳库的管理与保护，对喀斯特山区土壤质量状况的改善有重要现实意义。

4.4 不同土地利用方式对土壤物理有机碳组分的影响

目前，国内研究者多采用化学和物理的方法分离出土壤活性有机碳如易氧化有机碳（EOC）、微生物生物量碳（MBC）、轻组有机碳（LFOC）等，可以在一定程度上作为土壤潜在生产力和土壤管理措施变化所引起的土壤有机质变化的早期指标（王清奎等，2005）。但这一方法得出的有机碳组分并不包括土壤中大部分半分解和未分解的有机物质，这一部分有机碳性质非常不稳定，并与砂粒结合被称之为颗粒有机碳（POC），其对土壤管理措施的变化反应十分的敏感（方华军等，2006）。在研究土壤有机碳的分组时，土壤有机碳的物理分组方法近年来受到了广泛的关注，这是因为物理分离的手段很少破坏有机碳的化学结构，分离的组分又能直接反映土壤有机碳的原状结构和功能，尤其是能揭示土壤有机碳的周转特征（Garten et al.，1999；Christensen，2001）。基于有机碳物理分离手段，可将土壤有机碳分成与砂粒（53～2000 μm）结合的颗粒有机碳（POC）和与土壤细颗粒（<53 μm）结合的矿物结合态有机碳（MOC）两部分。后者是有机碳分解的最终产物，周转速度慢，相对于 POC 而言，一般认为是非活性有机碳（Christensen，1992），并可进一步细分为粉砂粒（2～53 μm）和黏粒（<2 μm）有机碳。研究表明 POC/MOC 值也是表征土壤有机碳的稳定和质量的重要指标，POC/MOC 值越大，表明土壤有机碳较易矿化、周转期较短或活性高，POC/MOC 值越小则表明土壤有机碳较稳定，不易被生物所利用（唐光木等，2010）。然而，就目前的资料而看，有关我国西南部喀斯特地区不同粒径土壤颗粒有机碳的研究还十分罕见，喀斯特地区的环境的脆弱性和敏感性，可能对赋存在土壤颗粒中的有机碳产生明显的影响。所以，研究喀斯特地区土壤颗粒组分中的有机碳显得十分有必要。

从前两章的研究结果可以看出，小生境对土壤有机碳总量和活性有机碳的含量分布产生了明显的影响，那么不同类别的小生境对不同粒径土壤颗粒中有机碳的含量分布是否也存在一定的差异呢？开展小生境土壤颗粒中有机碳的研究工作将有助于进一步了解喀斯特山区土壤有机碳的赋存形态及其稳定性。

4.4.1 材料与方法

1. 样品采集

2010 年 7 月，通过野外植被和土壤调查，分别选取了裸荒地、草丛、花椒林和乔木林 4 种土地利用方式作为研究对象。由于研究区域坡度较大，为保证立地条件的可比性，在每种土地利用方式中设置相对平坦的 20 m×20 m 样地 1 个，并分一般土壤和小生境土壤样品进行采集。一般土壤采集按照 S 形在每个样地中设置 5～7 个样点，采样时，先将土体表面枯枝落叶除掉，取样深度在 0～20 cm 间，并在每个样点附近采集 3～5 个点混合制成一个样，样品的重量约 1 kg，用自封袋密封。同时，根据研究区域内小生境分布特点，在各样地内随机选取具有代表性的土面（连续平整的土体表面）和石坑（出露基岩的溶蚀凹地），去除表层枯枝落叶后，采集表层（0～20 cm）土壤与附近

3~5个点混合制成一个样,在每种植被类型下采集土面和石坑土壤样品各3个。本次研究共采集土壤样品46个,其中一般土壤22个,土面和石坑土壤各12个。所采集的土样带回实验室后自然风干,分别研磨过2 mm和0.149 mm尼龙筛备用。

2. 样品分析方法

不同粒径土壤颗粒有机碳组分的分离,采用柳敏等(2004)对Anderson和Tiessen的改进方法。具体分离流程为:①加20 g过2 mm筛的土样于250 mL烧杯中,加去离子水150 mL用超声波发生器在300 W条件下处理8 min,将悬浮液倾倒在孔径为53 μm筛上,用450 mL左右蒸馏水洗涤至滤液清亮,留在筛上的部分为砂粒(>53 μm)部分,滤液收集在容器中供进一步分离之用;②将上一步滤液在760 r/min条件下离心4 min后,将悬浮液倾倒在收集容器中,加蒸馏水100 mL,充分振荡,在550 r/min条件下离心2 min,将悬浮液倾倒出并与之前的悬浮液合并备用,后一步骤重复3次可分离出土壤中黏粒(<2 μm)和粉砂粒(2~53 μm)部分。分离出的各组分用蒸馏水洗到小烧杯中,在55 ℃条件下烘干72 h冷却,称重,研磨过0.149 mm筛。实验结果表明,采用该方法对不同粒径颗粒有机碳进行分离,具有良好的效果,且供试土壤回收率均高达97%以上。具体的流程图如图4-8所示。

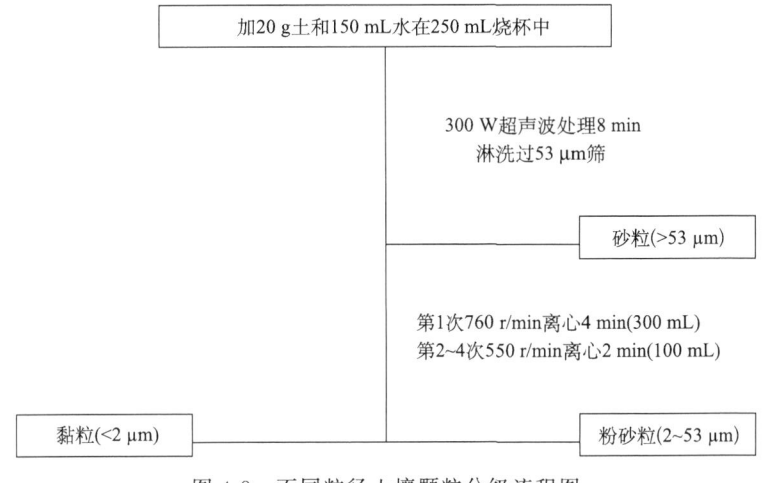

图4-8 不同粒径土壤颗粒分级流程图

4.4.2 土壤总有机碳的变化

由图4-9可以看出,一般及小生境土壤中有机碳含量在不同土地利用方式下均表现为:裸荒地<草丛<花椒林<乔木林,并达到显著差异水平。其中一般土壤有机碳含量在7.18~43.42 g/kg范围变化,土面和石坑中土壤有机碳含量分别在6.62~46.47 g/kg和9.01~52.07 g/kg范围变化。这表明,随着植被复杂程度的提高,不仅一般土壤中有机碳含量总体呈增加趋势,而且土面及石坑小生境中土壤有机碳含量也明显增加。在

同一土地利用方式下，除乔木林中土面小生境有机碳含量稍高于一般土壤外，其余土地利用方式下土壤有机碳含量大小表现为：土面＜一般＜石坑。这表明小生境对土壤中有机碳含量分配产生了一定的影响。

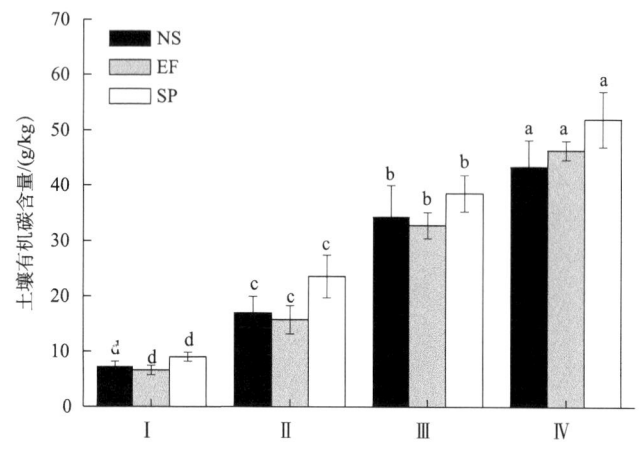

图 4-9　不同土地利用方式下土壤有机碳含量变化

NS：一般土壤样品；EF：土面土壤样品；SP：石坑土壤样品。Ⅰ：裸荒地；Ⅱ：草丛；Ⅲ：花椒林；Ⅳ：乔木林。不同小写字母代表处理间显著差异（$P<0.05$），下同

4.4.3　不同粒径土壤颗粒有机碳的含量分布

由图 4-10 可看出，不同土地利用方式下，一般土壤及小生境土壤中各粒径颗粒有机碳的含量大小关系均表现为：裸荒地＜草丛＜花椒林＜乔木林。其中土壤黏粒有机碳在 1.64～9.26 g/kg 范围变化，粉砂粒有机碳在 2.17～16.10 g/kg 范围变化，砂粒有机碳在 2.41～26.58 g/kg 范围变化。这表明，植被由裸荒地→草丛→花椒林→乔木林变化过程中，不仅土壤有机碳含量增加明显，而且不同粒径土壤颗粒有机碳含量也随之增加。在同一土地利用方式下，除裸荒地中各粒径土壤颗粒有机碳含量无明显差异外，草丛、花椒林及乔木林中不同粒径颗粒有机碳含量均达到显著差异水平，并表现为砂粒＞粉砂粒＞黏粒。土面和石坑小生境土壤中在同一土地利用方式下也表现为砂粒＞粉砂粒＞黏粒，其中土面土壤中各粒径颗粒有机碳在裸荒地、花椒林和乔木林中达到显著差异水平，而石坑在裸荒地和乔木林下达到显著差异水平。另外，在同一土地利用方式下，石坑中土壤中砂粒有机碳含量明显高于一般土壤和土面土壤，这表明石坑对土壤中的砂粒有机碳存在一定的聚集作用。

由表 4-10 可以看出，不同土地利用方式下，不同粒径颗粒有机碳占总有机碳中的分配存在较大差异，其中一般土壤中砂粒有机碳在 33.6%～49.4%，粉砂粒在 29.5%～34.4%，黏粒在 17.4%～30.2%。在土面及石面小生境土壤中，砂粒有机碳在 40.6%～51.1%，粉砂粒在 28.5%～36.0%，黏粒在 16.3%～24.8%。由此可见，在研究区域内土壤有机碳的赋存形式以砂粒和粉砂粒有机碳为主。

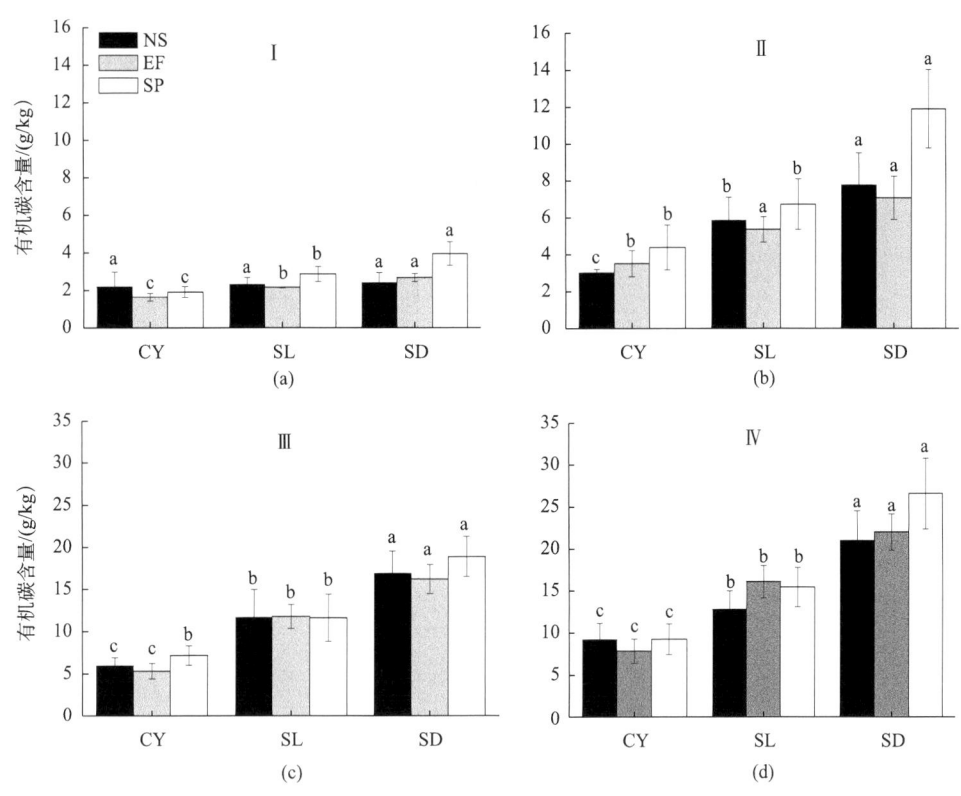

图 4-10 4 个植被样地中不同粒径土壤中颗粒结合有机碳含量变化

CY：黏粒；SL：粉砂粒；SD：砂粒；下同

表 4-10 不同土地利用方式下土壤有机碳在不同粒径颗粒中的分配比例（单位：%）

土壤类别	土壤颗粒	有机碳分配比例 I	II	III	IV
NS	CY	30.2±11.0a	17.8±1.2c	17.4±2.9c	21.1±4.6c
	SL	32.3±5.2a	34.4±7.4b	34.0±10.1b	29.5±5.0b
	SD	33.6±7.7a	45.6±10.4a	49.4±8.0a	48.3±8.2a
	总比例	96.1	97.8	100.8	98.9
EF	CY	24.8±3.2c	22.4±4.4b	16.3±2.8c	16.9±3.1c
	SL	32.8±0.3b	34.1±4.7a	36.0±4.3b	34.7±4.2b
	SD	40.6±3.4a	45.0±7.6a	49.5±5.3a	47.4±4.6a
	总比例	98.2	101.5	101.8	99.0
SP	CY	21.3±3.4c	18.6±5.1b	18.6±3.0b	17.8±3.5c
	SL	31.9±4.4b	28.5±5.8b	30.2±7.3b	29.8±4.5b
	SD	43.8±7.0a	50.5±9.0a	49.0±6.2a	51.1±8.1a
	总比例	97.0	97.6	97.8	98.7

4.4.4 土壤 POC/MOC 值的变化

POC/MOC 是表征土壤有机碳的稳定和质量的重要指标，POC/MOC 值大，表明土壤有机碳较易矿化、周转期较短或活性高，POC/MOC 值小则表明土壤有机碳较稳定，不易被生物所利用。由图 4-11 可见，不同土地利用方式下，一般土壤与小生境土壤中 POC/MOC 值为 2.30~4.37，小生境土壤为 2.59~4.71。与裸荒地相比，一般土壤与小生境土壤在草丛、花椒林和乔木林中 POC/MOC 值均有所增加，并且 POC/MOC 的峰值出现在花椒林。而在同一土地利用方式下，石坑中土壤 POC/MOC 值大于一般及土面土壤。

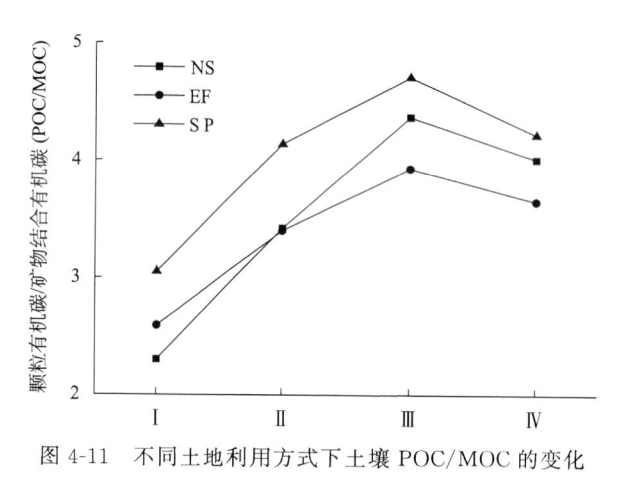

图 4-11 不同土地利用方式下土壤 POC/MOC 的变化

4.4.5 土地利用方式及小生境对土壤有机碳的影响

有机碳作为土壤的一个重要组成部分，其在维持土壤的物理、化学和生物学特征中起着关键性的作用（Reeves，1997）。在本研究中，土地利用方式由裸荒地→草丛→花椒林→乔木林变化过程中，土壤有机碳含量增加明显，这是因为土壤有机碳主要取决于植被凋落的释归量（赵丽娟等，2006）。乔木林地表生物量丰富，生境湿润，凋落物来源广，每年均有大量凋落物的累积，故其土壤有机碳含量最高。相反，裸荒地地表生物量稀缺，生境相对干旱，基本无凋落物来源，所以有机碳含量最低。在同一土地利用方式下，与一般及土面土壤相比，石坑中土壤有机碳含量最高，这与刘方等（2008）的研究结果一致。这是因为石坑小生境易形成土壤和凋落物的聚集载体，同时石坑土壤相对湿润，有利于土壤动物和微生物对植物凋落物的生化降解，因此石坑中更易形成土壤有机碳的积累。

4.4.6 土地利用方式及小生境对土壤颗粒有机碳的影响

在研究区域内，土壤有机碳主要以土壤砂粒和粉砂粒有机碳的形式存在，并以砂粒有机碳居多，这与刘淑娟等（2010）的研究结果一致。许多研究表明，砂粒有机碳作为土壤中有机碳中的不稳定成分，一般占表层土壤总有机碳的10%左右（Reeves，1997），并可高达30%～85%（李阳兵等，2006）。本研究中，各土地利用方式下砂粒有机碳含量占总有机碳的含量都在30%以上，李阳兵等（2006）对贵州省贵阳市黔灵山岩溶自然林地及灌草地的研究发现，表层土壤中砂粒有机碳含量可占总有机碳的50%以上。喀斯特系统生态脆弱，土被浅薄，地表植被遭到破坏或开垦后，砂粒有机碳作为有机碳较易分解的部分，将在30～40 a内消耗殆尽（朴河春等，2001），而粉砂粒和黏粒易与金属氧化物及碱性元素形成有机—无机复合体（Percival et al.，2000），使土壤有机碳在短时间内无法释放或被利用，从而增加了喀斯特地区土壤质量及生态景观退化的风险。

不同土地利用方式下，与裸荒地相比，草丛、花椒林和乔木林中土壤POC/MOC值均有所增加，这是因为，植被由裸荒地→草丛→花椒林→乔木林变化过程中，土壤物理、化学和微生物条件显著改善，归还至土壤中的动植物残体显著增加，土壤中砂粒有机碳增加迅速，从而增大了土壤POC/MOC比值（唐光木等，2010）。但在本研究中，POC/MOC峰值出现在花椒林中，而非乔木林。有研究表明，过量的凋落物输入增加会促使土壤微生物呼吸速率加快，这不但会使部分新输入土壤的碳分解释放，而且产生的"激发效应"会加速土壤原有有机碳的分解（Kuzyakov et al.，2000）。砂粒有机碳作为土壤有机碳的活性成分，易被微生物利用分解。当乔木林中每年大量凋落物输入后，使得原有累积的砂粒有机碳加速分解，这可能是造成乔木林中POC/MOC值较花椒林低的主要原因。

在同一土地利用方式下，与一般及土面土壤相比，石坑中土壤砂粒有机碳更易形成积累。这可能是因为砂粒有机碳的密度较小（<1.6 g/cm³），易随地表径流迁移而流失（方华军等，2006）。一般及土面小生境土壤中砂粒有机碳易受雨水冲刷及地表风搬运作用而转移至石坑土壤中，使得石坑中砂粒有机碳形成累积，从而使得土壤POC/MOC值增大。但由于石坑小生境微环境的复杂性，石坑中砂粒有机碳的积累也可能是一系列生化作用的结果。所以，此现象的影响机理还需进一步深入研究。

综上所述，喀斯特地区植被由裸荒地→草丛→花椒林→乔木林变化过程中，土壤有机碳含量呈明显增加趋势，但各土地利用方式中土壤有机碳主要赋存于砂粒和粉砂粒中，说明有机碳的稳定程度较差，地表覆被遭到破坏后，土壤有机碳将在较短时间消耗殆尽，从而引起土壤质量的改变。因此，贯彻落实封山育林政策，并辅以必要的生物或工程手段，提高植被覆盖率，可降低土壤退化的风险。

4.5 不同土地利用方式下土壤团聚体有机碳分布及累积特征

近年来，我国的一些研究者以土地利用方式为切入点，对土壤团聚体中有机碳或活性有机碳的分布特征进行研究，并取得了一定的成果。如毛艳玲等（2008）对红壤地区土壤团聚体有机碳含量与储量进行研究，认为>2 mm 和 0.5~2 mm 粒级土壤团聚体对土壤总有机碳含量的增加贡献最为突出。谭文峰等（2006）研究了江汉平原不同利用方式下土壤团聚体有机碳的分布特征，发现土壤有机碳含量的峰值均出现在 200~2000 μm 团聚体中。华娟等（2009）对云雾山草原区植被恢复过程中土壤团聚体活性有机碳进行研究，表明 0.5~0.25 mm 粒级团聚体中有机碳含量最高，微团聚体（<0.25 mm）中活性有机碳含量最低。但根据目前所掌握的资料，有关喀斯特地区不同土地利用方式下土壤团聚体有机碳和活性有机碳的研究还鲜有报道。此外，由本章的研究结果不难看出，花椒林下不同类型小生境土壤团聚体有机碳和活性有机碳的含量分布表现出较大的差异，但从总体上来看，如果仅仅研究花椒林下几种小生境土壤团聚体有机碳及活性有机碳可能存在不足，其主要的科学问题在于：①喀斯特山区不同土地利用方式对土壤团聚体有机碳和活性有机碳的分布有何影响，不同土地利用方式间有何异同？②不同粒级团聚体对土壤有机碳和活性有机碳的累积有何差异，哪些粒级团聚体对土壤有机碳和活性有机碳累积贡献较大？基于此，以本节通过探讨不同土地利用方式对土壤团聚体有机碳和活性有机碳的影响特征，旨为研究喀斯特山区土壤固碳特征及碳库的保护提供科学依据。

4.5.1 材料与方法

1. 样地选取

本研究选取了火龙果林、草丛、花椒林、乔木林和小灌丛共计 5 种土地利用方式为研究对象。其中火龙果种植历史在 5 a 左右，现已成熟，植株间间隔 1.5 mm 左右，根部施用一定量的农家肥和尿素；草丛盖度在 80% 以上，主要以芒草（*Miscanthus sinensis*）、野古草（*Arundinella hirta*）和苦蒿（*Conyza blinii*）为优势种；花椒林是 1992 年开始有规模种植，1995 年开始成熟，至 2000 年左右进入丰产期，平均株高 2.5 m，树冠最大直径在 4.5 m 左右，除花椒（*Zanthoxylum planispinum*）外，有少量草本植物伴生，如芒草（*Miscanthus sinensis*）、蒲公英（*Taraxacum mongolicum*）及仙人掌（*Cactaceae*）等；乔木林树高 5 m 以上，胸径 10~60 cm，植被盖度在 85% 以上，主要以香椿（*Toona sinensis*）、构树（*Broussonetia papyrifera*）、小叶榕（*Ficus concina*）、核桃（*Juglans regia*）为优势种；小灌丛植被盖度在 70% 以上，主要以火棘（*Pyracanntha fortuneana*）、白栎（*Quercus fabri*）和鼠刺（*Itea chinensis*）为主要优势种。

2. 样品采集

2010 年 12 月下旬在每种土地利用方式中设置 3 个样地，每个样地按 S 形选取 5~7 个样点，采样时，先将土体表面枯枝落叶除掉，取样深度在 0~20 cm 间，混合制成一个土壤样品。土样带回实验室后，将土壤剥成直径为 1 cm 左右的小土块，挑除可见的小石砾及动植物残体，室内风干，混匀后，一部分（保持原样）进行团聚体分级，另一部分研磨过 100 目尼龙筛，备用。

3. 土壤团聚体粒径分组

土壤团聚体分级采用干筛法（章明奎等，2007），具体方法如下：把孔径分别为 5 mm、2 mm、1 mm、0.5 mm 和 0.25 mm 的 5 个系列土筛由上至下套合，放置在一无孔的底盘上，称一定量的风干土于最上面的土筛中，加盖后用人工手筛方法把风干土壤分为 6 个粒组，即 >5 mm、5~2 mm、2~1 mm、1~0.5 mm、0.5~0.25 mm 和 <0.25 mm。经筛分的各类团聚体分别称量计重，研磨过 100 目尼龙筛，用于土壤有机碳和活性有机碳的测定。

4.5.2 不同土地利用方式下土壤团聚体组成特征

由表 4-11 可以看出，不同土地利用方式下团聚体组成差异明显，但各土地利用方式下均以 <0.25 mm 团聚体含量为最低，变幅在 1.77%~5.58%，0.5~0.25 mm 次之，变幅在 2.72%~11.85%。小灌丛和火龙果林以 >5 mm 团聚体为主，尤其以小灌丛团聚体含量最高，可达 54.43%，并显著高于其余粒径团聚体（$P<0.05$）；乔木林以 5~2 mm 和 >5 mm 团聚体含量为主；草丛以 1~0.5 mm 团聚体为主，为 25.77%，但与 5~2 mm 和 2~1 mm 团聚体未达显著差异水平（$P>0.05$）。在同一粒径下，小灌丛 >5 mm 团聚体高出其他土地利用方式 62%~285%，差异显著（$P<0.05$）；乔木林、火龙果林和花椒林 5~2 mm 团聚体含量较高，变化范围在 29.20%~30.77%，以草丛最低；2~1 mm 团聚体含量以草丛最高，花椒林次之，小灌丛最低；1~0.5 mm 以草丛最高，花椒林次之，灌丛草在最低。0.5~0.25 mm 团聚体含量以草丛最高，乔木林次之，小灌丛最低；<0.25 mm 团聚体以草丛最高，小灌丛次之，火龙果林最低。

表 4-11 不同土地利用方式下土壤团聚体组成特征

土地利用类型	>5 mm	5~2 mm	2~1 mm	1~0.5 mm	0.5~0.25 mm	<0.25 mm
火龙果林	33.60±2.84bA	30.74±3.40aA	16.63±1.82bB	13.80±2.56bcB	3.44±0.95bC	1.77±0.68bC
草丛	14.13±2.05dBC	20.22±1.80aAB	22.45±2.09aA	25.77±3.14aA	11.85±1.70aCD	5.58±1.60aD
花椒林	20.82±1.75cdB	29.20±1.56aA	22.15±0.98aB	20.67±1.16abB	4.75±0.61bC	2.42±0.31bC
乔木林	27.41±4.29bcA	30.77±3.39aA	17.29±1.24bB	15.86±4.00bB	5.99±1.93bC	2.68±0.46abC
小灌丛	54.43±5.70aA	24.58±0.92abB	8.87±1.17cC	6.68±2.18cC	2.72±1.57bC	2.72±1.00bC

注：不同大写字母表示团聚体粒级之间达显著差异水平（$P<0.05$），不同小写字母表示土地利用方式之间差异达显著水平（$P<0.05$）。

4.5.3 不同土地利用方式下团聚体有机碳和活性有机碳分布特性

由图 4-12 可以看出，各土地利用方式下原状土壤有机碳和活性有机碳含量差异明显，其中土壤有机碳含量按乔木林、花椒林、火龙果林、小灌丛和草丛的顺序依次较低，土壤活性有机碳含量按乔木林、火龙果、花椒林、草丛、小灌丛顺序依次降低，且乔木林土壤有机碳和活性有机碳含量均显著高于后 4 种土地利用类型（$P<0.05$），而后 4 种土地利用类型间均未达显著差异水平（$P>0.05$）。与原状土壤相类似，各粒级团聚体有机碳含量和活性有机碳含量也表现出乔木林最高，火龙果和花椒林居中，草丛和小灌丛相对较低的特征，这表明原状土壤有机碳和活性有机碳含量在很大程度上影响各粒级团聚体有机碳及活性有机碳的含量分布。随团聚体粒径的减少，乔木林、火龙果林和小灌丛有机碳在 < 0.25 mm 团聚体达到峰值，草丛和火龙果林在 1~0.5 mm 团聚体达到最大；而随团聚体粒径的降低，团聚体活性有机碳呈明显的 W 形分布，以 2~1 mm 和 0.5~0.25 mm 团聚体含量相对较低，并在 <0.25 mm 团聚体含量达到最高（除草丛和花椒林外）。

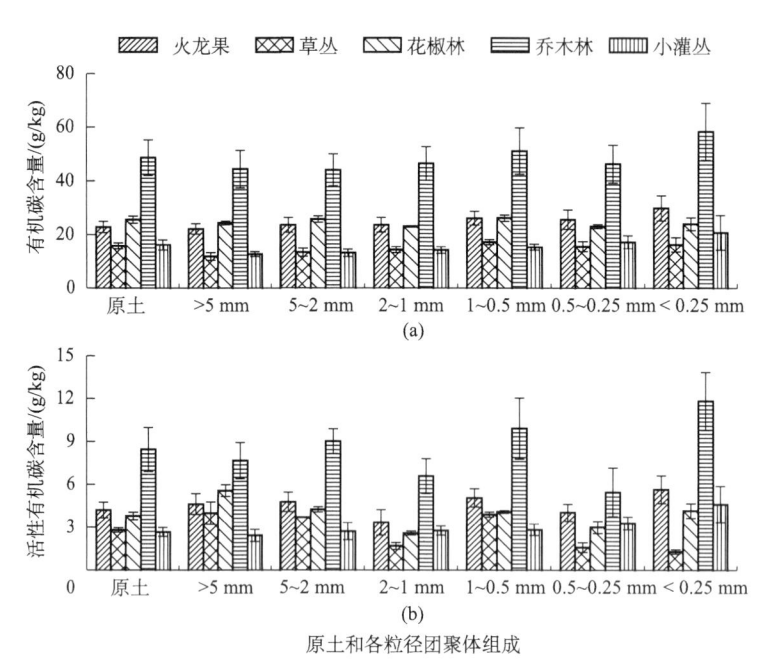

图 4-12 不同土地利用方式下各粒级团聚体有机碳和活性有机碳含量

图 4-13 反映了土壤总有机碳与各粒径团聚体在单位土壤中有机碳含量均值的相关关系。随土壤总有机碳含量增加，各粒径团聚体土壤有机碳含量总体呈增加趋势，且土壤总有机碳与团聚体有机碳表现出正相关关系。其中 5~2 mm 粒径团聚体有机碳与总有机碳呈极显著正相关（$P<0.01$），R^2 值高达 0.9484；2~1 mm 粒径团聚体有机碳与总有机碳呈显著相关（$P<0.05$），R^2 值为 0.8193；而 > 5 mm、1~0.5 mm、0.5~

0.25 mm 和＜0.25 mm 粒径团聚体有机碳与总有机碳未达显著水平（$P>0.05$）。

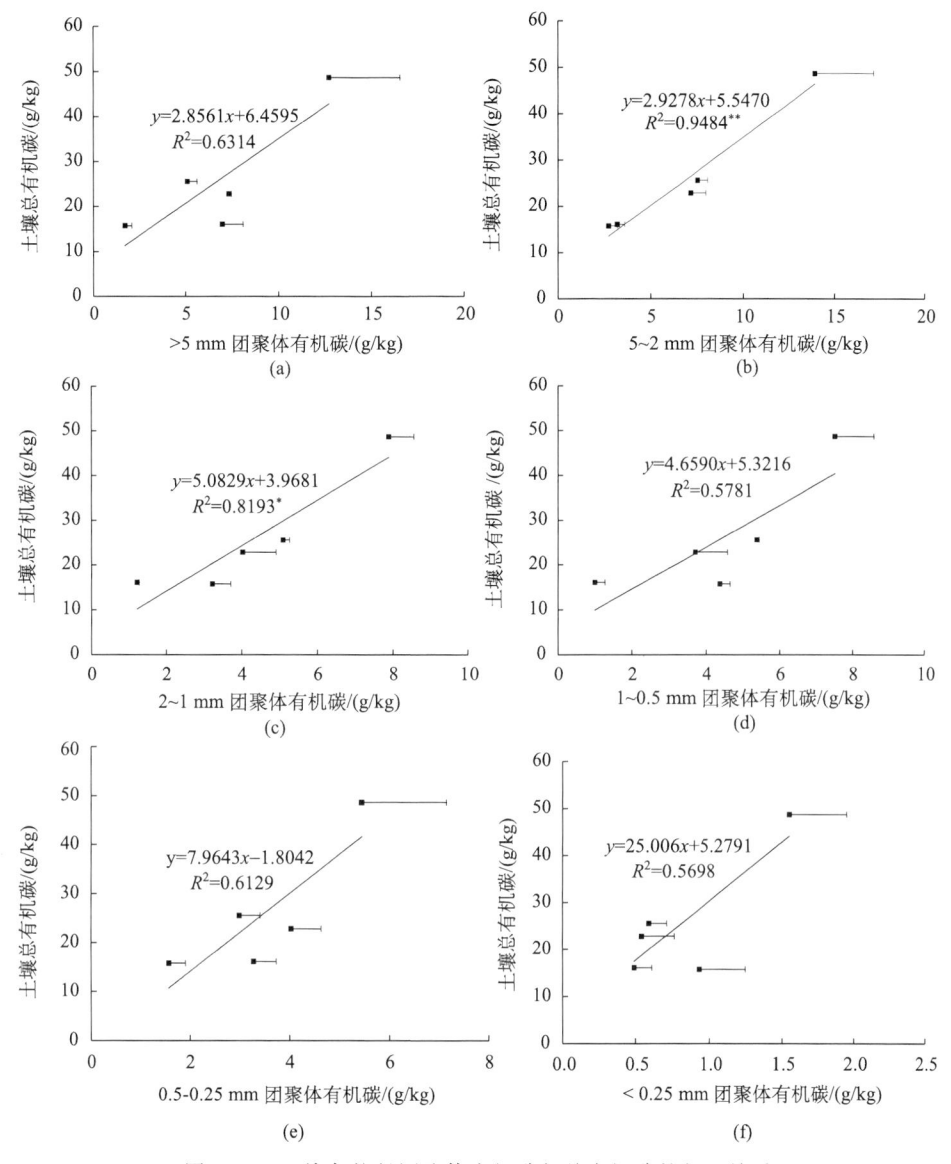

图 4-13 土壤各粒径团聚体有机碳与总有机碳的相互关系

图 4-14 显示了土壤总活性有机碳与各粒径团聚体在单位土壤中活性有机碳含量均值的相关关系。随土壤总活性有机碳含量增加，各粒径团聚体土壤活性有机碳含量总体呈增加趋势，且土壤总活性有机碳与团聚体总活性有机碳表现出一定的正相关关系，其中 5～2 mm 和 2～1 mm 团聚体活性有机碳含量与总活性有机碳含量达极显著正相关（$P<0.01$），R^2 值分别可高达 0.9838 和 0.9542；＜0.25 mm 团聚体活性有机碳含量与总活性有机碳含量呈显著正相关（$P<0.05$），R^2 值为 0.8662；而＞5 mm、1～0.5 mm 和 0.5～0.25 mm 团聚体活性有机碳含量与总活性有机碳含量未达显著水平（$P>0.05$）。

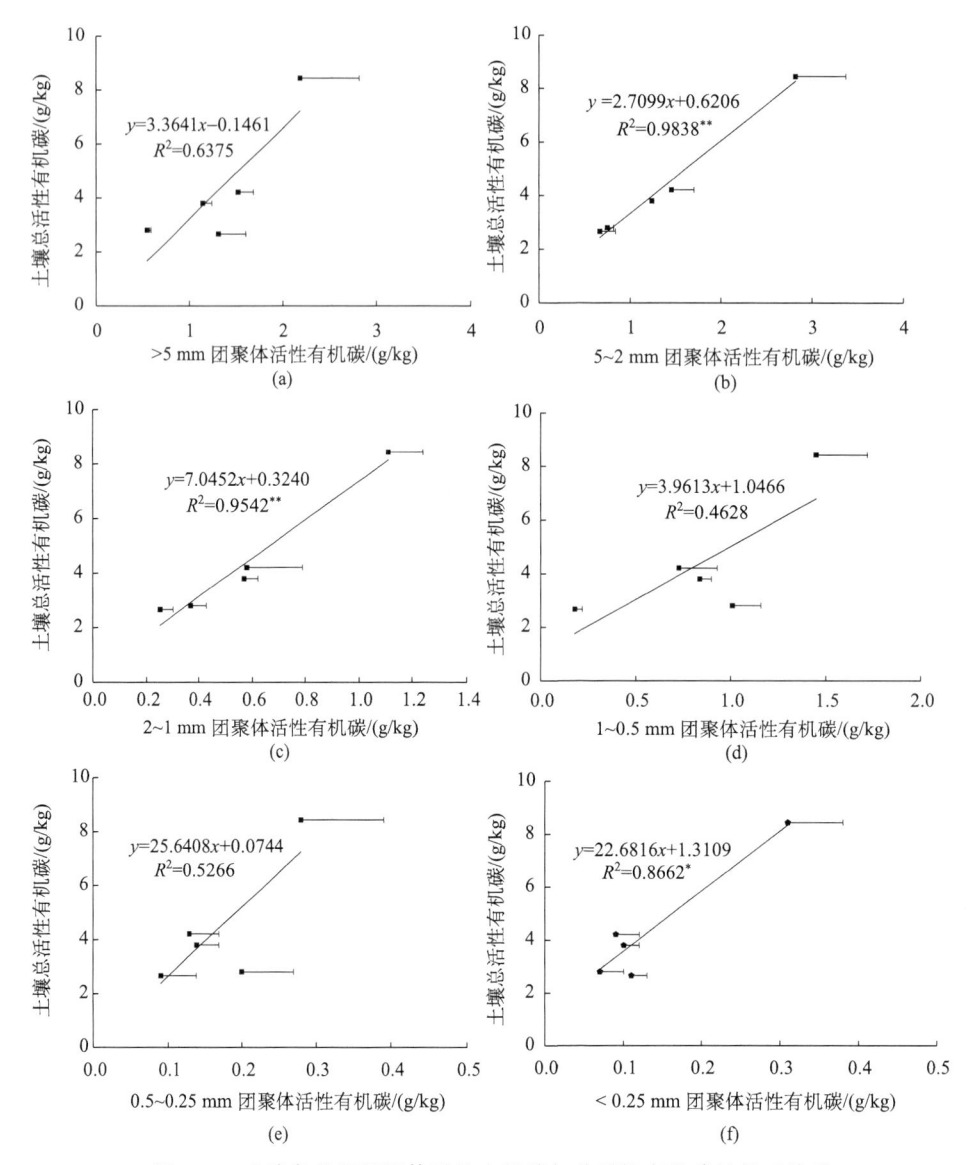

图 4-14 土壤各粒径团聚体活性有机碳与总活性有机碳的相互关系

由表 4-12 和表 4-13 可以看出，不同土地利用方式下各粒级团聚体对土壤有机碳和活性有机碳的贡献率表现出一定差异，其中火龙果林和小灌丛以>5 mm 团聚体对土壤有机碳和活性有机碳达到最大，花椒林和乔木林以 5~2 mm 达到最大，草丛以 1~0.5 mm 达到最大。不同土地利用方式下，各粒级团聚体对土壤有机碳和活性有机碳的贡献率的最低值基本出现在<0.25 mm 团聚体，0.5~0.25 mm 次之，并且这两个粒级团聚体对土壤有机碳和活性有机碳的贡献率总和不足 10%（草丛有机碳除外），这表明>0.5 mm 的大团聚体是土壤有机碳和活性有机碳主要贡献载体。

表 4-12　土壤各级别团聚体对土壤有机碳含量的贡献率

利用方式	>5 mm	5~2 mm	2~1 mm	1~0.5 mm	0.5~0.25 mm	<0.25 mm
火龙果林	32.64±3.34ab	31.51±3.56a	17.20±2.23a	15.71±2.83b	3.79±0.95b	2.22±0.80b
草丛	10.68±2.08c	17.21±2.62 c	20.56±1.82a	28.31±3.63a	11.56±1.67a	5.73±1.72a
花椒林	19.79±1.05bc	29.37±1.05ab	20.10±1.72a	21.16±1.31ab	4.34±0.72b	2.33±0.48b
乔木林	25.17±4.86bc	27.88±3.08ab	16.53±1.24a	16.37±3.69b	5.66±1.77b	3.19±0.66ab
小灌丛	45.96±11.19a	20.97±4.40bc	7.73±0.59b	5.91±0.93c	2.30±0.73b	3.06±0.79ab

表 4-13　土壤各级别团聚体对土壤活性有机碳含量的贡献率

利用方式	>5 mm	5~2 mm	2~1 mm	1~0.5 mm	0.5~0.25 mm	<0.25 mm
火龙果林	36.98±4.17ab	34.89±4.99a	13.06±3.02a	17.10±4.13bc	3.13±0.80a	2.00±0.60a
草丛	19.18±0.82c	27.01±3.38a	13.66±2.98a	35.74±3.81a	6.81±2.19a	2.68±0.96a
花椒林	30.77±3.82bc	32.81±2.04a	15.05±0.29a	22.42±2.23b	3.71±0.47a	2.78±0.66a
乔木林	24.96±3.46bc	33.46±1.79a	13.52±1.19a	18.64±4.72b	3.37±1.07a	3.79±0.65a
小灌丛	49.46±7.87a	24.41±3.68a	9.72±2.46a	6.98±1.75c	3.35±1.69a	3.90±0.48a

由图 4-15 可以看出，土壤团聚体活性有机碳含量与团聚体有机碳含量呈极显著正相关（$P<0.01$），相关系数达 0.8768，这表明团聚体活性有机碳含量的增加有利于团聚体有机碳含量的增加。

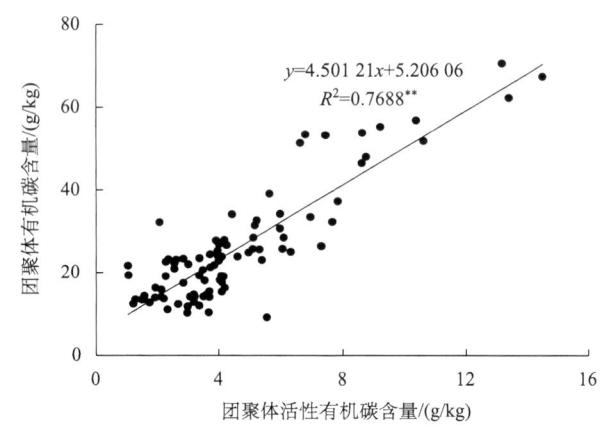

$y=4.501\,21x+5.206\,06$
$R^2=0.7688^{**}$

图 4-15　土壤团聚体有机碳与团聚体活性有机碳的相关关系

4.5.4　不同土地利用方式对团聚体分布的影响

土壤团聚体的形成是一个复杂的物理、化学、生物学及生物化学过程，其详细的机理目前还不完全清楚（文倩等，2004），但现已明确土地利用方式对土壤团聚体组成具有重要影响。本研究结果显示，不同土地利用方式下团聚体均以 0.5～0.25 mm 和 <0.25 mm含量最低，这两个粒径之和占团聚体总量之和不足 10%（草丛除外），表明大团聚体（>0.5 mm）是该区域团聚体存在的主要形式。毛艳玲等（2008）研究显示，乔木林开垦为农业用地后，>2 mm 大团聚体数量明显下降，<0.25 mm 团聚体含量显著上升。而本研究结果中，与乔木林相比，种植火龙果和花椒并未使大团聚体明显损失，相反，乔木林较火龙果林>2 mm 团聚体含量下降了9.57%，这可能是由于花椒林和火龙果林人为干扰活动少，对土壤大团聚体破坏较小。罗友进等（2011）的研究也表明，在喀斯特地区种植花椒和火龙果提高了植被覆盖率，改善土壤微环境状况，缓解了干旱对土壤结构的破坏。另外，小灌丛>5 mm 团聚体含量明显高于其他各土地利用类型，并为草丛的 3 倍以上。这可能与植被的种类或结构有关，Tisdall（1982）与 Oades 和 Waters（1991）认为大团聚体是由微团聚体形成后在根系和菌丝的缠绕作用下形成，灌-草搭配的植被层次可能更有利于>5 mm 团聚体的形成，但这方面的机理还有待进一步深入研究。

4.5.5 不同土地利用方式对团聚体有机碳和活性有机碳分布的影响

赵世伟等（2006）对黄土高原土壤团聚体有机碳的研究显示，土壤团聚体有机碳含量随着团聚体粒径的增加而增加。李恋卿等（2000）研究发现，退化红壤地区有机碳在团聚体中呈 V 形分布，<0.002 mm 和>2 mm 团聚体中有机碳含量均较高。而在本研究中，除草丛和花椒林外，乔木林、火龙果林和小灌丛<0.25 mm 团聚体有机碳较其他粒径分别增加了 14.27%～32.64%、14.41%～35.25%和 20.66%～63.74%。这符合有机碳输入优先向小粒级团聚体积累的层次理论（Bolan et al., 1996），并与前人在喀斯特地区的研究保持一致（罗友进等，2011）。目前，对喀斯特山区土壤活性有机碳的研究大多关注原状土，对团聚体活性有机碳的研究还相对匮乏，由于团聚体内部的活性有机碳受团聚体物理性质的保护而隔离了微生物活动，其稳定性可能有所提高（Six et al., 2000），加之不同团聚体对土壤碳素的保护能力差异（李辉信等，2008），可能对土壤碳汇功能产生重要影响。本研究结果表明，随团聚体粒径的降低，各土地利用方式下团聚体活性有机碳呈现 W 形分布，以 2～1 mm 和 0.5～0.25 mm 团聚体最低，表明这两个粒级团聚体对活性有机碳的固定能力相对较弱，活性有机碳易矿化分解或转移至下一粒级中，而与土壤有机碳相似，土壤活性有机碳最终以<0.25 mm 团聚体达到最高（草丛和花椒林除外）。由此可见，喀斯特山区<0.25 mm 团聚体具有一定的碳汇效应。Oades 和 Waters（1991）认为<0.25 mm 团聚体的核心是植物碎屑，含有更多的土壤有机质。然而，由于<0.25 mm 团聚体占总团聚体比例十分低下，导致其对土壤有机碳和活性有机碳的贡献率却分别不足 6%和 4%。

4.5.6 不同粒级团聚体对有机碳和活性有机碳累积的影响

对团聚体单位土壤有机碳和活性有机碳的研究显示，不同土地利用方式下5～2 mm 和 2～1 mm 团聚体中有机碳与土壤总有机碳的关系较为密切，相关系数分别可达

0.9739 和 0.9052，表明土壤总有机碳的积累主要受到 5~2 mm 和 2~1 mm 团聚体中有机碳含量增加的影响。5~2 mm、2~1 mm 和 <0.25 mm 团聚中活性有机碳与土壤总活性有机碳的关系密切，相关系数分别可达 0.9919、0.9768 和 0.9307。可见，土壤总活性有机碳含量的增加主要受到 5~2 mm、2~1 mm 和 <0.25 mm 团聚体中活性有机碳增加的影响。谭文峰等（2006）研究认为可以将 2~20 μm 团聚体作为江汉平原土壤有机碳固定的特征团聚体，孙天聪等（2005）研究表明在黄土高原地区 5~2 mm 团聚体是土壤养分的主要载体。本研究结果表明，土壤总有机碳和总活性有机碳的累积均依赖于 5~1 mm 团聚体中有机碳和活性有机碳的增加，且不同土地利用方式下，该粒级团聚体对有机碳和活性有机碳的贡献率分别为 28.70%~49.47% 和 34.13%~47.47%。由此可见，5~1 mm 团聚体是喀斯特山区的土壤有机碳和活性有机碳的获得累积的关键团聚体。另外，土壤团聚体有机碳与土壤团聚体活性有机碳含量的相关系数可达 0.8768，二者呈极显著正相关，表明团聚体活性有机碳可以作为判断喀斯特山区团聚体有机碳变化的敏感性指示因素。因此，加强对团聚体活性有机碳的研究，对于进一步了解喀斯特山区土壤碳素转化及其稳定性可能大有裨益。

（1）不同土地利用方式下，乔木林全土和各粒径团聚体中有机碳和活性有机碳含量最高，而人工种植的火龙果和花椒林全土和各粒径团聚体中有机碳和活性有机碳含量要高于草地和小灌丛，这表明种植火龙果和花椒对土壤碳库具有一定的改善作用。因此，在喀斯特山区应加强对乔木林资源的管理和保护，农业生产过程中可优先考虑种植火龙果和花椒。

（2）不同土地利用方式下，尽管 <0.25 mm 团聚体中有机碳和活性有机碳表现出较高的含量水平，但该团聚体所占比例很小，对土壤有机碳和活性有机碳贡献率低下，而 5~1 mm 团聚体表现出利于土壤有机碳和活性有机碳积累、贡献率高的特征，可将粒径为 5~1 mm 团聚体作为喀斯特山区土壤碳素固定的特征团聚体。

（3）土壤团聚体活性有机碳与团聚体有机碳关系密切，表明利用团聚体活性有机碳作为判断喀斯特山区团聚体有机碳变化的敏感性指示因素是可行的。

4.6 花椒林种植对土壤有机碳和活性有机碳的影响

花椒（*Zanthoxylum bungeamun*）旧名秦椒，属芸香料，原产我国，早在《诗经》中就有"椒聊之实，蕃衍盈升"的描述，花椒不仅是良好的调味品、医药原料，而且也是我国传统的出口商品，在东南亚及阿拉伯等一些信仰伊斯兰教的国家均有很好的市场，花江喀斯特峡谷地区所产的花椒历来以"香味浓，麻味重，产量高"著称（何腾兵等，2000）。迄今为止，该区域已经建成数万亩连片的花椒林基地，种植花椒在为当地带来良好的经济收益的同时，一些研究者通过对花椒林土壤水分及养分进行调查和分析后指出，花椒林地对改善土壤水分、和土壤肥力等方面具有显著的效果（王膑等，2006），这些研究结果表明种植花椒林对喀斯特地区石漠化的防治具有重要现实意义。根据长期的研究调查，我们发现花江喀斯特花椒林地中石缝、石坑、石洞、石槽等小生境广布，这些小生境面积大小各异，土壤厚度深浅不一，具有一定的潜在农业利用价值。同时，如前面章节所述，不同小生境间由于环境因素差异很大，可能会对土壤团聚体的分布和土壤有机碳的积累及循环产生重要的影响。基于此，本节选取了花江喀斯特地区水土保持经济林—花椒林地为研究对象，对其覆盖下的石缝（SF）、石坑（SK）、石沟（SG）、石槽（SC）、石洞（SD）土壤和一般（CK）土壤（非小生境土壤）中团聚体中有机碳及活性有机碳的比较研究，旨在为进一步完善喀斯特地区土壤碳库的研究及喀斯特区域农业土壤资源的合理利用提供科学依据。

4.6.1 材料与方法

1. 样地选取

2010年5月在保证立地条件基本一致的前提下，在花江干热峡谷内设置3块20 m×20 m的花椒林地作为研究对象。土壤样品的采集分为一般土壤和小生境土壤样品进行采集。一般土壤样品按照S形在每个样地中设置5～7个样点，采样时，先将土体表面枯枝落叶除掉，取样深度为0～20 cm，并混合制成一个土壤样品。选取了花椒林地中石缝（出露的岩石裂隙或溶蚀裂隙，SF）、石坑（出露的岩石溶蚀凹地，SK）、石沟（出露的岩石溶蚀沟或侵蚀沟，SG）、石槽（出露的岩石溶蚀或侵蚀的半开放凹槽，SC）和石洞（出露的岩层或岩石水平突出构成的半开放洞穴，SD）共5种小生境为研究对象。

2. 样品采集

由于小生境的空间分布规律性较弱，因此小生境样品按随机布点法进行采集。采集土壤样品时，先将地表凋落物去除，各样地中每种小生境采集表层土壤（0～20 cm）5～7个，并混合制成一个样。土样带回实验室后，挑除可见的残根及凋落物，室内风干，混匀后，一部分（保持原样）进行团聚体分级，另一部分研磨过100目尼龙筛，备用。具体的一般及小生境土壤样品信息如表4-14所示。

表4-14 不同类型小生境特征

小生境类型	小生境面积/m²	土壤厚度/cm	凋落物厚度/cm	土体	土壤水分
石缝（SF）	0.1～0.3	10～30	0.1～0.7	间接连续	降水及地表径流下渗为土壤水分来源，常年较湿润
石坑（SK）	0.5～3.0	30～90	1.0～3.0	间接连续	降水、地表径流及凋落物层水分下渗为土壤水分来源，常年湿润
石沟（SG）	0.5～2.0	20～70	1.0～3.0	连续	降水、地表径流及凋落物层水分侧渗为土壤水分来源，常年湿润
石槽（SC）	0.1～0.5	5～20	0.1～0.5	间接连续	降水及地表径流下渗为土壤水分来源，常年较湿润
石洞（SD）	0.2～1.0	15～50	0.2～0.5	间接连续	地表径流下渗为土壤水分来源，常年较湿润
一般土（CK）	1.0～7.0	10～80	0.3～1.0	连续	降水及地表径流下渗为土壤水分来源，雨季湿润，夏季干燥

4.6.2 土壤有机碳及活性有机碳及基质诱导呼吸量（SIR）

由图 4-16 可以看出，原状土壤有机碳和活性有碳的含量变化具有相似的变化规律。其中土壤有机碳的含量表现为石沟＞石坑＞石缝＞一般土＞石槽＞石洞，未存在显著差异水平（$P＞0.05$）。与一般土壤相比，石沟、石坑和石缝土壤有机碳分别增加了 42.31%、15.46% 和 6.09%，石槽和石洞降低了 6.28% 和 17.64%。土壤活性有机碳含量表现为石沟＞石坑＞一般土＞石缝＞石槽＞石洞，其中石沟显著高于石洞（$P＜0.05$）。与一般土壤相比，石沟和石坑土壤活性有机碳分别增加了 38.64% 和 18.41%，石缝、石槽和石洞则分别降低了 3.41%、13.64% 和 27.5%，原土中石坑和石沟基质诱导呼吸量最高且显著高于石洞土壤，表现为石坑＞石沟＞一般土＞石缝＞石槽＞石洞。

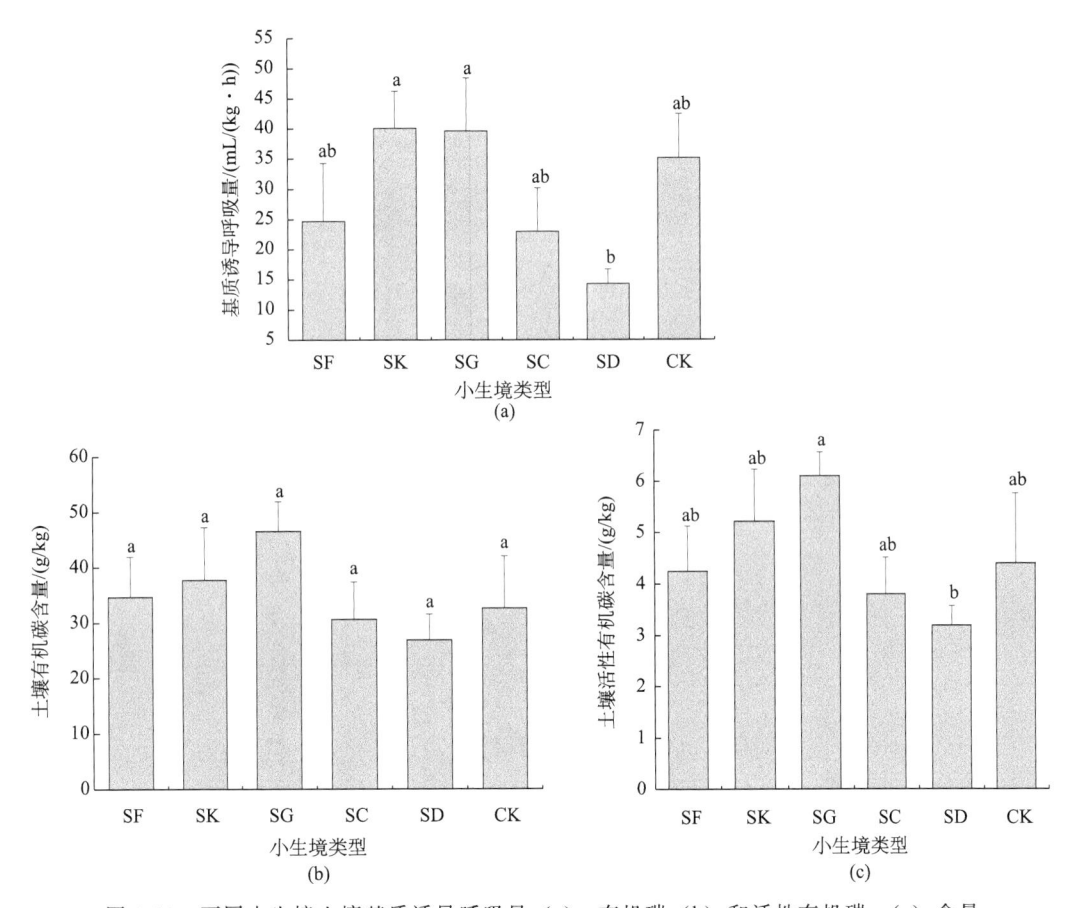

图 4-16 不同小生境土壤基质诱导呼吸量（a）、有机碳（b）和活性有机碳、(c) 含量

图中误差棒上不同字母表示达到显著差异水平（$P＜0.05$）

4.6.3 花椒林土壤团聚体有机碳及活性有机碳分布特征

由图 4-17 可以看出，不同类型小生境土壤对土壤团聚体的分配产生了一定的影响，并且一般及小生境土壤>0.5 mm 团聚体含量可达 85% 以上。与一般土壤相比较，石坑小生境土壤增加了粒径>5 mm 和 5～2 mm 团聚体所占比例，分别增加了 73.07% 和 6.34%；石缝增加了>5 mm 和 5～2 mm 团聚体所占比例，分别增加了 27.96% 和 7.68%；石沟增加了 2～1 mm 和 1～0.5 mm 团聚体所占比例，分别增加了 35.56% 和 10.00%；石洞增加了 5～2 mm 和 2～1 mm 团聚体粒径所占比例，分别增加了 14.14% 和 18.50%；石槽增加了 1～0.5 mm 和 0.5～0.25 mm 粒径团聚体所占比例，分别增加了 9.39% 和 23.77%；而各小生境<0.25 mm 粒径团聚体所占比例较一般土壤均有所降低。统计分析结果表明，除石坑中>5 mm 和 2～1 mm 团聚体所占比例与石沟和石洞差异显著外（$P<0.05$），其余各粒径下，各小生境及与一般土壤之间团聚体所占比例均未达到显著差异水平（$P>0.05$）。

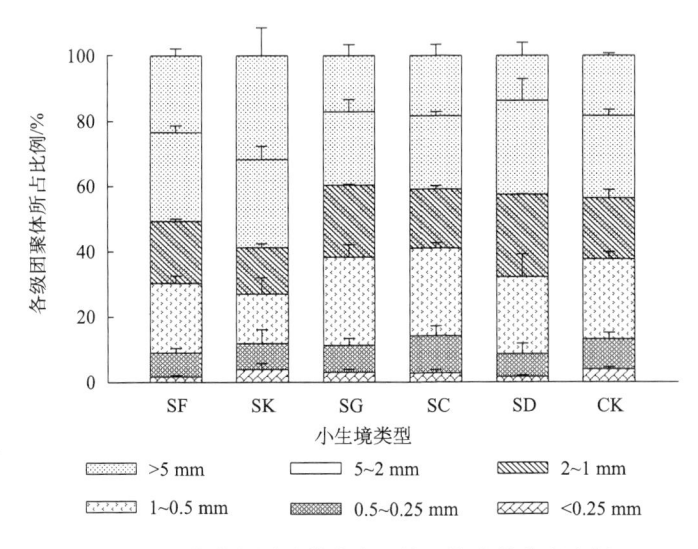

图 4-17 各粒径团聚体在小生境土壤中的分配比例

由图 4-18 所示，各粒级团聚体有机碳及活性有机碳含量基本以石沟最大，石坑次之，石槽和石洞相对较小，这与原状土壤中有机碳和活性有机碳的变化规律基本一致。其中，与一般土壤相比，除石坑中<0.25 mm 团聚体活性有机碳较外，其余各粒径中石沟和石坑团聚体有机碳和活性有机碳均有所增加。其中，石沟和石坑各粒径土壤团聚体有机碳的增幅分别在 24.51%～48.63%（平均值 36.71%）和 11.49%～22.64%（平均值 14.05%），活性有机碳增幅在 7.77%～52.49%（平均值 31.27%）和 1.69%～26.73%（平均值 16.12%）。另外，除石槽中 1～0.5 mm 粒径团聚体有机碳较一般土壤高外，其余石洞和石槽各粒径土壤团聚体有机碳和活性有机碳均低于一般土

壤。随着团聚体粒级的降低，有机碳和活性有机碳呈 V 形分布，最终在<0.25 mm 粒级达到最大。

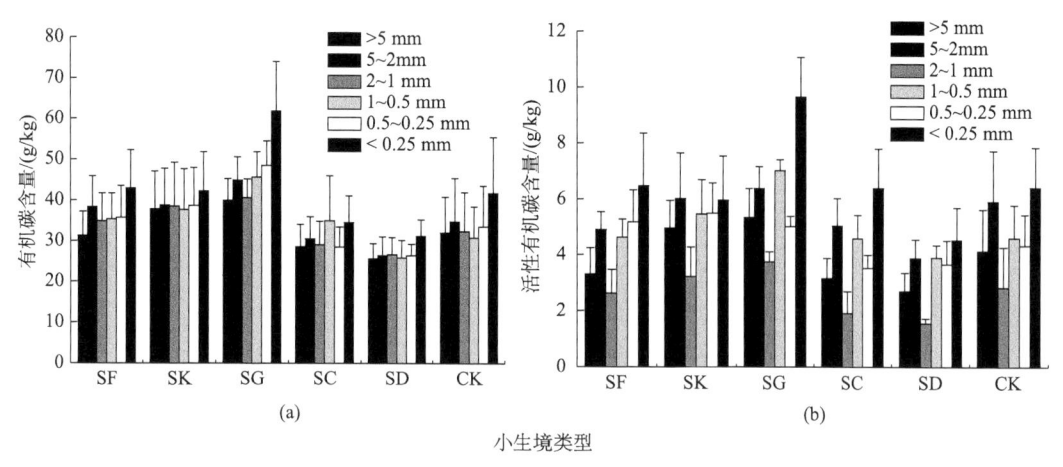

图 4-18 不同小生境土壤团聚体有机碳和活性有机碳含量变化

由表 4-15 和表 4-16 可以看出，粒径＞0.25 mm 团聚体对土壤有机碳及活性有机碳的贡献率可达到 93% 以上。不同类别土壤团聚体对有机碳和活性有机碳的贡献率差异明显，石沟和石槽以 1～0.5 mm 粒径对有机碳及活性有机碳的贡献率最高，石坑则以＞5 mm 对团聚体有机碳及活性有机碳的贡献率最高，而石缝、石洞和一般土壤中以 5～2 mm 粒径团聚体对有机碳和活性有机碳的贡献率最高。就总体而言，随着团聚体粒径的降低，团聚体对有机碳和活性有机碳的分配出现两个峰值，峰值分别在 5～2 mm 和 1～0.5 mm 两个粒级出现，以＜0.25 mm 最低。

表 4-15 土壤各级别团聚体对土壤有机碳含量贡献率　　　　（单位：%）

小生境类型	团聚体粒径					
	＞5 mm	5～2 mm	2～1 mm	1～0.5 mm	0.5～0.25 mm	＜0.25 mm
石缝	21.61±2.70ab	30.30±3.19a	19.23±0.45b	21.90±2.15ab	7.56±1.55a	2.09±0.40a
石坑	31.15±8.47a	28.27±5.73a	14.49±1.62c	15.06±5.15b	8.13±4.21a	4.24±1.94a
石沟	14.87±3.28b	21.68±3.69a	19.24±0.66b	26.28±3.26a	8.60±2.41a	3.85±1.14a
石槽	17.45±3.71ab	22.73±1.12a	17.15±0.81bc	29.74±3.62a	10.87±3.30a	3.19±1.11a
石洞	13.64±4.81b	28.25±6.92a	25.04±0.81a	22.33±6.44ab	6.48±2.66a	1.87±0.34a
一般土	18.21±1.29ab	26.50±1.80a	18.25±2.21bc	23.36±1.36ab	9.47±2.29a	4.92±0.57a

注：同列数据后面的字母不同者表示有显著差异（$P<0.05$）；下同。

表 4-16 土壤各级别团聚体对土壤活性有机碳含量贡献率　　　　（单位：%）

小生境类型	团聚体粒径					
	＞5 mm	5～2 mm	2～1 mm	1～0.5 mm	0.5～0.25 mm	＜0.25 mm
石缝	18.15±3.61ab	32.75±4.59a	10.91±1.87a	23.93±3.25ab	8.69±0.59a	2.53±0.60a

续表

小生境类型	团聚体粒径					
	>5 mm	5~2 mm	2~1 mm	1~0.5 mm	0.5~0.25 mm	<0.25 mm
石坑	30.30±8.12a	29.65±3.08a	8.66±1.65a	15.97±5.69b	7.13±3.04a	4.62±2.39a
石沟	15.08±4.16b	23.65±4.83a	13.57±0.65a	31.59±5.62a	6.88±2.13a	4.77±1.66a
石槽	14.49±0.37b	29.73±1.73a	8.63±2.19a	32.31±1.21a	10.59±2.58a	4.31±0.90a
石洞	11.28±3.64b	33.92±6.37a	12.81±2.31a	28.86±8.54ab	6.74±2.73a	2.08±0.24a
一般土	16.83±1.53b	34.04±2.60a	10.03±0.64a	26.23±1.25ab	9.05±1.42a	6.21±1.38a

4.6.4 花椒林土壤团聚体有机碳及活性有机碳分布影响因素

不同小生境类型对喀斯特花椒表层原状土壤中有机碳和活性有机碳的分配产生了较大的影响。其中，不同小生境土壤有机碳的大小排序为：石沟＞石坑＞石缝＞一般土＞石槽＞石洞；活性有机碳的大小排序为：石沟＞石坑＞一般土＞石缝＞石槽＞石洞；由排序结果不难看出，不同小生境土壤有机碳和活性有机碳均以石沟和石坑较高，而以石槽和石洞土壤相对较低。这是因为土壤有机碳和活性有机碳主要来自于植被凋落物的分解（Bolan et al., 1996），与石沟和石坑相比，石槽和石沟小生境相对封闭，对植被凋落物的接纳能力相对较弱，可能是造成了土壤有机碳和活性有机碳的亏缺的重要原因。

不同小生境在影响土壤有机碳和活性有机碳的同时，也改变了土壤团聚体分配状况。与一般土壤相比，石坑和石缝主要增加了＞5 mm 团聚体含量，石沟和石洞主要增加了 2～1 mm 团聚体含量，石槽则主要增加了 0.5～0.25 mm 团聚体含量。不难看出，与一般土壤相比，各小生境土壤团聚体的增加均集中在大团聚体（＞0.25 mm）中，而微团聚体（＜0.25 mm）均有所降低，这可能是因为一般土壤受人为干扰的影响，人为的耕作和践踏使大团聚体剥离成微团聚体。就总体而言，一般及小生境土壤＞0.5 mm 团聚体含量高达 85%以上，并以＜0.25 mm 团聚体最低，不足 5%。这表明大团聚体是喀斯特山区花椒林地中团聚体的主要存在形式。另外，Tidall 和 Oades（1982）研究表明，有机碳含量高的土壤，＞2 mm 团聚体的含量也相应较高。在本研究中，除石沟外，有机碳含量较高的土壤主要增加了＞5 mm 团聚体含量，表现为石坑＞石缝＞一般土≈石槽＞石洞。而石沟作为雨水的汇集通道，地表径流的侵蚀作用可能是造成＞5 mm 团聚体含量损失的重要原因。

与原状土壤相类似，石沟和石坑中各粒径团聚体有机碳和活性有机碳表现出较高的含量水平，而石槽和石洞土壤相对较低，这表明原状土壤中有机碳和活性有机碳含量在一定程度上决定了各粒级团聚体中有机碳及活性有机碳含量多少。Christensen 等（1986）研究显示，有机碳主要分布在小粒径的微团聚体中。罗友进等（2011）研究表明，＜0.25 mm 粒级团聚体是喀斯特土壤有机碳的主要载体。在本研究中，随着土壤团聚体粒径的降低，一般土壤和小生境土壤团聚体有机碳呈 V 形分布，最终在＜0.25 mm 达到最大（图 4-18），与前人研究结果基本一致。而在黄土丘陵区（安韶山等，2007）和南方红壤区域（李恋卿等，2000）以 2~0.25 mm 粒级团聚体有机碳含量最高。可见，不同地区因土壤母质、地上植被和生态环境差异，可造成土壤团聚体中有机碳含量差异。与有机碳相似，随着土壤团聚体粒径的降低，一般土壤和小生境土壤团聚体活性有机碳也呈 V 形分布，以 2~1 mm 为最低值，最终在＜0.25 mm 达到最大（图 8-2）。Conteh 和 Blair（1998）发现土壤活性有机碳含量随团聚体颗粒粒径的减少而增加，与本研究结果基本一致。但李辉信等（2008）研究长期施肥对红壤水稻土团聚体活性有机碳以 1~0.25 mm 粒级为最高，当团聚体＜0.25 mm 时随粒径的减小而减小。与本研究结果有所差异，具体原因还有待进一步分析。另一方面，虽然＜0.25 mm 团聚体有机碳和活性有机碳含量最高，但＜0.25 mm 粒级团聚体对有机碳和活性有机碳的贡献率却为最低，变幅分布为 1.87%~4.92%（平均 3.36%）和 2.08%~6.21%（平均 4.09%），而团聚体对有机碳和活性有机碳的贡献率的峰值分别在 5~2 mm 和 1~0.5 mm 粒级出现。这主要是由于＜0.25 mm 粒级团聚体在一般土壤及小生境土壤中的占有率远低于其他组分所致。由此可见，＞0.25 mm（尤其是＞0.5 mm）的团聚体是喀斯特花椒林地中团聚体有机碳和活性有机碳的主要贡献载体（表 4-15 和表 4-16）。

土壤团聚体活性有机碳与活性有机碳的相关系数为 0.796，二者呈极显著正相关水平。表明土壤团聚体活性有机碳可以作为判断喀斯特山区土壤有机碳动态的敏感性指标。团聚体活性有机碳含量对于研究土壤团聚体碳素转化具有重要的作用，加强这方面的研究，对于进一步了喀斯特山区土壤碳素转化和的稳定性，可能大有裨益。

4.7 典型喀斯特山区植被类型对土壤有机碳、氮的影响

已有研究表明，土壤碳库是生物碳库的 4.5 倍，是大气碳库的 3.3 倍，而其中土壤有机碳（SOC）含量占土壤总碳 50% 以上（Lal，2004；陈朝等，2011）；同时，土壤氮库与土壤有机碳库紧密相关，氮元素不但是植物生长所必需的大量元素之一，而且其含量的丰缺会直接影响植物的生长和发育。土壤微生物最主要的营养元素与能源是有机碳和氮元素，同时土壤有机碳和氮元素能驱动土壤中碳、氮、磷养分化合物的转化和循环，进而影响土壤的理化性质以及养分的供应能力（Hu et al.，1997；熊红福等，2013）。喀斯特地区的生态系统对外界干扰较敏感，大多数地方土层较浅薄，土壤持水性能差（魏亚伟等，2010），植被遭破坏，易石漠化，进一步加剧喀斯特地区生态环境的恶化。

目前，对喀斯特地区土壤有机碳氮的研究已部分有报道，朱双燕等（2009）对广西喀斯特次生林地表碳库和养分库特征进行了研究，张珍明等（2013）对草海高原湿地土壤碳、氮、磷分布特征研究表明，该地区土壤总有机碳和全氮含量的分布规律为：底泥＞沼泽草地＞农用地＞林地。土壤有机碳和氮元素是植物生长的主要养分，凋落物通过淋溶和分解的方式对土壤中的营养元素进行补给，植被状况的不同在一定程度上也反映了温度、水分等环境要素在空间上的分异（熊红福等，2013），结合喀斯特地区的特殊地貌特征，不同植被类型下对喀斯特地区土壤有机碳、氮含量的影响尤为重要。本节选取典型喀斯特地区在不同植被类型下表层土壤分季节进行研究，分析表层土壤有机碳和

氮元素含量的变化，研究其时空变化规律，为不同生态系统植被恢复与重建提供土壤质量评价指标。

4.7.1 区域概况

本研究区位于贵州省安顺市普定县中国科学院普定喀斯特生态系统观测研究站试验示范区，地理位置为 26°22′~26°23′N，105°45′~105°46′E，该地区地势较高，海拔为 1140~1180 m，地处北亚热带季风湿润气候与中亚热带季风湿润气候的交汇区，因此全年气候温暖湿润，年平均气温为 15.1℃，年平均降水量约为 1390 mm，同时地貌特征多为峰丛山地和丘陵，成土母质属于石灰岩与白云岩的过渡层，故土壤多为石灰土和黄壤，全县喀斯特地貌面积占 84.6%，石漠化情况较为严重。研究区的植被类型属于亚热带常绿阔叶林区，因此植物种类丰富，从灌草丛、灌木混交林、次生乔木林到原生乔木林，构成了较完整且具有代表性的演替序列（刘玉国等，2011），有利于开展不同植被群落土壤养分季节变化研究。

4.7.2 试验设置与样品采集

根据研究区内植被类型的分布状况，选取荒草、灌丛、次生乔木林和原生乔木林 4 种不同植被类型覆盖的样地作为主要研究区域，研究区样地的基本情况见表 4-17，同时每种植被类型样地按其覆盖面积划取直径线，大致在其同一条直径线上取群落边缘、直径 1/2 处和直径 3/4 处的 3 个 5 m×5 m 的重复样方区域作为平行样区，在所选 12 个样区内分别用梅花五点法布点，由下往上用土钻分 0~15 cm 和 15~30 cm 两层采集新鲜土壤，并分层混合样品，采样时先除去地表植被凋落物，尽量保持土壤原状结构。本研究分别在春季（4月）、夏季（7月）、秋季（10月）、冬季（1月）在选定的相同区域内采集土壤样品，共采集样品 96 个，土样带回实验室后，按土壤自然裂隙掰成小土块，挑除土样中可见的土壤动植物残体，置于通风、阴凉、干燥的室内风干备用。

表 4-17 不同植被类型样地的基本情况

植被类型	地理位置	海拔/m	植被盖度/%	样地面积/m²	土壤质地	主要植物种类
荒草地	26°22′6.34″N，105°45′5.96″E	1174	71	1580	砂壤土	地果、梵净蓟、长茅草、香薷等
灌丛地	26°22′1.58″N，105°45′10.2″E	1166	65	1240	壤土	南蛇藤、水麻、华南云实、石岩枫等
次生林	26°22′0.63″N，105°45′3.60″E	1171	73	2120	壤土	盐肤木、楸树、乌桕、慈竹、楝树、梓树、构树、喜树等
原生林	26°22′15.62″N，105°45′4.17″E	1160	85	2460	壤土	香椿、板栗、鹅掌柴、枇杷、山药等

4.7.3 结果与分析

1. 不同植被类型下土壤含水量和土壤容重变化

结合图 4-19 可知，原生林土壤含水量比其他类型高，大致表现为原生林（35.01%）＞次生林（28.83%）＞灌丛地（23.98%）＞荒草坡（21.79%），不同类型样地土壤含水量的季节性及层次性差异变化不同：0~15 cm 层上，同一季节间除冬季外，在其余 3 个季节，原生林土壤含水量均显著高于其他植被类型样地（$P<0.05$），相同植被类型在不同季节间的土壤含水量，表现为夏季均显著高于其他季节（$P<0.05$）；在 15~30 cm 层，相同季节间仅在夏季表现出原生林土壤含水量显著高于其他植被类型样地，而同一植被类型下土壤含水量变化在荒草地与灌丛地均无显著性差异存在，次生林与原生林则表现出夏季土壤含水量显著高于春秋冬 3 个季节（$P<0.05$）。

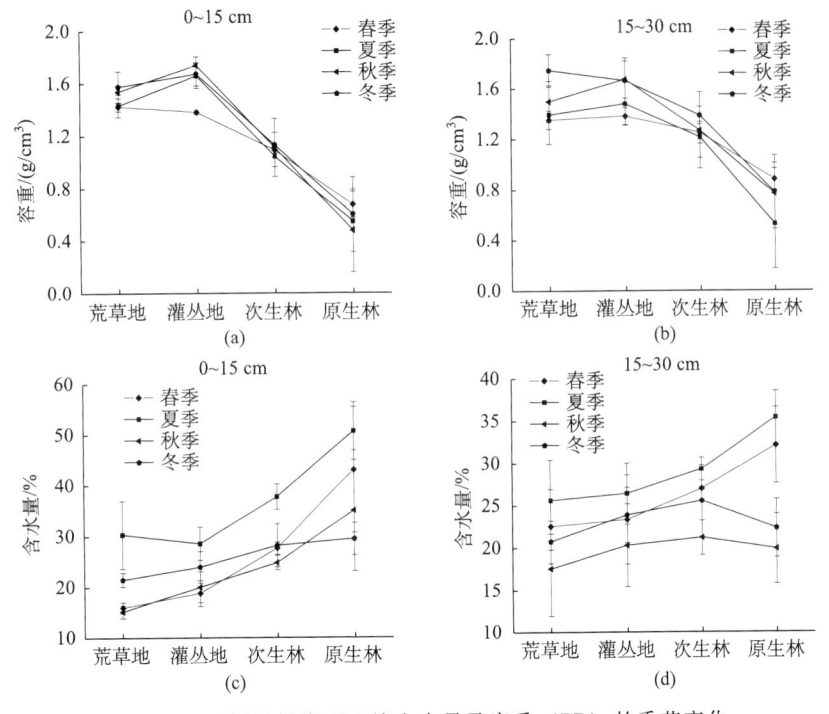

图 4-19 不同植被类型土壤含水量及容重（BD）的季节变化

总体来看，土壤容重大致表现为灌丛地（1.40 g/cm³）＞荒草坡（1.36 g/cm³）＞次生林（1.16 g/cm³）＞原生林（0.834 g/cm³），其中灌丛地 0~15 层和 15~30 cm 土层土壤容重分别是原生林的 1.92 和 1.52 倍，灌丛地与荒草坡无显著差异，次生林与原生林差异显著（$P<0.05$），次生林 0~15 cm 层和 15~30 cm 层土壤容重含量分别是原生林的 1.47 倍和 1.35 倍，而次生林与荒草坡的 15~30 cm 层土壤仅冬季土壤容重存在显著差异（$P<0.05$），0~15 cm 层土壤除夏季，其余 3 个季节均存在显著差异（$P<$

0.05）。从不同季节看，4 种样地均无明显季节变化规律，灌丛地、次生林土壤容重的季节变化性不大，荒草地 0~15 cm 层土壤春季 BD 最高（1.42 g/cm³），15~30 cm 层土壤则冬季最高（1.47 g/cm³），原生林 0~15 cm 层土壤夏冬两季高于春秋两季，15~30 cm 层土壤秋冬高于春夏两季。

2. 不同植被类型下土壤有机碳、全氮变化

如表 4-18 所示，同一植被类型样地土壤有机碳及全氮含量在不同季节间的差异并不显著，结合图 4-20 可看出仅原生林在季节间变化较大，4 种植被类型大体均表现为春秋季节含量较高，夏冬两季含量较低。土壤有机碳和全氮年平均含量变异系数由大到小为原生林（23.17%和 20.30%）＞灌丛地（19.21%和 17.60%）＞次生林（15.68%和 14.89%）＞荒草地（15.46%和 11.82%）。从不同层次上看，4 种植被类型样地在 0~15 cm 层的土壤有机碳及全氮含量均显著高于 15~30 cm 层（$P<0.05$）。而从表 4-18 可知植被类型和季节的交互影响下土壤有机碳和全氮含量未有显著性差异存在。

在不同植被类型影响下土壤全氮和土壤有机碳含量存在显著性差异（表 4-18）：原生林＞次生林＞灌丛地＞荒草地，其中原生林显著高于灌丛地、次生林和荒草地（$P<0.05$），但次生林、灌丛地和荒草地 3 种样地间并无显著性差异存在，结合表 4-18、图 4-20 可知具体表现为：在 0~15 cm 层原生林土壤有机碳含量及全氮含量分别是次生林的 2.54 倍和 2.64 倍，次生林其含量分别是灌丛地的 1.53 倍和 1.39 倍，灌丛地则分别是荒草地的 1.14 倍和 1.18 倍；在 15~30 cm 层原生林分别是次生林的 2.21 倍和 2.42 倍，次生林其含量分别是灌丛地的 1.62 倍和 1.47 倍，灌丛地则分别是荒草地的 1.02 倍和 1.03 倍。

表 4-18 TN 和 SOC 的双因素方差分析

	平方和		df		均方		F		P	
	TN	SOC	TN	SOC	TN	SOC	TN	SOC	TN	SOC
校正模型	499.345	48 714.762	15	15	33.29	3247.651	24.006	17.519	0	0
截距	1204.764	119 394.4	1	1	1204.764	119 394.4	868.769	644.069	0	0
A	489.764	48 154.84	3	3	163.255	16 051.61	117.725	86.59	0	0
B	3.648	211.988	3	3	1.216	70.663	0.877	0.381	0.457	0.767
A*B	5.933	347.932	9	9	0.659	38.659	0.475	0.209	0.887	0.992
误差	110.94	14 830.01	80	80	1.387	185.375				
总计	1815.049	182 939.1	96	96						

注：A. 植被类型；B. 季节；TN. 全氮；SOC. 土壤有机碳。

3. 不同植被类型下土壤有机碳储量和土壤氮储量变化

如图 4-21 所示，4 种植被类型样地的土壤有机碳储量和土壤氮储量有相同的变化趋势，相同植被类型样地在不同季节间未形成显著性差异，而在不同层次上，0~15 cm

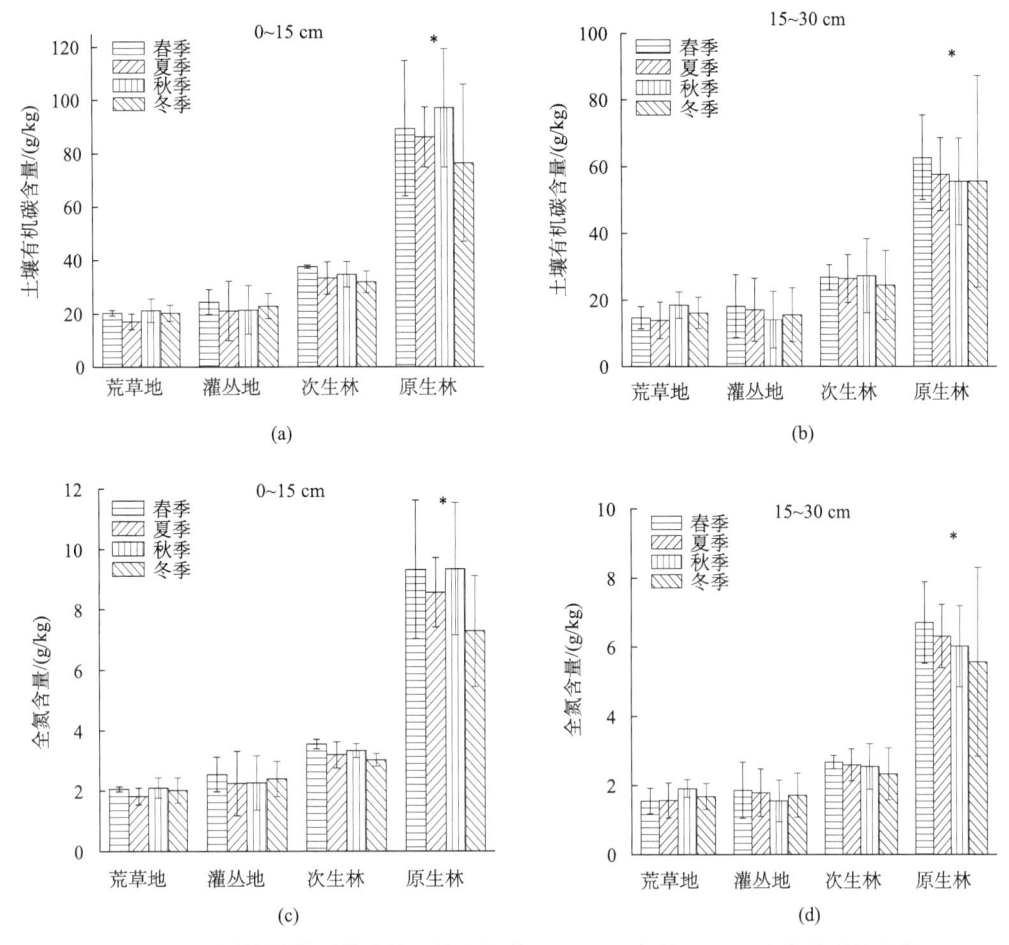

图 4-20 不同植被类型样地的土壤有机碳（SOC）、全氮（TN）含量的季节变化

* 表示原生林 SOC、TN 含量在不同季节与其他植被类型相比均呈显著差异（$P<0.05$）

土层土壤有机碳氮储量均显著高于 15～30 cm 层（$P<0.05$），且次生林、灌丛地和荒草地其含量在季节间的变化趋势相同，仅原生林土壤有机碳储量和土壤氮储量含量在两层变化有所不同，主要表现在 0～15 cm 层夏季含量高于春季含量，15～30 cm 土层则与之相反。结合表 4-19 可看出在季节以及植被类型和季节的交互影响下土壤有机碳、氮储量均未有显著性差异存在。

从不同植被类型看，4 种样地的土壤有机碳储量、土壤氮储量表现为：原生林（88.42 Mg·hm² 和 9.03 Mg·hm²）＞次生林（52.44 Mg·hm² 和 5.02 Mg·hm²）＞灌丛地（40.66 Mg·hm² 和 4.30 Mg·hm²）＞荒草地（36.16 Mg·hm² 和 3.74 Mg·hm²），从表 4-19 可知在不同植被类型影响下土壤有机碳储量、土壤氮储量存在显著性差异（$P<0.05$），具体表现是：原生林与其他 3 种植被类型样地均呈显著性差异（$P<0.05$），其中 0～15 cm 土层土壤有机碳储量和土壤氮储量含量原生林分别是次生林的 1.76 倍和 1.68 倍，15～30 cm 土层原生林分别是次生林的 1.61 倍和 1.77 倍；次生林、灌丛地与荒草地之间均无显著性差异存在。

表 4-19 N_s 和 C_s 的双因素方差分析

	平方和		df		均方		F		P	
	N_s	C_s	N_s	C_s	N_s	C_s	N_s	C_s	N_s	C_s
校正模型	39 710.456	38 294 370	15	15	2647.364	255 251.3	17.553	12.874	0	0
截距	287 046.75	28 262 640	1	1	287 046.75	28 262 640	1903.231	1425.519	0	0
A	38 804.617	3 750 873	3	3	12 934.872	1 250 291	85.763	63.059	0	0
B	354.936	19 627.11	3	3	118.312	6542.369	0.784	0.33	0.506	0.804
A*B	550.902	58 270.06	9	9	61.211	6474.451	0.406	0.327	0.929	0.964
误差	12 065.661	1 586 185	80	80	150.821	19 827.32				
总计	338 822.86	33 681 436	96	96						

注：A. 植被类型；B. 季节；N_s. 土壤有机碳储量；C_s. 土壤氮储量。

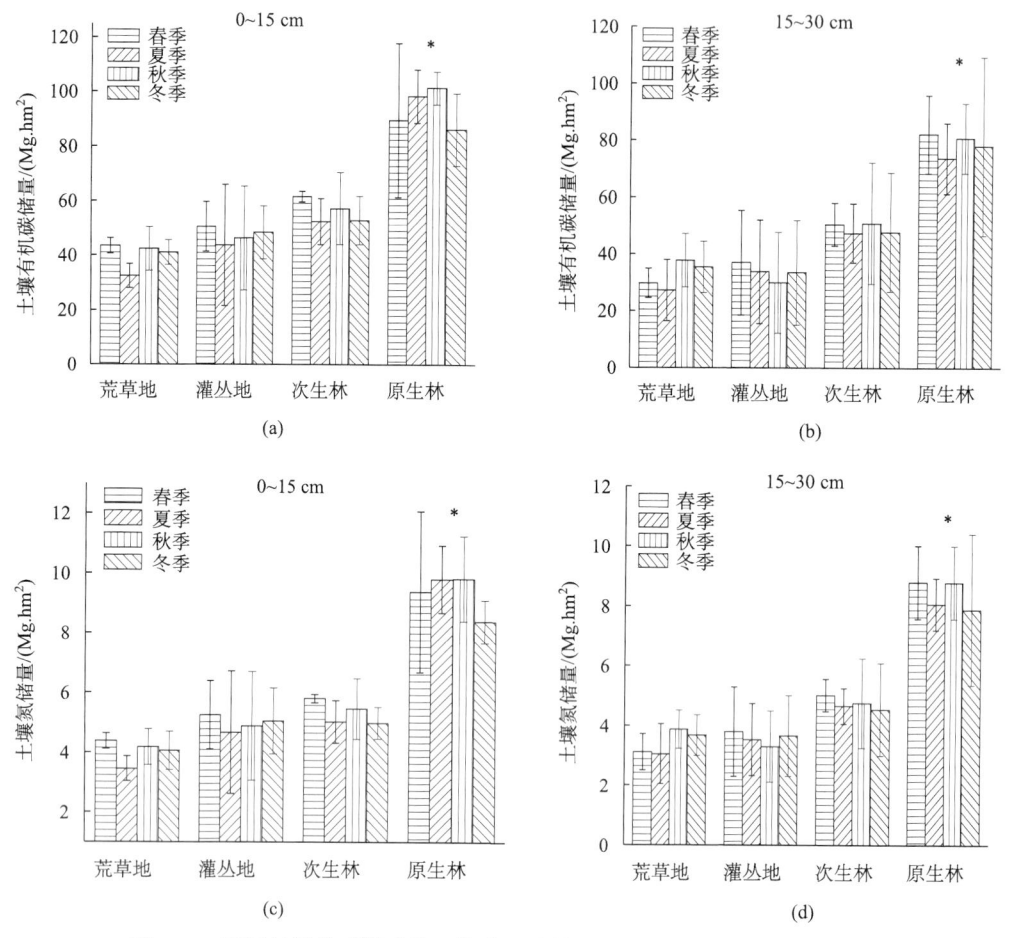

图 4-21 不同植被类型样地的土壤有机碳储量（C_s）和土壤氮储量（N_s）

* 表示原生林 C_s、N_s 含量在不同季节与其他植被类型相比均呈显著差异（$P<0.05$）

4. 土壤有机碳和土壤全氮的频数分布

为整体把握土壤有机碳和土壤全氮含量的分布情况，将本研究所得96组数据做土壤有机碳和土壤全氮频数分布图（图4-22）。正态性检验（Kolmogorov-Smirnov）分析表明，研究区域内土壤有机碳和土壤全氮含量均服从右偏态分布，土壤有机碳和土壤全氮均值分别为35.02 g/kg和3.54 g/kg。从总体含量分布情况来看，本实验所测土壤有机碳和土壤全氮含量大多集中在数值较低的范围内，其中土壤有机碳含量多集中在10~40 g/kg，土壤全氮含量多集中在1~4 g/kg，且数值集中区域植被类型基本均属于荒草地、灌丛地和次生林。

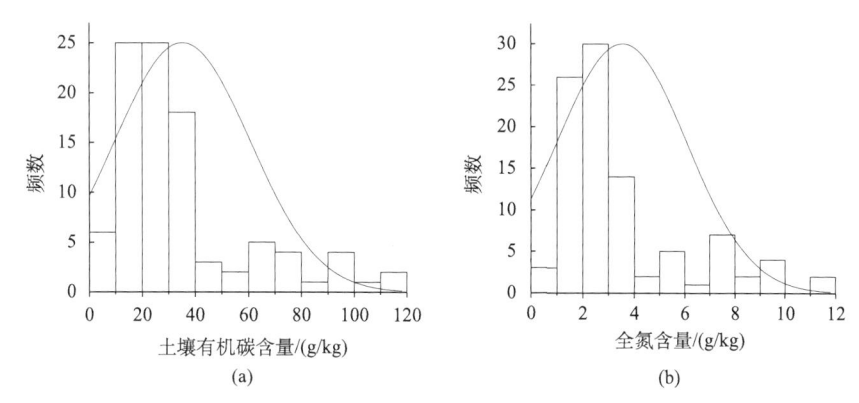

图4-22 土壤有机碳（SOC）和土壤全氮（TN）的频数分布图

5. 土壤有机碳氮储量与土壤理化性质的相互关系及其影响因素

从土壤有机碳、氮储量与其他指标的相互关系可看出（表4-20）：土壤有机碳储量与土壤氮储量与其他土壤理化指标的相互关系基本相同，除土壤氮储量与土壤碳氮比在0~15 cm 土层成显著正相关（$P<0.05$）外，在表层（0~30 cm层）土中土壤有机碳储量与土壤氮储量与土壤全氮、土壤有机碳和土壤碳氮比均呈极显著正相关（$P<0.01$），与土壤容重呈极显著负相关。而与土壤含水量的相关性则在0~15 cm层和15~30 cm层有所不同，0~15 cm层土壤有机碳、氮储量均与土壤含水量呈极显著正相关（$P<0.01$），15~30 cm层则相关性较弱。

为研究该地区土壤各理化指标的主要影响因素，对土壤全氮等7项土壤理化指标进行因素分析（表4-21），可看出各个指标主要受两种因素影响，因素一为主要因素（74.3%），因素二为次要因素（14.8%），其中土壤有机碳及其储量、土壤全氮及其储量和土壤容重5项指标主要受因素一影响，碳氮比和土壤含水量则主要受因素二影响。结合数据分析以及相关文献，土壤有机碳、氮等养分指标主要受植被因素影响较大，碳氮比和土壤含水量则主要受季节影响，故将因素一命名为植被因素，因素二命名为季节因素。

表 4-20　C_s 和 N_s 与其他土壤理化指标的 Pearson 相关性分析

	土层/cm	全氮	土壤有机碳	C/N	含水量	容量
C_s	0～15 cm	0.934**	0.937**	0.454**	0.579**	−0.799**
	15～30 cm	0.936**	0.956**	0.589**	0.186	−0.772**
N_s	0～15 cm	0.932**	0.908**	0.315*	0.575**	−0.776**
	15～30 cm	0.963**	0.958**	0.473**	0.212	−0.806**

* 表示在 0.05 水平上显著相关。

** 表示在 0.01 水平上显著相关。

表 4-21　土壤各项理化指标的因素分析结果

变量	植被因素	季节因素	共同性
TN	0.978	−0.081	0.963
N_s	0.941	0.083	0.892
土壤有机碳	0.983	−0.009	0.966
C_s	0.953	0.215	0.954
C/N	0.521	0.717	0.786
含水量	0.604	−0.656	0.795
容量	−0.92	0.188	0.882
特征值	5.202	1.040	
解释异质量	74.31%	14.85%	
累计解释异质量	74.31%	89.17%	

4.7.4　讨论

目前，大多研究者认为在人为改变土地利用方式和植被覆盖类型后，将不同程度地影响土壤有机碳储量，王宪帅等（2010）研究表明森林转变为其他土地利用类型后土壤有机碳储量会降低；而在自然条件下，一定的区域内植被类型决定着土壤的凋落物和根系分泌物的质量和数量以及腐殖质的形成与分解的活性，决定着归还土壤的有机碳和全氮含量（谢宪丽等，2004），同时王邵军等（2013）研究发现植被类型主要对土壤表层的土壤有机碳和全氮含量产生影响，因此植被类型的差异会导致土壤有机碳和全氮分布格局的差异。在本研究区域内，从不同植被类型样地的土壤有机碳和全氮含量变化规律为：原生林＞次生林＞灌丛地＞荒草地，这与訾伟等（2013）和李娟等（2013）的研究结果相同，进一步植被类型越复杂，其含量越高。在原生林与次生林中，进入土壤的有机物质主要是地表的凋落物，而在灌丛地与荒草地中，土壤有机碳的主要来源是残根（苏永中等，2002），经过各种细菌的分解作用，使有机碳化合物以及含氮化合物进入土壤，提供植物生长所必需的养分，因此就土壤肥力看，原生林＞次生林＞灌丛地＞荒草地，这与于扬等（2013）的研究结果相同。同时碳氮比大小可进一步反映土壤中有机质的分解状况，也被认为是氮元素矿化能力的标志（Springob and Kirchmann，2003），一般认为微生物在生命活动过程中，需要土壤最佳的碳氮比约为 25：1，本研究区内碳氮比（10.139）＜25，故有机质不仅易转化，同时可为土壤提供充足的氮元素（袁海伟等，2007），且碳氮比在各个时期变化范围不大（变异系数为 11.25%），大致可说明所研究区域反映了人为干扰因素较小的情况下，土壤肥力的变化情况：0～15 cm 层乔木林区（原生林地和次生林地）＞灌丛地＞草地区（荒草地）。

自然条件下，土壤在发育过程中不仅受植被生长因素的影响，还受温度、水分、降雨等气候因素的影响（习丹等，2013），因此土壤有机碳和土壤氮元素含量会随着季节演替进而有一定差异性变化。就本研究区而言，4 种植被类型样地在土壤表层（0～30 cm）的土壤有机碳、氮含量随季节变化规律大体相同，均表现为春秋季其含量较高，冬季含量较低。然而土层厚度也是影响土壤有机碳、氮储量的重要因素之一（王棣等，2015）。本研究表明：在表层土壤（图 4-20、图 4-21），0～15 cm 层土壤有机碳含量及其储量和全氮含量及其储量均高于 15～30 cm 层，这与贾晓红等（2012）的研究相符，主要原因可能是表层土壤是植被凋落物和动物残体、粪便积累的主要场所，因此土壤微生物将凋落物等分解转化为养分后首先对土壤表层进行补给，再随土壤水分逐步向深层土壤转移，故表现为土壤有机碳、氮含量随土层深度增加而递减。

研究区相关性分析显示土壤有机碳储量和氮储量与土壤全氮、土壤有机碳、土壤碳氮比以及土壤容重均呈现良好的相关性：其中土壤有机碳氮储量均与土壤全氮、有机碳、碳氮比多呈现极显著正相关关系（$P<0.01$），这与杜虎等（2015）对喀斯特峰丛洼地不同植被类型碳格局变化及影响因素的研究结果一致，表明本研究区不同植被类型下土壤有机碳、氮储量的大小主要依赖于与土壤养分含量的多少；土壤容重则与其二者皆呈极显著的负相关（$P>-0.01$），这可能由于研究区的植被根系密度大，造成土壤孔隙度亦较大。土壤有机碳、氮储量与土壤含水量在 0～15 cm 层呈极显著正相关（$P<0.01$），在 15～30 cm 层相关性较弱，有研究表明土壤水分不是影响土壤有机碳储量的主要因素（Deng et al.，2013），本研究区也仅在 0～15 cm 层表现出相关性，更深层次土壤的土壤有机碳氮储量则受土壤水分影响较小。

主成分分析显示各项土壤理化指标主要受植被因素影响，其方差贡献率为 74.3%，其次受季节因素影响，其方差贡献率为 14.8%，其中主要受植被因素影响的是土壤有机碳、氮及其储量和土壤容重 5 项指标，主要受季节因素影响的是碳氮比和土壤含水量。由于自然条件下影响土壤有机碳、氮含量的因素主要为凋落物和根系分泌物以及腐殖质的形成和积累（胡忠良等，2009；谢宪丽等，2004），结合图 4-20、图 4-21 可知不同植被类型下土壤养分指标含量有明显变化，故土壤有机碳、氮及其储量和土壤容重主要受植被因素影响，具体表现为原生林＞次生林＞灌丛地＞荒草地，原生林其含量显著高于其他 3 种植被类型样地（$P<0.05$）。因土壤中有机碳及氮元素主要靠植物根系分泌物和土壤微生物分解植被凋落物所补给，且龙健等（2004）的研究表明喀斯特森林演替（森林→灌木林→灌丛→草地→裸荒地）过程中，土壤微生物总数下降，导致土壤有机残体分解速率以及腐殖质再合成速率均明显降低，进一步影响了土壤养分的含量，结

合季节变化产生的温度、降水等因素以及具体植被群落的差异，以及植物本身生长受季节的影响，使土壤有机碳、氮含量随季节引起相应的变化，土壤微生物生物量碳、氮的季节变化受土壤温度，土壤水分和空气湿度等的变化影响（李国辉等，2010；叶莹莹等，2015）。而西南喀斯特地区年温差较小、降雨量丰沛等特殊的气候环境使该地区植被种类丰富，可能使土壤有机碳、全氮含量及其储量这些土壤养分指标受植被因素影响较大，季节因素影响较小，这也可进一步解释在相同植被类型下，土壤养分指标随季节变化差异性不显著的原因。从土壤含水量与土壤碳氮比两项指标可看出，植被因素与季节因素共同影响其数值大小，其中季节因素占主导地位，土壤含水量的变化主要受季节性降水影响较大，土壤碳氮比可能因为其主要反应的是土壤有机质的分解矿化状况（韩新辉等，2012），与土壤微生物关系密切，进而受温度、水分等季节变化影响较大。综合看出，土壤有机碳与氮元素不仅受土壤容重、含水量及其交互作用等非生物因素影响，还受植被群落类型、微生物活性等生物因素影响，进一步作用于碳、氮的生物地球化学循环过程，从而影响到土壤养分的活性与分布。

4.7.5 结论

通过对典型喀斯特地区 4 种植被类型土壤含水量、土壤容重、土壤有机碳、氮含量及其储量的初步探讨，研究发现本研究区土壤含水量全年变化范围在 11.98%～59.43%，土壤容重则在 0.54～1.54 g/cm³，不同植被类型下，土壤有机碳、氮含量及其储量差异较大，其中原生林显著高于次生林、灌丛地和荒草地（$P<0.05$）；在土壤层次上，各理化指标在 0～15 cm 层均显著高于 15～30 cm 层（$P<0.05$）；在不同季节变化上土壤有机碳、全氮含量及其储量趋势大致相同，含量较高时期多集中在春秋两季，较低时期多集中在夏冬两季。

土壤各理化指标相关分析显示，土壤有机碳、氮储量与土壤有机碳、土壤全氮、土壤碳氮比、土壤容重均有良好相关性，其中土壤有机碳氮储量均与土壤全氮、有机碳、碳氮比多呈现极显著正相关关系（$P<0.01$），与土壤容重皆呈极显著的负相关（$P>-0.01$），与土壤含水量则在土壤层次上相关性有所不同。同时主成分分析显示，影响本研究区土壤理化指标的主要因素是植被因素（74.3%），次要因素是季节因素（14.8%）。

参 考 文 献

安韶山，张玄，张杨，等. 2007. 黄土丘陵区植被恢复中不同粒级土壤团聚体有机碳分布特征. 水土保持学报，21（6）：109-113.

陈朝，吕昌河，范兰，等. 2011. 土地利用变化对土壤有机碳的影响研究进展. 生态学报，31（18）：5358-5371.

陈璐豪，江长胜，吴艳，等. 2011. 耕作方式对紫色水稻土总有机碳及颗粒有机碳的影响. 水土保持学报，25（4）：197-201.

程积民，万惠娥，胡相明，等. 2006. 半干旱区封禁草地凋落物的积累与分解. 生态学报，26（4）：1207-1212.

戴慧，王希华，阎恩荣. 浙江天童土地利用方式对土壤有机碳矿化的影响. 生态学杂志，2007，26（7）：

1021-1026.

杜虎, 朱同清, 曾馥平, 等. 2015. 喀斯特峰丛洼地不同植被类型碳格局变化及影响因子. 生态学报, 35 (14): 1-13.

方华军, 杨学明, 张晓平, 等. 2006. 东北黑土区坡耕地表层土壤颗粒有机碳和团聚体结合碳的空间分布. 生态学报, 26 (9): 2847-2854.

符卓旺, 彭娟, 杨静, 等. 2012. 耕作制度对紫色水稻土根际与非根际土壤有机碳矿化的影响. 水土保持学报, 26 (1): 165-169.

韩新辉, 杨改河, 佟小刚, 等. 2012. 黄土丘陵区几种退耕还林地土壤固存碳氮效应. 农业环境科学学报, 31 (6): 1172-1179.

何腾兵, 刘元生, 李天智, 等. 2000. 贵州喀斯特峡谷花椒水保经济植物花椒土壤特性研究. 水土保持学报, 13 (2): 55-59.

胡忠良, 潘根兴, 李恋卿, 等. 2009. 贵州喀斯特山区不同植被下土壤C、N、P含量和空间异质性. 生态学报, 29 (8): 4187-4193.

华娟, 赵世伟, 张扬, 等. 2009. 云雾山草原区不同植被恢复阶段土壤团聚体活性有机碳分布特征. 生态学报, 29 (9): 4613-4619.

黄靖宇, 宋长春, 张金波, 等. 2008. 凋落物输入对三江平原弃耕农田土壤基础呼吸和活性碳组分的影响. 生态学报, 28 (7): 3417-3424.

黄宗胜, 喻理飞, 符裕红. 2012. 喀斯特森林植被恢复过程中土壤可矿化碳库特征. 应用生态学报, 23 (8): 2165-2170.

贾晓红, 李新荣, 周玉燕, 等. 2012. 干旱沙区人工固沙植被演变过程中土壤有机碳氮储量及其分布特征. 环境科学, 33 (3): 938-945.

姜发艳, 孙辉, 林波, 等. 2011. 川西亚高山云杉人工林恢复过程中土壤有机碳矿化研究. 土壤通报, 42 (1): 91-97.

李国辉, 陈庆芳, 黄懿梅, 等. 2010. 黄土高原典型植物根际对土壤微生物生物量碳、氮、磷和基础呼吸的影响. 生态学报, 30 (4): 976-983.

李辉信, 袁颖红, 黄欠如, 等. 2008. 长期施肥对红壤性水稻土团聚体活性有机碳的影响. 土壤学报, 45 (2): 259-266.

李娟, 廖洪凯, 龙健, 等. 2013. 喀斯特山区土地利用对土壤团聚体有机碳和活性有机碳特征的影响. 生态学报, 33 (7): 2147-2156.

李恋卿, 潘根兴, 张旭辉. 2000. 退化红壤植被恢复中表层土壤微团聚体及其有机碳分布变化. 土壤通报, 31 (5): 193-195.

李平, 郑阿宝, 阮宏华, 等. 2011. 苏南丘陵不同林龄杉木林土壤活性有机碳变化特征. 生态学杂志, 30 (4): 778-783.

李顺姬, 邱莉萍, 张兴昌. 2010. 黄土高原土壤有机碳矿化及其与土壤理化性质的关系. 生态学报, 30 (5): 1217-1226.

李苇洁, 汪廷梅, 王桂萍, 等. 2010. 花江喀斯特峡谷区顶坛花椒林生态系统服务功能价值评估. 中国岩溶, 29 (2): 152-161.

李阳兵, 杨霞, 宋晓利, 等. 2006. 岩溶生态系统土壤非保护性有机碳含量研究. 农业环境科学学报, 25 (2): 402-406.

刘方, 王世杰, 罗海波, 等. 2008. 喀斯特森林生态系统的小生境及其土壤异质性. 土壤学报, 45 (6): 1055-1062.

刘淑娟, 张伟, 王克林, 等. 2010. 桂西北喀斯特峰丛洼地土壤物理性质的时空分异及成因. 医用生态学报，21（9）：2249-2256.

刘玉国，刘长成，魏雅芬，等. 2011. 贵州省普定县不同植被演替阶段的物种组成与群落结构特征. 植物生态学报，35（10）：1009-1018.

柳敏，宇万太，姜子绍，等. 2006. 土壤活性有机碳. 生态学杂志，25（11）：1412-1417.

龙健，李娟，江新荣，等. 2004. 贵州茂兰喀斯特森林土壤微生物活性的研究. 土壤学报，41（4）：598-602.

罗友进，魏朝富，李渝，等. 2011. 土地利用对石漠化地区土壤团聚体有机碳分布及保护的影响. 生态学报，2011，31（1）：257-266.

毛艳玲，杨玉盛，刑世和，等. 2008. 土地利用方式对土壤水稳性团聚体有机碳的影响. 水土保持学报，22（4）：132-137.

莫彬，曹建华，徐祥明，等. 2006. 岩溶山区不同土地利用方式对土壤活性有机碳动态的影响. 生态环境，15（6）：1224-1230.

彭晚霞，王克林，宋同清，等. 2008. 喀斯特脆弱生态系统复合退化控制与重建模式. 生态学报，28（2）：811-820.

朴河春，刘启明，余登利，等. 2001. 用天然^{13}C丰度法评估贵州茂兰喀斯特森林区玉米地土壤中有机碳的来源. 生态学报，21（3）：434-439.

秦明周. 1999. 红壤丘陵区农业土地利用对土壤肥力的影响及评价. 山地学报，17（1）：71-75.

荣丽，李守剑，李贤伟，等. 2011. 不同退耕模式细根（草根）分解过程中C动态及土壤活性有机碳的变化. 生态学报，31（1）：137-144.

苏永红，冯起，朱高峰，等. 2008. 土壤呼吸与测定方法研究进展. 中国沙漠，28（1）：57-65.

苏永中，赵哈林. 2002. 土壤有机碳储量、影响因素及其环境效应的研究进展. 中国沙漠，22（3）：220-228.

孙天聪，李世清，邵明安. 2005. 长期施肥对褐土有机碳和氮素在团聚体中分布的影响. 中国农业科学，38（9）：1841-1848.

谭文峰，朱志峰，刘凡，等. 2006. 江汉平原不同土地利用方式下土壤团聚体中有机碳的分布与积累特点. 自然资源学报，21（6）：973-980.

唐光木，徐万里，盛建东，等. 2010. 新疆绿洲农田不同开垦年限土壤有机碳及不同粒径土壤颗粒有机碳变化. 土壤学报，47（2）：279-284.

王腾，钱晓刚，彭熙. 2006. 花江峡谷不同植被类型下土壤水分时空分布特征. 水土保持学报，20（5）：139-14.

王棣，耿增超，佘雕，等. 2015. 秦岭典型林分土壤有机碳储量及碳氮垂直分布特征. 生态学报，35（16）：1-12.

王清奎，汪思龙，冯宗炜，等. 2005. 土壤活性有机质及其与土壤质量的关系. 生态学报，25（3）：513-519.

王邵军，曹子林，李小英，等. 2013. 滇池湖滨带不同植被类型土壤碳、氮时空分布特征. 南京林业大学学报，37（5）：55-59.

王宪帅，黄从德，王勇军. 2010. 岷江上游山地森林——干旱河谷交错带不同土地利用类型土壤有机碳储量. 水土保持研究，17（4）：148-152.

魏亚伟，苏以荣，陈香碧，等. 2010. 桂西北喀斯特土壤对生态系统退化的响应. 应用生态学报，21（5）：1308-1314.

文倩，赵小蓉，陈焕伟，等. 2004. 半干旱地区不同土壤团聚体中微生物生碳的分布特征. 中国农业科学，2004，37（10）：1504-1509.

吴建国.2007.土壤有机碳和氮分解对温度变化的响应趋势与研究方法.应用生态学报,18(12):2896-2904.

习丹,李炯,旷远文,等.2013.鹤山不同植被类型土壤惰性碳含量及其季节变化特征.热带亚热带植物学报.21(3):203-210.

谢宪丽,孙波,周慧珍,等.2004.不同植被下中国土壤有机碳的储量与影响因子.土壤学报,41(5):687-699.

熊红福,王世杰,容丽,等.2013.普定喀斯特地区不同演替阶段植物群落凋落物动态.生态学杂志,32(4):802-806.

杨刚,何寻阳,王克林,等.2008.不同植被类型对土壤微生物生物量碳氮及土壤呼吸的影响.土壤通报,39(1):189-191.

杨曾奖,曾杰,徐大平,等.2007.森林枯枝落叶分解及其影响因素.生态环境,16(2):649-654.

叶莹莹,刘淑娟,张伟,等.2015.喀斯特峰丛洼地植被演替对土壤微生物生物量碳、氮及酶活性的影响.生态学报,35(21):1-9.

于扬,杜虎,宋同清,等.2013.喀斯特峰丛洼地不同生态系统的土壤肥力变化特征.生态学报,33(23):7455-7466.

宇万太,马强,赵鑫,等.2007.不同土地利用类型下土壤活性有机碳库的变化.生态学杂志,26(12):2013-2016.

袁海伟,苏以荣,郑华,等.2007.喀斯特峰丛洼地不同土地利用类型土壤有机碳和氮素分布特征.生态学杂志,26(10):1579-1584.

张金波,宋长春,杨文燕.2005.土地利用方式对土壤水溶性有机碳的影响.中国环境科学,25(3):343-347.

张珍明,林绍霞,张清海,等.2013.不同土地利用方式下草海高原湿地土壤碳、氮、磷分布特征.水土保持学报,27(6):199-204.

章明奎,郑顺安,王丽平.2007.利用方式对砂质土壤有机碳、氮和磷的形态及其在不同大小团聚体中分布的影响.中国农业科学,40(8):1703-1711.

赵丽娟,韩晓增,王守宇,等.2006.黑土长期施肥及养分循环再利用的作物产量及土壤肥力变化Ⅳ.有机碳组分的变化.应用生态学报,17(5):817-821.

赵世伟,苏静,吴金水,等.2006.子午岭植被恢复过程中土壤团聚体有机碳含量的变化.水土保持学报,20(3):114-117.

周玮,周运超,田春.2008.花江喀斯特地区花椒人工林的土壤酶演变.中国岩溶,(8):240-245.

朱守谦.茂兰喀斯特森林小生境特征研究.2003//朱守谦.喀斯特森林生态研究(Ⅲ).贵阳:贵州科学技术出版社,38-48.

朱双燕,王克林,曾馥平,等.2009.广西喀斯特次生林地表碳库和养分库特征及季节动态.水土保持学报,23(5):237-242.

訾伟,王小利,段建军,等.2013.喀斯特小流域土地利用对土壤有机碳和全氮的影响.山地农业生物学报,32(3):218-223.

邹军,崔迎春,刘延惠,等.2008.退化喀斯特植被恢复过程中春季土壤呼吸特征研究.水土保持学报,22(2):195-197.

Bolan N S, Baskaran S, Thiagarajan S. 1996. An evaluation of the measure method dissolved organic carbon in soils, manures, sludges, and stream water. Communications in Soil Science and Plant Analysis, 27: 2723-2737.

Christensen B T. 1986. Straw incorporation and soil organic matter in micro-aggregates and particle size separates. European Journal of Soil Science, 37: 125-135.

Christensen B T. 1992. Physical fraction of soil and organic matter in primary particle size and density separates. Advances in Soil science. Springer Verlag, New York, Inc.

Christensen B T. 2001. Physical fractionation of soil and structural and functional complexity in organic matter turnover. European Journal of Soil Science, 52: 345-353.

Conteh A, Blair B J. 1998. The distribution and relative losse of soil organic carbon fraction in aggregate size fractions from cracking clay soils (vertisols) under cotton production. Australian Journal of Soil Research, 36: 257-271.

Dalal R C, Mayer R J. 1986. Long-term trends in fertility of soils under continuous cultivation and cereal cropping in Southern Queensland. IV. Loss of organic carbon from different density functions. Australian Journal of Soil Research, 24: 301-309.

David C, Mark D, John H. 2002. Soil respiration from four aggrading forested watersheds measured over a quarter century. Forest Ecology and Management, 157: 247-253.

Deng L, Wang K B, Chen M L, et al. 2013. Soil organic carbon storage capacity positively related to forest succession on the Loess Plateau, China. Catena, 110: 1-7.

Garten C T, Post III W M, Hanson P J, et al. 1999. Forest soil carbon inventories and dynamics along an elevation gradient in the southern Appalachian Mountains. Biogechemistry, 45: 115-145.

Haynes R J. 2001. Labile organic matter as indicator of organic matter quality in arable and pastoral soils in New Zealand. Soil biology and biochemistry, 32 (2): 211-219.

Hu S, Coleman D C, Carroll C R, et al. 1997. Labile soil carbon pools in subtropical forest and agricultural ecosystems as influenced by management practices and vegetation types. Agriculture, Ecosystems and Environment, 65: 69-78.

Kuzyakov Y, Friedel J K, Stahr K. 2000. Review of mechanisms and quantification of priming effects. Soil Biology and Biochemistry, 32: 1485-1498.

Lal R. 2004. Soil carbon sequestration impacts on global climate change and food security. Science, 304: 1623-1628.

Oades J M, Waters A G. 1991. Aggregate hierarchy in soils. Australian Journal of Soil Research, 29: 815-828.

Percival H J, Parfitt R L, Scott N A. 2000. Factors controlling soil carbon levels in New Zealand grasslands: is clay content important? Soil Science Society of American Journal, 64: 1623-1630.

Reeves D W. 1997. The role of soil organic matter in maintaining soil quality in continuous cropping system. Soil Till. Res., 43: 131-167.

Six J, Elliott E T, Paustian K. 2000. Soil macroaggragate turnover and macroaggragate formation: a mechanism for C sequestration under no-tillage agriculture. Soil Biology and Biochemistry, 32: 2099-2103.

Springob G, Kirchmann H. 2003. Bulk soil C to N ratio as a simple measure of net N mineralization from stabilized soil organic matter in sandy arable soils. Soil Biology and Biochemistry, 35 (4): 629-632.

Tisdall J M, Oades J M. 1982. Organic matter and water-stable aggregate in soils. European Journal of Soil Science, 33 (2): 141-163.

第5章 喀斯特山区土地利用方式对土壤有机碳矿化及其周转机制的影响

土壤有机碳是土壤的重要组成部分,能为植物提供生长所需的碳元素、维持土壤良好的物理结构,同时也通过分解作用向大气释放 CO_2 等温室气体。土壤碳库是陆地生态系统中最大的碳库(Post and Kwon,2000),其微小变化就能使大气 CO_2 波动较大,因而土壤有机碳的动态变化对全球碳循环过程有着极其重要的作用。土壤有机碳矿化是土壤生物通过自身活动、分解和利用土壤中有机组分来完成自身代谢,同时释放 CO_2 的过程,直接关系到土壤中养分元素的释放和供应以及土壤质量的保持(李忠佩等,2004)。随人们对 CO_2 等温室气体影响全球气候的高度重视,为 CO_2 释放作重要贡献的土壤有机碳矿化也受到了广泛的关注。

5.1 喀斯特山区土地利用对土壤有机碳及其周转速率的影响

有研究表明土地利用变化对土壤有机碳的动态有着关键的影响(胡媛媛,2011),扰动土壤、破坏土壤结构、改变土壤有机碳矿化及凋落物归还量等都影响土壤有机碳库(Kasel and Bennett,2007)。在不同土地利用方式下,不同的作物种植、耕作方式和管理模式改变了土壤的结构及肥力,进而使土壤的物理、化学以及生物特性有了明显的不同(胡媛媛,2011),土壤有机碳矿化也存在一定差异。Franzluebbers 和 Arshad(1997)发现,在轮作方式的高粱地中,土壤碳矿化速率比连续耕作方式、休耕方式分别高 30% 和 16%。国内在土壤有机碳矿化方面也有诸多研究,符卓旺(2012)发现,实行稻油轮作可有效降低土壤有机碳矿化速率。戴慧(2007)研究表明,在常绿阔叶林被改变为其他用途的土地利用方式后,土壤有机碳矿化速率显著下降。但关于喀斯特山区不同土地利用类型对土壤有机碳矿化影响的研究仍较少。喀斯特山区土壤生态系统脆弱,对外界干扰敏感,且自我恢复能力弱(Wang et al.,2004),这可能会增强不同土地利用类型对土壤有机碳矿化的影响。因此,本研究拟通过选取喀斯特山区石漠化治理试验示范区的灌丛、水田、旱地、退耕 3 a 草丛和退耕 15 a 草丛等土地利用类型,运用土壤样品室内培养法,探讨土壤有机碳碳库大小及其周转情况,以期为理解喀斯特山区不同土地利用类型对土壤有机碳矿化的影响提供科学依据。

5.1.1 研究地区与研究方法

1. 研究区概况

研究区域位于贵州西南部典型石漠化治理普定试验示范区(26°20′N,105°48′E),

该区属亚热带高原季风湿润气候,气候温和,年均温15.1℃,年均日照时长1202 h,年均相对湿度80%,年均降水量1378 mm,但降水季节分布不均,约70%以上的降水量均集中在5~9月份,常出现涝灾。土壤类型以黄色石灰土为主,岩石主要为三叠系灰岩及白云岩,研究区域为典型岩溶峰丛洼地。根据研究区域内的土地利用方式现状及耕作历史情况,选取了较小尺度内母岩均为石灰岩的5种典型土地利用类型:①灌丛(SR)。天然次生,人为干扰情况很少,主要植被包括有火棘(*Pyracantha fortuneana*)、小果蔷薇(*Rosa cymosa*)、月月青(*Itea ilicifolia*)等,植被盖度达85%以上;②水田(PD)。具有长期耕作历史,水旱轮作,春季主要种植有油菜和萝卜等;③旱地(DL)。连续耕作历史长达50 a以上,主要种植玉米、红薯及大豆等;④退耕3 a草丛(ACS-3)。退耕之前为具有连续耕作历史的旱地,经3 a的自然撂荒,地表植被以五节芒(*Miscanthus floridulus*)为绝对优势种,除较小强度的人为的践踏外,其余人为干扰活动较少;⑤退耕15 a草丛(ACS-15)。退耕之前为具有连续耕作历史的旱地,地表除生长五节芒外,还生长有部分灌木植被,除每年少量的草本植物被收割外,人为干扰活动很少。

2. 样地设置及样品采集

喀斯特山区岩溶发育强烈,以石灰石等为母质的土壤成土速度慢(王世杰等,1999),加上降雨量充沛,溶蚀和水蚀作用显著,致使地表渗透性强、土壤保水能力差、贫瘠,多被喜钙性、岩生性为特征的岩溶植被所覆盖,生态环境脆弱,抗干扰能力差,人为破坏后恢复较困难(Wang et al., 2004)。

2012年8月,在研究区域各样地中设置3块10 m×10 m的重复样方,土壤按照0~10 cm层、10~20 cm层和20~30 cm层3个层次进行样品采集。采样时先去除地表植被凋落物,尽量保持土壤原状结构,本次研究共采集土壤样品45个。土样带回实验室后,仔细挑除土样中可见的土壤动植物残体,于室温下风干备用。

3. 测定方法

土壤有机碳矿化采用室内恒温培养、碱液吸收法(文启孝,1984;王雪芬等,2012)。分别称取过2 mm筛的不同土地利用类型0~10 cm层、10~20 cm层、20~30 cm层干土35 g于50 mL塑料瓶中,将装有土壤样品的50 mL塑料瓶和装有约20 mL蒸馏水的小塑料瓶(水分保持在田间持水量的60%),以及装有10 mL的0.1 mol/L NaOH的吸收瓶一同放入到500 mL的大塑料瓶中密封,于25 ℃的恒温箱内培养,重复3次,同时做空白对照,即本该装土壤样品的50 mL塑料瓶中不放土壤样品,其他条件均与试验组相同。在试验开始后1 d、3 d、7 d、11 d、17 d、24 d、31 d、45 d、59 d和81 d时更换吸收瓶,将更换出的吸收瓶内的碱液转移到滴定锥形瓶中,加1 mol/L BaCl$_2$溶液2 mL和酚酞指示剂两滴,然后用0.05 mol/L的盐酸溶液滴定至红色消失,根据CO$_2$的释放量来计算培养期内有机碳的日均矿化速率和累计矿化量。

土壤有机碳的测定采用浓硫酸-重铬酸钾外加热法(鲁如坤,2000)。

4. 统计分析

土壤有机碳半衰期（Zimmerman，2010；王雪芬等，2012）计算公式如下：

$$\frac{dC}{dt} = -C_0 k \tag{5-1}$$

$$\ln(-k) = m \ln t + b \tag{5-2}$$

$$t_{1/2} = \left(\frac{m+1}{2e^b}\right)^{\frac{1}{m+1}} \tag{5-3}$$

式中，C 为土壤有机碳含量；t 为时间；C_0 为土壤有机碳的初始含量；k 为土壤有机碳的分解速率；m 为 k、t 关系的斜率；b 为截距；$t_{1/2}$ 为半衰期。

试验数据运用 Excel 2003 和 SPSS 18.0 软件进行处理，不同处理间的差异显著性检验（$P<0.05$）采用 LSD 法，用 Origin 7.5 软件作图。

5.1.2 结果与分析

1. 不同土地利用下土壤有机碳含量变化

由表 5-1 可以看出，不同土地利用类型平均土壤有机碳含量从高到低分别是：水田（31.24 g/kg）、灌丛（30.37 g/kg）、退耕 15 a 草丛（22.50 g/kg）、旱地（21.86 g/kg）、退耕 3 a 草丛（17.49 g/kg），水田和灌丛土壤有机碳含量与旱地、退耕 3 a 草丛和退耕 15 a 草丛土壤有机碳含量比，均达显著差异水平。

不同土地利用类型土壤有机碳含量均随土壤剖面加深而减少，但减少幅度不一。水田 0~10 cm 层、10~20 cm 层土壤有机碳含量显著高于 20~30 cm 层，前者分别是后者的 1.66 倍和 1.37 倍，这与水田插秧前犁耕的深度有关，犁耕一般扰动 0~20 cm 层。退耕 3 a 和 15 a 草丛 0~10 cm 层土壤有机碳显著高于 20~30 cm 层，前者分别是后者的 1.26 倍和 1.68 倍，这说明退耕方式下 0~10 cm 层土壤有机碳积累要快于 20~30 cm 层。

0~10 cm 层水田土壤有机碳含量最高，其次是灌丛，其土壤有机碳含量均显著高于旱地和退耕 3 a 草丛，水田土壤有机碳分别是旱地和退耕 3 年草丛的 1.64 倍和 1.99 倍，灌丛分别是 1.46 倍和 1.78 倍，退耕 15 a 草丛土壤有机碳含量显著高于退耕 3 a草丛的，前者是后者的 1.53 倍，退耕 15 a 草丛土壤有机碳含量比旱地高 26%，差异不显著，这表明 0~10 cm 水田土壤有机碳的积累能力高于旱地，旱地退耕还草对 0~10 cm 层土壤有机碳恢复是有效的。10~20 cm，水田、灌丛土壤有机碳含量与退耕 3 a 草丛、退耕 15 a草丛的比，均达到显著差异水平，水田和灌丛土壤有机碳分别是退耕 3 a 草丛的 1.80 倍和 1.57 倍，是退耕 15 a 草丛的 1.73 倍和 1.51 倍，水田土壤有机碳显著高于旱地，前者是后者的 1.40 倍，退耕 3 a 草丛与退耕 15 a 草丛土壤有机碳含量相比，差异不显著，均低于旱地，这说明 10~20 cm 水田土壤有机碳的积累能力仍高于旱地，退耕方式对 10~20 cm 层土壤有机碳含量的恢复效果甚微。20~30 cm 灌丛土壤有机碳含量高于水田，相比差异不显著，但灌丛土壤有机碳含量与旱地、退耕 3 a 草丛和退耕 15 a 草丛的比均达显著差异水平，分别比后者高 53%、88% 和 64%，这说明农业活动对 20～30 cm 层有机碳含量的积累有一定影响，且退耕还草方式对 20～30 cm 层土壤有机碳的积累影响较小。

表 5-1　不同土地利用类型土壤各层次的土壤有机碳含量　　（单位：g/kg）

不同土地利用类型	土层深度			
	0～10 cm	10～20 cm	20～30 cm	0～30① cm
灌丛	34.40±0.07 a	27.81±2.54 ab	28.90±2.34 a	30.37±1.42 a
水田	38.54±1.38 aA	31.90±2.47 aA	23.26±1.85 abB	31.24±2.41 a
旱地	23.49±3.31 bc	22.77±3.51 bc	18.88±3.17 bc	21.86±1.83 b
退耕 3 a 草丛	19.38±1.04 cA	17.69±0.80 cAB	15.39±1.33 cB	17.49±0.79 b
退耕 15 a 草丛	29.62±7.40 abA	18.39±0.31 cAB	17.60±1.43 bcB	22.54±4.01 b

注：不同小写字母代表同列不同利用类型同深度的显著差异（$P<0.05$），不同大写字母代表同行同种利用类型不同深度的显著差异（$P<0.05$）；①表示 0～30 cm 层的平均值。

2. 不同土地利用下土壤有机碳日均矿化速率

由图 5-1 可以看出，随培养时间的增加，不同土地利用类型各层次土壤有机碳日均

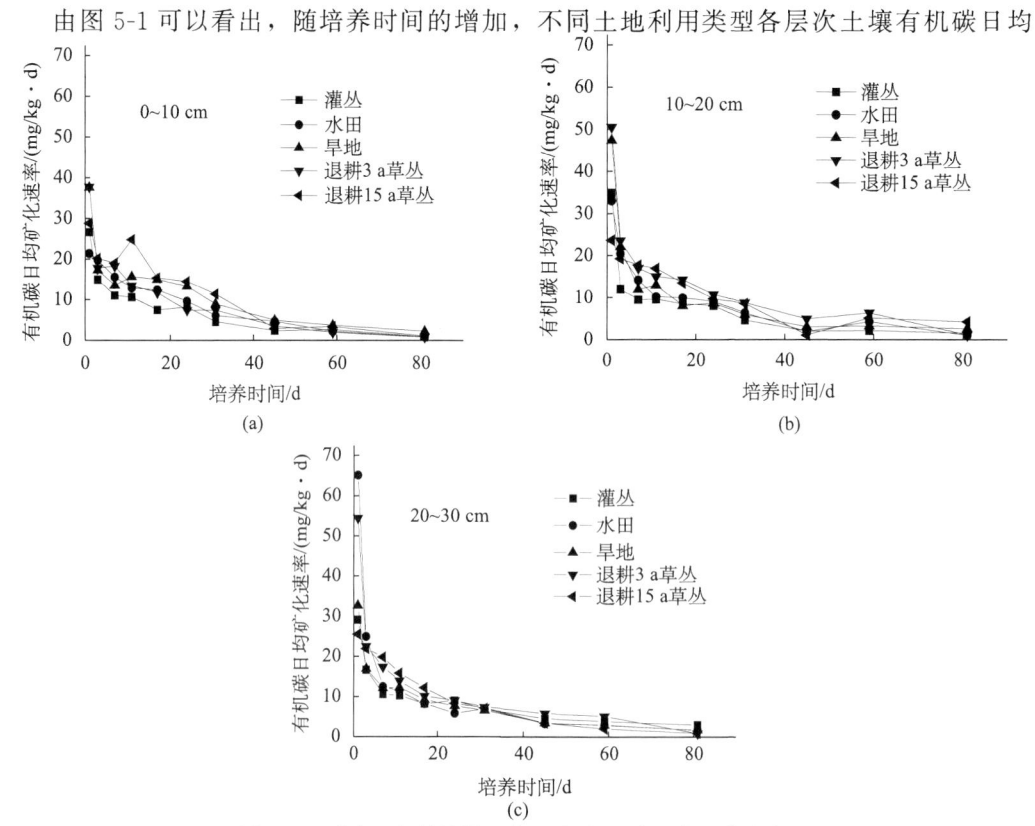

图 5-1　不同土地利用类型各层次有机碳日均矿化速率

矿化速率均呈递减趋势，培养前期速率较快，后期逐渐减缓，45 d 后不同土地利用类型各层次土壤有机碳日均矿化速率相差小。

不同土地利用类型同一层次土壤有机碳日均矿化速率呈一定的规律。培养第 1 d，0～10 cm 层和 10～20 cm 层均表现为旱地和退耕 3 a 草丛土壤有机碳矿化较快；20～30 cm 层水田土壤有机碳日均矿化速率最快，为 65 mg/(kg·d)。培养 3 d 后，0～10 cm 层退耕 15 a 草丛土壤有机碳日均矿化速率较快，灌丛的最慢；10～20 cm 层退耕 3 a 草丛土壤有机碳日均矿化速率较快；20～30 cm 层退耕 3 a 草丛土壤有机碳日均矿化速率最快，水田的最慢。

3. 不同土地利用下土壤有机碳累计矿化量变化

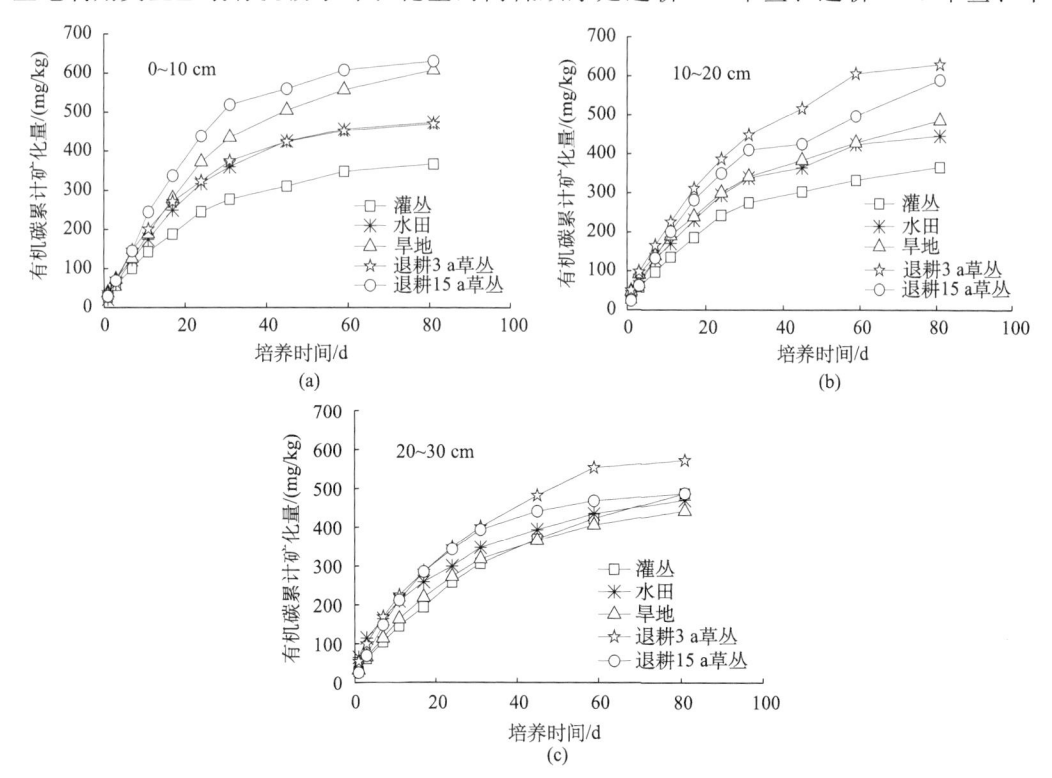

如图 5-2 所示，随培养时间的增加，不同土地利用类型各层次土壤有机碳累计矿化量均呈增加趋势，前期快速增加，中后期逐渐减缓，培养 81 d 后，灌丛、水田、旱地、退耕 3 a 草丛、退耕 15 a 草丛土壤有机碳累计矿化量分别为 365～488 mg/kg、445～474 mg/kg、443～607 mg/kg、470～629 mg/kg 和 488～631 mg/kg。

0～10 cm 层退耕 15 年草丛土壤有机碳累计矿化量最高，其次是旱地，分别从培养第 11 d、第 45 d 开始显著高于土壤有机碳累计矿化量最低的灌丛；培养 81 d 后，退耕 15 a 草丛和旱地土壤有机碳累计矿化量分别比灌丛高出 72% 和 65%。10～20 cm 层各土地利用类型土壤有机碳累计矿化量的高低顺序是退耕 3 a 草丛、退耕 15 a 草丛、旱

图 5-2 不同土地利用类型各层次有机碳累计矿化量

地、水田、灌丛，其中退耕 3 a 草丛土培养第 45 d 和第 59 d 时均显著高于灌丛土，培养 81 d 后，退耕 3 a 草丛土壤有机碳累计矿化量是灌丛的 1.72 倍；20～30 cm 层各土地利用类型土壤有机碳累计矿化量相差不大，在培养前 31 d，其高低顺序是退耕 3 a 草丛、退耕 15 a 草丛、水田、旱地、灌丛，随后退耕 3 a 草丛土相较于退耕 15 a 草丛土增加幅度大，灌丛土的增加幅度也高于水田土和旱地土的，且在培养 81 d 后与退耕 15 a 草丛的土壤有机碳累计矿化量相当，旱地土壤培养 81 d 后其土壤有机碳累计矿化量最低。

4. 不同土地利用类型土壤有机碳半衰期

由图 5-3 可以看出，不同土地利用类型土壤半衰期不同。0～10 cm 层、10～20 cm 层灌丛土壤有机碳半衰期最长，分别是 722 d 和 639 d，均显著高于旱地的；0～10 cm 层灌丛土壤有机碳半衰期显著高于退耕 15 a 草丛的；10～20 cm 层灌丛土壤有机碳半衰期显著高于退耕 3 a 草丛的；20～30 cm 层各土地利用类型土壤有机碳半衰期差异均不显著。

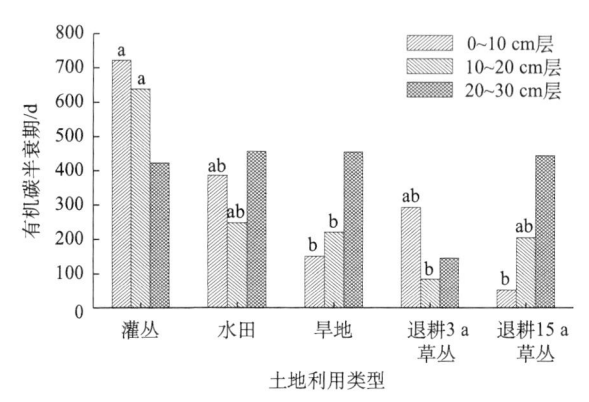

图 5-3 不同土地利用类型各层次土壤有机碳半衰期
不同小写字母代表不同利用类型同深度的显著差异（$P<0.05$）

5.1.3 讨论

5 种土地利用类型土壤有机碳含量均随土壤层次的加深而减少，这与马少杰等（2012）研究结果相类似。土壤有机碳含量主要受凋落物、动物粪便、植物根系及其分泌物、土壤微生物遗体等的影响。凋落物、动物粪便等在土壤表面聚集，植物根系大多分布在土壤表层，它们对土壤有机碳的影响均随土壤层次加深而减少。因此表层土壤有机碳含量较高，且随土壤层次加深而减少。有研究发现全国水平上水田土壤有机碳平均含量比旱地高 11.5%～57.5%（Guo and Lin，2001；李昌新等，2009）。本研究结果在此范围内，0～30 cm 层土壤有机碳平均含量水田比旱地高 30%，差异显著，这可能是受到耕作方式、管理模式以及凋落物被分解的难易程度（黄靖宇等，2008）等因素的影响，使得有机碳储存有所差异。

在本研究中，0~10 cm层旱地退耕土壤有机碳在3 a内减少了17.5%，15 a内增加了26.1%。退耕还草3 a土壤有机碳减少可能是施肥停止，有机碳来源减少等因素导致的，随退耕时间增加，植被增多，地表覆盖率增大，凋落物量增加（魏亚伟等，2011），土壤有机碳来源增加，因此15 a内有机碳含量有所增加。但退耕还草对10~20 cm层、20~30 cm层土壤有机碳的积累效果不明显，在15 a内减少了6.78%，这可能是耕作方式对各层次土壤有机碳的积累影响不同所致（陈璐豪等，2011）。旱地退耕后人为干扰减少，凋落物与植物根系等在土壤表层富集，为表层土壤有机碳的增加提供了有利条件；土壤退耕，由翻动作用使土壤表层向下层运输有机碳的途径被切断，下层土壤主要依靠淋溶、溶质浓度梯度等作用积累有机碳，同时土壤生物需消耗部分土壤有机碳，致使下层土壤有机碳的积累不明显，甚至可能减少。

土壤有机碳日均矿化速率呈递减趋势，累计矿化量呈增加趋势。培养前期，土壤有机碳日均矿化速率较快，累计矿化量增加较快，培养中后期均逐渐趋于平稳，这与郝瑞军等（2009）研究类似，这可能与土壤有机碳组分中活性碳、缓效性碳和惰性碳（Parton et al.，1987；严毅萍等，2012）有关。随活性碳被微生物利用殆尽，土壤有机碳的矿化速率逐渐变缓。土壤中活性碳、缓效性碳和惰性碳之间的分配比及它们之间转化的难易程度，可能是影响土壤有机碳矿化的重要因素。

郝瑞军等（2009）研究发现，28℃下水田土壤可矿化态碳含量较高，微生物利用碳能力较强，土壤有机碳矿化速率明显高于旱地。本研究结果与其不一致，本研究表明，25℃下旱地在0~10 cm层和10~20 cm层的矿化均高于水田，差异不显著。原因可能有2个：①旱地对喀斯特土壤团聚体结构破坏较大（魏亚伟等，2011），削弱了土壤有机碳的物理保护，增加了可溶性有机碳的溶出概率，为土壤微生物增加了较易利用的分解底物。②水田较长时间处在淹水条件下，实验室条件下的60%田间持水量可能在一定程度上抑制了土壤有机碳的矿化（王瑗华等，2012）。长期水旱耕种条件下，土壤微生物形成了与环境相适应的种类与区系，对环境的水热条件也有其独特的适应。从水田的淹水条件到60%田间持水量，改变了土壤的湿度和土壤的通气条件，抑制了水田土壤有机碳的矿化速率（黄东迈等，1998）。本研究中，0~10 cm层退耕15 a草丛土壤有机碳累计矿化量最高，10~20 cm层、20~30 cm层退耕3 a草丛累计矿化量最高，均高于旱地，差异不显著，这说明短时间内退耕还草会加速喀斯特山区土壤有机碳的矿化，加速CO_2的释放。这可能与凋落物输入和土壤微生物有关。随旱地退耕年限增加，地上凋落物增多，凋落物的输入能增加土壤溶解性有机碳含量（黄靖宇等，2008），这可能为矿化提供了较多分解底物；同时凋落物的分解也能促进微生物对养分的吸收、利用和转化，为微生物生存提供良好的营养环境（鹿士杨等，2012）。微生物数量及种类的增加，也可能成为促进矿化的重要影响因素。灌丛在0~10 cm层和10~20 cm层矿化最慢可能是受其土壤团聚体结构较好、土壤有机碳稳定性较高（严毅萍等，2012）等因素影响。凋落物输入、土壤微生物、土壤团聚体结构以及土壤有机碳稳定性等，可能是退耕还草土壤有机碳矿化的主要影响因素，它们对退耕土壤有机碳矿化的影响机制及影响程度还有待进一步探讨研究。

由土壤有机碳半衰期计算公式可知，土壤有机碳半衰期与土壤有机碳的矿化速率有关。结合土壤有机碳日均矿化速率和累计矿化量统计数据分析，日均矿化速率最慢、累计矿化量最低的灌丛半衰期最长，0～10 cm层为722 d，10～20 cm层为639 d，这表明灌丛土壤有机碳周转时间较长，难分解，在一定程度上说明灌丛土壤有机碳稳定性较好（严毅萍等，2012）。水田的半衰期大于旱地，但差异不显著，这与王瑷华等（2012）在研究相同水分条件下，水田有机碳半衰期均小于旱地的结论不一致。这可能是喀斯特山区，人为干扰破坏了土壤结构，降低了土壤团聚体结构的稳定性，增加了土壤有机碳的矿化速率所致，特别是旱作方式对土壤团聚体结构的稳定性影响较大（魏亚伟等，2011），且这种影响很难恢复。影响土壤有机碳矿化速率的因素，同样对土壤有机碳半衰期有影响，但这些因素是否如影响有机碳矿化那样影响着半衰期？以及是否还有其他因素对有机碳的半衰期存在影响？有何影响？还需进一步探讨研究。

5.1.4 结论

灌丛、水田、旱地、退耕3 a草丛和退耕15 a草丛土壤有机碳含量变化范围分别为28.90～34.40 g/kg、23.26～38.54 g/kg、18.88～23.49 g/kg、15.39～19.38 g/kg和17.60～29.62 g/kg，随着土壤层次的加深，均呈减少趋势。水田土壤有机碳积累能力较旱地好，与灌丛相差不大。旱地退耕还草对土壤有机碳含量的恢复是有效果的，但短时间内，其恢复效果不明显。

0～10 cm层退耕15 a草丛的累计矿化量最高，10～20 cm层、20～30 cm层退耕3 a草丛累计矿化量最高，其次是退耕15 a草丛，这间接说明喀斯特山区土壤有机碳的有效积累对退耕还草方式响应缓慢。水田相较于旱地，有机碳矿化速率慢，更有利于喀斯特山区有机碳的积累。

灌丛土壤有机碳半衰期在0～10 cm层均显著高于退耕15 a草地和旱地，在10～20 cm层显著高于退耕3 a草丛；水田有机碳半衰期要高于旱地及退耕草地。矿化速率越慢，累计矿化量越少，半衰期越长，土壤有机碳的周转越慢越稳定。

旱作方式对喀斯特土壤结构的破坏，淹水条件对水田矿化的影响以及喀斯特山区特殊土壤环境等可能是喀斯特山区土壤有机碳矿化的有效影响因素。此外，土地利用引起的凋落物输入和土壤微生物的变化可能对退耕还草土壤有机碳的矿化有较大影响。

5.2 花椒种植对喀斯特石漠化地区土壤有机碳矿化及活性有机碳的影响

我国西南喀斯特山区土壤生态系统脆弱，土壤贫瘠，水土流失严重，植被覆盖率低，加上人为活动的干扰，石漠化程度相当严重且有蔓延趋势（闫俊华等，2011）。为保护和改善当地生态环境，已有研究表明，种植喜钙、耐旱和水土保持效果好的多年生木本植物花椒（*Zanthoxylum bungeanum* Maxim.），是喀斯特石漠化地区特色农业的可持续发展模式之一，可作为恢复和重建喀斯特石漠化地区生态环境的有效途径（何腾兵等，2000）。近年来，以花椒林为研究对象，进行了关于土壤特性（何腾兵等，2000）、土壤团聚体保护性碳（罗友进等，2011）、土壤酶演变（周玮等，2008）、土壤团聚体有机碳和活性有机碳（廖洪凯等，2012）等方面的研究工作，但从土壤有机碳矿化和活性有机碳角度研究花椒林土壤有机碳动态还鲜有报道。

土壤有机碳的矿化是土壤中重要的生物化学过程，直接关系到土壤中养分元素的释放与供应、温室气体的形成、土壤质量的保持等，揭示土壤中有机碳矿化规律对于养分的科学管理和全球气候变暖的有效控制等都有十分重要的现实意义（李忠佩等，2004）。土壤活性有机碳是指土壤中不稳定、易氧化、易矿化，且对微生物有较高活性的那部分碳素（廖洪凯等，2012），是矿化过程中重要的碳源物质（李顺姬等，2010），其含量及组分影响着有机碳的矿化特征（罗友进等，2010；Alvarez and Alvarez，2000），因此，从活性有机碳的角度研究土壤有机碳的矿化也逐步受到了关注。Norton 等（2012）在研究干旱环境下不同植被类型对土壤有机碳矿化的影响时表明，微生物生物量碳是仅次于水分条件的主要影响因素。王清奎等（2007）研究常绿阔叶林和杉木林时发现，土壤微生物生物量碳、冷水和热水浸提有机碳的初始含量与有机碳矿化量之间关系密切。谭立敏等（2014）研究发现，可溶性碳和微生物生物量碳随矿化的进行逐渐减小，与矿化速率变化趋势一致。但迄今针对不同年限植被下土壤活性有机碳对土壤有机碳矿化的影响研究还相对较少。

本研究以不同种植年限的花椒林和乔木林为研究对象，研究花椒林对土壤有机碳矿化和活性有机碳含量的影响，探讨花椒种植对土壤有机碳矿化和活性有机碳含量的影响机制，以及影响花椒林土壤有机碳矿化的因素，以期为探讨喀斯特山区花椒林土壤有机碳的动态趋势、退耕还林还草对石漠化土壤生境的修复影响机理提供理论依据。

5.2.1 材料与方法

1. 研究区概况

研究区位于贵州省安顺市关岭县花江干热河谷小流域（25°39′48″～25°40′00″N，105°39′18″～106°39′27″E），海拔 600～700 m，该地区碳酸岩盐广布，河流深切，地下水深埋，热量丰沛，降水分布极其不均，5～10 月降水量达全年降水量的 83%，气候垂直变异明显，海拔 850 m 以下为南亚带干热河谷气候，900 m 以上为中亚热带河谷气候，调查区域内成土母岩以白云质灰岩和泥质灰岩为主，土壤类型以黄色石灰土为主。该地区植被总体覆盖率<3%，岩石裸露率为 70% 以上，林冠覆盖率低，乔木林主要生长有香椿（*Toona sinensis*）、圆果化香（*Platycarya longipes*）、胡桃（*Juglans regia*）和小叶榕（*Ficus concinna*）；灌木林主要以花椒（*Zanthoxylum bungeanum* Maxim.）为主。该区是国家"九五"至"十二五"石漠化治理的典型区域，治理模式、恢复和重建植被具备不同的时间阶段特征。

2. 样品采集

2013 年 6 月上旬，在研究区域内选定 5 a、17 a、30 a 生花椒林和乔木林（大约 60 a）

作为样地,样地立地条件基本相似,各样地间距在 300 m 以上。土壤按照 0～15 cm、15～30 cm 和 30～50 cm 3 个剖面进行样品采集,每个样地随机采集 3 个剖面。采样时先去除地表植被凋落物,尽量保持土壤原状结构。土样带回实验室后,仔细剔除土样中动植物残体,于室温下风干,分别研磨过 2 mm 和 0.154 mm 筛,供有机碳矿化培养实验和测定土壤基本性质、颗粒有机碳及易氧化有机碳用。

3. 分析方法

土壤有机碳矿化采用室内恒温培养、碱液吸收法(王雪芬等,2012;严毅萍等,2012)。称取过 2 mm 筛风干土样 35 g 于 50 mL 塑料瓶中,调节水分至其田间持水量的 50%,将该塑料瓶与装有 20 mL 无 CO_2 蒸馏水的塑料瓶(维持空气的饱和湿度),以及装有 10 mL 0.1 mol/L 的 NaOH 溶液吸收瓶,一同装入 500 mL 大塑料瓶中,密封,在 25℃下进行恒温培养。同时做空白试验,即在本应装土样的 50 mL 塑料瓶中不放入土样,其他试验条件均相同。试验期间定期补充水分,维持土壤湿度。在试验开始后 1 d、2 d、3 d、5 d、7 d、11 d、15 d、22 d、29 d、36 d、43 d、57 d、71 d 和 92 d 时更换吸收瓶,并放入新的装有 10 mL 0.1 mol/L 的 NaOH 溶液吸收瓶。将取出的吸收瓶内的碱液转移至三角瓶中,加 2 mL 1 mol/L $BaCl_2$ 溶液和 2 滴酚酞指示剂,用 0.05 mol/L 盐酸溶液滴定,直至微红色,从而计算吸收液中 CO_2 的含量。根据吸收液中 CO_2 含量计算土壤有机碳累计矿化量。

土壤易氧化有机碳(ROC,readily oxidized carbon)测定(张迪和韩晓增,2010):称取过 0.154 mm 筛的风干土 2.5 g 于 50 mL 离心管中,加入 20 mL 0.02 mol/L 的 $KMnO_4$ 溶液和 0.1 mol/L $CaCl_2$ 溶液,以 180 r/min 振荡 10 min,然后静止 10 min,取上清液 1 mL 定容至 50 mL,在紫外分光光度计 550 nm 处测定吸光度,根据高锰酸钾的消耗量求出土壤的易氧化有机碳。

土壤颗粒有机碳(POC,particulate organic carbon)测定(Cambardella and Elliutt,1992):称取过 2 mm 筛的风干土 5 g 于 50 mL 离心管中,加 25 mL 浓度为 5 g/L 的六偏磷酸钠溶液,以 180 r/min 振荡 18 h,然后过 53 μm 筛并用蒸馏水反复冲洗后移至铝盒中,60℃烘干,称重,磨细样品过 0.154 mm 筛,装入样品袋中,待分析测定。

土壤有机碳(SOC,soil organic carbon)、土壤颗粒有机碳采用盐酸酸化-元素分析仪测定(Elementar Macro CNHS,德国)(Harris et al.,2001),全氮使用元素分析仪测定,pH 采用酸度计电位法测定,供试土壤其测定结果见表 5-2。

4. 数据处理

试验数据运用 Excel 2003 和 SPSS 18.0 软件进行处理,差异显著性检验($P<0.05$)采用 one-way ANOVA 的 LSD 法,相关性分析采用 Pearson 法,作图采用 Origin 7.5 软件。

表 5-2 供试土壤的基本性质

林型	土壤深度/cm	有机碳/(g/kg)	pH	总氮/(g/kg)	C/N
5 a生花椒林	0~15	23.25±1.18cA	7.26±0.05b	2.78±0.02dA	8.34±0.27b
(PO-5)	15~30	19.11±0.61cB	7.39±0.03b	2.48±0.00cAB	7.70±0.27b
	30~50	19.56±0.76bcB	7.40±0.18b	2.45±0.01cB	7.99±0.46b
17 a生花椒林	0~15	29.70±0.45bA	7.21±0.06bA	3.80±0.20bA	7.86±0.30bA
(PO-17)	15~30	22.26±1.29bcB	7.37±0.12bA	2.87±0.00bB	7.75±0.35bA
	30~50	16.41±1.31cC	7.12±0.09cB	2.52±0.02bB	6.49±0.09cB
30 a生花椒林	0~15	27.55±0.40bA	7.52±0.05a	3.28±0.05cA	8.41±0.13b
(PO-30)	15~30	23.68±1.06bAB	7.63±0.01a	2.62±0.01bB	9.02±0.09a
	30~50	22.98±1.58bB	7.72±0.02a	2.56±0.01bB	8.94±0.28a
天然乔木林	0~15	41.61±0.19aA	7.23±0.02b	4.51±0.05aA	9.22±0.10aA
(FL)	15~30	31.28±0.02aB	7.21±0.02b	3.69±0.00aB	8.47±0.03aB
	30~50	30.28±0.02aB	7.36±0.01b	3.55±0.01aB	8.54±0.09abB

注：表中PO-5、PO-17、PO-30、FL分别代表5 a、17 a、30 a生花椒林和乔木林地；不同小写字母代表不同林型同深度的显著差异（$P<0.05$），不同大写字母代表同种林型不同深度的显著差异（$P<0.05$）；下同。

5.2.2 结果与分析

1. 4种林型土壤有机碳的矿化特征

4种林型0~15 cm层、15~30 cm层和30~50 cm层的土壤有机碳累计矿化量均呈增加趋势，且随培养时间的增加，其增幅逐渐减小（图5-4）。培养92 d后，各层土壤有机碳累计矿化量均以30 a生花椒林最高，为213.37~224.98 mg/kg，其次是乔木林，为165.25~183.17 mg/kg，5 a和17 a生花椒林较低，分别为106.46~164.11 mg/kg、98.20~158.72 mg/kg。随花椒种植年限的增加，各层土壤有机碳累计矿化量变化趋势一致，均以30 a生花椒林土壤最高，17 a生花椒林土壤最低。0~15 cm层、15~30 cm层，30 a生花椒林土壤有机碳累计矿化量分别是5 a生花椒林的1.37倍、1.42倍，是17 a生花椒林的1.42倍、1.51倍，未达到显著差异水平；然而在30~50 cm层，30 a生花椒林土壤有机碳累计矿化量分别是5 a、17 a生花椒林的2.00倍、2.17倍，达到了显著差异水平（$P<0.05$）。随土壤深度的增加，各林型有机碳累计矿化量均呈减少趋势，减少幅度较小。

土壤有机碳累计矿化量分配比是指在一定时间内土壤有机碳累计矿化量占土壤有机碳含量的比例，能在一定程度上反映土壤有机碳的固碳能力。92 d培养后，30 a生花椒林土壤有机碳累计矿化量分配比在各层均高于其他林型，且在30~50 cm层，显著高于5 a生花椒林（图5-5）。0~15 cm层、15~30 cm层，随花椒种植年限的增加，土壤有机碳累计矿化量分配比先减小后增加，30~50 cm层则逐渐增加。这说明在一定时期

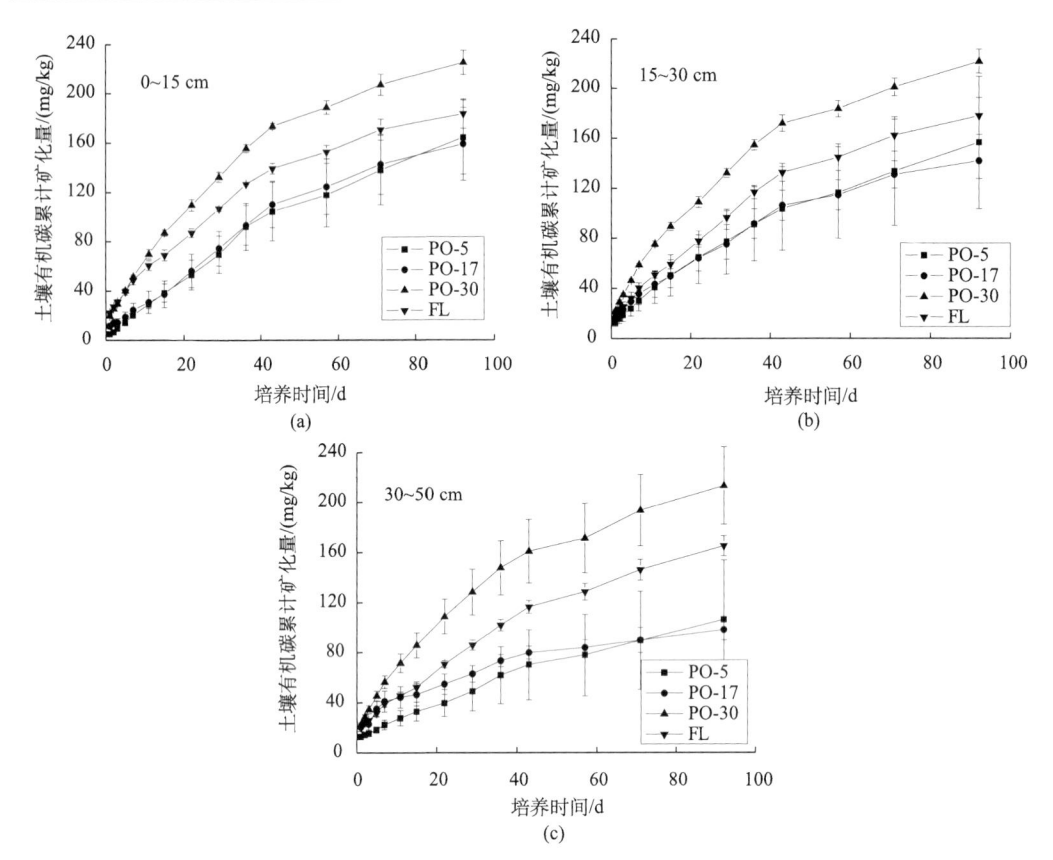

图 5-4　各林型不同深度土壤有机碳累计矿化量

数据误差线为标准误差；下同

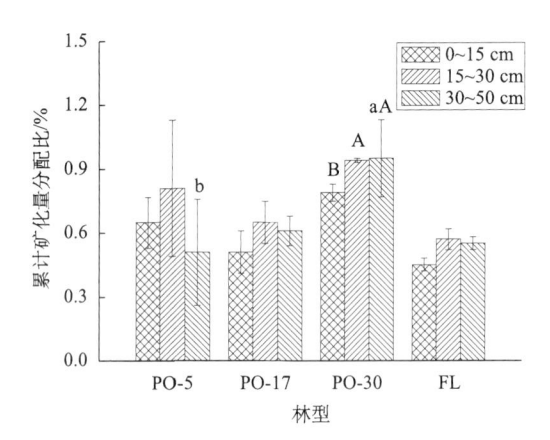

图 5-5　各林型不同深度土壤有机碳累计矿化量分配比例

内种植花椒能增加 0～15 cm 层、15～30 cm 层土壤有机碳的稳定性，长期种植则会降低土壤有机碳的稳定性。乔木林在各层土壤有机碳累计矿化量分配比均较低。同种林型中，15～30 cm 层有机碳累计矿化量分配比高于 0～15 cm 层、30～50 cm 层。

2.4 种林型土壤活性有机碳组分含量特征

同一土层中，乔木林土壤 ROC、POC 初始含量均显著高于花椒林（$P<0.05$）（表 5-3）。各花椒林土壤 ROC、POC 初始含量由多到少规律一致，随种植年限的增加，ROC、POC 初始含量在 0~15 cm 层、15~30 cm 层为先增加后减少，在 30~50 cm 层则先减少后增加。0~15 cm 土层，17 a 生花椒林土壤 ROC、POC 初始含量均显著高于 30 a、5 a 生花椒林（$P<0.05$）；15~30 cm 层，17 a 生花椒林土壤 ROC 初始含量显著高于 30 a 生花椒林（$P<0.05$）；30~50 cm 层，3 种花椒林土壤 ROC 初始含量均达到显著差异水平（$P<0.05$），30 a 生花椒林＞5 年生花椒林＞17 a 生花椒林。

除 5 a 生花椒林外，其他各林型土壤 POC 初始含量在 0~15 cm 层均显著高于 15~30 cm 层、30~50 cm 层（$P<0.05$），5 a 生花椒林 0~15 cm 层 POC 初始含量仅显著高于 15~30 cm 层（$P<0.05$）。除 30 a 生花椒林土壤 ROC 初始含量在 0~15 cm 层、30~50 cm 层显著高于 15~30 cm 层外，其他各林型 ROC 初始含量均表现为 0~15 cm 层显著高于 15~30 cm 层、30~50 cm 层。

表 5-3 各林型不同深度土壤活性有机碳初始含量及其培养前后变化值

林型	土壤深度 /cm	易氧化有机碳/(g/kg) 初始含量	培后含量	减少值*	颗粒有机碳/(g/kg) 初始含量	培后含量	增加值**
PO-5	0~15	0.61±0.06cdA	0.48±0.05cA	0.13±0.01b	12.57±2.01cA	13.93±2.67cA	3.10±0.87b
	15~30	0.45±0.02dB	0.35±0.01bB	0.09±0.02b	9.27±0.62bB	11.25±0.61cB	1.98±0.47c
	30~50	0.46±0.02cB	0.33±0.05cB	0.13±0.04ab	9.65±0.67bAB	11.52±0.51bB	1.87±0.88b
PO-17	0~15	0.80±0.05bA	0.60±0.06bA	0.20±0.01abA	18.26±1.58bA	21.74±2.48bA	3.48±1.47ab
	15~30	0.55±0.04bcB	0.42±0.03bB	0.13±0.01abAB	11.21±0.82bB	14.71±1.43bcB	3.51±1.06bc
	30~50	0.36±0.04dC	0.29±0.02cC	0.06±0.02bB	9.15±0.52bB	11.34±0.95bB	2.19±0.51b
PO-30	0~15	0.70±0.01cA	0.54±0.02bcA	0.16±0.02abA	13.55±0.66cA	18.18±0.70b	4.63±0.71ab
	15~30	0.50±0.15cdB	0.43±0.03bB	0.06±0.01bB	10.24±1.69bB	15.48±0.52b	5.24±1.22ab
	30~50	0.63±0.01bA	0.47±0.05bAB	0.16±0.05aA	10.22±1.39bB	14.48±0.79b	4.26±0.07ab
FL	0~15	1.02±0.01aA	0.80±0.02aA	0.23±0.01a	24.96±0.55aA	30.59±0.03aA	6.13±0.41a
	15~30	0.85±0.01aB	0.68±0.01aB	0.17±0.02a	16.18±0.12aB	22.10±0.15aB	5.82±0.08a
	30~50	0.80±0.02aB	0.61±0.02aB	0.19±0.02a	16.14±0.14aB	22.23±0.54aB	6.09±0.46a

* 减少值为培养前后易氧化有机碳的减少值。
** 增加值为培养前后颗粒有机碳的增加值。

3. 矿化培养前后土壤活性有机碳含量变化

92 d 培养后，ROC 含量较初始含量在 0~15 cm 层、15~30 cm 层、30~50 cm 层分别减少了 21.31%~25.00%、12.00%~23.64%、16.67%~28.26%。这说明，在培养过程中，ROC 被作为土壤有机碳矿化的碳源所利用。在同一土层，乔木林减少量最多，分别为：0.23 g/kg、0.17 g/kg、0.19 g/kg（表 5-3）。随花椒种植年限的增加，

0~15 cm层、15~30 cm层ROC减少量先增加后减少，30~50 cm层则先减少后增加，与ROC初始含量变化规律一致，且两者之间显著相关（$R=0.689$），这说明矿化过程中ROC的变化与其初始含量密切相关。

92 d培养后，各土层POC含量较初始含量均表现为增加，其增量由多到少为：乔木林、30 a生花椒林、17 a生花椒林、5 a生花椒林（表5-3）。培养前后POC含量的增加主要依赖于颗粒有机物质量占原土质量百分比的增加，培养后颗粒有机物质量占原土质量百分比的增量达到了10.49%~24.75%，从原土中分离出来的颗粒有机物中C含量相比培养前是减少的，减少量占原土颗粒有机物中碳含量的0.51%~11.04%。随种植年限的增加，各土层颗粒有机物中碳减少量均先减少后增加，且30 a生花椒林减少量在各层均显著高于17 a生花椒林（$P<0.05$）。这表明，土壤有机碳矿化过程促进了土壤颗粒有机物的形成，颗粒有机物中碳素的生物有效性与花椒种植年限有关。

4. 土壤有机碳矿化与土壤特性和活性有机碳含量的关系

对土壤有机碳累计矿化量与土壤特性、活性有机碳含量进行相关性分析，结果表明（表5-4），土壤有机碳累计矿化量与pH、C/N之间显著正相关（$P<0.05$），与POC含量增加值呈极显著正相关（$P<0.01$），与SOC的相关性未达到显著水平。这说明土壤有机碳累计矿化量与pH、C/N和POC含量增加值密切相关，但与有机碳和活性有机碳初始含量关系较弱。

表5-4　土壤有机碳累计矿化量与土壤特性和活性有机碳含量的相关性

相关系数	土壤有机碳	pH	C/N	易氧化有机碳 初始含量	易氧化有机碳 变化值	颗粒有机碳 初始含量	颗粒有机碳 变化值
92-CO_2-C[①]	0.303	0.342*	0.329*	0.291	0.161	0.199	0.472**

① 表示培养92天累计矿化量。

* 表示显著相关性（$P<0.05$）。

** 表示极显著相关性（$P<0.01$）。

5.2.3　讨论

1. 不同年限花椒林对土壤有机碳矿化的影响

不同年限花椒林土壤特性存在差异，对土壤有机碳矿化产生了不同的影响，其中，以pH最大、C/N最高的30 a生花椒林土壤矿化最快。pH影响着微生物的种类和活性（李顺姬等，2010），不同种类微生物适应的pH范围存在差异，在适应范围内pH的变动影响着微生物活性。碳、氮是组成微生物细胞的重要元素，土壤C/N影响土壤微生物的数量、活性及群落组成（王红等，2008）。本研究中，pH、C/N与有机碳累计矿化量显著正相关（表5-4），土壤中微生物种类及活性受其影响较大，进而影响土壤有机碳的矿化。喀斯特山区不同年限花椒林土壤特性对微生物种类和活性的影响机制还有待进一步研究。

土壤活性有机碳是土壤中不稳定、易氧化、易矿化，且对微生物有较高活性的那部分碳素，有研究表明，其含量与土壤有机碳矿化密切相关。如 Motavalli 等（1994）发现热带森林土壤有机碳矿化速率与土壤有机碳、溶解性微生物量碳、轻组有机碳表现为正相关。但本研究中，土壤活性有机碳 ROC、POC 初始含量与有机碳累计矿化量的相关性较弱，17 a 生花椒林土壤 ROC、POC 初始含量在花椒林中最高，但其有机碳累计矿化量低于 30 a 生花椒林。产生这种现象的原因可能有三个：①喀斯特山区 ROC 对有机碳矿化的贡献较小。ROC 虽为微生物有效碳源，但培养前后 ROC 减少量与有机碳累计矿化量的相关性较弱（表 5-4）。②颗粒有机物对有机碳的物理保护作用。随种植年限从 17 a 到 30 a，花椒林进入衰退期，土壤退化，土壤结构变差，颗粒有机物占土壤质量百分比减少了 25.49%～28.00%，受物理保护的有机碳暴露，增加了微生物可利用性碳含量，从而加速了微生物对土壤有机碳的矿化。土壤培养前后颗粒有机物中碳含量的减少量也证明了这一点。花椒林土壤颗粒有机物中碳含量减少最多的是 30 a 生花椒林，且在各层均显著高于 17 a 生花椒林（$P<0.05$）。③施肥管理措施对土壤微生物及有机碳的影响。人工施肥可能通过影响输入土壤中碳源物质的组成而影响土壤微生物的群落和区系（Kuzyakov and Roland，2006），进而影响土壤有机碳的矿化。另外，有机肥的施用可能使进入土壤中的有机碳与矿质颗粒形成有机-无机复合体，有利于腐殖质的积累（赵丽娟等，2006），促进土壤团聚体的形成，抑制土壤有机碳的矿化。处于盛产期的 17 a 生花椒林施肥量大于 5 a 和 30 a 生花椒林。进入衰退期后，花椒林土壤有机碳矿化明显高于其他时期，增加了 CO_2 的释放量，这将不利于土壤有机碳的积累和气候变暖的控制，通过合理适当的管理措施来增加土壤中颗粒态团聚体的含量有利于提高土壤有机碳的稳定性。

花椒种植对不同深度土壤有机碳矿化的影响不同。与已有研究相类似（黄宗胜等，2012），随土壤深度的增加，土壤有机碳累计矿化量呈减少趋势，减少幅度较小，这说明植被覆盖对土壤有机碳矿化的影响随土层的加深而减弱。相较于 0～15 cm 层、15～30 cm 层，只有 30～50 cm 层 30 a 生花椒林土壤有机碳累计矿化量显著高于 5 a、17 a 生花椒林，这可能与植物根系及其分泌物的分解和转化（Trumbore et al.，2006）有关。30 a 生花椒林属于花椒生长的衰退期，植物根系归还土壤，增加了 30～50 cm 层土壤中生物有效性碳。本研究中，土壤有机碳累计矿化量分配比以 15～30 cm 层最高，这可能是由两方面原因造成的：①适宜的环境、土壤的扰动以及非表层土壤在空气中的暴露对微生物产生了激发效应（姜发艳等，2011）；②受土壤有机碳与有机碳累计矿化量变化幅度的影响。0～15 cm 层土壤有机碳含量显著高于 15～30 cm 层（$P<0.05$），有机碳累计矿化量的变化相比有机碳的变化可以忽略不计，因此 15～30 cm 层土壤有机碳累计矿化量分配比高于 0～15 cm，30～50 cm 层低于 15～30 cm 层则是有机碳累计矿化量的减小幅度（7.00%～32.04%）大于土壤有机碳的减少幅度（2.96%～26.28%）造成的。

2. 种植花椒对土壤活性有机碳的影响

现有研究中，随林龄的增加，人工林对土壤有机碳及活性有机碳的影响规律不一。

谢涛等（2012）研究表明，在苏北沿海地区，随着杨树林龄的增加，SOC、微生物生物量碳和水溶性有机碳含量均先增大后减少，其中以15 a最大，4 a最小；但李平等（2011）研究苏南丘陵不同林龄杉木林时发现，随林龄的增加，SOC、ROC和水溶性有机碳含量均表现为先降低后增加。研究区域、土壤性质、树木品种及树龄都可能影响土壤有机碳和活性有机碳含量。本研究中，随花椒种植年限的增加，0～15 cm层、15～30 cm层ROC、POC均先增加后减少。其原因可能是花椒种植前期植物凋落物数量少，施肥量适中，有机质来源较少，随着种植年限增加至盛产期，凋落物逐渐增多，施肥量增加，增加了土壤有机质的来源，加之团聚体对有机碳的保护作用和较低的矿化作用，促进了土壤有机碳的积累，增加了活性有机碳含量。随着花椒林进入衰退期，人工施肥减少，大团聚体减少，土壤有机碳受到的物理保护作用减弱，活性有机碳最先矿化流失，含量减少（Hassink，1995）。然而30～50 cm层SOC、ROC和POC含量随种植年限的增加则先降低后增加，这可能与植物根系（张金等，2012）有关。植物根系是30～50 cm层土壤有机碳的主要来源。随花椒种植年限的增加，为满足自身所需养分，根系快速生长，吸收土壤养分，致使土壤有机碳含量减小，同时也降低了活性有机碳含量；当花椒林进入衰退期，根系衰老腐化增加了有机碳输入量，促进了有机碳和活性有机碳的积累。长期种植花椒可能会使0～15 cm层、15～30 cm层土壤质量有一定的退化，但对于30～50 cm土层土壤而言，则有利于土壤有机碳储存。

在室内恒温恒湿培养下，随种植年限的增加，土壤POC培养前后的增加量呈递增趋势，这说明在适宜的环境下，种植花椒能增加喀斯特地区土壤POC的含量。联系本研究测定的土壤有机碳含量变化规律，我们发现随种植年限的增加，0～15 cm层、15～30 cm层土壤POC呈先增加后减少的变化趋势，出现这种差异可能是多变的环境因素、施肥状况和土壤有机碳含量及矿化作用等共同影响的结果。在自然状态下，合理调控影响土壤POC含量的因素可以作为恢复喀斯特山区土壤质量的有效措施之一。

5.2.4 结论

各林型土壤有机碳累计矿化量从高到低分别为：30 a生花椒林＞乔木林＞5 a生花椒林＞17 a生花椒林。各花椒林土壤有机碳累计矿化量分配比高于乔木林，表明人工林植被恢复的固碳能力较自然林要弱；随花椒种植年限增加，土壤有机碳累计矿化量分配比表现为0～15 cm层、15～30 cm层先减少后增加，深层（30～50 cm层）逐渐增加，种植花椒能在一定时期内增加土壤有机碳的稳定性，但长期种植则会降低土壤有机碳的稳定性，不利于土壤有机碳的积累。

随花椒种植年限的增加，土壤ROC和POC含量在0～15 cm层、15～30 cm层先增加后减少，在30～50 cm层则先减少后增加，表明花椒种植前期有利于0～15 cm层、15～30 cm层活性有机碳的增加，深层（30～50 cm层）活性有机碳含量的增加则需依靠长期植被恢复。

土壤有机碳矿化的影响因素纷繁复杂，喀斯特地区花椒林土壤有机碳的矿化量与土壤pH和C/N显著正相关，与POC培养前后的变化值极显著正相关。另外，土壤微生物和施肥状况也可能是影响喀斯特地区土壤有机碳矿化的重要因素。

5.3 花椒种植对喀斯特山区土壤有机碳拟合方程及化学组分稳定性碳的影响

土壤碳库是陆地生态系统中最大的碳库（Post and Kwon，2000），据估计，地球表层 1 m 土壤中约含有机碳储量 15 Pg，约为大气 CO_2 含量的 2 倍，其 0.1％的变化也将会导致大气 CO_2 含量发生百万分之一的变化（Eswerran et al.，1993），从而影响全球气候变化。因此，土壤有机碳动态变化研究对全球碳循环以及当前气候变化有着极其重要的意义。

土壤中有机碳保持稳定的机制有三种（Margirt et al.，2006），一是来自土壤团聚体的物理保护，土壤团聚体的存在阻断了微生物及酶接触有机碳的途径，形成了空间隔离保护机制；一是来自有机碳自身分子的抗生物化学氧化特性的保护；第三是有机碳与矿物质、金属离子相互作用，形成较难分解的物质，从而使有机碳储存在土壤中。现有研究中通过物理分级研究土壤有机碳动态的成果已较多（廖洪凯等，2015；王雪芬等，2012），从化学角度区分有机稳定碳的研究也正被关注。现有研究中常用的化学分离方法是通过化学试剂处理分离出稳定性碳，主要采用的化学试剂有 $Na_2S_2O_8$、H_2O_2、HF。$Na_2S_2O_8$ 处理能分离出较为均匀的有机碳稳定组分（Margirt et al.，2007），H_2O_2 处理则能分离出功能性消极碳组分（Margirt et al.，2007），有研究表明 H_2O_2 处理剩余物中的有机碳在空间上难以接近，与 Fe 氧化物相互作用而更加稳定（Margirt et al.，2008）。HF 处理则是通过破坏矿质结构，将与矿质结合的有机碳释放出来，测定溶解性碳来确定与矿质结合态的含量（Eusterhues et al.，2003）。现有研究中，不同地区化学组分稳定碳含量及影响其含量的因素方面的研究较多（Lorenz et al.，2009；2011），但就化学组分稳定性碳与有机碳矿化之间关系的研究却较少。有机碳矿化是微生物将土壤有机碳彻底分解从而释放 CO_2 的过程，有机碳中稳定组分能否被微生物利用，或哪种稳定组分对微生物响应较敏感，这都有可能成为影响土壤有机碳矿化的因素。

本研究以不同种植年限的花椒林和乔木林为研究对象，研究花椒种植对土壤有机碳矿化方程拟合和化学组分稳定性碳的影响，探讨花椒种植对土壤有机碳矿化方程拟合和化学组分稳定性碳的影响机制，以及化学组分稳定性碳与有机碳矿化之间的联系，以期为探讨喀斯特山区花椒林土壤有机碳的动态趋势提供理论依据。

5.3.1 材料与方法

1. 研究区概况

见 5.2.1 材料与方法中 1. 研究区概况。

2. 样品采集

见 5.2.1 材料与方法中 2. 样品采集。

3. 分析方法

土壤有机碳矿化采用室内恒温培养、碱液吸收法（文孝启，1984；王雪芬等，2012）。

$Na_2S_2O_8$ 处理残留 OC（Kasel and Bennett，2007）：称取过 2 mm 筛风干土 0.3 g，使其分散在装有 150 mL 去离子水的锥形瓶（250 mL）中，加入 12 g $Na_2S_2O_8$ 与土壤反应，再加入 13.2 g $NaHCO_3$ 作为缓冲剂，然后将锥形瓶 80℃ 放置 2 d，用 0.45 μm 的滤膜过滤，去离子水清洗两次。残留物 40℃ 烘 3 d，称重，磨细样品过 0.25 mm 筛，装袋备用。

H_2O_2 处理残留 OC（Kasel and Bennett，2007）：称取过 2 mm 筛风干土 1 g 于 50 mL 离心管中，加入 30% 的 H_2O_2 5 mL，45℃ 下放置 16 h，然后以 1000 r/min 离心 10 min，去掉悬浮物，氧化处理重复 4 次，残留物用去离子水清洗 3 次，40℃ 烘 3 d，称重，磨细样品过 0.25 mm 筛，装袋备用。

HF 处理溶解 OC（Kasel and Bennett，2007）：称取过 2 mm 筛风干土 1 g 于 50 mL 离心管中，加入 10% 的 HF 10 mL，手摇 10 s，室温下放置 15 h，然后以 1000 r/min 离心 10 min，去掉悬浮物，氧化处理重复 2 次，残留物用去离子水清洗 6 次，用 0.45 μm 的滤膜过滤，40℃ 烘 3 d，称重，磨细样品过 0.25 mm 筛，装袋备用。

4. 数据处理

试验数据运用 Excel 2003 和 SPSS 18.0 软件进行处理，双指数模型采用 nonlinear 法，差异显著性检验（$P<0.05$）采用 one-way ANOVA 和 LSD 法，相关性分析用 Pearson 法。

5.3.2 结果与分析

1. 4 种林型土壤有机碳矿化模型拟合特征

土壤有机碳矿化测定数据与双指数模型拟合很好，相关系数达到了 0.958~1.000（表 5-5），表明双指数模型能较好的拟合出喀斯特山区花椒林和乔木林的矿化动态特征。

方程参数 C_0 和 C_s 分别表示活性和缓效性的矿化碳库，结果表明活性矿化碳库相对较小，相当于缓效性矿化碳库的 1.57%~29.46%。随着土壤深度的增加，4 种林型 C_0 和 C_s 的变化规律相反。花椒林 C_0 随着土壤深度的增加递增，C_s 则表现出递减趋势，乔木林 15~30 cm 层的 C_0 是最低的，但 C_s 则最高。17 a 生花椒林、30 a 生花椒林在 30~50 cm 层的 C_0 显著高于 0~15 cm 层的，分别是 0~15 cm 层 C_0 的 5.45 倍、1.71 倍，17 a 生花椒林的 C_s 在 0~15 cm 层则显著高于 30~50 cm 层，是 30~50 cm 层 C_s 的 2.55 倍。随着花椒种植年限的增加，0~15 cm 层、15~30 cm 层的 C_0 呈增加趋势，且 5 a 生花椒林和 17 a 生花椒林的 C_0 分别是乔木林的 21.08%、23.53%，5 a

生花椒林的 C_0 是 30 a 生花椒林的 32.11%，均达到显著差异水平，30～50 cm 层 C_0 则表现为先增加后减少，17 a 生花椒林的 C_0 显著高于 5 a 生花椒林。随着花椒种植年限的增加，C_s 在 0～15 cm 层、15～30 cm 层、30～50 cm 层上均表现为先减少后增加，同层次各林型 C_s 的差异均未达到显著水平。

方程参数 k_0 和 k_s 分别表示活性和缓效性碳库的矿化速率常数。从表 5-5 可知，各林型不同土壤深度下，k_0 的波动变化较大，特别是 17 a 生花椒林，其 0～15 cm 层的 k_0 分别是 15～30 cm 层、30～50 cm 层的 2.65 倍、26.30 倍，均达到了显著差异水平。k_s 的波动变化较小，只有乔木林的 0～15 cm 层和 30～50 cm 层达到了显著差异水平，相差 1.40 倍。随着土壤深度的增加，除 17 a 生花椒林外，其他林型的 k_s 均呈递减趋势，k_0 变化规律不明显。随着花椒种植年限的增加，0～15 cm 层、15～30 cm 层的 k_0 先增加后减少，30～50 cm 层则表现为先减少后增加，3 土层 k_s 的变化趋势规律性不强，0～15 cm 层、15～30 cm 层以 30 a 生花椒林最高，均显著高于 5 a 生、7 a 生花椒林，30～50 cm 层则以 17 a 生花椒林的最高。

表 5-5　各林型土壤有机碳矿化的双指数方程参数

林型	深度/cm	C_0/(mg/kg)	k_0/d^{-1}	C_s/(mg/kg)	k_s/d^{-1}	R^2
PO-5	0～15	4.30±1.27c	8.32±6.59b	273.44±49.96	0.014±0.005b	0.995～0.998
	15～30	11.58±3.57	10.99±9.18	194.36±66.85	0.014±0.000c	0.992～0.998
	30～50	11.19±1.96b	9.72±7.45	168.10±109.80	0.013±0.003	0.981～0.997
PO-17	0～15	4.80±3.20Bbc	36.29±8.9Aa	226.63±42.55A	0.013±0.002b	0.976～0.998
	15～30	15.91±6.43AB	13.71±6.38B	162.34±11.99AB	0.017±0.002bc	0.992～0.997
	30～50	26.14±6.99Aa	1.38±0.33B	88.74±22.93B	0.024±0.007	0.958～0.998
PO-30	0～15	13.39±1.58Bab	19.48±6.63ab	235.41±12.22	0.025±0.002a	0.997～1.000
	15～30	21.12±1.20AB	1.61±0.48	221.81±10.91	0.025±0.001a	0.998～0.999
	30～50	22.95±4.13Aab	9.36±8.44	211.56±35.33	0.023±0.002	0.994～0.999
FL	0～15	20.40±7.67a	17.99±8.5ab	196.42±19.11	0.021±0.003Aab	0.995～0.998
	15～30	14.36±0.57	15.13±6.03	201.62±23.32	0.019±0.001ABb	0.992～0.999
	30～50	17.18±1.92ab	10.11±6.4	199.80±16.37	0.015±0.001B	0.995～0.998

注：表中 PO-5、PO-17、PO-30、FL 分别代表 5 a、17 a、30 a 生花椒林和乔木林地；不同小写字母代表不同林型同深度的显著差异（$P<0.05$），不同大写字母代表同种林型不同深度的显著差异（$P<0.05$）；下同。

2. 4 种林型土壤化学组分碳含量特征

4 种林型 $Na_2S_2O_8$ 残留物中的 OC 含量在 16.45～31.17 g/kg 范围内，占到了土壤总 SOC 的 76%～98%（表 5-6）。$Na_2S_2O_8$ 残留物 OC 含量以乔木林最高，在各层均显著高于 5 a 生、17 a 生花椒林，在 0～15 cm 层、30～50 cm 层显著高于 30 a 生花椒林，但其所占土壤总 SOC 的百分比最低，除了在 0～15 cm 层与 17 a 生花椒林不存在显著差异外，其他各层均显著低于 3 种花椒林。随着土壤深度的增加，$Na_2S_2O_8$ 残留物 OC 含量表现为递减趋势，其占土壤总 SOC 的百分比则出现了增加趋势。随着花椒种植年限的增加，$Na_2S_2O_8$ 残留物 OC 含量在 0～15 cm 层、15～30 cm 层增加，30～50 cm 层先减少后增加，在 15～30 cm 层、30～50 cm 层，30 年生花椒林的 $Na_2S_2O_8$ 残留物 OC 含量均显著高于 17 a 生花椒林。随着花椒种植年限的增加，$Na_2S_2O_8$ 残留物 OC 占 SOC 的百分比在 0～15 cm 层、15～30 cm 层先减少后增加，30～50 cm 层先增加后减少。

4 种林型 H_2O_2 残留物中的 OC 含量在 4.13～7.67 g/kg 范围内，占到了土壤总 SOC 的 16%～40%。H_2O_2 残留物中的 OC 含量在 0～15 cm 层、15～30 cm 层以 30 a 生花椒林最高，在 30～50 cm 层则以 17 a 生花椒林最高，两种林型在各层均显著高于含量最低的 5 a 生花椒林。H_2O_2 残留物 OC 占 SOC 的百分比在 0～15 cm 以 30 a 生花椒林最高，在 15～30 cm 层、30～50 cm 层则以 17 a 生花椒林最高。随花椒种植年限的增加，H_2O_2 残留物中的 OC 含量及其所占 SOC 的百分比在 0～15 cm 层均表现为增加趋势，在 30～50 cm 层则先增加后减少，在 15～30 cm 层，H_2O_2 残留物中的 OC 含量表现为增加趋势，其所占 SOC 百分比则先增加后减少。随土壤深度的增加，17 a 生花椒林 H_2O_2 残留物中的 OC 占 SOC 的百分比在 15～30 cm 层、30～50 cm 层显著高于 0～15 cm 层，各林型 H_2O_2 残留物 OC 及其所占 SOC 的百分比规律表现不一致。

4 种林型 HF 溶解性 OC 含量在 6.40～10.84 g/kg 范围内，占到了土壤总 SOC 的 21%～45%。HF 溶解性 OC 含量及其所占 SOC 的百分比均以 17 a 生花椒林最高。17 a 生花椒林 HF 溶解性 OC 含量在 0～15 cm 层、15～30 cm 层均显著高于 5 a 生花椒林，其所占 SOC 的百分比则在 0～15 cm 层、30～50 cm 层显著高于 30 a 生花椒林和乔木林。随着土壤深度的增加，3 种花椒林 HF 溶解性 OC 含量大体表现为递减的趋势，其所占 SOC 的百分比则呈现递增趋势，乔木林 HF 溶解性 OC 含量及其所占 SOC 的百分比都表现为递减。随着花椒种植年限的增加，HF 溶解性 OC 含量及其所占 SOC 的百分比规律一致，均为先增加后减少。

表 5-6 $Na_2S_2O_8$、H_2O_2 残留物 OC 含量和 HF 溶解性 OC 含量及其所占 SOC 的百分比

林型	深度/cm	$Na_2S_2O_8$ 残留物 OC/(g/kg)	SOC/%	H_2O_2 残留物 OC/(g/kg)	SOC/%	HF 溶解物 OC/(g/kg)	SOC/%
PO-5	0～15	21.05±1.84b	90.4±1.9a	4.63±0.15b	19.9±1.3bc	7.05±0.43b	30.4±0.7ab
	15～30	17.70±0.19b	92.7±1.9ab	4.13±0.15c	21.7±1.1b	6.40±0.47b	33.5±2.7
	30～50	18.91±1.02bc	94.4±0.9a	4.20±0.33b	20.7±1.8b	6.89±0.62	35.3±3.2b
PO-17	0～15	23.97±0.87Ab	77.0±3.5Cbc	7.21±0.41a	23.1±0.7ab	10.84±1.80a	34.1±2.8a
	15～30	19.51±0.90Bb	87.8±1.1Bb	7.45±0.73a	34.1±5.5a	9.20±1.17a	41.8±6.7
	30～50	16.45±1.32Bc	97.5±1.1Aa	6.41±0.59a	40.1±6.9a	7.51±1.14	45.3±4.0a
PO-30	0～15	24.69±1.29b	86.4±4.2ab	7.59±0.83a	26.6±2.9a	7.92±0.10Aab	27.7±0.4bc
	15～30	22.42±1.13a	94.7±1.3a	7.67±0.08a	32.5±1.1a	6.88±0.27ABb	29.1±1.3
	30～50	21.39±0.76ab	89.5±2.6a	6.33±0.13b	27.8±1.6b	6.63±0.50B	28.9±1.5bc
FL	0～15	31.17±0.91Aa	76.1±1.5c	6.50±0.49a	15.9±1.1Bc	10.05±0.51Aab	24.5±1.1Ac
	15～30	24.67±0.73Ba	78.9±2.4c	5.61±0.23b	18.0±1.0ABb	7.22±0.33Bab	23.1±1.1AB
	30～50	24.26±0.79Ba	80.1±2.6b	5.93±0.32a	19.6±1.1Ab	6.45±0.11B	21.3±0.4Bc

3. 土壤有机碳累计矿化量、矿化模型参数以及化学组分碳之间的关系

对土壤有机碳累计矿化量、矿化模型参数以及化学组分碳之间进行相关性分析，结果表明（表 5-7），土壤有机碳累计矿化量与矿化模型参数 C_s 极显著正相关，与 $Na_2S_2O_8$、H_2O_2 处理后残余物中的 OC 含量显著正相关，C_0 和 k_s 分别与 H_2O_2 处理后残余物中的 OC 含量及其占 SOC 含量的百分比呈显著或极显著正相关，k_0 与 HF 处理后溶解性 SOC 含量具有显著正相关性，与 $Na_2S_2O_8$ 处理后残余物中的 OC 含量占 SOC 含量的百分比显著负相关。

表 5-7 土壤有机碳累计矿化量、矿化方程参数、化学组分稳定性碳之间的相关性（$n=36$）

	CO_2-C	$Na_2S_2O_8$ 残留物		H_2O_2 残留物		HF 溶解物	
		OC/(g/kg)	SOC/%	OC/(g/kg)	SOC/%	OC/(g/kg)	SOC/%
CO_2-C	1	0.416*	−0.072	0.356*	−0.020	0.119	−0.261
C_0	0.136	−0.045	0.247	0.378*	0.557**	−0.118	0.083
k_0	0.151	0.302	−0.422*	0.094	−0.272	0.347*	−0.102
C_s	0.792**	0.302	−0.043	0.026	−0.240	0.124	−0.175
k_s	0.256	0.089	0.046	0.747**	0.459**	−0.080	−0.103

注：CO_2-C 分别表示培养 92 d 累计矿化量；* 表示显著相关性（$P<0.05$）；** 表示极显著相关性（$P<0.01$）。

目前，已有较多的研究利用数学方程模型来反映土壤有机碳矿化的动态变化。如王宪伟等（2010）采用二元动力学方程分析冻土湿地泥炭有机碳矿化随温度和时间的动态变化；李霞等（2014）采用一级反应动力学方程研究了不同磷肥水平下水稻土有机碳矿化的特征；Arevalo 等（2012）采用一元直线方程较好地拟合了不同土地利用类型下土壤有机碳 30~370 d 的矿化数据。虽然现有研究成果众多，但目前还没有普遍适用的方程，Alvarez 和 Alvarez（2000）为了探究广适的方程，对不同管理方式（牧场和农田）、不同耕作系统、不同作物循环及不同采样深度的土壤有机碳矿化数据采用了单指数方程、双曲线方程、双指数方程、指数＋常数方程和指数＋直线方程进行了拟合，从适用性看，单指数方程最好，从拟合效果来看，双指数方程好于单指数方程。本研究对不同种植年限不同采样深度的花椒林土壤有机碳矿化数据进行了方程拟合，适用性和效果最好的是双指数方程。这说明土壤类型的差异和影响因素的差异对于土壤矿化模型的拟合有一定的影响。

经双指数方程拟合发现，活性碳库较缓效性碳库小，但活性碳库的周转速率较缓效性碳库要高，这与王宪伟等研究类似。杨添等（2014）在研究天然林土壤有机碳的矿化特征时也采用了双指数方程，其拟合计算出的活性碳库含量与有机碳累计矿化量相差不大，这与本研究结果不一样。本研究中，与有机碳累计矿化量相差较小的是拟合计算出的缓效性碳库含量，这可能与土壤微生物群落及其分解利用的碳元素组分有关。不同的土壤环境会形成不同的微生物群落及多样性（龙健等，2005），喀斯特山区花椒林土壤

中土壤微生物种类可能在分解利用缓效性碳方面比较有优势。C_s 与有机碳累计矿化量之间的显著相关性（表 5-7）也说明了缓效性碳库对有机碳矿化的重要影响。

随花椒种植年限的增加，双指数方程中各参数的变化规律各有不同。随花椒种植年限的增加，C_s 表现为先减少后增加，这可能是受花椒生长规律的影响。花椒的生长期和盛果期需要吸收大量的营养元素，除了人工施肥之外，土壤有机质的矿化是为植物提供营养的重要途径，与有机碳累计矿化量显著相关的缓效性碳库则可能是矿化的主要碳素，从而加快缓效性碳的消耗，降低了缓效性碳库含量。30 a 生花椒林处在花椒树生长的衰退期，植物所需营养元素减少，部分根系归还土壤（何腾兵等，2000），这给土壤有机碳库的储存提供了条件，有利于缓效性碳的增加。随花椒种植年限的增加，C_0 在 0~15 cm 层、15~30 cm 层逐渐增加，在 30~50 cm 层则先增加后减少，k_0 在 0~15 cm 层、15~30 cm 层先增加后减少，在 30~50 cm 层则先减少后增加，C_0 与 k_0 呈极显著的负相关（$R=-0.648$），这可能与有机碳的活性组分和含氮量（罗友进等，2010）有关。k_s 随花椒种植年限的增加变化规律不明显，这可能与 pH 值有关，k_s 与 pH 的相关性达到了显著水平，pH 对 k_s 的影响可能是通过影响土壤各层微生物的群落与多样性来表现，具体的影响机制有待进一步探讨。

花椒种植对不同土层深度土壤有机碳的拟合参数也有影响。随土壤深度的增加，花椒林矿化拟合参数 C_0 表现为增加的趋势，而 C_s 则为减少的趋势，产生这一现象的可能原因有 3 个：①土壤有机碳的影响，由相关分析证实，土壤有机碳含量与 C_s 呈极显著正相关（$R^2=0.537$），与 C_0 显著负相关（$R^2=-0.438$）；②土壤微生物对活性碳与缓效性碳利用能力的影响，由有机碳累计矿化量与 C_s 的显著相关性可知，土壤中微生物对缓效性碳库的利用优先于活性碳库；③活性碳库与缓效性碳库来源的影响（沈宏等，1999；杨添等，2014）

$Na_2S_2O_8$ 残留物 OC 是经 $Na_2S_2O_8$ 处理后留下来的未被氧化的稳定性碳，研究结果表明，其在乔木林的含量最高，且显著高于 5 a 生、7 a 生花椒林，但其占 SOC 的百分比则最低，这主要是受 SOC 的影响，$Na_2S_2O_8$ 残留物 OC 含量与 SOC 的相关性达到了极显著水平（$R^2=0.955$）。随土壤深度的增加，$Na_2S_2O_8$ 残留物 OC 含量递减，其占 SOC 的百分比则递增（30 a 生花椒林除外），这与 Lorenz 等（2008）等研究结果类似，但也有研究表明（Lorenz et al.，2006），$Na_2S_2O_8$ 残留物 OC 占 SOC 的百分比并不一定会随着土壤深度的增加而增加，这可能与土壤有机碳中木炭或黑炭含量（Bruun et al.，2008）以及生物扰动（Czimczik and Masiello，2007）有关。随花椒种植年限的增加，$Na_2S_2O_8$ 残留物 OC 占 SOC 的百分比在 0~15 cm 层、15~30 cm 层先降低后升高，在 30~50 cm 层则相反，这可能与土壤有机碳化学组成和土壤物理保护机制（Eusterhues et al.，2003）有关。化学组分碳被氧化的难易程度影响着有机碳的稳定性，团聚体的存在能阻隔氧化物对有机碳的氧化作用，从而起到保护作用。0~15 cm 层、15~30 cm 层，随花椒种植年限的增加，活性碳分配比先增加后降低，30~50 cm 层，17 a 生花椒林活性碳库分配比最低，其颗粒有机碳分配比则最高（周焱，2009；魏亚伟等，2011；闫俊华等，2011）。

H_2O_2 处理是分离功能性消极碳较适宜的一种方法（Margit et al.，2007），处理后的残留物有机质中聚甲基类物质占主导,可能来源于自然界中软木脂和维管束植物的部分组分(Eusterhues et al.,2005),同时残留物中也包含了含氮组分、木炭、褐煤等(Schmidt et al.,1999a)。另外,残留物中最难被氧化的成分是烷烃基碳组分(Leifeld and Kogel-Kanbner,2001)。本研究中,H_2O_2 残留物 OC 及其占 SOC 百分比在 0～15 cm 层以 30 a 生花椒林最高,在 30～50 cm 层则以 17 a 生花椒林最高,这可能与剖面有机碳化学组分有关。30 a 生花椒林处在花椒衰退期,植物枯枝落叶较多,其腐化分解后返还给土壤的碳素能被 H_2O_2 氧化的较少(Eusterhues et al.,2005),从而增加了不能被 H_2O_2 氧化的稳定性碳。17 a 生花椒林在 30～50 cm 层最高可能与土壤中黑炭等稳定性碳含量及 Fe 氧化物与矿质元素相互作用有关(Eusterhues et al.,2005)。另外,微小团聚体有机碳的保护也可能是被 H_2O_2 氧化较少的一个因素(Mikutta et al.,2005),在 30～50 cm 层,17 a 生花椒林土壤颗粒有机碳的分配比是最高的。

HF 处理是通过破坏硅氧键将与有机矿物结合的有机质释放的处理方法,通过 HF 处理可以进一步研究有机质与矿物质结合的方式,以及与有机矿物质结合碳的稳定性。本研究发现,随土壤深度的增加,3 种花椒林 HF 溶解性碳含量均减少,其占 SOC 的百分比则增加,这与 Eusterhues 等(2003)等研究结果类似。随花椒种植年限的增加,HF 溶解性碳含量及其占 SOC 的百分比均呈现了先增加后减少的趋势,产生这种现象的原因可能是因为活性有机碳的影响,经相关性分析,易氧化有机碳与颗粒有机碳均与 HF 溶解性碳达到了极显著相关水平($r=0.532$,$r=0.609$,$n=27$),且在 0～15 cm 层、15～30 cm 层易氧化有机碳和颗粒有机碳也是先增加后减少的趋势,活性有机碳对 HF 溶解性碳的影响可能与不溶于 HF 的有机碳(Eusterhues et al.,2007)有关。也可能与根系分泌物有关,17 a 生花椒林处在盛果期,根系需要分泌大量物质配合根系对营养物质的吸收,这为矿物质与有机质的结合提供了黏合剂。^{14}C 的活性程度也可能是影响 HF 溶解性碳的因素,Eusterhues 等(2003)等研究表明,^{14}C 的活性越低,意味着旧碳比例越高,与土壤中的矿物成分结合就越紧密,HF 能溶解释放的有机碳相对就越少。另外,Fe 氧化物的存在形式也可能影响到 HF 溶解性碳(Lorenz et al.,2009)。^{14}C 的活性和 Fe 氧化物在花椒林土壤中对 HF 溶解性碳的影响还有待进一步研究。

从表 5-7 可知,土壤有机碳累计矿化量与 $Na_2S_2O_8$ 残留物 OC、H_2O_2 残留物 OC 均达到了显著相关水平,但是与易氧化有机碳的相关性较弱,这说明喀斯特山区这 4 种林地的可矿化物质较为稳定,这可能与土壤环境下形成的微生物群落有关,不同的微生物群落对不同底物具有不同的利用能力(Blume et al.,2002),本研究样地中微生物对于缓效性碳的利用能力较强。H_2O_2 残留物 OC 对有机碳矿化的影响可能体现在对 C_0 和 k_s 的影响上,通过为微生物提供可利用性碳来加快缓效性碳矿化速率,也可能为 C_0 提供来源。HF 溶解性碳与 k_a 存在显著相关性,这可能与矿质结合物质表面吸附的活性有机碳含量有关,HF 溶解性碳多,说明矿质结合态物质表面存在活性有机碳较多,被微生物分解的活性碳也可能较多,从而增加了活性碳库的矿化速率。

5.3.3 结论

双指数方程能较好地拟合研究样地的有机碳矿化数据,反映了花椒林和乔木林的有机碳动态变化，土壤有机碳矿化优先利用缓效性碳，活性碳含量明显少于缓效性碳，但活性碳速率快于缓效性碳。随花椒种植年限的增加，C_s呈先减少后增加的趋势，随土层深度的增加，C_s在花椒林中递减。

3种化学处理稳定性碳对花椒种植的响应各有不同。$Na_2S_2O_8$残留物 OC 含量以乔木林最高，其占 SOC 的百分比最低。随花椒种植年限的增加，$Na_2S_2O_8$残留物 OC 含量占 SOC 的百分比在0~15 cm层、15~30 cm 层先减少后增加，30~50 cm 层正好相反。这说明短期种植花椒有利于30~50层抗$Na_2S_2O_8$氧化碳的储存，长期种植则有利于0~15 cm 层、15~30 层抗$Na_2S_2O_8$氧化碳的储存。H_2O_2残留物 OC 含量及其占 SOC 百分比在0~15 cm 层以30 a 生花椒林最高，在30~50 cm 层则以17 a 生花椒林最高。这说明花椒种植增加了H_2O_2残留物 OC 含量，同时影响了H_2O_2残留物 OC 在剖面上的分配。HF 溶解性 OC 含量及其占 SOC 的百分比均以17 a 生花椒林最高，这说明花椒种植年限影响着土壤中矿质结合态碳含量的变化。

花椒种植对不同深度各化学处理稳定性碳影响不同。随土层深度的增加，$Na_2S_2O_8$残留物 OC 含量占 SOC 的百分比递增，这说明下层土壤较上层抗$Na_2S_2O_8$氧化能力强。随土层深度的增加，花椒林土壤 HF 溶解性 OC 含量及其占 SOC 的百分比递增。

土壤有机碳累计矿化量受$Na_2S_2O_8$残留物 OC、H_2O_2残留物 OC 影响较大。

5.4 凋落物输入对不同植被类型土壤有机碳矿化及活性有机碳的影响

地上凋落物是指植物在生长发育过程中新陈代谢的产物，一般包括枯枝落叶或有机碎屑（郭剑芬等，2006）。有文献报道，在陆地生态系统中，90%以上的地上部分净生产量通过凋落物的方式返还地表（Loranger et al.，2002）。土壤凋落物的分解是土壤碳库的重要来源途径之一，对生态系统碳循环起着极其重要的作用（Margit et al.，2001）。凋落物分解的影响因素很多，包括凋落物归还量及其化学性质、树种结构和林龄、气候条件、土壤微生物群落、植被类型等（吴庆标等，2006）。土壤凋落物的输入对土壤影响最早、最显著的是土壤的活性碳（黄靖宇等，2008）。活性碳是土壤碳素中受微生物影响强烈、易氧化、易矿化的较小部分，对外界环境响应敏感。王清奎等（2007）研究发现，凋落物的输入增加了微生物碳和可落溶性有机碳含量，凋物性质的不同对土壤活性有机碳的影响存在差异。王春阳等（2010）在研究黄土高原凋落物时也发现，凋落物的分解能增加可溶性有机碳的含量。可溶性有机碳含量和组成结构变化的同时会刺激土壤微生活性的变化（Chantigny et al.，2002）。土壤有机碳的矿化则是指微生物分解土壤有机质释放CO_2的过程，影响微生物的因素也可能是影响有机碳矿化的因素，凋落物输入通过影响可溶性有机碳的含量与组成能对微生物产生影响，因此凋落物输入也可能是影响有机碳矿化的因素。史学军等（2009）采用凋落物与土壤混合进行矿化培养的方式研究发现，不同类型凋落物对土壤有机碳矿化产生了显著影响。王嫒华等（2011）在研究稻草归还水田和旱地土壤时发现，稻草还田抑制了原有有机碳的降解。喀斯特山区不同植被类型凋落物输入对土壤有机碳矿化的研究却很少见。本研究选取喀斯特山区典型石漠化治理示范区内原生乔木林、次生乔木林、灌丛和荒草地为研究对象，先进行凋落物分解实验，然后采集凋落物输入后土壤研究不同植被类型土壤有机碳的矿化特征和活性有机碳含量，探讨凋落物后对土壤有机碳矿化和活性有机碳的影响，以期为喀斯特地区凋落物输入对有机碳动态变化提供理论依据。

5.4.1 材料与方法

1. 研究区概况

研究区位于贵州省安顺市普定县中国科学院普定喀斯特生态系统观测研究站试验示范区，地理位置为26°22′~26°23′N，105°45′~105°46′E，该地区地势较高，海拔为1140~1180 m。气候属于北亚热带季风湿润气候与中亚热带季风湿润气候的交汇区，因此气候温和，年平均气温为15.1℃，年平均降水量1390 mm。地貌为峰丛山地和丘陵地区，成土母质为石灰岩与白云岩的过渡层，故土壤多为石灰土和黄壤土，且石漠化情况较为严重，植被类型属于亚热带常绿阔叶林，植物种类丰富，更保留部分极少人为干扰的原生林区。

2. 样品采集

2013年10月，选取荒草地、灌丛、次生乔木林和原生乔木林作为研究样地，在每一样地收集足够的地表凋落物充分混合后装入自封袋。同时，在每个样区收集有代表性的植物叶1~2种分别装入自封袋。带回实验室后60℃烘干待用。在收集凋落物的样区内分别采集20kg左右土壤，剔除土样中可见的土壤动植物残体，带回实验室用作凋落物培养实验，以及有机碳、有机氮等基本理化性质的测定。研究区的基本情况见表5-8。

表5-8 不同植被类型样地的基本情况

样地	纬度/N	经度/E	海拔/m	SOC/(g/kg)	全氮/(g/kg)	容重/(g·cm³)	pH	C/N	主要植物种类
荒草地	26°22′6.34″	105°45′5.96″	1174.5	21.24	2.09	1.33	7.25	10.24	长茅草等
灌丛地	26°22′1.58″	105°45′10.23″	1166.5	21.46	2.26	1.45	7.12	9.58	小构树、石岩枫、李子树等
次生林	26°22′0.63″	105°45′3.60″	1171.3	34.77	3.33	1.09	7.53	10.74	梓树、楝树、喜树等
原生林	26°22′15.62″	105°45′4.17″	1160	97.13	9.35	0.72	7.65	11.44	香椿、油桐、板栗、鹅掌柴等

3. 培养方法

凋落物培养实验采用凋落物网袋法。凋落物准备：将收集的凋落物60℃烘干，粉碎过 1 mm 筛，然后分别称取混合凋落物 5 g、单一凋落物 4 g（灌丛为 2 g）放入尼龙袋中，每种凋落物准备 9 份，贴上对应标签。尼龙袋规格是：长 15 cm，宽 10 cm，网眼大小为 0.5 mm。单一凋落物：原生林选用了香椿和油桐，次生林选用了 cl 和梓树，灌丛选用了李子树和小构树，荒草地以长茅草占绝对优势，取 5 g 放入尼龙袋中进行实验。培养实验：将凋落物尼龙袋以 3×3 模式（3 个阶段，3 个重复）放入长 44 cm、宽 20 cm、高 14 cm 的装有土壤的塑料盆中（尽量保证尼龙袋被土壤包围），塑料盆中的凋落物与土壤均来自相同的样地，调节水分至田间持水量的 50%，在 25℃ 下进行恒温培养，同时以各样地不加凋落物土壤作为对照。在培养实验开始后第 1 个月、第 4 个月、第 8 个月时每种凋落物类型均取出 3 份凋落物，冲洗干净，60℃ 烘干，称重，计算损失质量，并测定凋落物的碳、氮含量。

土壤有机碳矿化采用室内恒温培养、碱液吸收法（王雪芬等，2012；严毅萍等，2012）。称取凋落物培养后土样 35 g 于 50 mL 塑料瓶中，调节水分至其田间持水量的 50%，将该塑料瓶与装有 20 mL 无 CO_2 蒸馏水的塑料瓶（维持空气的饱和湿度），以及装有 10 mL 0.1 mol/L 的 NaOH 溶液吸收瓶，一同装入 500 mL 大塑料瓶中，密封，在 25℃ 下进行恒温培养。同时做空白试验，即在本应装土样的 50 mL 塑料瓶中不放入土样，其他试验条件均相同。试验期间定期补充水分，维持土壤湿度。在试验开始后 3 d、6 d、9 d、12 d、15 d、18 d、21 d、24 d、27 d、30 d 和 33 d 时更换吸收瓶，并放入新的装有 10 mL 0.1 mol/L 的 NaOH 溶液吸收瓶。将取出的吸收瓶内的碱液转移至三角瓶中，加 2 mL 1 mol/L $BaCl_2$ 溶液和 2 滴酚酞指示剂，用 0.05 mol/L 盐酸溶液滴定，直至微红色，从而计算吸收液中 CO_2 的含量。根据吸收液中 CO_2 含量计算土壤有机碳累计矿化量。

4. 分析方法

土壤易氧化有机碳（readily oxidization carbon，ROC）测定采用 $KMnO_4 + CaCl_2$ 法测定，颗粒有机碳（particulate organic carbon，POC）采用六偏磷酸钠分离-元素分析仪（Elementar Macro CNHS，德国）测定。

溶解性有机碳（Ghani et al.，2003；张迪和韩晓增，2010）：称取过 2 mm 筛鲜土（相当于 3 g 烘干土）到 100 mL 离心管中，加 30 mL 蒸馏水，20℃ 下转速为 180 r/min 振荡浸提 30 min，后以 3500 r/min 离心 20 min，上清液过 0.45 μm 滤膜，此组分为冷水浸提可溶性有机碳（dissolved organic carbon，DOC）。另取 30 mL 蒸馏水加入离心管，180 r/min 振荡 10min，后放入 80℃ 热水浴浸提 16 h，浸提后手摇 10s，以 3500 r/min 离心 20 min，上清液过 0.45 μm 滤膜，此组分热水浸提有机碳（hot water organic carbon，HWOC）。所有浸提物用 TOC 仪（Elementar Vario TOC，德国）进行碳测定。

5. 数据处理

试验数据运用 Excel 2003 和 SPSS 18.0 软件进行处理，双指数模型采用 nonlinear 法，差异显著性检验（$P<0.05$）采用 one-way ANOVA 和 LSD 法，相关性分析用

Pearson 法。

5.4.2 结果分析

1. 各处理类型土壤有机碳矿化特征

凋落物输入培养 8 个月后，不同植被类型土壤有机碳矿化对凋落物输入的响应各有不同（图 5-6）。原生乔木林土壤在输入凋落物后有机碳累计矿化量均表现为增加，累计矿化量从大到小分别是油桐叶输入（1873.82 mg/kg）＞香椿叶输入（1669.99 mg/kg）＞混合凋落物输入（1597.36 mg/kg）＞不加凋处理（1454.72 mg/kg），均达到了显著差异水平（$P<0.05$）。次生乔木林土壤在输入凋落物后，单一凋落物输入有机碳累计矿化量表现为增加，且梓树叶输入土壤有机碳累计矿化量显著高于不加凋处理（$P<0.05$），混合凋落物输入则减少，其有机碳累计矿化量显著低于不加凋处理（$P<0.05$）。灌丛土壤在输入凋落物后，只有李子树叶输入有机碳累计矿化量增加了，且增加程度较小，小构树叶和混合凋落物输入有机碳累计矿化量则减少，且均显著低于不加凋处理（$P<0.05$），另外单一凋落物输入有机碳累计矿化量显著高于混合凋落物输入（$P<0.05$）。荒草地土壤长茅草输入降低了土壤有机碳的释放量，差异不显著。

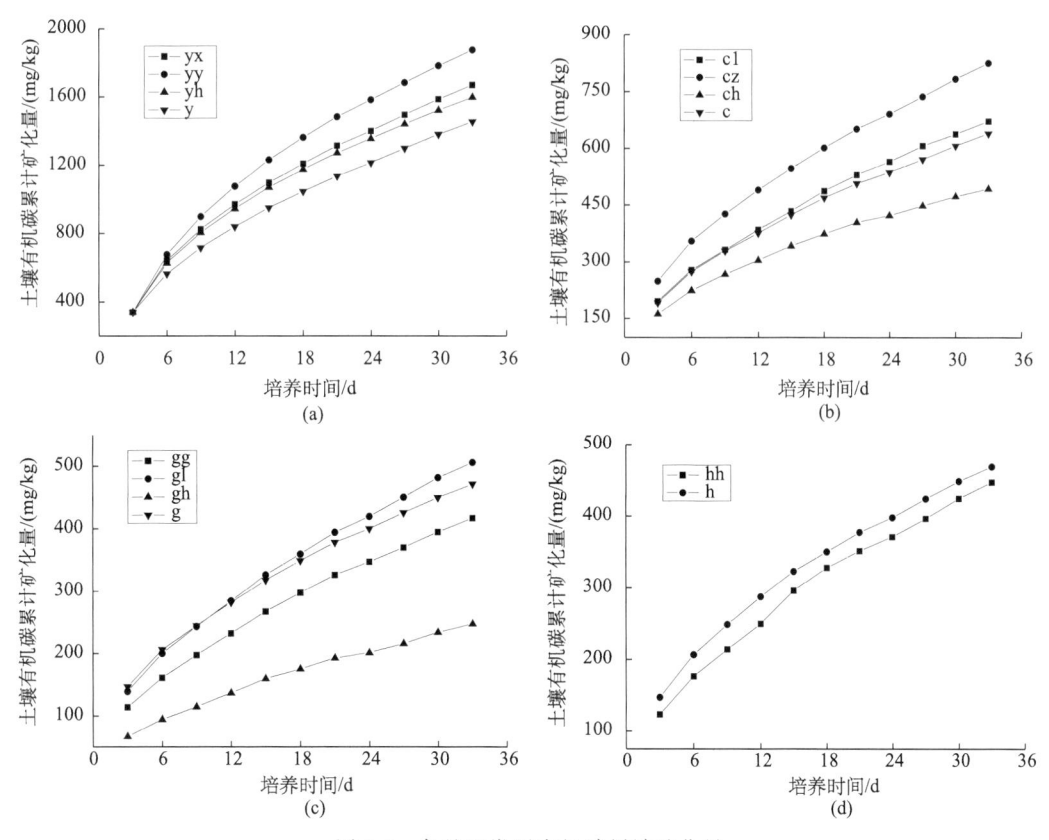

图 5-6 各处理类型有机碳累计矿化量

原生乔木林土壤各处理有机碳累计矿化量（1454.72～1873.82 mg/kg）均极显著高于次生乔木林（492.43～825.48 mg/kg）、灌丛（247.28～506.15 mg/kg）和荒草地（447.27～468.87 mg/kg）（$P<0.01$）。各林型混合凋落物输入有机碳累计矿化量从大到小分别是：原生乔木林＞次生乔木林、荒草地＞灌丛，不加凋土壤有机碳累计矿化量从大到小是原生乔木林＞次生乔木林＞灌丛、荒草地。（"＞"表示显著性差异水平达到了$P<0.01$）。

2. 各处理类型土壤有机碳模型拟合

土壤有机碳矿化模型拟合是为了更好地了解土壤有机碳矿化动态而采用的一种分析方法，本研究矿化数据与双指数方程模型拟合效果很好，相关系数均达到了0.99以上，在0.994～1.000之间变化（表5-9），表明双指数模型能较好地拟合各处理类型的有机碳矿化动态特征。

不同植被类型在不加凋和混合凋落物土壤中拟合C_0和C_s的变化规律类似，均以原生乔木林最高，显著高于次生乔木林、灌丛和荒草地（$P<0.05$），另外，两种处理中次生乔木林C_0显著高于灌丛（$P<0.05$），次生乔木林和荒草地C_0在不加凋处理中出现了显著差异（$P<0.05$），但在混合凋落物输入中则未达到显著差异水平。在不加凋和混合凋落物输入土壤中k_0和k_s最低的是原生乔木林，均显著低于次生乔木林、灌丛和荒草地（$P<0.05$）。不加凋土壤中，灌丛的k_0显著高于次生林（$P<0.05$），在混合凋落物输入土壤中灌丛的k_0则显著低于次生乔木林、荒草地（$P<0.05$）。不加凋土壤中，荒草地的k_s显著高于次生乔木林和灌丛（$P<0.05$），在混合凋落物输入土壤中荒草地的k_s则显著低于次生乔木林（$P<0.05$），荒草地（$P<0.05$），显著高于灌丛（$P<0.05$）。

表5-9 各处理类型土壤有机碳矿化的双指数方程参数

植被类型	处理类型	C_0/(mg/kg)	k_0/d^{-1}	C_s/(mg/kg)	K_s/d^{-1}	R^2
原生林	yx	751±27b	0.155±0.005b	18850±495b	0.001±0.000b	0.999～1.000
	yy	1023±25a	0.112±0.003c	24834±1927a	0.001±0.000b	
	yh	766±32b	0.152±0.005b	18650±1240b	0.001±0.000b	
	y	494±12c	0.224±0.008a	3499±331c	0.009±0.000a	
次生林	cl	150±8bc	0.724±0.075a	973±62b	0.023±0.001b	0.999～1.000
	cz	232±5a	0.488±0.018c	1338±103a	0.018±0.003b	
	ch	130±7c	0.648±0.039ab	558±14c	0.032±0.002a	
	c	167±7b	0.540±0.019bc	936±97b	0.022±0.003b	
灌丛	gg	77±5b	0.957±0.222	604±28b	0.026±0.003a	0.996～1.000
	gl	108±8a	0.457±0.218	816±62a	0.021±0.003ab	
	gh	50±8c	0.512±0.046	561±25b	0.014±0.001b	
	g	119±9a	0.652±0.054	607±14b	0.027±0.002a	
荒草坡	hh	89±3	0.684±0.003a	656±9a	0.025±0.003a	0.994～1.000
	h	118±4	0.629±0.009b	500±8b	0.034±0.001a	

注：不同小写字母表示同种土壤不同处理的显著性差异（$P<0.05$）；下同。

原生乔木林土壤加凋处理的 C_0 和 C_s 均显著高于不加凋处理（$P<0.05$），k_0 和 k_s 则均显著低于不加凋处理（$P<0.05$），油桐叶输入土壤的 C_0 和 C_s 最高，且显著高于原生乔木林其他处理（$P<0.05$），C_0 则显著低于其他处理（$P<0.05$）。次生乔木林梓树叶输入土壤的 C_0 和 C_s 最高，均显著高于其他处理（$P<0.05$），但 k_0 和 k_s 是最低的，均显著低于混合凋落物输入土壤，不加凋处理的 C_0、C_s、k_0 和 k_s 均处在中间程度，其中 C_0 和 C_s 显著高于最低的混合凋落物处理（$P<0.05$）。灌丛李子树叶输入土壤的 C_s、C_0 均较高，且均显著高于 C_0、C_s 最低的混合凋落物处理（$P<0.05$），另外，李子树叶输入土壤的 C_s 显著高于不加凋处理（$P<0.05$）。不加凋处理土壤以 C_0 最高，显著高于小构树叶和混合凋落物土壤（$P<0.05$），其 k_s 也最高，显著高于混合凋落物土壤（$P<0.05$）。荒草地加凋处理 k_0 和 C_s 均显著高于不加凋处理（$P<0.05$），C_0 和 k_s 则以不加凋处理要高，加凋处理的 k_s 显著高于不加凋处理（$P<0.05$）。

3. 各处理类型土壤活性有机碳含量特征

不同植被类型不加凋和混合凋落物输入土壤各活性有机碳含量之间存在较大差异。原生乔木林 ROC、POC 和 HWOC 含量在不加凋和混合凋落物输入土壤中最高，且均显著高于次生乔木林、灌丛和荒草地（$P<0.05$），另外，在混合凋落物输入土壤中 DOC 含量也显著高于次生乔木林、灌丛和荒草地（$P<0.05$）。4 种不同植被类型 POC 含量在不加凋和混合凋落物输入土壤中均存在显著差异（$P<0.05$），从大到小分别为原生乔木林＞次生乔木林＞灌丛＞荒草地。在混合凋落物输入土壤中次生乔木林 ROC 含量显著高于灌丛和荒草地（$P<0.05$）。

原生乔木林土壤凋落物输入 8 个月后，各活性有机碳变化如图 5-7（a）。ROC、DOC 含量均减少，且香椿叶输入土壤中 ROC、DOC 含量均显著降低（$P<0.05$），混合凋落物输入土壤中 DOC 也显著减少（$P<0.05$）；香椿叶输入土壤中 POC、HWOC 含量均减少，且在 POC 含量与不加凋土壤存在显著差异（$P<0.05$），油桐叶和混合凋落物输入则增加了土壤中 POC、HWOC 含量。

次生乔木林土壤凋落物输入 8 个月后，各活性有机碳变化如图 5-7（b）。ROC 含量呈增加趋势，且在 c1（樟树叶）输入土壤中增加显著（$P<0.05$）；DOC 含量均减少，减少变化不明显；POC 含量在单一凋落物输入土壤中增加，在混合凋落物输入土壤中则减少，且减少程度显著（$P<0.05$）；HWOC 含量在 c1（樟树叶）输入土壤中减少，在梓树叶和混合凋落物土壤中增加，变化程度均未达到显著水平，但 c1（樟树叶）和梓树叶凋落物输入土壤间出现了显著差异（$P<0.05$）。

灌丛土壤凋落物输入 8 个月后，各活性有机碳变化如图 5-7（c）。ROC 含量均增加，且小构树叶和李子树叶凋落物输入土壤中增加程度显著（$P<0.05$）；POC 含量在单一凋落物输入土壤中均增加，混合凋落物输入土壤中 POC 含量减少，变化程度均不显著，但李子树叶和混合凋落物土壤中出现了显著性差异（$P<0.05$）；DOC、HWOC 含量在小构树叶输入土壤中均减少，李子树叶和混合凋落物输入土壤中则均增加。

荒草地土壤长茅草输入8个月后，各活性有机碳变化如图5-7（d），ROC、DOC、HWOC含量均减少，且DOC、HWOC含量减少程度达到显著水平，POC含量则在加入长茅草后有增加趋势。

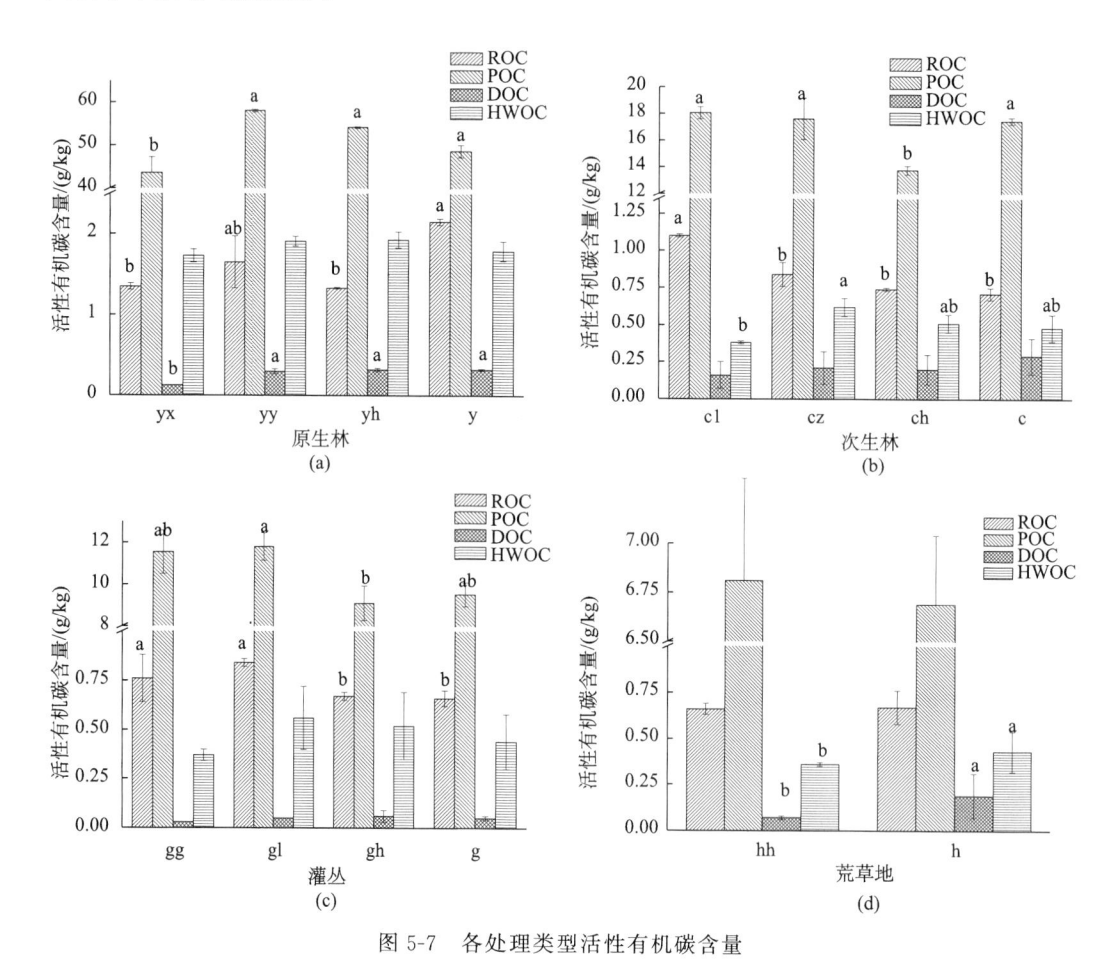

图5-7 各处理类型活性有机碳含量

4. 土壤有机碳累计矿化量、矿化参数间和活性有机碳的相关性

由相关性分析可知（表5-10），有机碳累计矿化量与C_0、C_s、ROC、POC、DOC、HWOC均存在极显著正相关性（$P<0.01$），与k_0和k_s则表现了极显著负相关性（$P<0.01$），这说明土壤中存在的活性碳和缓效性碳对有机碳累计矿化量均有促进作用，而k_0和k_s则会在一定程度上抑制有机碳的矿化。另外，4种活性有机碳均与C_0存在极显著正相关关系（$P<0.01$），C_s则与ROC、POC、HWOC存在极显著正相关关系（$P<0.01$），与DOC之间的相关性未达到显著水平。k_0和k_s则与4种活性有机碳均表现出了极显著的负相关性（$P<0.01$）。

表 5-10　土壤有机碳累计矿化量、矿化参数间和活性有机碳的相关系数

	CO_2-C	C_0	k_0	C_s	k_s	ROC	POC	DOC	HWOC
CO_2-C	1	0.973**	−0.842**	0.864**	−0.866**	0.817**	0.952**	0.489**	0.941**
C_0		1	−0.836**	0.911**	−0.866**	0.741**	0.938**	0.449**	0.924**
k_0			1	−0.723**	0.827**	−0.666**	−0.813**	−0.475**	−0.844**
C_s				1	−0.800**	0.550**	0.749**	0.310	0.809**
k_s					1	−0.698**	−0.850**	−0.380*	−0.862**
ROC						1	0.839**	0.411**	0.808**
POC							1	0.534**	0.935**
DOC								1	0.462**
HWOC									1

注：CO_2-C 表示培养 33 d 累计矿化量；* 表示显著相关性（$P<0.05$）；** 表示极显著相关性（$P<0.01$）。

5.4.3　讨论

1. 不同植被类型凋落物输入对土壤有机碳矿化的影响

不同植被类型土壤的差异会影响土壤有机碳的矿化，其影响因素较为复杂。一般包括对生物因素的直接影响，如微生物的群落、结构和活性以及植被凋落物的质量与组成等直接参与到矿化过程中的因素；也包括对非生物因素的间接影响，如土壤母质、温湿度、pH、土壤养分和结构等间接影响微生物矿化分解的因素（李顺姬等，2010）。本研究中，原生乔木林、次生乔木林不加凋土壤的有机碳累计矿化量与灌丛和荒草地达到了显著差异水平（$P<0.05$），这说明不同植被类型对土壤有机碳矿化有较大的影响。原生乔木林土壤结构良好，容重低，具有良好的透气能力，地表植被覆盖度相对较大，凋落物归还土壤的养分量较多，致使土壤有机碳等养分含量较高，活性有机碳含量较多（图 5-7），为微生物提供了充足的营养物质，有利于微生物群落的生长与繁殖，从而大大增加了土壤有机碳的矿化释放量。次生乔木林土壤有机碳累计矿化量较高则可能与其存在大量细根有关。根系以其分泌物和死亡的形式将有机碳等营养物质返还给土壤，为微生物提供了丰富的能源物质（荣丽等，2011），促进了土壤有机碳的矿化。

混合凋落物输入对不同植被类型土壤有机碳矿化有显著影响。原生乔木林混合凋落物输入后，土壤有机碳累计矿化量显著增加（$P<0.05$），但次生乔木林、灌丛和荒草地输入混合凋落物之后，土壤有机碳累计矿量显著低于不加凋处理（$P<0.05$）。产生这种现象可能与土壤中形成的微生物群落结构有关，不同的土壤环境中微生物群落的形成除了受温湿度等外界环境影响外，与土壤中长期存在的输入物质也有很大关系（黄东迈，1998；Haynes，1999；黄昌勇和徐建明，2010）。原生乔木林土壤有机碳的来源以植被凋落物为主，与实验输入的混合凋落物性质类似，但次生乔木林土壤细根较多，土壤有机碳的来源可能更多来自于细根，有研究表明，温带森林细根分解形成的地下凋落物比地上凋落物分解对有机碳的贡献大（Vogt et al.，1996）。在细根较多的环境下，

次生乔木林和灌丛形成了以分解细根为主的微生物群落结构，对于混合凋落物的分解能力有所下降，从而降低了土壤有机碳累计矿化量的含量。次生乔木林土壤加入混合凋落物后矿化减缓也可能与凋落物中存在硬质叶子有关，硬质叶子较难被微生物利用（程积民等，2006）。另外，土壤中活性碳与缓效性元素含量的多少则可能是不同植被类型有机碳矿化的共同影响因素，在相关分析中，土壤有机碳累计矿化量与 C_0、C_s 和各活性有机碳均达到了极显著相关水平（$P<0.01$）（表 5-10）。

单一凋落物输入对不同植被类型土壤有机碳累计矿化量的影响存在差异。在原生乔木林土壤中，单一凋落物输入后土壤有机碳累计矿化量显著高于混合凋落物与不加凋处理土壤，这可能是与单一凋落物质量有关，与混合凋落物相比较，其组成成分相对简单，从而提高了微生物的可利用性碳。次生乔木林土壤中，单一凋落物的输入增加了土壤有机碳累计矿化量，但只有梓树叶输入与不加凋处理产生了显著性差异，这可能与凋落物的氮含量和 C/N 有关，梓树叶的氮元素含量为为 34.63 g/kg，C/N 为 14.19，cl 中氮元素含量为 15.53 g/kg，C/N 为 32.59，凋落物中 C/N 越低，凋落物的分解率和元素释放率就越高（宋新章等，2008）。灌丛土壤中，不同单一凋落物的输入对土壤有机碳累计矿量影响不同，李子树叶的输入增加了土壤有机碳累计矿化量，但小构树叶的输入则抑制了土壤有机碳累计矿量，显著低于不加凋处理，这可能与小构树叶中难分解有机质有关。凋落物质量及其难分解有机质对土壤有机碳矿化的影响还需进一步研究。荒草地加入长茅草后，土壤有机碳累计矿化量减少了，产生这种现象的原因有 2 个：①在长茅草输入后，土壤颗粒有机碳含量增加，这说明长茅草输入有利于土壤微小团聚体数量的增加，同时也增加了土壤物理保护性碳含量，阻隔了微生物与土壤有机碳的接触途径，从而减少了微生物可利用性碳含量，减缓了土壤有机碳的矿化。②输入的长茅草的 C/N 太高，微生物在分解长茅草时需要从土壤中获取氮元素，从而降低了土壤中氮含量，降低了微生物对土壤有机氮的利用效率。

2. 不同植被类型凋落物输入对土壤活性有机碳的影响

不同植被类型对土壤活性有机碳有明显的影响。原生乔木林土壤 ROC、POC、HWOC 含量显著高于次生乔木林、灌丛和荒草地（$P<0.05$），产生这种现象可能与土壤有机碳含量有关。原生乔木林的有机碳含量显著高于次生乔木林、灌丛和荒草地。活性有机碳含量与有机碳含量有密切的关系，这与现有大多数研究结果一致（Michalzik and Matzner et al.，1999；廖洪凯等，2012）。土壤有机碳含量的多少则与植被凋落物质量和数量，以及根系分泌产物有关。不同植被类型土壤地上植被覆盖不同，凋落物的性质和数量也不同，致使归还到土壤中的有机物也存在差异（杨怀林和任健，2012）。根系则是通过将其分泌物释放到土壤中，从而影响土壤的物理、化学及生物学性状，直接或间接地影响有机质的含量（李玉武，2006）。

凋落物输入对不同植被类型活性有机碳的影响不同。凋落物输入后原生乔木林和荒草地的 ROC 均减少，但次生乔木林和灌丛的 ROC 则均增加，这可能与凋落物分解中存在的直链烃类化合物（张迪和韩晓增，2010）有关。易氧化有机碳是在一定时间内能被高锰酸钾氧化的直链烃类化合物。除了灌丛土壤中李子树叶和混合凋落物输入外，其他处理在凋落物输入后土壤中DOC均呈减少的趋势，这与王清奎等（2007）研究杉木和阔叶林加凋后土壤DOC增加的趋势相反，可能是凋落物质量和微生物分解共同作用的结果。凋落物输入后各植被类型土壤中POC、HWOC的变化规律不明显，有增加也有减少，这说明短期的凋落物输入对POC、HWOC含量的影响较小。凋落物输入对土壤碳的影响主要表现在其分解后输入到土壤中的有机质组分的含量，因此从化合物、分子层面研究凋落物输入对土壤碳动态的影响机制更有利。

5.4.4 结论

单一和混合凋落物输入对原生乔木林有机碳的矿化均有明显的促进作用，混合凋落物输入对次生乔木林和灌丛有机碳矿化有抑制作用，单一凋落物输入对次生乔木林有机碳矿化有促进作用，但对荒草地有抑制作用，这说明由于凋落物性质的不同，不同植被类型土壤有机碳矿化对凋落物输入的响应机制存在差异。

双指数模型能较好地反映所选样地的有机碳矿化动态特征，根据双指数模型系数可知，4种植被类型土壤有机碳累计矿化量越多，其土壤的拟合缓效性碳就越大，且与C_0表现为极显著正相关，与k_0和k_s则表现为极显著负相关。这说明在凋落物输入的状态下，有机碳矿化量越多，对于缓效性有机碳的积累就越有利。

不同植被类型对土壤活性有机碳的影响不同，原生乔木林的ROC、POC和HWOC含量均显著高于次生乔木林、灌丛和荒草地。不同土壤活性有机碳对凋落物输入后的响应不同，原生乔木林和荒草坡的ROC含量减少，次生乔木林和灌丛则增加；DOC含量除了灌丛外，其他植被类型均减少。

凋落物输入对土壤有机碳矿化和活性有机碳的影响较复杂，主要影响因素是植被类型自身基本性质（主要是土壤有机碳含量）和凋落物质量，另外，微生物群落结构也可能是影响凋落物输入后土壤碳动态的重要因素。

参 考 文 献

陈璐豪，江长胜，吴艳，等. 2011. 耕作方式对紫色水稻土总有机碳及颗粒有机碳的影响. 水土保持学报，25（4）：197-201.

程积民，万惠娥，胡相明，等. 2006. 半干旱区封禁草地凋落物的积累与分解. 生态学报，26（4）：1207-1212.

戴慧，王希华，阎恩荣. 2007. 浙江天童土地利用方式对土壤有机碳矿化的影响. 生态学杂志，26（7）：1021-1026.

符卓旺，彭娟，杨静，等. 2012. 耕作制度对紫色水稻土根际与非根际土壤有机碳矿化的影响. 水土保持学报，26（1）：165-169.

郭剑芬，杨玉盛，陈光水，等. 2006. 森林凋落物分解研究进展. 林业科学，42（4）：93-100.

郝瑞军，李忠佩，车玉萍，等. 2009. 水田和旱地有机碳矿化规律及矿化量差异研究. 土壤通报，40（6）：1325-1329.

何腾兵，刘元生，李天智，等. 2000. 贵州喀斯特峡谷水保经济植物花椒土壤特性研究. 水土保持学报，6（2）：55-59.

胡亚林,汪思龙,颜绍馗.2006.影响土壤微生物活性与群落结构因素研究进展.土壤通报,37(1):170-176.

胡媛媛.2011.不同氮磷水平下土壤有机碳矿化的特征.郑州:河南农业大学.

花莉,张成,马宏瑞,等.2010.秸秆生物质炭土地利用的环境效益研究.生态环境学报,19(10):2489-2492.

黄昌勇,徐建明.2010.土壤学.3版.北京:中国农业出版社:30-31.

黄东迈,朱培立,王志明,等.1998.旱地和水田有机碳分解速率的探讨与质疑.土壤学报,35(4):482-491.

黄靖宇,宋长春,张金波,等.2008.凋落物输入对三江平原弃耕农田土壤基础呼吸和活性碳组分的影响.生态学报,28(7):3417-3424.

黄宗胜,喻理飞,符裕红.2012.喀斯特森林植被恢复过程中土壤可矿化碳库特征.应用生态学报,23(8):2165-2170.

姜发艳,孙辉,林波,等.2011.川西亚高山云杉人工林恢复过程中土壤有机碳矿化研究.土壤通报,42(1):91-97.

李昌新,黄山,彭现宪,等.2009.南方红壤稻田与旱地土壤有机碳及其组分的特征差异.农业环境科学学报,28(3):606-611.

李平,郑阿宝,阮宏华,等.2011.苏南丘陵不同林龄杉木林土壤活性有机碳变化特征.生态学杂志,30(4):778-783.

李顺姬,邱莉萍,张兴昌.2010.黄土高原土壤有机碳矿化及其与土壤理化性质的关系.生态学报,30(5):1217-1226.

李苇洁,汪廷梅,王桂萍,等.2010.花江喀斯特峡谷区顶坛花椒林生态系统服务功能价值评估.中国岩溶,29(2):152-161.

李霞,田光明,朱军,等.2014,不同磷肥用量对水稻土有机碳矿化和细菌群落多样性的影响.土壤学报,51(2):360-372.

李玉强,赵哈林,赵学勇,等.2006.土壤温度和水分对不同类型沙丘土壤呼吸的影响.干旱区资源与环境,20(3):154-158.

李玉武.2006.次生植被下土壤活性有机碳组分季节动态研究.成都:中国科学院成都生物研究所.

李忠佩,张桃林,陈碧云.2004.可溶性有机碳含量动态及其与有机碳矿化的关系研究.土壤学报,41(4):544-551.

廖洪凯,龙健,李娟.2012.不同小生境对喀斯特山区花椒林表土团聚体有机碳和活性有机碳分布的影响.水土保持学报,26(1):156-160.

林杉,陈涛,赵劲松,等.2014.不同培养温度下长期施肥水稻土的有机碳矿化特征.应用生态学报,25(5):1340-1348.

龙健,江新荣,邓启琼,等.2005.贵州喀斯特地区土壤石漠化的本质特征研究.土壤学报,42(3):419-427.

鲁如坤.2000.土壤农业化学分析方法.北京:中国农业科技出版社.

鹿士杨,彭晚霞,宋同清,等.2012.喀斯特峰丛洼地不同退耕还林还草模式的土壤微生物特性.生态学报,32(8):2390-2399.

罗友进,魏朝富,李渝,等.2011.土地利用对石漠化地区土壤团聚体有机碳分布及保护的影响.生态学报,31(1):0257-0266.

罗友进,赵光,高明,等.2010.不同植被覆盖对土壤有机碳矿化及团聚体分布的影响.水土保持学报,24(6):117-122.

马少杰, 李正才, 王斌, 等. 2012. 不同经营类型毛竹林土壤活性有机碳的差异. 生态学报, 32 (8): 2603-2611.

欧阳喜辉, 周绪宝, 王宇. 2011. 有机农业对土壤固碳和生物多样性的作用研究进展. 中国农学通报, 27 (11): 224-230.

荣丽, 李守剑, 李贤伟, 等. 2011. 不同退耕模式细根（草根）分解过程中 C 动态及土壤活性有机碳的变化. 生态学报, 31 (1): 0137-0144.

沈宏, 曹志洪, 胡正义. 1999. 土壤活性有机碳的表征及其生态效应. 生态学杂志, 18 (3): 32-38.

史学军, 潘剑君, 陈锦盈, 等. 2009. 不同类型凋落物对土壤有机碳矿化的影响. 环境科学, 30 (6): 1832-1837.

宋新章, 江洪, 张慧玲, 等. 2008. 全球环境变化对森林凋落物分解的影响. 生态学报, 28 (9): 4415-4423.

苏维词. 2002. 中国西南岩溶山区石漠化的现状成因及治理的优化模式. 水土保持学报, 16 (2): 29-32, 79.

孙中林, 吴金水, 葛体达, 等. 2009. 土壤质地和水分对水稻土有机碳矿化的影响. 环境科学, 30 (1): 214-220.

谭立敏, 彭佩钦, 李科林, 等. 2014. 水稻光合同化碳在土壤中的矿化和转化动态. 环境科学, 35 (1): 233-239.

王媛华, 苏以容, 李杨, 等. 2011. 稻草还田条件下水田和旱地土壤有机碳矿化特征与差异. 土壤学报, 48 (5): 979-987.

王瑷华, 苏以荣, 李杨, 等. 2012. 水田和旱地土壤有机碳周转对水分的响应. 中国农业科学, 45 (2): 266-274.

王春阳, 周建斌, 夏志敏, 等. 2010. 黄土高原区不同植被凋落物可溶性有机碳含量及其降解. 应用生态学报, 21 (12): 3001-3006.

王红, 范志平, 邓东周, 等. 2008. 不同环境因素对樟子松人工林土壤有机碳矿化的影响. 生态学杂志, 27 (9): 1469-1475.

王清奎, 汪思龙, 于小军, 等. 2007. 常绿阔叶林与杉木林的土壤碳矿化潜力及其对土壤活性有机碳的影响. 生态学杂志, 26 (12): 1918-1923.

王世杰, 季宏兵, 欧阳自远, 等. 1999. 碳酸盐岩风化成土的初步研究. 中国科学（D 辑）, 29 (5): 441-449.

王宪伟, 李秀珍, 吕久俊, 等. 2010. 温度对大兴安岭北坡多年冻土湿地泥炭有机碳矿化的影响. 第四纪研究, 30 (3): 591-597.

王雪芬, 胡锋, 彭新华, 等. 2012. 长期施肥对红壤不同有机碳库及其周转速率的影响. 土壤学报, 49 (5): 954-961.

王英惠, 杨旻, 胡林潮, 等. 2013. 不同温度制备的生物质炭对土壤有机碳矿化及腐殖质组成的影响. 农业环境科学学报, 32 (8): 1581-1591.

魏亚伟, 苏以荣, 陈香碧, 等. 2011. 人为干扰对喀斯特土壤团聚体及其有机碳稳定性的影响. 应用生态学报, 22 (4): 971-978.

魏媛, 喻理飞, 张金池, 等. 2009. 退化喀斯特植被恢复过程中土壤生态肥力质量评价——以贵州花江喀斯特峡谷地区为例. 中国岩溶, 28 (1): 61-67.

文启孝. 1984. 土壤有机质研究法. 北京: 农业出版社.

吴成, 张晓丽, 李关宾. 2007. 黑碳制备的不同热解温度对其吸附菲的影响. 中国环境科学, 27 (1): 125-128.

吴建国, 张小全, 徐德应. 2004. 六盘水林区几种土地利用方式对土壤有机碳矿化影响的比较. 植物生态学报, 28 (4): 530-538.

吴庆标, 王效科, 欧阳志云. 2006. 活性有机碳含量在凋落物分解过程中的作用. 生态环境, 15 (6): 1295-1299.

肖瑞瑞, 陈雪莉, 周志杰, 等. 2010. 温度对生物质热解产物有机结构的影响. 太阳能学报, 31 (4): 491-496.

谢涛, 王明慧, 郑阿宝, 等. 2012. 苏北沿海不同林龄杨树林土壤活性有机碳特征. 生态学杂志, 31 (1): 51-58.

闫俊华, 周传艳, 文安邦, 等. 2011. 贵州喀斯特石漠化过程中的土壤有机碳与容重关系. 热带亚热带植物学报, 19 (3): 273-278.

严毅萍, 曹建华, 杨慧, 等. 2012. 岩溶区不同土地利用方式对土壤有机碳碳库及周转时间的影响. 水土保持学报, 26 (2): 144-149.

杨怀林, 任健. 2012. 不同土地利用类型下川西亚高山土壤活性有机碳研究. 陕西林业科技, (3): 1-6.

杨继松. 2006. 三江平原小叶章湿地系统有机碳动态研究. 长春: 中国科学院东北地理与农业生态研究所.

杨明德. 1990. 论喀斯特环境的脆弱性. 云南地理环境研究, 2 (1): 21-29.

杨添, 戴伟, 安晓娟, 等. 2014. 天然林土壤有机碳及矿化特征研究. 环境科学, 35 (3): 1105-1110.

张迪, 韩晓增. 2010. 长期不同植被覆盖和施肥管理对黑土活性有机碳的影响. 中国农业科学, 43 (13): 2715-2723.

张金, 许明祥, 王征, 等. 2012. 黄土丘陵区植被恢复对深层土壤有机碳储量的影响. 应用生态学报, 23 (10): 2721-2727.

赵丽娟, 韩晓增, 王守宇, 等. 2006. 黑土长期施肥及养分循环再利用的作物产量及土壤肥力变化Ⅳ. 有机碳组分的变化. 应用生态学报, 17 (5): 817-821.

周玮, 周运超, 田春. 2008. 花江喀斯特地区花椒人工林的土壤酶演变. 中国岩溶, 27 (3): 240-245.

周焱. 2009. 武夷山不同海拔土壤有机碳库及其矿化特征. 南京: 南京林业大学.

Martin H. 1997. 当代全球碳循环和 100 年前 Arrhenius 和 Hogberm 的预见的回顾. 孙达, 陈洪滨译. 人类环境杂志（AM-BIO), 13-29.

Alvarez R, Alvarez C R. 2000. Soil organic matter pools and their associations with carbon mineralization kinetics. Soil Science Society of America Journal, 64 (1): 184-189.

Arevalo C B M, Chang S X, Bhatti J S, et al. 2012. Mineralization potential and temperature sensitivity of soil organic carbon under different land uses in the parkland region of Alberta Canada. Soil Science Society of America Journal, 76 (1): 241-251.

Blume E, Bischoff M, Reichert J, et al. 2002. Surface and subsurface microbial biomass, community structure and metabolic activity as a function of soil depth and season. Applied Soil Ecology, 20: 171-181.

Bruun S, Thomsen I K, Christensen B T, et al. 2008. In search of stable soil organic carbon fractions: a comparison of methods applied to soils labelled with ^{14}C for 40 days or 40 years. Eur. J. Soil Sci, 59: 247-256.

Cambardella C A, Elliott E T. 1992. Particulate soil organic matter changes across a grassland cultivation sequence. Soil Science Society of America Journal, 56: 776-783.

Chantigny M H, Angers D A, Rochtte P. 2002. Fate of carbon and nitrogen from animal manure and crop residues in wet and cold soils. Soil Biology & Biochemistry, 34: 509-517.

Czimczik C I, Masiello C A. 2007. Controls on black carbon storage in soils. Global Biogeochemistry Cycles, 21 (3).

Davidson E A, Janssens I A. Temperature sensitivity of soil carbon decomposition and feedbacks to climate change. Nature, 44: 165-173.

Denef K, Six J, Bossuyt H, et al. 2001. Influence of dry-wet cycles on the interrelationship between aggregate, particulate organic matter and microbial community dynamics. Soil Biology and Biochemistry, 33 (12-13): 1599-1611.

Eswarran H, van Den Berg E V, Reich P. 1993. Organic carbon in soil of the world. Soil Science Society of America Journal, 57: 192-194.

Eusterhues K, Rumpel C, Kleber M, et al. 2003. Stabilisation of soil organic matter by interactions with minerals as revealed by mineral dissolution and oxidative degradation. Organic Geochemistry, 34: 1591-1600.

Eusterhues K, Rumpel C, Kogel-Knabner I. 2005. Stabilization of soil organic matter isolated via oxidative degradation. Organic Geochemistry, 36: 1567-1575.

Eusterhues K, Rumpel C, Kogel-Knabner I. 2007. Composition and radiocarbon age of HF-resistant soil organic matter in a Podzol and a Cambisol. Organic Geochemistry, 38: 1356-1372.

Feller C, Balesdnet J, Nicolardot, et al. 2001. Approaching "functional" soil organic matter pools through particle-size fractionation: examples for tropical soils.

Fierer N, Schimel J P. 2002. Effects of drying-rewetting frequency on soil carbon and nitrogen transformations. Soil Biology and Biochemistry, 34 (6): 777-787.

Franzluebbers K, Weaver R W, Juo A S R, et al. 1994. Carbon and nitrogen mineralization from cowpea plant parts decomposing in moist and repeatedly dried and wetted soil. Soil Biology and Biochemistry, 26 (10): 1379-1387.

Frazluebbers A J, Arshad A R. 1997. Particulate organic carbon content and potential mineralization as affected by tillage and texture. Soil Science Society of American Journal, 61: 1382-1386.

Gajda A M, Doran J W, Kettler T A, et al. 2001. Soil quality evaluation of alternative and conventional management systems in the great plains//Lal R, Kimble J M, Follett R F, et al. Assessment methods for soil carbon. Boca Raton, Florida: Lewis Publishers, 381-400.

Ghani A, Dexter M, Perrott K W. 2003. Hot water extractable carbon in soils: a sensitive measurement for determining impacts of fertilization, grazing and cultivation. Soil Biology and Biochemistry, 35 (9): 1231-1243.

Gregorich F G, Ling B C. 1996. Fertilization effects on soil organic matter turnover and corn residue C storage. Soil Science Society of America, 60: 472-476.

Guo L P, Lin E D. 2001. Carbon sink in cropland soil and the emission of greenhouse gases from paddy soils: A review of work in China. Chemosphere: Global Change Science, 3: 413-418.

Harris D, Horwath W R, Kessel C V. 2001. Acid fumigation of soils to remove carbonates prior to total organic carbon or carbon-13 isotopic analysis. Soil Science Society of America Journal, 65 (6): 1853-1856.

Hassink J. 1995. Density fractions of soil macroorganic matter and microbial biomass as predictors of C and N mineralization. Soil Biology and Biochemistry, 27: 1099-1108.

Haynes R J. 1999. Labile organic matter fractions and aggregate stability under short-term, grass-based leys. Soil Biology and Bio-chemistry, 31: 1821-1830.

Haynes R J. 2000. Labile organic matter as an indicator of organic matter quality in arable and pastoral soils in New Zealand. Soil Biol (Biochem), 32: 211-219.

Huang Y, Liu S L, Shen Q R, et al. 2002. Influence of environmental factors on the decomposition of organic carbon in agricultural soils. Chinese Journal of Applied Ecology, 13 (6): 709-714.

Kasel S, Bennett L T. 2007. Land-use history, forests conversion, and soil organic carbon in pine plantations and native forests of south eastern Australia. Geoderma, 137: 401-413.

Kuzyakov Y, Roland B. 2006. Sources and mechanisms of priming effect induced in two grassland soils amended with slurry and sugar. Soil Biology & Biochemistry, 38: 747-758.

Leifeld J, Kogel-Kanbner I. 2001. Organic carbon and nitrogen in fine soil fractions after treatment with htdrogen peroxide. Soil Biology and Biochemistry, 33: 2155-2158.

Loranger G, Ponge J F, Imbert D, et al. 2002. Leaf decomposition in two semi evergreen tropical forests: influence of litter quality. Biology and Fertility Soils, 35: 247-252.

Lorenz K, Lal R, Jimenez J. 2009. Soil organic carbon stabilization in dry tropical forests of Costa Rica. Geoderma, 152: 95-103.

Lorenz K, Lal R, Shipitalo M J. 2006. Stabilization of organic carbon in chemically separated pools in no-till and meadow soils in northern Appalachia. Geoderma, 137: 205-211.

Lorenz K, Lal R, Shipitalo M J. 2008. Chemical stabilization of organic carbon pools in particle size fractions in no-till and meadow soils. Biol. Fertil. Soils, 44: 1043-1051.

Lorenz K, Lal R, Shipitalo M J. 2011. Stabilized soil organic carbon pools in subsoils under forest are potential sinks for atmospheric CO_2. Forest Sciencs, 57 (1): 19-25.

MacDonald N W, Randlett D L, Donald Z R. 1999. Soil warming and carbon loss from a lake states spodosol. Soil Science Society of America Journal, 63: 211-218.

Margit V L, Ingrid K K, Klimens E, et al. 2006. Stabilization of organic matter in temperate soils: mechanisms and their relevance under different soil canditons-a review. Eur. J. Soil Sci., 57: 426-445.

Margit V L, Ingrid K K, Klimens E, et al. 2007. SOM fractionation methods: relecanve to functional pools and to stabilization mechanisms. Soil Biology and Biochemistry, 39: 2183-2207.

Margit V L, Ingrid K K, Klimens E, et al. 2008. Stabilization mechanisms of organic matter in four temperate soils: development and application of a conceptual model. J. Plant Nutr. Soil Sci. 171: 111-124.

Michalzik B, Matzner E. 1999. Fluxes and dynamics of dissolved organic nitrogen and carbon in a spruce forest ecosystem. Ear. J. Soil Sci., 50: 579- 590.

Mikutta R, Kleber M, Kaiser K, et al. 2005. Review: organic matter removal from soils using hydrogen peroxide, sodium hypochlorite and disodium peroxodisulfate. Soil Science Society of America Journal, 69: 120-135.

Moretto A S, Distel R A, Didon N G. 2001. Decomposition and nutrient dynamic of leaf litter and roots from palatable and unpalatable grasses in a semi-arid grassland. Applied Soil Ecology, 18: 31-37.

Motavalli P P, Palm C A, Parton W J, et al. 1994. Comparison of laboratory and modeling simulation methods for estimating carbon pools in tropical forest soils. Soil Biology & Biochemistry, 26: 935-944.

Norton U, Saetre P, Hooker T D, et al. 2012. Vegetation and moisture controls on soil carbon mineralization in semiarid environments. Soil Science Society of America, 76 (3): 1038-1047.

Parton W J, Schmiel D S, Cole C V, et al. 1987. Analysis of factors controlling soil organic matter levels in great plains grasslands soil. Soil Science Society of America Journal, 51: 1173-1179.

Paul E A, Paustian K, Elliott E T, et al. 2001. Soil Organic Matter in Temperate Agroecosystoms, Long-Term Experiments in North America. Boca Raton, Floridaorida: CRC Press, Inc. 51-72.

Post W M, Kwon K C. 2000. Soil carbon sequestration and land-use change: processes and potential. Global Change Biology, 6: 317-327.

Ross D J, Tate K R, Scott N A et al. 1999. Land use change: effects on soil carbon, nitrogen and phosphorus pools and fluxes in three adjacent ecosystems. Soil Biology & Biochemistry, 31 : 803-813.

Schimel J, Teri C B, Matthew W. 2007. Microbial stress—response physiology and its implications for ecosystem function. Ecology, 88 (6): 1386-1394.

Trumbore S, da Costa E S, Nepstad D C, et al. 2006. Dynamic of fine root carbon in Amazonian tropical ecosystems and the contribution of roots to soil respiration. Global Change Biology, 12: 217-229.

Vogt K A, Vogt D J, Palmiotto P A, et al. 1996. Review of root dynamics in forest ecosystems grouped by climate climatic forest type and species. Plant and Soil, 187: 159-219.

Wang S J, Liu Q M, Zhang D F. 2004. Karst rocky desertification in southwestern China: geomorphology, land use, and impact and rehabilitation. Land Degradation & Development, 15 (1): 115-121.

Xu R M, Li Z P, Che Y P, et al. 2009. Temperature sensitivity of organic C mineralization in gray forest soils after land use conversion. Chinese Journal of Applied Ecology, 20 (5) : 1020-1025.

Yang Y S, Chen G S, Guo J F, et al. 2002. Litter decomposition and nutrient release in a mixed forest of Cunninghamia lanceolata and Tsoongiodendron odorum. Acta Phytoecologica Sinica, 26 : 275-282.

Zak D R, Holmes W E, McDonald N W, et al. 1999. Soil temperature, matric potential and the kinetics of microbial respiration and nitrogen mineralization. Soil Science Society of America Journal, 63: 575-584.

Zimmerman A R. 2010. Abiotic and microbial oxidation of laboratory-produced black carbon (biochar). Environmental Science & Technology, 44: 1295-1301.

第6章 喀斯特山区石漠化过程植被演替对水质变化的影响

喀斯特地区多为峰林、峰丛、峡谷地貌，地表崎岖破碎，坡度陡峭，溶蚀、水蚀作用显著，加上碳酸盐岩成土速率较慢，形成的土壤浅薄，并且土被不连续，土壤蓄水能力弱，植物生长缓慢，生态链易受干扰而中断，生态系统对外界干扰显得脆弱和敏感，系统的抗逆能力、稳定性和自我恢复能力较低（朱守谦，2003；王世杰，2002）。在人为干扰下南方喀斯特森林普遍出现退化，生物多样性减少，水土流失逐步加剧，同时引起土壤和表层岩溶带水环境恶化，而退化的土壤又抑制植物的生长，造成植被覆盖率明显下降，进一步演化成石漠化（朱守谦，2003；王世杰，2002）。土壤环境与植被演替之间存在互动响应，其变化对喀斯特生态环境变迁与演化有着重要的影响，一方面植被演替影响到土壤养分循环以及土壤水分运动，从而影响植物可利用养分和水分的变化；另一方面，当地表径流和土壤侵蚀发生时，土壤有机质、氮、磷等由陆地向水体迁移，成为水体中营养物质的补给源，但过剩的氮、磷会导致水体富营养化（Sim，1998；Zhang，2003；Yang and Zhang，2003），从而影响受纳水体的环境质量。

6.1 喀斯特石漠化过程中植被演替及其对径流水化学的影响

目前对喀斯特石漠化过程中生态环境变化的研究主要在生态地质环境、植物群落演变、土壤质量退化等方面（李阳兵等，2004；杨胜天和朱启疆，1999），对喀斯特森林生态系统的水文特征以及岩溶水、河流的水化学特征方面也进行了一些研究，但有关石漠化过程中径流水化学变化方面还缺乏系统的研究（梁小平等，2003；章程和曹建华，2003）。喀斯特生态系统土壤和表层岩溶带是岩石、大气、水、生物等四大圈层的敏感交汇地带，又是生态系统赖以存在的基础；土壤异质性不仅改变了土壤养分和水分的空间分布，同时造成植物分布格局与生长过程的变化。降水的再分配及径流水运动显著地改变了生态系统内水文循环和土壤物质的再分配过程，从而影响水环境的变迁。从喀斯特生态系统的角度，把生态系统的植物-土壤或岩石-水体作为一个整体，系统地研究喀斯特石漠化过程中土壤-植物系统的演变对径流水化学组成的影响，为喀斯特地区水资源保护、生态环境恢复以及土水资源的可持续利用提供科学依据。

6.1.1 材料和方法

1. 研究区基本概况

本研究调查区属典型的亚热带湿润气候，年均温为17～18℃，≥10℃的活动积温在5800～6130℃，年降雨量为1200 mm左右；海拔变化范围在800～1470 m；成土母岩主要是白云质灰岩、泥质灰岩，其次是白云岩，土壤类型主要是黑色石灰土、黄色石灰土。调查区内大部分地区植被稀疏，森林覆盖率不足 5%，植被覆盖率为 10%～90%，基岩裸露率（没有植被覆盖情况下岩石出露的面积占土地面积的百分率）在 50%～80%，土地开垦率（长期种植农作物的耕地面积占土地面积的百分率）在 10%～50%；从整体来看，属中强度喀斯特石漠化区。本研究采用样地调查的方法，在地形地貌、坡度以及岩性（白云质灰岩和石灰岩）相对一致的条件下，选择有代表性的阔叶林（乔木）地、灌木林地、灌丛草地设置样地（$n=12$）进行植被和土壤调查。

2. 土壤样品采集和测定方法

在 4～5 月进行植被和土壤调查时，在每个样方内选取 5～8 个样点，采集样地坡面表层土壤（0～15 cm 层）混合样品以及测定土壤容重，同时选择有代表性的地段挖土壤剖面，分层（10 cm）测定土壤水的含量（采用烘干重量法，每层重复测定三次）。土壤样品风干后，研磨通过 1 mm 筛孔，供实验与测试分析。土壤测定项目有土壤孔隙度、pH、有机质、碱解氮（速效氮）、速效磷、速效钾、速效钙和速效镁以及黏粒含量，其中速效磷采用 Olsen 法、速效钾采用醋酸铵浸提-火焰光度法、速效钙和速效镁采用醋酸铵浸提-EDTA 滴定法测定，其他采用常规的方法测定（鲁如坤，2000）。

3. 地表径流水样采集

在调查的阔叶林（乔木）地、灌木林地、灌草地上，选择坡度一致的地段，采用无界径流小区法设置径流收集槽（Robert，1989），在同一时间的自然降雨条件下（降雨量为 20～30 mm/h）进行地表径流样品的收集，同时选择位置较低的地段，在雨后 1 天内收集从岩石裂隙中渗出的水样（这部分出露的地下渗透水一般在 1～2 d 内断流），作为地下径流水样。采集的地表径流和地下径流的水样，盛于清洁的塑料瓶中，并及时送实验室分析。室内量取 500 mL 径流液通过 0.45 μm 滤膜，对过滤的水样进行水化学参数的测定，测定项目有 pH、电导率以及十种离子浓度（HCO_3^-、SO_3^{2-}、Ca^{2+}、Mg^{2+}、K^+、NO_3^-、Cl^-、Na^+、NH_4^+、PO_4^{3-}），其中 NH_4^+ 采用靛酚蓝比色法、NO_3^- 采用紫外分光光度法、PO_4^{-3} 采用异丁醇萃取-钼蓝比色法、HCO_3^- 采用电位滴定法、SO_3^{2-} 采用 EDTA 间接滴定法、Ca^{2+} 和 Mg^{2+} 采用 EDTA 滴定法、K^+ 和 Na^+ 采用火焰光度法、Cl^- 采用硝银酸滴定法测定（鲁如坤，2000）。

6.1.2 喀斯特石漠化过程中土壤水分的空间变异

喀斯特山区多为湿润的亚热带季风气候，南方喀斯特森林是一种特殊森林生态系统，其顶级群落为常绿落叶阔叶混交林，生态系统的组成和结构复杂，生态系统的物种多样性和结构多样性较高。但在人为干扰下喀斯特森林普遍退化，其群落演变的主要过程为常绿落叶阔叶混交林阶段（乔林）、灌木灌丛阶段、灌草群落阶段、草本群落阶段。通过对贵州中部喀斯特样地的调查，不同石漠化强度下植被群落特征发生明显的变化，轻度石漠化区域优势的树种主要有香椿（*Toona sinensis*）、圆叶乌桕（*Sapium rotun-*

difolium)、香叶树（*Lindera communis*）、密花树（*Rapanea neriifolia* Mez）、枫香树（*Liquidambar formosana*）、朴树（*Celtis sinensis*）、圆果化香（*Platycarya longipes*）等；中度石漠化区域优势植物主要有花椒（*Zanthoxylum bungeanum* Maxim.）、火棘（*Pyracantha fortuneana*）、构树（*Broussonetia papyrifera*）、小果蔷薇（*Rosa cymosa*）、月月青（*Itea ilicifolia*）、悬钩子（*Rubus*）等；强度石漠化区域优势植物主要有五节芒（*Miscanthus floridulus*）、扭黄茅（*Heteropogon contortus*）、狗牙根（*Cynodon dactylon*）、莎草（*Cyperus* sp.）等。随着石漠化强度的增加，乔木群落逐步演变为灌木群落、灌草群落和草本群落，群落高度和生物量出现明显下降，群落垂直结构由复杂向简单过程演变，群落结构变为简单和不稳定，群落的功能出现明显退化，特别是强度石漠化的地区，只有零星的草被植物，其数量、盖度均不足以形成一个层次。此外，喀斯特石漠化地区大部分土层较厚的土壤被开垦为耕地，种植玉米、烤烟、油菜等作物，在人为强烈的干扰下植被覆盖率急剧下降，生态系统结构单一，导致土地系统退化，加剧了石漠化的发展。

从表6-1看出由于植物群落的演变，土壤的理化性质也发生变化。在不同的植被退化演替阶段，喀斯特土壤黏粒含量、容重、毛管孔隙度出现差异，小于0.01 mm

表 6-1 喀斯特石漠化区不同的植被演替阶段土壤主要理化性质

生态模式	pH	有机质/(g/kg)	碱解氮/(g/kg)	速效磷/(g/kg)	速效钾/(g/kg)	有效钙/(g/kg)	有效镁/(g/kg)	容重/(g/cm³)	毛管孔隙度/%	<0.01 mm 黏粒/%	<0.001 mm 黏粒/%
阔叶林地	7.49	129.1	419	9.4	115	57.8	13.3	1.04	52.6	49.5	28.8
阔叶林地	7.75	100.1	445	6.2	125	56.0	9.9	1.17	50.5	47.6	26.2
阔叶林地	7.47	87.8	268	4.4	112	59.2	16.9	1.25	50.4	55.0	27.4
阔叶林地	7.24	198.8	508	12.8	175	76.4	22.7	1.06	48.9	43.6	22.3
灌木林地	6.84	97.0	356	7.5	106	48.8	7.6	1.19	38.0	67.9	37.1
灌木林地	7.60	117.2	363	6.8	90	58.0	9.8	1.13	49.4	64.3	34.1
灌木林地	7.45	75.4	238	5.8	177	48.0	12.2	1.19	39.1	71.2	49.8
灌木林地	7.15	75.2	275	6.5	160	45.2	11.2	1.18	48.9	65.1	38.9
灌丛草地	7.71	20.8	113	2.3	78	57.8	12.9	1.30	47.9	69.9	37.7
灌丛草地	7.45	42.7	195	5.4	70	54.8	18.0	1.31	34.4	74.1	52.1
灌丛草地	6.49	64.5	214	7.2	88	43.6	14.4	1.33	37.6	71.3	44.1
灌丛草地	7.28	55.8	178	5.2	125	45.0	9.7	1.29	37.9	68.2	47.1
阔叶林地（平均值）	7.49 a	128.9 a	410 a	8.2 a	131.7 a	62.3 a	15.7 a	1.13 a	50.6 a	48.9 a	26.2 a
灌木林地（平均值）	7.26 a	91.2 a	308 a	6.6 a	133.2 a	50.2 a	10.2 a	1.17 a	43.8 ab	67.1 b	40.0 b
灌丛草地（平均值）	7.23 a	45.9 b	175 b	5.0 a	90.2 a	50.3 a	13.7 a	1.31 b	39.4 b	70.9 b	45.2 b

注：表中字母为多重比较（SSR）结果，字母不同的处理之间达到 P 为 0.05 的显著性水平。

和小于 0.001 mm 黏粒含量、土壤容重的大小顺序是灌丛草地＞灌木林地＞阔叶林地，而毛管孔隙度的变化则相反；土壤有机质、土壤速效氮和磷含量大小顺序是阔叶林地＞灌木林地＞灌丛草地，阔叶林地、灌木林地土壤速效钾含量高于灌丛草地。多重比较结果表明：灌丛草地与阔叶林地之间有机质、碱解氮、黏粒含量、土壤容重都出现显著性的差异，灌木林地与阔叶林地之间仅黏粒含量出现显著性的差异。可见，喀斯特石漠化发生后，土壤质地出现黏化，土壤毛管孔隙度下降，导致水分入渗、再分配过程以及植物对水分的利用发生变化，从而改变土壤-植物系统中水分的运动规律。

土壤水分是喀斯特植物生长发育的最主要限制因素，森林生态系统中的水分循环对系统的稳定性、连续性和生物生产力产生极大影响，土壤-植物系统的演变不仅影响土壤的养分含量，同时影响土壤的持水能力。从表 6-2 中看出，在连续 12 d 未降雨的条件下，阔叶林地 0~20 cm 土层内土壤含水量明显高于灌木林地和灌丛草地，而灌木林地又明显高于灌丛草地；阔叶林地 20~30 cm 土层内土壤含水量明显高于灌木林地和灌丛草地。对阔叶林来说，不仅植被层次结构复杂、覆盖度高，而且有较厚的枯落物层，能明显减少土面的蒸发强度，使表层土壤含水量维持在较高水平，植物可利用的水分数量多，特别是干旱的时期，不仅维持表层土壤具有较高的含水量，而且强化了下层土壤液态水的运移与再分配，提高了下层土壤水分的含量，有利于减轻持续干旱对植物生长的威胁。而石漠化强度高的灌丛草地，灌木植物零星分布，植被覆盖度较低，几乎没有枯落物层，土面的蒸发强度高，0~10 cm、10~20 cm 土层内土壤含水量平均比阔叶林低 64.9%和 48.4%，并且相对波动较大，20~30 cm 土层含水量也低 26.1%，植物可利用的水分数量少，很难满足植物对水分的需求，植物生长受到严重的影响。可见，随着喀斯特石漠化强度的增加，生境逐步从湿润、空气湿度大的中性生境向干旱、空气湿度小的严酷生境发展，土面的蒸发强度逐渐加大，土壤干旱频繁出现，土壤表层和次表层的含水量减少，造成植物水分胁迫生长，植物群落向旱生群落方向演变，这种变化改变了土壤-植物系统中水环境的空间结构，导致土壤水分的保持能力和入渗、再分配过程发生变化，同时改变了喀斯特森林生态系统的水文特征。

表 6-2 干旱季节不同生态模式下土壤剖面水分含量的变化

生态模式	0~10 cm 范围	平均值	变异系数	10~20 cm 范围	平均值	变异系数	20~30 cm 范围	平均值	变异系数
林地 ($n=4$)	7.5~14.8	11.8a	21.23	21.5~30.2	26.19a	10.94	35.2~40.5	38.28a	5.03
灌木林 ($n=4$)	5.8~12.1	7.49b	24.93	19.3~26.0	22.08b	10.43	26.7~35.5	31.02b	8.12
灌丛草地 ($n=4$)	2.9~6.1	4.18c	25.81	9.1~18.8	13.51c	22.80	21.5~33.8	28.27b	13.56

注：表中字母为多重比较（SSR）结果，字母不同的处理之间达到 P 为 0.05 的显著性水平。

6.1.3 喀斯特石漠化过程中土壤-植物系统变化对地表径流水化学组成的影响

降雨-径流水化学组成的变化,可反映生态系统内水化学状况和物质循环特征,径流是降雨通过生态系统空间层次再分配后的输出,其化学成分变化一方面受降水化学组成的直接影响,另一方面与径流水动力发生过程密切相关。森林生态系统在空间上有乔木、灌木、草本植物或苔藓植物等组合,可以避免雨滴的直接打击以及拦蓄和滞留地表径流对土壤的冲击,径流水的运动促进了生态系统的水分和营养物质的循环。随着植被覆盖度下降以及群落结构简化,枯落物层厚度明显减少,增加了降雨对土壤的直接作用,雨滴和径流对地表的冲击、分散、悬浮和运移能力增强,加速了土壤的侵蚀速率,造成土壤颗粒和可溶性物质的大量迁移,从而明显地增加土壤侵蚀量和土壤养分的流失量。从表6-3看出,在天然降雨量(20～30 mm/h)相同的条件下,喀斯特地表径流的泥沙含量和电导率大小顺序为灌丛草地＞灌木林地＞阔叶林地,特别是灌丛草地地表径流的泥沙含量和电导率出现显著的增加,表明喀斯特严重石漠化后,由于土壤-植物系统的明显变化,改变了土水界面的交换时间和空间以及营养物质的迁移通量,从而影响到地表径流的水化学组成。

表 6-3 不同土壤-植物系统下地表径流水化学组成的变化

生态模式	pH	HCO_3^-	SO_4^{2-}	Cl^-	NO_3^-	PO_4^{3-}	Ca^{2+}	Mg^{2+}	K^+	NH_4^+	Na^+	EC	泥砂含量
阔叶林地	7.21	17.6	7.2	1.59	1.28	0.0025	3.73	2.3	2.5	0.131	0.12	28	0.107
阔叶林地	7.88	74.7	67.3	2.48	3.99	0.0031	18.4	8.3	4.0	0.464	1.30	143	0.154
阔叶林地	7.09	72.8	54.8	4.43	3.89	0.0028	20.7	4.7	3.2	0.441	1.30	103	0.258
阔叶林地	7.14	23.7	61.1	4.08	2.13	0.0034	12.0	7.8	2.2	0.381	0.45	76	0.347
灌木林地	7.66	48.1	48.6	2.75	4.63	0.0109	17.6	9.3	6.5	0.281	2.10	139	0.211
灌木林地	7.53	50.0	52.8	3.19	1.92	0.0186	6.93	6.4	1.0	0.389	0.30	96	0.409
灌木林地	7.29	57.6	50.7	4.34	2.91	0.0051	12.7	9.1	0.7	0.411	1.38	112	0.592
灌木林地	7.76	78.1	69.1	3.10	2.91	0.0245	26.1	2.7	2.0	1.208	1.45	128	0.980
灌丛草地	7.63	76.2	65.1	4.30	4.86	0.0278	28.5	2.3	2.4	0.598	1.40	137	1.02
灌丛草地	7.73	51.2	66.2	3.99	4.38	0.0343	16.0	5.1	4.6	0.228	2.30	103	0.910
灌丛草地	7.83	87.5	64.5	4.03	6.99	0.0393	35.2	5.1	6.2	0.449	2.87	199	0.916
灌丛草地	7.80	94.2	57.4	5.76	4.16	0.0366	31.1	9.8	8.2	0.785	2.25	260	0.852
阔叶林地	7.32a	47.3a	47.6a	3.14a	2.82a	0.0029a	13.7a	5.8a	3.0a	0.259a	0.79a	87.5a	0.216a
灌木林地	7.55ab	58.5a	55.3a	3.34a	3.10ab	0.0148b	15.7b	6.9a	2.5a	0.572a	1.31ab	118.7ab	0.548b
灌丛草地	7.75b	77.3a	63.3a	4.52a	5.10b	0.0345c	27.7b	5.6a	5.3a	0.515a	2.20b	174.7b	0.924c

注:离子浓度单位为 mg/kg,电导率(EC)单位为 μs/cm,泥砂含量单位为 g/L。表中有字母的数为平均值,字母表示多重比较(SSR)的结果,字母不同的处理之间达到 P 为 0.05 的显著性水平。

分析结果表明（表6-3），喀斯特地表径流中离子浓度的大小排序为 $HCO_3^- >$ $SO_4^{2-} > Ca^{2+} > Mg^{2+} > K^+$、$NO_3^-$、$Cl^- > Na^+ > NH_4^+ > PO_4^{3-}$，地表径流的阳离子主要是 Ca^{2+}、Mg^{2+}，其浓度的变化范围分别为 3.73～41.1 mg/L、2.32～9.76 mg/L，Ca^{2+}、Mg^{2+} 平均含量分别占离子总量（10种离子之和）的 6.64%、2.28%；阴离子主要是 HCO_3^-、SO_4^{2-}，其浓度变化范围分别为 17.6～94.2 mg/L、7.2～69.1 mg/L，HCO_3^-、SO_3^{2-} 平均含量分别占离子总量的 21.81%、20.18%。说明喀斯特地表径流水化学类型以 HCO_3^--Ca 型为主，局部出现 HCO_3^--Ca.Mg 型和 HCO_3^-.SO_4^{2-}-Ca 型，与该地区的河流水化学特征相似。多重比较结果表明（表6-3）：阔叶林地、灌木林地和灌丛草地地表径流中 PO_4^{3-} 的浓度均出现显著的差异，阔叶林地地表径流中 Ca^{2+} 浓度与灌木林地、灌丛草地出现显著的差异，阔叶林地地表径流中 NO_3^-、Na^+ 浓度与灌丛草地存在显著性的差异。可见，随着喀斯特石漠化程度的增加，地表径流中 PO_4^{3-}-P 的输出量明显的增加，其次是 Ca^{2+}、NO_3^--N，这部分养分的流失一方面造成土壤养分水平的下降，影响植物的正常生长。另一方面，地表径流中 Ca^{2+} 的流失，造成径流水 pH 的上升，同时增加水的矿化度，而 PO_4^{3-}-P、NO_3^--N 进入受纳水体后，能直接被水体藻类吸收利用，氮磷长期的富积促进藻类的大量繁殖，可以造成水体富营养化，从而影响水环境质量。从表6-1也看出，喀斯特严重石漠化后土壤速效态的氮、磷及有效钙含量出现下降，特别是碱解氮出现明显下降，说明地表径流氮磷的输出和迁移是土壤养分退化的主要原因之一，同时土壤氮磷向水体的迁移可以成为藻类养分的主要来源。因此，喀斯特石漠化程度增加的同时，其对生态环境影响的潜能也大大地提高。

6.1.4 喀斯特石漠化过程中土壤-植物系统变化对地下径流水化学组成的影响

喀斯特地质环境变化大，碳酸盐岩差异性溶蚀在地表形成大量岩石裂隙和洼地，在生态系统中林冠层、枯落物层、土层拦截的雨水，通过下渗运动进入岩石裂隙，形成地下径流，部分径流从位置较低的岩石裂隙中渗出（这部分出露的地下径流一般在雨后 1～2 d 内断流）；还有部分地下径流入渗到表层岩溶带，形成具有一定流量和流速的表层岩溶水（这部分出露的岩溶水一般为常年性或季节性泉水）。喀斯特森林生态系统中，发达的植物根系不仅吸收土层中的水分，还可以伸入岩石裂隙中，吸收利用部分表层地下径流水或岩溶水，这种岩溶双层空间结构保持了喀斯特生物的多样性。喀斯特地下径流水补给的主要来源有降雨的直接入渗、地表径流水的渗漏、土壤水的补给，良好的植被对降雨有明显的调节作用，地下径流量较大及持续的时间较长，但植被受到严重破坏后，地表径流量明显增加以及流速加快，进入土壤-植物系统的水量减少，下渗进入岩石裂隙的水量相应减少，地下径流量小且不稳定，持续的时间缩短，植物可以利用的水分不足，植物生长受到严重的影响，从而影响到径流的水化学成分。由表6-4看出，调查区内地下径流水的电导率变化范围为 178～347 μs/cm，其可溶性盐总量明显高于地表径流，说明地下径流的溶蚀作用增强。从水化学组成看，水化学类型仍以 HCO_3^--Ca 型为主，主要是 Ca^{2+}、Mg^{2+}、HCO_3^-、SO_4^{2-} 离子，地下径流离子组成与地表径流总体相似，但一些离子的浓度与地表径流存在明显的差异，地下径流中 HCO_3^-、Ca^{2+}、Mg^{2+} 的含量高于地表径流，其浓度的变化范围分别为 84.7～199.2 mg/L、14.9～39.8 mg/L 和 6.3～15.3 mg/L；其平均含量分别比地表径流高 114.9%、50.6% 和 82.7%；而 K^+、NH_4^+ 的含量低于地表径流，其浓度变化范围分别为 0.5～4.7 mg/L 和 0.022～1.131 mg/L，其平均含量分别比地表径流低 55.6%、81.2%。

不同土壤-植物系统中地下径流可溶性盐的总量发生变化，阔叶林地明显高于灌木林地、灌丛草地，表明喀斯特石漠化发生后，地下径流的溶蚀作用减弱。多重比较结果表明（表 6-4）：阔叶林地地下径流中 NO_3^-、Mg^{2+} 浓度与灌木林地、灌丛草地出现显著的差异，阔叶林、灌木林地下径流中 HCO_3^- 浓度与灌丛草地出现显著的差异，阔叶林地地下径流中 NH_4^+ 浓度与灌丛草地出现显著性的差异。由此可见，阔叶林地地下径流中 HCO_3^-、Mg^{2+} 浓度明显高于灌丛草地，说明岩溶作用在阔叶林条件下明显比灌草条件下强，阔叶林具有较高的生物活动，在土壤中能产生浓度较高的 CO_2，生态系统中植被的调节作用强，水动力交替活跃，有利于溶解的碳酸盐组分的迁移，同时岩溶作用的时间较长，导致表层岩溶带溶蚀作用增强，提高气相、液相界面 CO_2 气体分压，促进了岩溶作用的发生。在灌草条件下，植被的调节作用弱，生物活动也较弱，土壤产生的 CO_2 浓度较低，而岩溶作用又易受外部环境变化的影响，溶蚀作用相对弱化，岩溶作用明显减弱。此外，在石漠化程度较高的灌丛草地，其地下径流中 NH_4^+、NO_3^- 浓度分别达 0.067～0.131 mg/L、4.64～6.74 mg/L，NH_4^+、NO_3^- 浓度明显高于阔叶林地，由于灌丛草地的旱生环境条件变化强烈，加快了土壤含氮有机质的分解速率，而退化的土壤吸附能力出现下降，在土壤水的淋溶过程中一方面使土壤碱解氮含量减少，另一方面，增加了地下径流中水溶性氮的浓度，这部分氮进入地下水后，对地下水的质量产生一定的影响。由于岩溶裂隙沟通了地表水与孔隙水含水层以及岩溶水含水层的联系，污染的地表水及孔隙水通过岩溶裂隙直接注入岩溶含水层，使得喀斯特地区地下水更容易受到污染，并难以治理，加剧了喀斯特水环境质量的退化。因此，喀斯特石漠化可能是促使地下水水环境退化的重要因素之一，这方面还值得深入的研究。

表 6-4 不同土壤-植物系统下地下径流水化学组成的变化

生态模式	pH	HCO_3^-	SO_4^{2-}	Cl^-	NO_3^--N	PO_4^{3-}-P	Ca^{2+}	Mg^{2+}	K^+	NH_4^+-N	Na^+	EC
阔叶林地	7.67	151.9	9.44	4.16	0.67	0.0085	14.9	15.3	1.0	0.045	2.30	280
阔叶林地	7.92	125.9	67.0	3.59	1.23	0.0090	29.9	14.4	0.5	0.022	0.60	272
阔叶林地	8.18	140.9	38.4	3.54	2.75	0.0076	28.7	14.8	1.0	0.059	0.55	310
阔叶林地	7.68	199.2	42.4	3.46	1.82	0.0032	36.4	13.4	3.7	0.037	2.37	347
灌木林地	7.57	144.5	16.9	4.08	4.47	0.0293	23.3	12.1	2.0	0.027	2.25	261
灌木林地	7.72	137.8	39.4	3.68	1.43	0.0095	39.8	6.3	0.5	0.075	0.55	238
灌木林地	7.66	162.3	35.3	3.01	1.45	0.0234	31.1	10.8	2.5	0.116	1.40	260
灌木林地	7.95	114.1	53.1	3.37	3.38	0.0057	21.9	13.4	0.7	0.030	0.35	203

续表

生态模式	水质参数											
	pH	HCO_3^-	SO_4^{2-}	Cl^-	NO_3^--N	PO_4^{3-}-P	Ca^{2+}	Mg^{2+}	K^+	NH_4^+-N	Na^+	EC
灌丛草地	7.77	106.7	36.3	4.25	4.64	0.0041	23.2	9.8	0.7	0.067	0.45	212
灌丛草地	7.66	84.7	76.9	4.29	4.86	0.0140	39.5	6.7	4.7	0.129	2.70	235
灌丛草地	7.98	99.7	72.8	3.06	6.74	0.0133	36.3	7.3	1.2	0.131	0.37	183
灌丛草地	7.98	106.1	35.2	4.34	6.55	0.0073	18.9	11.1	1.0	0.078	2.50	178
阔叶林地	7.87 a	154.5 a	39.3 a	3.69 a	1.62 a	0.007 a	27.5 a	14.5 a	1.5 a	0.031a	1.45 a	302 a
灌木林地	7.72 a	139.7 a	32.0 a	3.53 a	2.68 b	0.017 a	29.0 a	10.6 b	1.4 a	0.062ab	1.14 a	240 b
灌丛草地	7.85 a	99.4 a	55.3 a	3.98 a	4.95 b	0.010 a	29.5 a	8.7 b	1.9 a	0.101b	1.50 a	202 b

注：离子浓度单位为 mg/kg，电导率（EC）单位为 μs/cm。表中有字母的数为平均值，字母表示多重比较（SSR）的结果，字母不同的处理之间达到 P 为 0.05 的显著性水平。

6.1.5 结论

随着喀斯特石漠化程度的提高，植被群落高度和生物量出现明显下降，群落结构简化，土壤出现黏质化，有机质含量急剧下降，土壤毛管孔隙度下降，导致水分入渗、再分配过程发生变化，土壤表层和次表层的含水量减少，造成植物水分胁迫生长，植物群落向旱生群落方向演变，从而改变土壤-植物系统中水分的运动规律以及喀斯特森林生态系统的水文特征。

喀斯特地表径流中离子浓度的大小排序为 $HCO_3^- > SO_4^{2-} > Ca^{2+} > Mg^{2+} > K^+$、$NO_3^-$、$Cl^- > Na^+ > NH_4^+ > PO_4^{3-}$，主要离子是 Ca^{2+}、Mg^{2+}、HCO_3^-、SO_4^{2-}，地表径流水化学类型以 HCO_3-Ca 型为主。随着喀斯特石漠化程度的增加，地表径流中 PO_4^{3-} 的输出量明显的增加，其次是 Ca^{2+}、NO_3^-，这部分养分的流失一方面造成土壤养分水平的下降，影响植物的正常生长。另一方面，地表径流中 Ca^{2+} 的流失，造成径流水 pH 的上升，同时增加了水的矿化度，而 PO_4^{3-}、NO_3^- 的迁移，则影响受纳水体的环境质量。地下径流离子组成与地表径流总体相似，但 HCO_3^-、Ca^{2+}、Mg^{2+} 的含量高于地表径流，而 K^+、NH_4^+ 的含量低于地表径流；喀斯特石漠化发生后，地下径流中 HCO_3^-、Mg^{2+} 浓度明显减少，岩溶作用减弱，另一方面，地下径流中 NH_4^+、NO_3^- 浓度明显增加，可以降低地下水的环境质量。因此，喀斯特石漠化程度增加的同时，其对生态环境的影响也大大提高。

喀斯特地区小生境多样，虽然地表土被不连续，但可以与地表岩溶带相结合形成多层生态空间，石沟、石缝、石槽对水分具有汇集的作用，在气候条件相似的条件下，石缝、石沟、石槽中土壤含水量明显高于坡面的土壤，小生境对土壤水分的空间再分配具有重要的影响。由于土壤水分受空间变异的影响，生态系统中植被演替过程也出现空间差异，这种变化增加了土壤水分运动和植物吸收利用水分过程的复杂性。而水化学成分是多种因素综合作用的结果，其主要取决于岩溶系统的水动力条件、土壤植被层发育状况、水势条件和地质构造以及水流速度等，今后应从降水-径流水-岩溶水的水化学变化来进行系统评价，才能更全面地了解喀斯特石漠化后水文循环与岩溶作用的变化对土壤发育和生态环境的影响。

6.2 喀斯特山区旱地土壤向水体释放磷的动态变化规律及影响因素

土壤溶解磷的迁移一般存在两个主要过程，首先当水与土体作用时，在剥落表土（0～1.5 cm）的同时，解吸、溶解、浸提其中的水溶性磷，其次是在搬迁传输的过程中，水溶性磷与土壤细粒物质发生吸附、解吸的动态过程。溶解态磷的迁移转化主要是通过淋溶作用进行，这部分磷包括土壤溶解态的无机磷及各种含P—O—P键和P—O—C键的化合物，溶解态磷主要以正磷酸盐形式存在，可为藻类直接吸收利用。因此，磷在土壤中解吸并随着地表径流迁移，对水环境质量有着最直接的影响。从农业生产的角度研究土壤磷的解吸，可了解植物根系在土壤溶液中获得溶解态磷的状况；但从环境的角度来说，磷从土壤中的解吸使其很容易随降雨径流向水生生态系统迁移。研究表明磷在酸性土壤中的稀释-扩散-解吸过程是一种非线性的指数关系（Sharpley et al.，1981），土壤磷的解吸量与相应的最大磷吸附量、磷吸附饱和度有明显的相关性（高超等，2001），还受温度、水土比等因素的影响（晏雅金，2000；Hooda et al.，2000）。面向环境效应研究溶解态磷在土壤中的迁移动态规律及径流流失机理，有助于非点源污染的控制，但目前在这些方面的研究相对较少。因此，本研究以喀斯特山区黄壤旱坡地为研究对象，研究降雨-径流过程中土壤溶解态磷迁移的动态变化规律及其影响因素，重点研究磷肥施用及作物生长引起土壤-水系统中磷素的动态特征及其内在规律，为磷污染物在流域源区的控制及其综合管理提供科学依据。

6.2.1 材料与方法

1. 土壤样品的采集和地表径流的采集及测定

选择26个喀斯特山区代表性土样进行化学分析。土壤pH、有机质、有效磷（Olsen-P）以及黏粒含量采用常规方法测定；土壤水溶性磷采用蒸馏水浸提-异丁醇萃取-钼蓝比色法测定；土壤交换性钙和镁采用醋酸铵溶液浸提-原子吸收光谱法测定；土壤无定型铁、无定型铝采用草酸铵溶液浸提-原子吸收光谱法测定。

选用第四纪黏土发育的高肥力黄黏泥土作为供试土壤进行盆栽试验。试验设6个施磷水平，即P_1处理、P_2处理、P_3处理、P_4处理、P_5处理、P_6处理，其磷肥施用量（P_2O_5）分别为150 kg/hm²、300 kg/hm²、450 kg/hm²、600 kg/hm²、750 kg/hm²和900 kg/hm²。另外，各处理都施用同量的尿素和硫酸钾。试验设3次重复，在相同的管理条件下种植玉米。每盆下面有容器收集降雨后的径流水。在玉米生长期间（5～8月）收集每次自然降雨下各处理径流盆内的水样，共采集12次径流水样。每次量取

100 mL 径流液通过 0.45 μm 滤膜，过滤后采用异丁醇萃取-钼蓝比色法测定水样中磷酸根态磷的含量（Ortho-P）（Walf and Barker，1985；John and Tim，2001）。

2. 影响土壤磷解吸的环境因素

称取 2.500 g 土样放入离心管内，加入 25 mL 蒸馏水，分别在 15℃、20℃、25℃、30℃、35℃模拟水温条件下振荡 1h，离心过滤。称取 2.500 g 土样放入离心管内，分别加入 25 mL 不同 pH 的模拟酸雨（pH 分别为 3.43、3.82、4.24、4.64、5.23），在 25℃下振荡 1h，离心过滤。称取 2.500 g 土样放入离心管内，分别加入 12.5 mL、25 mL、37.5 mL、50 mL、75 mL 蒸馏水（水土比分别为 5:1、10:1、15:1、20:1、25:1），在 25℃下振荡 1 h，离心过滤。称取 2.500 g 土样放入离心管内，加入 25 mL 蒸馏水，在淹水时间为 1 h、3 h、6 h、12 h、18 h、24 h 下浸泡后，振荡 5 min（25℃），离心后经 0.45 μm 微孔滤膜过滤，滤液磷的含量采用异丁醇萃取-钼蓝比色法测定。

6.2.2 结果与分析

1. 降水条件下喀斯特山区旱地施磷后土壤磷向水体释放的动态变化规律

在降雨-径流过程中土壤通过稀释和扩散向地表径流释放溶解态的磷，土壤磷的迁移受土壤磷元素水平、土壤结构等的影响，旱地施用磷肥后一方面提高了土壤的磷元素水平，另一方面对作物生长产生影响，从而使土壤磷向水体释放的规律发生变化。

从图 6-1 看出，天然降雨下在未施磷肥和未种植作物的低肥力黄黏泥土（Olsen-P 为 6.3 mg/kg）和高肥力黄黏泥土（Olsen-P 为 19.8 mg/kg）径流中磷酸根态磷的含量随时间变化的趋势是相似的，但变化范围的大小存在差异，这种变化趋势受季节性温度、降雨等条件的影响，说明不同的季节土壤向水体释放磷的数量是不相同的。

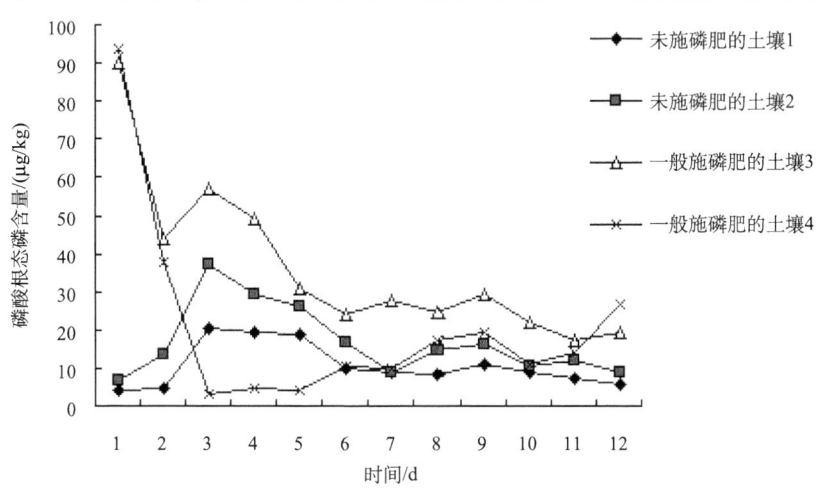

图 6-1 施磷肥条件下旱地径流磷的变化

对旱地施用磷肥后，降雨径流中 Ortho-P 含量发生了明显的变化（图 6-1）。从未种植玉米的高肥力黄黏泥土看，在一般的施磷量（每年施 150 kg/hm²）下，施肥 10 d 后降雨，其径流中 Ortho-P 含量达 0.090 mg/L，然后逐渐下降到 0.057~0.017 mg/L，这种变化明显不同于未施磷肥的相应旱地，其径流中 Ortho-P 含量的变化范围仅为 0.037~0.007 mg/L，说明对肥力水平较高的旱地施用磷肥后能明显地增加径流中溶解态磷的含量，但是施肥一周左右降雨的出现则造成溶解态磷的大量流失。

比较不同施磷处理径流中 Ortho-P 的平均含量（$n=12$）可看出，高肥力黄黏泥土施用 150~900 kg/hm² 磷肥后，其径流中 Ortho-P 的平均含量为 0.021~0.136 mg/L，随着旱地磷肥施用量的增加，降雨径流中 Ortho-P 的含量也明显的提高。当旱地磷肥施用量超过一般施磷量的 1 倍时（300 kg/hm²），其径流中 Ortho-P 的平均含量是一般施磷量的 1.74 倍，两者相差 0.0155 mg/L；当旱地磷肥施用量超过一般施磷量的 6 倍时（900 kg/hm²），其径流中 Ortho-P 的平均含量是一般施磷量的 6.45 倍，两者相差 0.115 mg/L。在该旱地上每年施磷量超过 450 kg/hm² 时，降雨径流中 Ortho-P 的平均含量大于 0.0670 mg/L，该值已达到 English Nature 1997 年提出的环境质量标准（河流可接受 Ortho-P 的临界值为 0.06~0.1 mg/L）（John et al.，2001）。由此可见，旱地大量施磷肥后径流中磷含量对水体会产生明显的影响，控制磷素向农业生态系统中的投入是控制农业非点源磷污染的重要前提。

土壤磷的迁移过程与植被条件密切相关，植物对土壤磷释放的影响一方面通过植物的覆盖作用减缓地表径流，促进土壤水的浅表层流动，从而改变了土壤磷的迁移变化过程；另一方面植物在不同生育期阶段对土壤溶液中磷的吸收量是不相同的，植物的生长过程会影响土壤溶液中磷的浓度变化，从而影响土壤磷向水体的迁移。黄壤旱地主要种植的作物为玉米、小麦、烤烟等，不同作物生长的营养规律是不相同的，对不同作物特征下土壤溶解性磷迁移的变化趋势进行研究，有助于了解土壤表层磷迁移变化机理。

对施磷后种植玉米和未种植玉米的高肥力黄黏泥土进行比较可看出（图 6-1 和图 6-2），旱地径流中 Ortho-P 的含量随着玉米生长过程而发生明显的变化。从玉米播种到出苗期间（5 月下旬~6 月上旬），不同施磷水平的旱地径流中 Ortho-P 的含量出现高峰期，达到 0.034~0.290 mg/L，此时径流磷的浓度对水体产生明显的影响。在玉米营养生长盛期（6 月中旬~6 月下旬），玉米吸收大量的磷，使得土壤溶液中磷浓度急剧下降，降雨径流中 Ortho-P 的含量达到最低值，且在不同施肥水平下其变化的范围仅为 0.004~0.012 mg/L，此时径流磷的浓度对水体没有明显的影响。玉米营养生长减慢，对土壤溶液中磷吸收的逐渐减少，降雨径流中 Ortho-P 的含量又出现上升，在 7 月中旬~7 月下旬出现第 2 次高峰期，径流中 Ortho-P 的含量达到 0.028~0.219 mg/L，以后逐渐下降为 0.019~0.137 mg/L，特别是玉米结实初期出现明显的下降。

由此可见，旱地径流水中 Ortho-P 含量的变化与玉米生长的营养规律有关，特别是玉米营养生长盛期降雨径流中 Ortho-P 的含量达到最低值，说明土壤磷流失的生态规律受作物生长过程的影响。可以根据不同作物生长规律的差异，进行作物间作或套作，有利于减少土壤磷向水体的迁移，降低土壤磷的流失。同时，作物生长过程中根系也将对土壤结构、土壤孔隙产生影响，从而影响土壤内部的导流及水分的下渗运动，也可能改

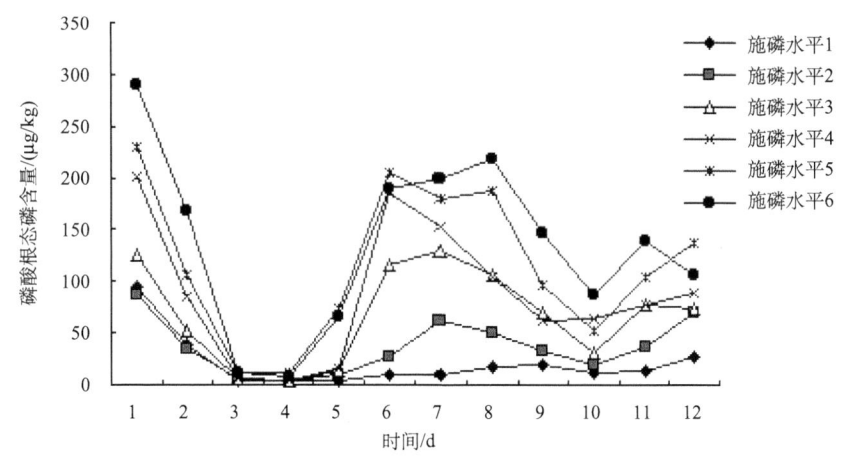

图 6-2 玉米生长期间不同施磷水平下旱地径流磷的变化

变土壤磷的释放迁移规律，这些方面还值得进行深入的研究。

2. 环境因素变化对土壤磷向水体释放的影响

近年研究表明用蒸馏水浸提土壤的磷量能反映土壤磷从固相中释放出来而进入溶液的多少，这部分磷与地表径流中溶解磷有显著的相关性。土壤磷向水体的迁移受环境条件的影响，随着温度、降雨等条件的改变而发生变化。在不同环境因素的影响下，不同土壤中磷的解吸能力是有差异的，本试验选择有代表性的黄黏泥土（分低、中、高磷水平，土壤 Olsen-P 分别为 4.62、32.0 和 71.4 mg/kg）和黄砂泥土（分低、中、高磷水平，土壤 Olsen-P 分别为 5.60、27.4 和 41.6 mg/kg），对不同温度、水土比、酸雨和淹水时间下土壤水浸提磷含量的变化规律进行研究，从而探讨环境因素变化对土壤磷释放的影响。

1) 温度影响

方差分析结果表明（表 6-5）：在 15℃、20℃、25℃、30℃、35℃水温条件下，温度间对土壤磷的释放量存在极显著性水平的差异，说明在不同温度下土壤磷向水体的释放是不相同的；随着温度的提高，土壤向水体释放的磷量逐渐增多。从 Duncan's 新复极差测验的多重比较结果看出，在 35℃下土壤磷的释放量显著地高于 25℃、20℃ 和 15℃，其平均含量分别是它们的 1.54 倍、1.59 倍和 2.04 倍，在 30℃ 下土壤磷的释放量是 20℃ 和 15℃ 时的 1.30 和 1.69 倍。土壤磷的解吸反应是吸热反应，土壤磷解吸表观一级反应速度常数随着温度升高而明显增大，使土壤吸附的磷酸根更容易解吸下来，从而增加了土壤磷向水体的释放量。另外，升高温度能提高微生物和生物的活动，消耗 O_2 增多，使土壤固体表面容易发生 $Fe^{3+} \rightarrow Fe^{2+}$ 的化学反应，促进磷酸铁盐类化合物中的磷释放出来，从而提高了土壤溶液中磷的浓度。

表 6-5 不同温度对土壤磷释放的影响

温度	35℃	30℃	25℃	20℃	15℃	平均值
高磷黄黏泥土	4.43	4.368	2.908	2.925	2.404	3.407a
高磷黄砂泥土	1.99	1.014	1.122	1.195	0.85	1.234b
中磷黄黏泥土	1.439	1.269	1.084	0.848	0.649	1.058b
中磷黄砂泥土	1.225	0.969	0.855	0.784	0.537	0.874b
低磷黄黏泥土	1.174	0.803	0.657	0.676	0.521	0.766b
低磷黄砂泥土	0.211	0.166	0.147	0.159	0.132	0.163c
平均值	1.747a	1.432ab	1.129bc	1.098bc	0.849c	
温度处理间 F_1 测验	$F_1=6.40$	$P_1=0.002$				
土壤处理间 F_2 测验	$F_2=56.43$	$P_2=0.000$				

注：表中字母为多重比较（SSR）结果，字母不同处理之间达到 P 为 0.05 的显著性水平；磷的释放量单位为 mg/kg；下同。

2）水土比的影响

方差分析结果表明（表 6-6）：在 5∶1、10∶1、15∶1、20∶1、25∶1 的水土比下，水土比间对土壤磷的释放量存在显著差异，说明在不同的水土比下土壤磷向水体的释放是有差异的；随着水土比的提高，土壤向水体释放的磷量不断的增加。从多重比较结果看出，在水土比为 25∶1、20∶1、15∶1 下土壤磷的释放量显著地高于 10∶1、5∶1，水土比为 25∶1 时土壤磷的平均释放量分别是 10∶1、5∶1 时的 1.87 倍和 2.64 倍，在水土比为 15∶1 时则分别是 10∶1、5∶1 时的 1.60 倍和 2.26 倍。提高水土比能提高土壤磷的扩散作用，有利于土壤磷的解吸释放，从而增加土壤水中溶解态磷的浓度。这与国内外一些学者研究的结论是一致的。

表 6-6 不同水土比对土壤磷释放的影响

水土比	25∶1	20∶1	15∶1	10∶1	5∶1	平均值
高磷黄黏泥土	5.501	5.399	4.63	2.827	2.133	4.098a
高磷黄砂泥土	1.806	1.920	1.665	1.110	1.102	1.521b
中磷黄黏泥土	1.604	1.480	1.292	1.039	0.658	1.215bc
中磷黄砂泥土	1.905	1.645	1.875	0.922	0.478	1.365bc
低磷黄黏泥土	1.084	0.797	0.871	0.529	0.226	0.701cd
低磷黄砂泥土	0.478	0.383	0.249	0.185	0.093	0.278d
平均值	2.063a	1.937a	1.764a	1.102b	0.782b	
水土比处理间 F_1 测验	$F_1=7.17$	$P_1=0.001$				
土壤处理间 F_2 测验	$F_2=34.38$	$P_2=0.000$				

注：表中字母为多重比较（SSR）结果，字母不同处理之间达到 P 为 0.05 的显著性水平。

3）酸雨的影响

方差分析结果表明（表 6-7）：在模拟酸雨的 pH 为 5.32、4.64、4.24、3.82 和

3.43条件下,不同酸雨之间对土壤磷的释放量存在显著性水平的差异,说明在不同pH的酸雨下土壤磷向水体的释放是不相同的;随着酸雨pH的下降,从土壤进入水体的磷量逐渐增加。多重比较结果表明:在酸雨pH为3.82和3.43下对土壤磷释放的影响显著地大于pH为5.32、4.64和4.24的酸雨,特别是在pH为3.43酸雨的影响下,土壤磷的平均释放量分别是它们的1.36倍、1.51倍和1.49倍。

表6-7 不同pH的酸雨对土壤磷释放的影响

酸雨pH	3.43	3.82	4.24	4.64	5.23	平均值
高磷黄黏泥土	4.280	3.845	3.296	3.031	3.257	3.542a
高磷黄砂泥土	1.667	1.285	1.052	0.963	1.014	1.196bc
中磷黄黏泥土	1.856	1.449	1.383	1.069	1.155	1.382b
中磷黄砂泥土	1.171	1.076	1.071	1.039	0.849	1.041cd
低磷黄黏泥土	1.301	0.966	0.733	0.682	0.607	0.858d
低磷黄砂泥土	0.166	0.172	0.147	0.153	0.147	0.157e
平均值	1.740a	1.465b	1.280bc	1.156c	1.171c	
酸雨处理间F_1测验	$F_1=10.29$	$P_1=0.0001$				
土壤处理间F_2测验	$F_2=189.8$	$P_2=0.000$				

注:表中字母为多重比较(SSR)结果,字母不同处理之间达到P为0.05的显著性水平。

pH降低而影响酸性土壤的解吸过程,一方面是土壤酸化对Fe、Al化合物溶蚀作用增强,从而使得它们对磷的专性吸附受到破坏,降低对磷的交换吸附;另一方面,随着土壤酸度的增加,土壤溶液中Fe、Al等离子浓度显著上升,从而使溶液中的电解质浓度增加,有利于磷从固相中解吸出来。因此酸雨能明显地提高土壤磷的溶解能力,并随着酸化强度的增加,水溶性磷含量不断的增加(翁焕新等,2001)。可见,在酸雨对土壤产生酸化的过程中,土壤磷更容易从固相中释放出来而进入溶液,从而加速了土壤磷的迁移,明显增加了土壤向水域输送的磷通量,不利于对水环境质量的保护。因而对酸雨较严重的地区,值得在这些方面进行深入研究。

4) 淹水时间的影响

方差分析结果表明(表6-8):在淹水时间为1 h、3 h、6 h、12 h、18 h和24 h条件下,淹水时间的长短对土壤磷的释放量存在显著差异,说明在1~24 h淹水时间下土壤磷向水体的释放量存在一定的差异。多重比较结果表明:淹水时间在12~18 h下土壤磷的释放量明显地高于淹水时间为1~6 h的释放量,它们的平均值分别是6 h、3 h和1 h的1.10倍、1.14倍和1.28倍。随着淹水时间的明显增加,土壤与水接触的时间延长,有利于土壤磷扩散作用的进行。同时,在淹水条件下,土壤固体表面发生了$Fe^{3+} \rightarrow Fe^{2+}$的化学反应,使磷酸铁盐类化合物中的部分磷释放出来,从而提高了土壤磷的解吸能力,增强了土壤磷向水体的迁移通量。

表 6-8 不同淹水时间对土壤磷释放的影响

淹水时间/h	24	18	12	6	3	1	平均值
高磷黄黏泥土	3.629	3.605	3.367	3.038	2.719	2.765	3.187a
高磷黄砂泥土	1.333	1.441	1.390	1.441	1.531	1.078	1.369b
中磷黄黏泥土	1.330	1.741	1.326	1.401	1.331	1.039	1.361b
中磷黄砂泥土	0.829	0.893	0.887	0.867	0.880	0.765	0.854c
低磷黄黏泥土	0.810	0.893	0.778	0.625	0.627	0.644	0.729c
低磷黄砂泥土	0.128	0.147	0.128	0.121	0.153	0.137	0.136d
平均值	1.343ab	1.453a	1.313ab	1.249abc	1.207bc	1.071c	
时间处理间 F_1 测验	$F_1=3.31$	$P_1=0.019$					
土壤处理间 F_2 测验	$F_2=214.4$	$P_2=0.000$					

注：表中字母为多重比较（SSR）结果，字母不同处理之间达到 P 为 0.05 的显著性水平。

综上所述，随着温度、水土比、酸雨和淹水时间等环境条件的变化，土壤磷向水体的释放规律出现较明显的差异。在温度为 30~35℃、水土比为 15∶1~25∶1、淹水时间为 12~18 h 的条件下，土壤向水体释放的磷量明显地提高；此外，土壤受 pH 为 3.82~3.43 的酸雨影响下，磷的释放量也出现明显的增加。从图 6-3 中看出，不同环境因素对土壤磷释放的影响程度是不相同的，其大小顺序为温度＞酸雨＞水土比＞淹水时间。然而，土壤磷释放是十分复杂的多因素综合作用的动态过程，还需要对不同环境因素影响下土壤磷的释放动力学特征进行深入研究，才能全面了解土壤磷在降雨径流过程中通过解吸而释放磷的动态规律。

3. 影响土壤磷向水体释放的土壤因素分析

前面实验结果说明不同环境因素的变化对不同类型土壤的影响出现明显的差异，特别是高磷水平的旱地。由此可见，土壤磷向水体的释放除受环境条件影响外，还与土壤类型及土壤性质相关，土壤磷的解吸与土壤铁铝氧化物、黏土矿物等对磷的吸附有关，在酸性土壤中磷的最大吸附量是无定型铁铝和黏粒的函数，晶形氧化铁对磷的吸附也起重要的作用（表 6-9）。由于不同土壤中有机质、铁铝氧化物以及黏土矿物有明显的差异，这种差异对土壤磷向水体的释放会产生影响。因此，不同性质的土壤对磷的吸附和解吸能力是不相同的，在相同的磷素水平下土壤向水体释放磷的能力也有差异，了解不同土壤磷的解吸能力及影响土壤因素，能更好地评价土壤磷向水体的释放迁移机理。

目前常以蒸馏水或 0.01 mol/L 的 $CaCl_2$ 提取的土壤磷为藻类生长直接可以吸收利用的磷，其含量的大小代表土壤磷从固相向液相迁移量的多少，这部分磷很容易从土壤进入溶液或地表径流中。以 pH、有机质、速效磷、无定型铁、无定型铝、<0.01 mm 和 <0.001 mm 黏粒等 7 项土壤因素分别与旱地（$n=26$）中 $CaCl_2$ 浸提磷含量之间进行逐步回归分析，得出下列线性回归方程

表 6-9　不同类型黄壤旱地的理化性质

土壤类型	pH (H₂O)	有机质 /(g/kg)	黏粒/% <0.01 mm	黏粒/% <0.001 mm	无定型铁	无定型铝	Olsen-P	CaCl₂-P
黄黏泥土 (n=12)	5.02	18.38	76.3	39.3	1.50	1.59	3.40	0.45
	5.20	21.18	80.4	38.4	1.34	1.16	6.32	0.61
	6.42	31.42	69.7	41.2	1.26	1.17	9.70	0.52
	5.45	29.55	69.2	35.8	1.31	1.12	12.9	0.70
	7.08	25.76	65.4	36.1	1.20	1.02	19.0	1.09
	5.90	28.27	60.5	35.2	1.12	0.93	23.7	1.14
	6.76	19.51	64.8	37.4	1.22	1.04	36.9	1.31
	5.96	26.85	69.7	41.2	1.18	1.15	40.5	1.36
	6.02	31.59	65.4	36.0	1.21	0.99	56.5	1.72
	6.74	30.73	60.9	25.4	1.12	0.81	73.5	2.94
	6.60	28.08	64.8	27.4	1.03	0.89	89.9	3.48
	7.25	31.18	63.2	31.4	0.96	0.73	98.1	3.90
黄砂泥土 (n=7)	4.82	19.03	48.0	17.9	1.34	1.15	5.60	0.61
	5.08	28.10	45.0	18.0	1.30	1.07	7.30	0.52
	6.32	27.05	49.7	22.8	1.21	1.18	27.4	0.96
	6.82	39.27	36.9	20.5	1.25	1.11	34.2	1.16
	7.50	33.10	39.1	18.6	1.11	0.98	41.6	1.69
	6.90	25.25	41.2	18.0	1.19	1.04	53.0	2.41
	7.32	28.68	34.4	20.4	1.14	0.89	73.2	3.67
黄砂土 (n=7)	5.75	9.79	19.7	8.56	0.92	1.05	4.66	0.77
	5.84	13.82	20.6	8.57	0.75	0.94	6.40	0.86
	5.94	10.68	21.6	8.50	0.90	1.12	10.1	1.34
	6.65	14.78	21.6	13.5	0.68	0.87	18.3	2.25
	6.60	13.86	22.1	13.8	0.72	0.80	29.4	5.07
	6.42	12.14	24.8	11.4	0.65	0.70	49.8	7.40
	7.04	21.13	25.2	9.48	0.76	0.78	56.6	8.10

注：铁、铝的单位为 g/kg，磷的单位为 mg/kg。

$$Y = 6.450 - 0.042X_1 - 4.199X_2 + 0.034X_3$$

式中，Y 为土壤 $CaCl_2$ 浸提磷的含量（mg/kg）；X_1 为有机质含量（g/kg）；X_2 为无定型铁含量（mg/kg）；X_3 为 Olsen-P 含量（mg/kg）。

F 测验结果表明：该回归方程达到极显著水平，说明黄壤旱地中水浸提磷与 Olsen-P、无定型铁和有机质有明显的线性关系。偏回归系数的显著性检验结果表明：土壤 Olsen-P 含量是影响土壤溶液中磷浓度的最重要因素，Olsen-P 是代表植物可以从土壤溶液中吸收磷的相对数量，即生物有效性磷的数量，随着土壤 Olsen-P 含量的提高，土壤向水体释放的磷量明显增加。因此，土壤 Olsen-P 是一个重要的参考值，可用来估计土壤向水体释放磷的数量。

在同一土壤磷素水平下土壤向水体释放的磷量与无定型铁含量存在密切的负相关，在酸性土壤中铁化合物是磷被吸附固定的重要载体之一，而无定型铁是铁化合物的活性部分，其对磷能产生明显的专性吸附，随着无定型铁含量的减少，土壤对磷产生吸附作用减弱，土壤磷向水体迁移的能力加强，从而增加土壤溶液中磷的浓度。此外，土壤磷释放量还与有机质含量存在一定程度的负相关，土壤有机质的数量会影响土壤结构性、土壤孔隙性等，特别是质地偏砂土壤，在一定程度上随着有机质含量的减少，土壤对磷产生的吸附作用减弱，从而促进土壤水溶态磷向水体的淋溶迁移。

6.2.3 小结

（1）随着磷肥施用量的增加，喀斯特山区旱地向水体释放磷的数量也相应的提高；在高肥力黄黏泥土上施用磷肥量超过一般施磷量（150 kg/hm²）的 1 倍时，其径流中磷酸根磷的平均含量是一般施磷量的 1.74 倍；当磷肥施用量超过一般施磷量的 6 倍时，其径流中磷酸根磷的平均含量是一般施磷量的 6.45 倍；当高肥力黄黏泥土上施磷量超过 450 kg/hm² 时，降雨径流中磷的含量对水体已经产生明显的影响。因而控制磷素向农业生态系统中的投入，是控制农业非点源磷污染的重要前提。

（2）喀斯特山区旱地向水体释放磷的规律受作物生长过程的影响，旱地径流水中磷酸根磷的含量随着玉米的生育期而发生明显的变化。从玉米播种到出苗期间，旱地径流中磷酸根磷的含量出现高峰期后逐渐下降，到玉米营养生长盛期（拔节期），降雨径流中磷酸根磷的含量达到最低值，且在不同施肥水平下其变化的范围很小；随着玉米营养生长减慢，降雨径流中磷酸根磷的含量又上升，出现第 2 次高峰期，以后则逐渐下降。

（3）环境条件的变化对土壤磷的迁移释放产生明显的影响，随着温度、水土比、淹水时间的增加，土壤向水体释放的磷量逐渐提高；在温度为 30～35℃、水土比为 15:1～25:1、淹水时间为 12～18 h 的条件下，土壤释放的磷量明显地增加。此外，随着酸雨 pH 的下降，土壤磷的释放量不断增加，在 pH 为 3.82～3.43 的酸雨影响下，土壤磷的释放量也出现明显的增加。不同温度、水土比、淹水时间以及酸雨下不同类型土壤磷的释放量出现明显的差异，特别是高磷水平的土壤。

（4）土壤有效磷含量是影响喀斯特山区旱地溶解态磷向水体迁移通量的首要因素，土壤有效磷素越高，喀斯特山区旱地向水体释放磷量就越大；在土壤磷元素水平一致的情况下，土壤向水体释放的磷量与无定型铁和有机质存在密切负相关，随着无定型铁和有机质含量的减少，土壤对磷产生的吸附作用减弱，土壤磷的解吸能力增强，从而促进土壤水溶态磷向水体的淋溶迁移。

参 考 文 献

白占国，万国江. 1998. 贵州碳酸盐岩区域的侵蚀速率及环境效应研究. 水土保持学报，4（1）：1-7.
卜华邹. 2000. 城市村岩溶水系统地下水环境质量现状评价. 山东地质，16（1）：44-50.

高超, 张桃林, 吴蔚东. 2001. 农田土壤中的磷向水体释放的风险评价. 环境科学学报, 21: 344-348.

郭芳, 姜光辉, 裴建国, 等. 2002. 广西主要地下河水质评价及其变化趋势. 中国岩溶, 21 (3): 195-201.

郭芳, 姜光辉, 夏青, 等. 2007. 土地利用影响下的岩溶地下水水化学变化特征. 中国岩溶, 26 (3): 212-218.

何腾兵. 2000. 贵州喀斯特山区水土流失状况及生态农业建设途径探讨. 水土保持学报, 14: 28-34.

贾亚男, 刁承泰, 袁道先, 等. 2004. 土地利用对埋藏型岩溶区岩溶水质的影响——以涪陵丛林岩溶槽谷区为例. 自然资源学报, 19 (4): 455-461.

蒋勇军, 袁道先, 谢世友, 等. 2006. 典型岩溶农业区地下水质与土地利用变化分析——以云南小江流域为例. 地理学报, 61 (5): 471-481.

李林立, 况明生, 蒋勇军, 等. 2003. 金佛山岩溶生态系统初步探讨——岩溶泉水化学特征分析. 四川师范大学学报, 26 (2): 201-204.

李阳兵, 王世杰, 李瑞玲, 等. 2003. 喀斯特石漠化的形成背景、演化与治理. 第四纪研究, 23 (6): 689-695.

李阳兵, 谢德体, 魏朝富. 2004. 岩溶生态系统土壤及表生植被某些特性变异与石漠化的相关性. 土壤学报, 41 (2): 196-202.

梁小平, 朱志伟, 梁彬, 等. 2003. 湖南洛塔表层岩溶带水文地球化学特征初步分析. 中国岩溶, 22 (2): 104-109.

刘方, 罗海波, 刘鸿燕, 等. 2007. 土地利用方式对喀斯特浅层地下水质量的影响. 矿物学报, 27 (3/4): 540-544.

刘方, 罗海波, 刘元生, 等. 2007. 喀斯特石漠化区农业土地利用对浅层地下水质量的影响. 中国农业科学, 40 (6): 1214-1221.

刘方, 王世杰, 刘元生, 等. 2005. 喀斯特石漠化过程土壤质量变化及生态环境影响评价. 生态学报, 25 (3): 639-644.

刘方, 王世杰, 罗海波, 等. 2006. 喀斯特石漠化过程中植被演替及其对径流水化学的影响. 土壤学报, 43 (1): 26-32.

刘方, 王世杰, 罗海波, 等. 2007. 喀斯特森林群落退化对浅层岩溶地下水化学的影响. 林业科学, 43 (2): 21-25.

刘济明. 2000. 茂兰喀斯特森林主要树种的繁殖更新对策. 林业科学, 36 (5): 114-122.

刘映良, 薛建辉. 2005. 贵州茂兰退化喀斯特森林群落的数量特征. 南京林业大学学报 (自然科学版), 29 (3): 23-27.

龙健, 邓启琼, 江新荣, 等. 2005. 西南喀斯特地区退耕还林 (草) 模式对土壤肥力质量演变的影响. 应用生态学报, 16 (7): 1279-1284.

龙健, 江新荣, 邓启琼, 等. 2005. 贵州喀斯特地区土壤石摸化的本质特征研究. 土壤学报, 42 (3): 419-427.

龙健, 李娟, 汪境仁, 等. 2006. 典型喀斯特地区石漠化演变过程对土壤质量性状的影响. 水土保持学报, 20 (2): 77-82.

龙健, 黄昌勇. 2002. 喀斯特山区土地利用方式对土壤质量演变的影响. 水土保持学报, 16 (1): 76-79.

鲁如坤. 2000. 土壤农业化学分析法. 北京: 中国农业科技出版社.

罗海波, 钱晓刚, 刘方, 等. 2003. 喀斯特山区退耕还林 (草) 保持水土生态效益研究. 水土保持学报, 17 (4): 31-35.

潘根兴, 曹建华. 1999. 表层带岩溶作用: 以土壤为媒介的地球表层生态系统过程——以桂林峰丛洼地岩溶系统为例. 中国岩溶, 18 (4): 287-296.
钱家忠, 汪家权, 吴剑锋, 等. 2003. 洛塔徐州张集水源地裂隙岩溶水化学特征及影响因素. 环境科学研究, 16 (2): 23-26.
苏维词. 2002. 中国西南岩溶山区石漠化的现状成因及治理的优化模式. 水土保持学报, 16 (2): 29-32.
苏跃, 刘方, 李航, 等. 2005. 喀斯特山区不同土地利用方式下土壤质量变化及其对水环境的影响. 水土保持学报, 22 (1): 65-68.
王德炉, 朱守谦, 黄宝龙. 2004. 石漠化的概念及其内涵. 南京林业大学学报 (自然科学版), 28 (6): 87-90.
王世杰. 2002. 喀斯特石漠概念演绎及其科学内涵的探讨. 中国岩溶, 21 (2): 101-105.
王世杰. 2003. 喀斯特石漠化——中国西南最严重的生态地质环境问题. 矿物岩石地球化学通报. 22 (2): 120-126.
王世杰, 季宏兵. 1999. 碳酸盐岩风化成土作用的初步研究. 中国科学, 29 (5): 441-449.
王世杰, 李阳兵, 李瑞玲, 等. 2003. 喀斯特石漠化的形成背景、演化与治理. 第四纪研究, 23 (6): 657-665.
王世杰, 张殿发. 2003. 贵州反贫困系统工程. 贵阳: 贵州人民出版社: 202-205.
翁焕新, 吴自军, 张兴茂, 等. 2001. 红壤中结合态磷在酸化条件下的变化及其相互关系. 环境科学学报, 20 (5): 583-586.
熊康宁. 2002. 喀斯特石漠化的遥感——GIS典型研究以贵州省为例. 北京: 地质出版社.
晏维金. 2000. 磷在土壤中的解吸动力学. 中国环境科学, 20 (2): 97-101.
杨胜天, 朱启疆. 1999. 论喀斯特环境中土壤退化的研究. 中国岩溶, 18 (2): 169-175.
杨胜天, 朱启疆. 2000. 贵州典型喀斯特地区环境退化与自然恢复速率. 地理学报, 55 (4): 459-466.
喻理飞. 2002. 贵州柏箐喀斯特台原区常绿落叶阔叶林多样性研究. 贵州科学, 20 (2): 37-41.
喻理飞. 2002. 人为干扰与喀斯特森林群落退化及评价研究. 应用生态学报, 13 (5): 529-532.
喻理飞, 叶镜中. 2002. 退化喀斯特森林自然恢复过程中群落动态研究. 林业科学, 38 (1): 1-7.
张殿发, 王世杰. 2002. 贵州喀斯特山区生态环境脆弱性的研究. 地理学与国土研究, 18 (1): 77-79.
张殿发, 王世杰, 李瑞玲, 等. 2002. 贵州省喀斯特山区生态环境脆弱性研究. 地理学与国土研究, 18 (1): 77-79.
张庆忠, 陈欣, 沈善敏. 2002. 农田土壤硝酸盐积累与淋失研究进展. 应用生态学报, 13 (2): 233-238.
张世挺, 薛跃规, 唐克华, 等. 2000. 湘西洛塔喀斯特森林木本植物群落学特征研究. 广西师范大学学报, 18 (1): 76-80.
章程, 曹建华. 2003. 不同植被条件下表层岩溶泉动态变化特征对比研究——以广西马山弄拉兰电堂泉和东旺泉为例. 中国岩溶, 22 (1): 1-5.
赵中秋, 后立胜, 蔡运龙. 2006. 西南喀斯特地区土壤退化过程与机理探讨. 地学前缘, 13 (3): 185-189.
周济柞. 1995. 贵州喀斯特山地的"石漠化"及防治对策. 长江流域资源与境, 2: 177-182.
周游游, 霍建光, 刘德深. 2000. 岩溶化山地土地退化的等级划分与植被恢复初步研究. 中国岩溶, 19 (3): 268-273.
周游游, 黎树式, 黄天放, 等. 2003. 我国喀斯特森林生态系统的特征及其保护利用——以西南地区茂兰、木论、弄岗典型喀斯特森林区为例. 广西师范学院学报, 20 (3): 1-7.
周政贤. 1987 茂兰喀斯特森林科学考察综合报告. 贵阳: 贵州人民出版社.
朱守谦. 2003. 喀斯特森林生态研究 (Ⅲ). 贵阳: 贵州科技出版社.
朱守谦, 陈正仁, 魏鲁明, 等. 2002. 退化喀斯特森林自然恢复的过程和格局. 农业与生物科学报,

21 (1): 19-25.

邹胜章, 梁彬, 朱志伟, 等. 2004. 生态系统变化对岩溶水资源的影响——以湘西为例. 长江流域资源与环境, 13 (6): 599-603.

Hooda P S, Rendell A R, Edwards A C. 2000. Relating soil phosphorris indices to potential phosphorus release to water. Journul Environmental Quality, 29: 1166-1171.

John N, Tim M H. 2001. The seleetlve removal ofphosphomsfrom soil: Is event size important? Journal Environmental Quality, 30: 538-545.

Robert J L. 1989. Measurement methods for soil erosion. Progress in Physical Geography, 20 (2): 5-9.

Shapley A N, Ahnja L R. 1981. The kinetics of phosphorus desorpfion from soil. Soil Science Society America of Journal, 45: 493-496.

Sims J T. 1998. Phosphorous soil testing: innovations for water quality protection. Commun. Soil Sci. Plant Anal., 29 (11/14): 1471-1489.

Stigter T Y, Ribeiro L, Carvalho D A. 2006. Application of a groundwater quality index as an assessment and communication tool in agro-environmental policies-Two Portuguese case studies. Journal of Hydrology, 327 (3-4): 578-591.

Walf A M, Baker H B. 1985. Soil tests for estimaldag labile, soluble and algae-available phosphorous in agricultural soils. Journal Environmental Quality, 14: 341-348.

Wang S J, Liu Q M, Zhang D F. 2004. Kant rocky desertification in southwestern China: geomorphology, land use and impact and rehabilitation. Land Degradation & Development, 15 (2): 115-121.

Yang J L, Zhang G L. 2003. Quantitative relationship between land use and phosphorus discharge in subtropical hilly regions of China. Pedosphere, 13 (1): 67-74.

Zhang G L, Yang J L, Zhao Y G. 2003. Nutrient discharges from a typical watershed in the hilly areas of subtropical China. Pedosphere, 13 (1): 23-30.

第 7 章 喀斯特山区林草复合系统的土壤微生物学特性

亚热带喀斯特山区独特的地质背景和水文条件造就其脆弱的生态环境，巨大的人口和环境压力使该区生态环境受到严重的破坏，石漠化仍在不断加剧（中国科学院学部，2003），而植被恢复被证明是最有效的改良措施之一，如林草复合植被系统。同时，以往研究者在研究生态系统不同恢复阶段时，较多地考虑植被指标以及土壤理化性质变化，对土壤微生物学特性研究的报道较少（谢龙莲等，2004；郑华等，2004），而国内对喀斯特地区林草复合模式下土壤微生物特性的研究报道更少。本章结合喀斯特地区的实际情况开展林草间做生态恢复过程中土壤生物特性的演替研究，该研究将会丰富我国喀斯特脆弱区土壤生态恢复的理论和方法，拓展西南喀斯特生态脆弱区兼顾生态及民生问题的生态恢复途径，为喀斯特生态脆弱区土壤生态恢复提供理论依据和基础科学数据。

7.1 林草复合系统对土壤养分含量的影响

土壤养分是林草生长发育所必需的物质基础，主要来源于土壤矿物质、通过各种形式归还到土壤中的有机质、生物固氮、地下水、坡渗水和大气降水，是土壤肥力的重要指标，也是决定林草生长发育的主要因素。同时，合理的林草复合模式能提高土壤的养分，促进植物的生长发育，取得良好的生态和经济效益。目前国内晋西黄土区（云雷等，2011）、黄土高原区（李会科等，2009）、西北地区（蔡倩等，2010）和四川（何云等，2013）等地区林草复合系统的土壤养分、水分和微生物研究的较多，而对贵州喀斯特地区林草复合系统的土壤养分方面的研究较少。因此，本章对喀斯特山区林草复合系统下土壤 pH、有机质、全氮、速效磷、速效钾、碱解氮的含量和 C/N 的变化进行研究，探讨不同林草复合模式下土壤肥力指标的差异以及不同月份和土层各指标含量的差异。

7.1.1 研究区概况

1. 试验区位置

研究区位于贵州省安顺市板贵乡，是安顺市关岭布依族苗族自治县所辖的一个乡，位于县城东南的 214 省道上，距县城约 45 km，总面积多于 135 km²，耕地面积 1.97 万亩。该乡属于典型的喀斯特地貌，地貌类型分为高原区和峡谷区两大单元，海拔 450~1450 m，相对高差为 1000 m。气候类型主要为中亚热带季风湿润气候，光热资源丰富，年平均气温 19℃，年总积温达 6542.9℃，年日照时数 2500 h 以上。年均降雨量约 1200 mm，降雨主要分布在 5~10 月，占全年总降雨量的 83%（盛茂银等，2013；何腾兵等，2000)。

季节分配极为不均，冬春旱及伏旱严重，全年无霜期在337 d以上，其地处温热河谷，河谷低地终年无霜，经济作物有花椒、砂仁等。岩石多属三叠系的白云岩、泥质白云岩及页岩。土壤以黄壤、黄色石灰土为主。植被为亚热带常绿落叶针阔混交林，原生植被基本上被破坏，现以次生林为主。野生植被是以窄叶火棘、刺梨、救军粮、铁线莲等为主的藤、刺、灌丛，以及零星分布的青冈、马尾松、光皮桦为主（盛茂银等，2013)。

2. 试验地布设

本研究的试验区具体位于花江镇板贵乡三家寨，试验地为花椒林牧草复合区，共设置9块36 m² (6 m×6 m) 实验地，花椒林牧草复合有树无草区 (CK) 3块，种植雀稗 (SQ) 3块，拉巴豆 (SL) 3块。牧草统一于2014年3月上旬均匀撒播于每块试验地内，然后用土均匀覆盖，定期管理。表7-1为每块样地的具体地理位置。

表7-1 花椒林下各样地地理位置

样地名称	经度	纬度	海拔/m
CK-1	105°39′27.2″E	25°41′03.8″N	718
CK-2	105°39′27.7″E	25°41′03.6″N	704
CK-3	105°39′27.3″E	25°41′04.1″N	725
SQ-1	105°39′27.6″E	25°41′03.4″N	726
SQ-2	105°39′27.2″E	25°41′03.8″N	713
SQ-3	105°39′27.3″E	25°41′04.1″N	724
SL-1	105°39′27.4″E	25°41′03.4″N	727
SL-2	105°39′27.0″E	25°41′03.9″N	719
SL-3	105°39′27.0″E	25°41′04.1″N	723

7.1.2 实验材料

1. 牧草品种

试验牧草种子为引进新西兰牧草草种，由新西兰林肯大学Hong教授提供。

(1) 雀稗 (*Paspalum thunbergii* Kunth ex Steud.)：多年生禾草，秆直立，丛生，高50～100 cm，节被长柔毛。叶鞘具脊，长于节间，被柔毛；叶舌膜质，长0.5～1.5 mm；叶片线形，长10～25 cm，宽5～8 mm，两面被柔毛。总状花序3～6枚，长5～10 cm，互生于长3～8 cm的主轴上，形成总状圆锥花序，分枝腋间具长柔毛；穗轴宽约1 mm 小穗柄长0.5 mm或1 mm；小穗椭圆状倒卵形，长2.6～2.8 mm，宽约2.2 mm，散生微柔毛，顶端圆或微凸，花果期为5～10月（尹少华等，1996）。

(2) 拉巴豆 (*Dolichos lablab* L.)：越年生豆科草本植物。在澳大利亚、新西兰主要作为夏季饲料作物、放牧使用，与高粱、玉米等高禾品种混播制作成青储饲料。它具有非常晚熟的特性，在秋季仍长势旺盛；主根发达，侧根多；茎缠绕，长约 3～6m；叶量大；荚果含 3～6 粒种子，为白、黑、褐等色，呈眉形；生育期长可达 300 d；要求温暖的气候条件，能耐短期高温和短期霜冻；叶片粗蛋白含量为 25%～27%，整株含粗蛋白 17%～21%，粗纤维约占 37.67%，生长到 11 周时的消化率为 61.3%，20 周后的消化率降为 48.6%（易显凤等，2011）。

2. 花椒林基本情况

花椒是一种浅根植物，俗称"顺坡溜"，喜光，较耐旱，不耐涝，积水易死亡，喜欢在排水良好，土层肥沃湿润中性偏碱的土壤上生长，是喀斯特地区良好的水保经济植物。

贵州板贵乡地区花椒，俗称顶坛花椒，为本地青椒，历来以"香味浓，麻味重，产量高"而著称，迄今已有数百年的栽培历史，目前是该地区的主要水保经济植物之一，其一般种植在海拔不高于 1000 m 的地区，而且该地区生长的青椒较好，一般栽培 3 a 后就开始结籽，6～7 a 进入盛产期，平均每株花椒能摘湿椒 5～10 kg/a，而且籽粒大，果穗大，每穗有单果 40～70 粒，多者近百粒，出椒率高，每 3 kg 可晒干椒 1 kg（何腾兵等，2000），经济效益前景良好，现已建成数万亩的连片花椒基地。

本试验选取了该地区成熟运行的花椒基地，选取树龄为 4～5 a 的花椒树林地作为试验场地，进行喀斯特山区林草复合生态系统土壤微生物特性的研究。试验场地布设好后，定期调查林草复合系统的生长状况，具体工作主要是对所选取的花椒林内的样地植物进行常规野外调查指标的测量，表 7-2 为 2014 年 6 月所测生长期花椒林试验样地的基本情况。

表 7-2 花椒试验样地各植物基本平均指标

植物名称	高度/cm	冠幅/cm	胸径/cm	叶长/cm	叶宽/cm	单株干重/g
花椒树	311.28	273.36	5.01	6.43	2.14	-
拉巴豆	28.38	-	-	7.20	5.86	5.75
雀稗	31.83	-	-	22.62	0.53	0.27

7.1.3 结果与分析

1. 土壤酸碱度的变化

土壤酸碱度常用 pH 表示，是土壤理化性质中重要的化学性质指标，它不仅直接影响土壤中各种元素的存在形态、有效性及迁移转化过程（杨忠芳等，2005；张浩等，2005），还会影响土壤微生物的组成、数量以及活性（余海英等，2005），与土壤保持养分的能力等都有关系，是土壤性质的重要指标之一。同时 pH 对土壤中氮元素的硝化作用及有机质的矿化等都有影响，在植物的生长发育中有着不可忽视的作用。

由表 7-3 可见，不同月份、土层和处理间的 pH 有一定的变化，pH 保持在 7.90～8.15，变幅为 0.25，呈偏弱碱性。林草复合模式的 pH 低于对照，且不同月份和土层的 pH 表现为 SL＜SQ＜CK。7 月份间作拉巴豆和雀稗处理的表层土壤 pH 分别比对照降低 2.94% 和 2.70%，下层降幅为 1.73% 和 0.62%；10 月份表层分别下降 1.50% 和 1.25%，下层分别下降 2.23% 和 1.36%。初步研究结果表明林草复合系统有利于降低土壤 pH，而间作拉巴豆更有利于土壤酸碱性趋于中性，这可能是不同土层根系生物量存在显著差异所致。调查结果显示，拉巴豆的根系粗壮、根深且分布比雀稗更为广泛，也可能是花椒林对照为裸地，土壤基本无植被保护，致使降雨冲刷或径流携带走土壤中的有机酸和无机酸，导致土壤 pH 偏高。

7 月份土壤碱性整体上大于 10 月份，可能是林草复合系统在生长发育及代谢中产生的凋落物会转化形成有机酸所致，且复合系统根系多分布于表层，随着时间的延长和植被的生长代谢也会产生少量无机酸和有机酸，可中和碱性。同时，空气中的 CO_2 溶解于水产生的碳酸等各种酸性物质在土壤表层最多，导致 pH 下降，且当地上植被良好、雨水充足的情况下，这些酸性物质中的 H^+ 就会随着土壤剖面向下淋溶、迁移，可使土壤 pH 逐步趋于中性，而适宜的酸碱环境能够促进林草复合系统植被生长、微生物活动和土壤养分循环。由此可见，林草复合系统可以调节土壤酸碱度，提高其生态效益。

表 7-3 不同处理 pH 的变化

月份	土层/cm	CK	SL	SQ
7 月	0～10	8.15±0.08a	7.91±0.20a	7.93±0.31a
	10～20	8.10±0.12a	7.96±0.08a	8.05±0.20a
10 月	0～10	8.02±0.07ab	7.90±0.15b	7.92±0.03b
	10～20	8.08±0.05a	7.90±0.19a	7.97±0.19a

2. 土壤有机质含量的变化

有机质是土壤固相的一个重要组成部分，是土壤肥力产生的物质基础，也是土壤形成的标志，其基本成分为纤维素、木质素、蛋白质、淀粉、糖类、脂肪等，还有氮、硫、磷和少量钙、钾、铁、镁及微量元素，是植物养分的主要来源。另一方面，有机质腐化后，很多养分以腐殖质形式储存起来，并缓慢分解，保证植物养分的持续供应，还可调节土壤酸碱度，增强土壤吸热保温能力，改善土壤的物理性质，提高土壤的保肥力和稳定性，促进土壤微生物活动，使有机质转化，进而有利于植物的生长发育。

从土壤有机质的测定结果（图 7-1）可知，整体上所有处理的 0～10 cm 层的有机质含量大于 10～20 cm 层的含量，符合一般规律。7 月份拉巴豆和雀稗处理上层土壤有机质含量分别比对照提高 6.46% 和 20.28%，下层土分别提高 4.37% 和 6.67%；10 月份拉巴豆和雀稗处理上层有机质含量分别比对照提高 26.94% 和 27.86%，下层土分别提高 3.92% 和 14.08%，但各处理间没有显著差异性（$P>0.05$）。以上数据说明，花椒树间作拉巴豆和雀稗有利于土壤有机质含量的增加,这与罗艺霖等研究台湾桤木林草复合系统可提高土壤有机质含量的研究结果相似(罗艺霖等,2013)。

另一方面,10月份各处理0~10 cm层和10~20 cm层土壤有机质含量整体都低于7月份的土壤有机质含量,这主要是由于林草复合系统7~10月之间还处于生长期,对土壤有机质有一定的需求,但林草复合系统土壤有机质含量下降速度明显低于对照。初步分析结果表明林草复合系统总体上有利于土壤有机质的提高,且乔本科草牧草雀稗对提高土壤有机质含量比豆科牧草拉巴豆更为显著。

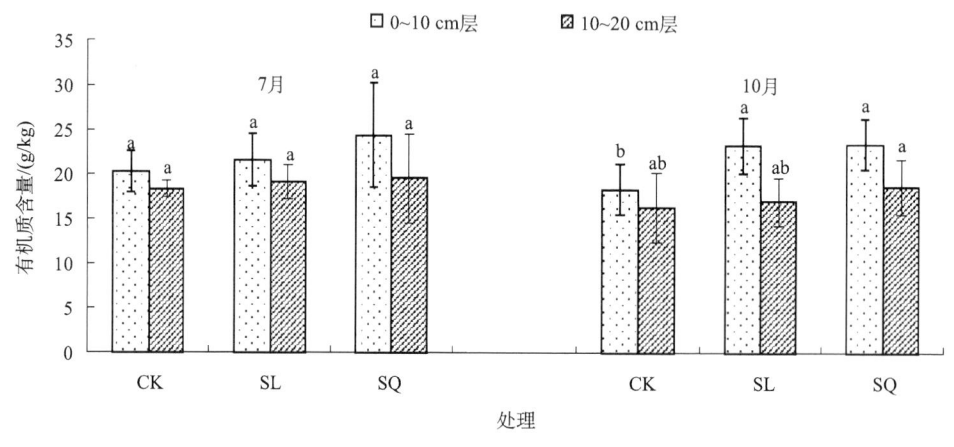

图 7-1 不同处理有机质含量的变化

3. 土壤全氮含量的变化

氮是植物生长必不可少的营养元素,是构成蛋白质、核酸和叶绿素的成分,它直接影响作物的生长发育、品质和产量。土壤全氮含量代表着土壤氮元素的总储量和供氮潜力,且全氮含量变化趋势与有机质含量变化相吻合,其含量随着有机质含量的增加而提高。

从图7-2中可知,试验各处理不同土层间,上层土壤全氮含量都大于下层土壤全氮含量;7月份和10月份各处理0~10 cm层土壤全氮含量变化规律都为SL＞SQ＞CK,10~20 cm层全氮含量分别为SQ＝SL＞CK和SQ＞SL＞CK,且10月份拉巴豆和雀稗间作花椒系统0~10 cm层土壤全氮与对照之间存在显著差异($P<0.05$),而其他月份和土层与对照之间没有显著差异($P>0.05$),以上规律基本与土壤有机质的变化规律相似,这也符合土壤中氮元素含量的多少主要决定于土壤有机质含量的多少这一规律。一般来说,这两者之间有平行关系,土壤全氮含量随着土壤有机质含量的增高而增加(郝文芳,2003)。

间作拉巴豆和雀稗处理的不同土层的全氮含量比对照的全氮含量提高了1.22%~18.75%,10月份间作拉巴豆上层全氮含量提高最大,为18.75%,7月份下层土壤全氮含量提高最小,为1.22%。整体上10月份的林草复合模式土壤全氮含量提高幅度大于7月份的提高幅度。由此可见,林草复合系统有利于土壤全氮含量的提高,且以拉巴豆的提高效益最好,间作雀稗处理次之,同时上层土壤全氮含量比下层提高量大,对植物的后续生长有利。

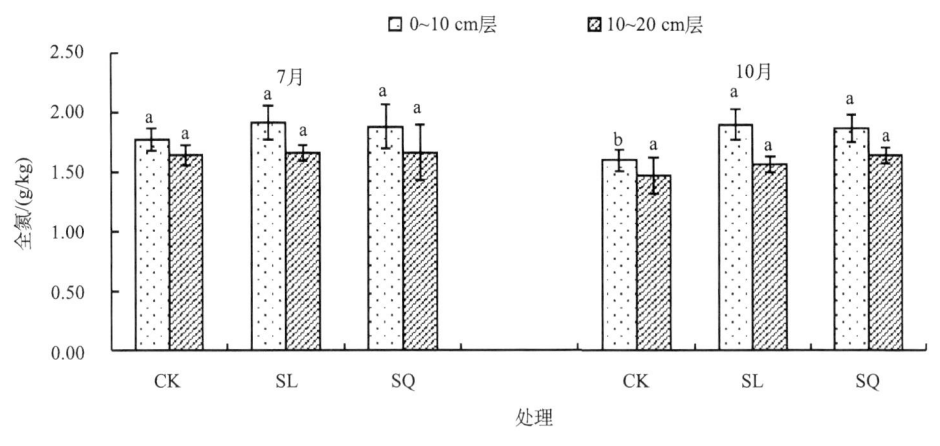

图 7-2 不同处理全氮含量的变化

4. 土壤碱解氮含量的变化

碱解氮主要是由易矿化的有机氮以及少部分无机氮组成,也称为水解氮,主要包括有机态氮中比较容易分解的部分和矿质态的氮,由铵态氮、硝态氮、亚硝态氮酰胺、氨基酸和易水解的蛋白质氮组成的。碱解氮是土壤中速效氮的一个主要形式(黄和平等,2005),其含量能够反映土壤的供氮水平,是土壤速效氮的重要表征指标。对于土壤氮元素含量的提高,土壤表层的枯落物具有十分重要的意义。另一方面,土壤碱解氮含量的变化受土壤全氮和有机质含量的影响也比较大,但可通过测定土壤碱解氮的动态变化来表征土壤肥力的状况(黄茹,2013)。

由图 7-3 可知,7 月份和 10 月份各处理 0～10 cm 层土壤碱解氮含量变化规律为 SL＞SQ＞CK,拉巴豆处理最高,为 93.54 mg/kg,而 10～20 cm 层变化规律为 SQ＞SL＞CK,雀稗处理最高,为 79.76 mg/kg。7 月份拉巴豆和雀稗处理上层土壤碱解氮含量大于 10 月份上层土壤碱解氮含量,这可能是由于后期花椒树和牧草开花结果对氮元素的需求量相对较多,而碱解氮又是植物直接吸收的速效养分;而 10～20 cm 层正好相反,这主要由于雀稗根系多分布于上层,对下层影响相对较小。而拉巴豆根系虽然主要位于下层部位,但拉巴豆是豆科植物,本身有固氮能力,对碱解氮的需求相对较少,所以致使上下层出现结果相反的情况。

与对照相比,林草复合系统土壤碱解氮含量的提高幅度为 4.70%～34.75%,10 月份拉巴豆和雀稗复合系统土壤碱解氮含量相对于对照提高了 13.28%～34.75%,而 7 月份为 4.70%～11.45%;7 月份拉巴豆和雀稗复合系统各土层碱解氮含量为 75.68～84.19 mg/kg,10 月份为 71.39～93.54 mg/kg。由此可见,林草复合系统有利于土壤碱解氮含量的提高,此结果与王华等(2013)研究槟榔间作香兰草可提高土壤养分(碱解氮)含量的结果相一致,也与吴红英等(2010)研究梨树间作香薄荷相比与对照可提高碱解氮含量 2.12% 的结果相似。同时，随着生长时间的延长，林草复合系统更有利于土壤碱解氮含量的增加，提高了土壤养分效益。

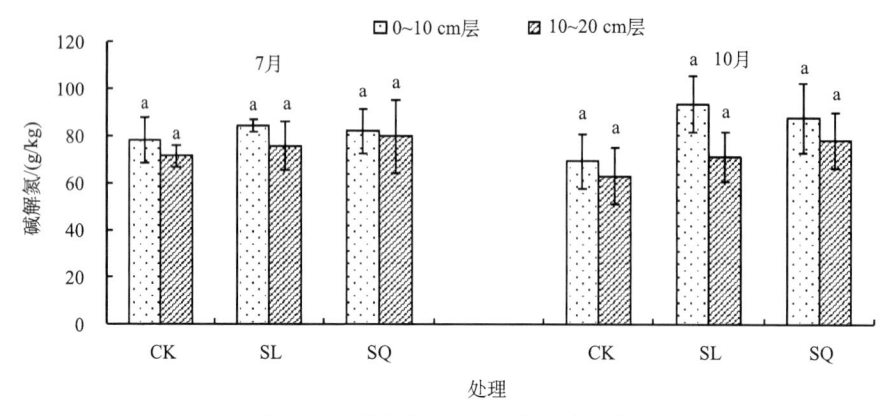

图 7-3 不同处理碱解氮含量的变化

5. 土壤速效磷含量的变化

土壤速效养分是指可以被水溶解的土壤养分，是土壤全量养分中可以被植物直接吸收和利用的部分，其有效含量对促进作物及林木（草）生长具有决定性意义。土壤速效磷含量水平是土壤供磷能力的重要指标。而土壤速效磷含量的变化是一个十分复杂的问题，它不但与不同生物气候条件下的土壤不同形态磷间的动态平衡有关，也与人为耕作施肥状况密切相关，还受有机质含量、土壤质地、黏粒和铁锰移动的影响（郝文芳，2003）。

由图 7-4 可知，7 月份 0~10 cm 层土壤速效磷含量为 SL＞SQ＞CK，而 10~20 cm 层为 SQ＞SL＞CK；10 月份各处理 0~10 cm 层土壤速效磷含量为 CK＞SL＞SQ，10~20 cm 层为 CK＞SQ＞SL。7 月份间作拉巴豆和雀稗上层土壤速效磷含量分别比对照提高 24.04% 和 4.37%，下层分别提高 5.70% 和 15.19%；10 月份间作拉巴豆和雀稗上层土壤速效磷含量分别较对照下降 11.17% 和 34.08%，下层分别下降 59.86% 和 42.86%。出现上述情况，可能是 7 月份植物还在生长期，对速效磷的需求较少所致，而到了 10 月份，花椒树和牧草都经历过了开花和结果期，这期间对有效元素的需求量较大，也可能受有机质、土壤质地和气候条件等的影响，所以在这一时期可以人工进行适当的磷肥添加，保证磷肥供应。

6. 土壤速效钾含量的变化

钾是土壤中重要的植物养分，它是植物体内许多酶的活化剂，能促进光合作用和提高植物对病害、不良环境的抵抗力。速效钾含量反映了土壤中可以被植物直接利用的钾元素含量情况。土壤钾中的主要来源是土壤含钾矿物，但含钾的原生矿物和黏土矿物只能说明钾素的潜在供应能力，土壤中钾的实际供应水平则表现为含钾矿物分解成可被植物吸收的速效钾含量的多少。

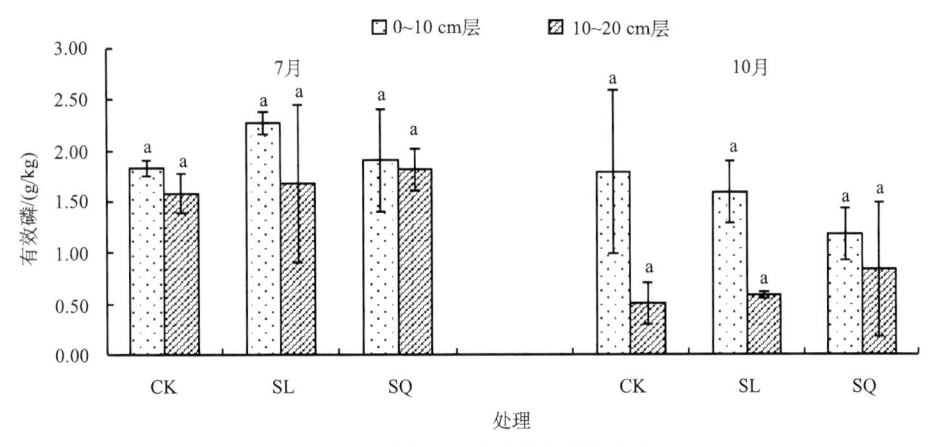

图 7-4　不同处理速效磷含量的变化

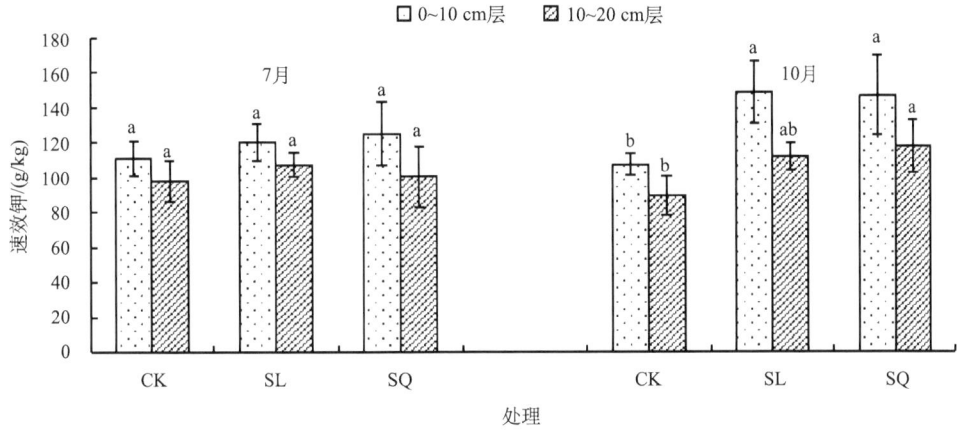

图 7-5　不同处理速效钾含量的变化

从图 7-5 得出，各处理的土壤速效钾含量 0～10 cm 层大于 10～20 cm 层，且整体上各处理不同土层 7 月份土壤速效钾含量小于 10 月份速效钾含量，复合模式表现得更为明显。7 月份 0～10 cm 层拉巴豆和雀稗复合模式土壤速效钾含量比对照分别提高 8.41% 和 12.61%，说明林草复合模式提高了土壤速效钾含量，且以雀稗表现最好。而 10～20 cm 层拉巴豆和雀稗复合模式土壤速效钾含量比对照分别提高 9.52% 和 2.38%。从上层和下层的提高幅度上看，花椒林＋拉巴豆复合模式与花椒林＋雀稗复合模式正好相反，这可能与拉巴豆和雀稗的根细分布有关，雀稗根系多分布于表层，复合模式下更有利于表层土壤速效钾的提高；而拉巴豆主根较粗，主根系上的侧根系多分布于下层，其下层土壤速效钾含量的提高幅度优于雀稗处理。

10 月份各处理土壤速效钾含量的变化规律整体还是表现为复合模式大于对照，但拉巴豆和雀稗复合模式土壤上层和下层的速效钾含量变化规律正好和 7 月份相反。同时 0～10 cm 层速效钾含量拉巴豆和雀稗模式与对照之间存在显著性差异（$P<0.05$），

10~20 cm层雀稗复合模式与对照之间存在显著差异（$P<0.05$）；10月份0~10 cm层拉巴豆和雀稗处理速效钾含量相对于对照分别提高31.20%和36.65%，10~20 cm层分别提高25.01%和31.73%。由此可见，随着时间的推移，雀稗复合模式的效益提高显著，均高于拉巴豆复合模式；而拉巴豆处理下层土壤的提高效益反而低于雀稗处理，这可能是其与花椒树成熟期存在一定的竞争关系导致的。当然，林草复合系统对土壤速效钾的影响及其原因较为复杂，也可能受气候条件，有机质含量、土壤质地、黏粒和铁锰移动的影响，具体原因有待进一步研究与探讨。

7. C/N的变化

土壤C/N指土壤有机质中的有机碳总量和氮元素总量之比，其差异能够反映土壤有机碳组成的差异。C/N低的土壤微生物活性较高，土壤呼吸速率大，有机质分解快；而C/N高的则相反。当土壤的C/N达到平衡状态时，土壤碳的保持在很大程度上由土壤的氮元素水平决定（刘景双等，2003）。土壤C/N比值的大小影响微生物对土壤有机质的分解转化。一般来说，微生物通过同化作用形成自身的细胞需要吸收1份氮和5份碳，同时需要20份碳作为生命活动的能源，因此在微生物生命活动过程中，需要土壤的最佳C/N约为25；而当C/N小于25时，不仅有机质易转化，还可以为土壤提供富余的氮元素。当C/N比值大于25时，则有机质较难转化，且易出现微生物与植物争氮的现象，但这却有利于土壤有机质的积累（黄茹，2013）。

由表7-4可知，各处理不同土层间的C/N在11.00~12.85，均小于25，所以土壤微生物的分解活动能力将增强，而使土壤速效养分增加，这与前面所分析的速效养分结果基本相符。各处理整体上C/N随着土壤深度的增加呈现逐渐下降的趋势，且各土层间的变化幅度不大。7月份各处理10~20 cm层和10月0~10 cm层的C/N变化规律为SQ＞SL＞CK；10月份各处理土层10~20 cm层和7月份0~10 cm层的C/N变化规律为SQ＞CK＞SL；7月份10~20 cm层雀稗和拉巴豆复合模式C/N相对于对照分别提高4.21%和2.78%，而0~10 cm层拉巴豆处理相比于对照降低1.23%，雀稗处理提高12.91%；10月份0~10 cm层雀稗和拉巴豆复合模式比对照分别提高10.02%和7.29%，而10~20 cm层拉巴豆处理比对照降低1.63%，雀稗处理与对照相比提高2.91%。

土壤中的C/N变化主要取决于各林草复合系统下植被的自然生长及枯落物代谢转化过程中土壤有机碳和氮含量的变化。表7-4中不同林草复合模式土壤中C/N基本均大于对照花椒树裸地C/N，证明C/N的提高，减少了土壤有机质的分解，增加了腐殖质的累积，从而使土壤有机质含量增加，这与上面的土壤有机质变化结果相相符。所以在喀斯特山区实施林草复合模式，不仅有利于植被的保土蓄水，还可增加植被生长中产生的粗有机物并归还土壤，增大C/N，减缓土壤有机质的矿化作用，加快腐殖化，并逐步提高土壤有机质含量，改善土壤其他物理及化学属性，促进林草复合系统的长远生态效益的发挥。从本研究的初步结果看，不同的林草复合模式有利于土壤C/N提高，并向平衡状态发展，这对恢复植被，缓解喀斯特脆弱生态环境及缓解全球变暖的趋势具有极其重要的意义。

表 7-4　不同处理 C/N 的变化

月份	土层/cm	CK	SL	SQ
7 月	0～10	11.38±0.69a	11.24±1.02a	12.85±1.80a
	10～20	11.17±0.11a	11.48±0.72a	11.64±1.72a
10 月	0～10	11.38±1.21a	12.21±0.95a	12.52±0.75a
	10～20	11.00±1.60a	10.82±1.24a	11.32±1.57a

7.1.4　小结

根据本节对不同处理下土壤养分含量变化的研究，可以归纳总结出以下结论：

(1) 7 月份和 10 月份 0～10 cm 层和 10～20 cm 层花椒树＋拉巴豆模式、花椒树＋雀稗模式与花椒树纯林（对照）之间，土壤 pH、有机质、碱解氮、速效磷、C/N 均没有显著性差异（$P>0.5$）；7 月份 0～10 cm 层林草复合模式土壤全氮含量变化与对照之间存在显著差异（$P<0.5$），但 7 月份 10～20 cm 层和 10 月份上下土层均与对照之间没有显著差异（$P>0.5$）；7 月份林草复合系统土壤上下层土壤速效钾含量变化均与对照之间不存在显著差异（$P>0.5$），但 10 月份均与对照存在显著差异（$P<0.5$）。

(2) 林草复合系统不同土层和月份相比于对照，土壤有机质、全氮、碱解氮和速效钾的含量分别提高 4.37%～27.86%、1.22%～18.75%、4.70%～34.75% 和 2.23%～36.65%；7 月份 0～10 cm 层林草复合系统相比于对照土壤速效磷含量提高 5.70%～24.04%，而 10～20 cm 层下降 11.17%～59.86%。

(3) 林草复合系统不同土层不同月份土壤 pH 相比于对照下降幅度为 0.62%～8.15%；7 月份 10～20 cm 层和 10 月份 0～10 cm 层雀稗和拉巴豆复合模式 C/N 相对于对照分别提高 4.21%、2.78% 和 10.02%、7.29%，而 7 月份 0～10 cm 层和 10 月份 10～20 cm 层拉巴豆处理比对照分别降低 1.23% 和 1.63%，而雀稗处理分别提高 12.91% 和 2.91%。

(4) 花椒树＋拉巴豆模式相比于花椒树＋雀稗模式更有利于增加土壤表层土壤全氮、碱解氮和速效磷的含量；花椒树＋雀稗模式比花椒树＋拉巴豆模式有利于增加土壤有机质含量和 10～20 cm 土层全氮、碱解氮、速效磷含量。土壤速效钾含量增加效果：7 月份上层和 10 月份下层，花椒树＋雀稗模式高于花椒树＋拉巴豆模式；而 7 月份下层和 10 月份上层，花椒树＋雀稗模式低于花椒树＋拉巴豆模式。

7.2　林草复合系统对土壤微生物区系的影响

土壤微生物是土壤生态体系中最为活跃和重要的组成部分。它们比表面积大，代谢旺盛，参与土壤养分转化、物质代谢、有机物分解、污染物降解等多种生化反应（Zhang et al.，2011），通过这些生化反应过程促进土壤养分平衡供应，提供植物生长所需要的营养物质，同时发挥土壤中有效态养分的储备作用和源作用。通过对林草复合系统下土壤三大菌（细菌、放线菌、真菌）数量变化特征进行系统研究，同时研究微生物区系与土壤肥力指标的相关性，为揭示林草复合系统对喀斯特山区脆弱生态系统的恢复潜力提供参考。

7.2.1 结果与分析

1. 土壤细菌数量的变化特征

土壤细菌是土壤微生物的主要组成成分，在土壤微生物中数量最多，能分解各种有机物质（蔡倩等，2010）。如表7-5所示，林草复合系统的细菌数量在不同月份和土层均高于花椒纯林裸地（对照）的细菌数量。除7月份10~20 cm层花椒林＋雀稗复合系统细菌数量低于对照，这可能是由于雀稗正处于生长期且根系较浅，对下层土的作用较少，也可能是地势地貌的差异造成的；林草复合系统7月份各层土壤细菌数量整体上高于10月份细菌数量，这主要是由于7月份正处于夏季，温度和湿度适中及复合系统下根系分泌物的增多都使细菌数量增加量显著，而10月份处于秋季旱期，温度和湿度都有所降低致使细菌数量减少。

由表7-5知，0~10 cm层7月份林草复合系统土壤细菌数量与对照之间存在显著差异（$P<0.5$），而10月份土壤细菌数量与对照没有显著差异（$P>0.5$），可能是牧草10月份的长势下降，影响了复合系统的根际活动，对细菌数量的改变不明显；10~20 cm层7月份为花椒林＋拉巴豆复合模式细菌数量与对照之间无显著差异（$P>0.5$），而花椒林＋雀稗复合模式与对照之间存在显著差异（$P<0.5$）；10~20 cm层10月份两种复合系统与对照之间存在显著差异（$P<0.5$）。以上说明林草复合系统有利于土壤细菌的繁殖和数量增加，提高了林草复合系统的整体效益，这对改善喀斯特脆弱生态环境有重要意义。

表7-5 各处理土壤细菌的变化规律 （单位：$\times 10^3$ cfu/g）

月份	土层/cm	CK	SL	SQ
7月	0~10	132.00±20.21c	215.56±35.31a	178.11±27.33b
	10~20	126.78±19.08a	129.11±16.40a	71.00±9.81b
10月	0~10	135.71±12.31a	144.71±19.83a	154.57±25.02a
	10~20	76.57±14.55b	128.29±15.91a	131.00±5.60a

7月份0~10 cm层花椒树＋拉巴豆复合模式与花椒树＋雀稗复合模式相比于对照土壤细菌数量分别提高63.30%和34.93%，10~20 cm层花椒树＋拉巴豆复合模式相比于对照提高1.84%，而花椒树＋雀稗复合模式相比于对照降低44.00%；10月份0~10 cm花椒树＋拉巴豆复合模式与花椒树＋雀稗复合模式相比于对照土壤细菌数量分别提高6.63%和13.90%，10~20 cm层相应提高67.55%和71.09%。上述结果与蔡倩等（2010）研究将仁用杏间作麻黄草后，能够显著提高土壤细菌数量94.31%的结果相似。从上述数据可以看出，花椒树＋拉巴豆复合模式对土壤细菌数量的提高整体上优于

花椒树+雀稗复合模式，说明在喀斯特地区豆科牧草复合系统更有利于细菌量的增加，有利于生态系统的恢复。

2. 土壤放线菌数量的变化特征

放线菌在数量上仅次于细菌，它对土壤中的有机化合物的分解及土壤腐殖质合成起着重要作用，并能分泌抗生素，拮抗土壤中的病原菌（何振立，1997）。由表 7-6 和表 7-5 可知，各处理的放线菌数量均少于细菌数量，符合一般规律，且不同月份上层放线菌数量高于下层土壤放线菌的数量。同时，林草复合系统不同月份和土层的放线菌数量都明显高于对照；不同月份和土层花椒树+拉巴豆复合系统放线菌数量与对照之间存在显著差异（$P<0.5$），而不同月份和土层花椒树+雀稗复合系统放线菌数量与对照之间没有显著差异（$P>0.5$）。这可能是由于拉巴豆的根系代谢强于雀稗且拉巴豆的根系量也高于雀稗。以上可见，两种林草复合系统都有利于土壤放线菌的繁殖代谢，有利于土壤肥力的增加，对整个生态系统有益，且以花椒树+拉巴豆复合系统表现更为突出。

表 7-6　各处理土壤放线菌的变化规律　（单位：$\times 10^3$ cfu/g）

月份	土层/cm	CK	SL	SQ
7 月	0～10	25.16±2.27b	142.57±11.98a	28.71±0.72b
	10～20	20.39±0.90b	104.00±14.84a	21.00±9.81b
10 月	0～10	62.78±15.63b	93.67±23.05a	66.11±3.54b
	10～20	45.11±4.76b	81.22±13.13a	47.44±10.36b

7 月份两种林草复合系统较对照土壤放线菌的增幅为 2.99%～466.65%，其中提高幅度最大的为 0～10 cm 层花椒树+拉巴豆复合系统，提高幅度最小的为 10～20 cm 层花椒树+雀稗复合系统；10 月份两种林草复合系统较对照土壤放线菌的增幅为 5.17%～80.05%，提高幅度最大的为 10～20 cm 层花椒树+拉巴豆复合系统，提高幅度最小的为 10～20 cm 层花椒树+雀稗复合系统，这与李敏在鲁西地区研究杨树间作多年生紫花苜蓿相较于清耕对照，其有利于土壤放线菌量提高的结果相似（李敏，2013）。以上说明林草复合系统增加了土壤放线菌的数量，这对土壤有机质分解和植物抗病性有利，且这其中以花椒树+拉巴豆复合系统的效果优于花椒树+雀稗复合系统。

3. 土壤真菌数量的变化特征

真菌参与土壤有机质的分解与腐殖质的形成，并且参与土壤中的氨化作用与团聚体的形成，数量上低于其他种类微生物，但在生物量上却占有极其重要的地位（陈阅增，1997）。由表 7-6 与表 7-7 知，各处理土壤真菌数量均小于土壤放线菌的数量，且不同月份 0～10 cm 层真菌数量均大于 10～20 cm 层真菌数量；10 月份各处理不同土层真菌数量大于 7 月份真菌数量，可能由于 10 月份的气候和湿度更适合真菌的繁殖，同时复合系统根际正效应也起到了一定的作用。两种林草复合系统在不同月份不同土层土壤真菌数量都与对照之间存在显著差异（$P<0.5$），说明林草复合系统有利于土壤真菌的繁

殖和代谢，使其数量增加量显著。

表 7-7　各处理土壤真菌的变化规律　　　（单位：×10 cfu/g）

月份	土层/cm	CK	SL	SQ
7 月	0~10	97.33±6.02c	144.67±5.13b	157.33±14.60a
	10~20	14.42±3.46c	80.17±5.81a	50.00±2.97b
10 月	0~10	74.50±14.36c	250.33±16.75b	278.67±26.52a
	10~20	67.50±8.48c	144.17±7.94a	98.17±9.45b

由表 7-7 可知，7 月份林草复合系统不同土层土壤真菌数量是对照的 1.48~5.56 倍，其中以 10~20 cm 层花椒树＋拉巴豆复合系统的增幅最大，0~10 cm 层花椒树＋拉巴豆复合系统的增幅最小；10 月份林草复合系统土壤真菌数量是对照的 1.45~3.74 倍，以 0~10 cm 层花椒树＋雀稗复合系统土壤真菌数量增幅最大，10~20 cm 层花椒树＋雀稗复合系统土壤真菌数量增幅最小。从以上可知，花椒树＋雀稗复合系统有利于土壤上层土壤真菌数量的增加，而花椒树＋拉巴豆复合系统更有利于土壤下层真菌数量的增加，这主要与两种牧草的根系分布有关，拉巴豆根系主要分布于下层，而雀稗主要分布于上层。所以对土壤真菌数量的增加，两种林草复合系统各有各的优势，生产实践时可以择优进行选择。

4. 土壤微生物数量与养分含量的相关性分析

土壤养分是土壤微生物生存的物质基础，其丰富度和成分决定了微生物的种类、数量及比例的消长（吴红英等，2010）。由表 7-8 可知，7 月份 0~10 cm 层细菌数量与全氮含量呈显著正相关，与碱解氮呈极显著正相关。放线菌数量只与速效磷含量呈显著正相关。真菌数量与酸碱度呈显著负相关，与速效钾含量呈极显著正相关；7 月份 10~20 cm 层细菌数量与不同土壤养分含量指标均没有显著相关性。放线菌数量只与速效钾呈显著正相关。真菌数量只与土壤酸碱度呈显著负相关。

10 月份 0~10 cm 层细菌数量只与速效磷含量呈显著性负相关；放线菌数量与不同土壤养分指标含量均没有显著相关性；真菌数量与酸碱度呈显著负相关，而与有机质含量呈极显著正相关，与全氮和速效磷含量呈显著正相关。10 月份 10~20 cm 层细菌数量只与速效钾含量呈显著正相关；放线菌数量与不同土壤养分含量指标均没有显著相关性；真菌只与土壤酸碱度呈显著负相关。

由表 7-8 可知，土壤中微生物数量与土壤养分间及土壤诸养分之间，在不同土层与和月份存在着不同程度的相关性。就 3 类土壤微生物与土壤养分的相关性而言，在 0~10 cm 层内，36 种相关关系分析中仅有 7 种呈显著或极显著行正相关，负相关为 3 种，表明土壤微生物对土壤养分的有一定促进作用，这种作用在 10 月份 0~10 cm 层土壤真菌和 7 月份 0~10 cm 层细菌与土壤中各个元素间呈现出的显著正相关关系中体现得较为突出。而在 10~20 cm 层中，36 种相关关系中仅有 2 种呈显著正相关，且正相关也为 2 种。说明土壤微生物对土壤养分的促进作用不显著。特别是真菌数量与酸碱度在不同土层和不同月份基本呈显著负相关,这主要是由于土壤酸碱度整体偏弱碱性,而真菌喜欢偏酸性土壤环境。可见,不同处理间微生物数量变化对土壤养分的转化和提高有一定的促进作用。

表 7-8 土壤中微生物数量与养分含量的相关性分析

月份	土层/cm	微生物	pH	有机质	全氮	碱解氮	速效磷	速效钾
7月	0～10	细菌			+S	+HS		
		放线菌					+S	
		真菌	−S					+HS
	10～20	细菌						
		放线菌						+S
		真菌	−S					
10月	0～10	细菌					−S	
		放线菌						
		真菌	−S	+HS	+S		+S	
	0～20	细菌						+S
		放线菌						
		真菌	−S					

注:HS 表示 $P<0.01$;S 表示 $P<0.05$;− 负相关;+ 正相关。

7.2.2 小结

(1) 两种林草复合系统相比于对照都对土壤细菌、放线菌、真菌数量有不同程度增加,其中花椒林+拉巴豆复合模式更有利于不同土层土壤细菌与放线菌数量的增加,而花椒林+雀稗复合模式更有利于系统土壤表层真菌数量的增加;林草复合系统在不同月份不同土层相比于对照土壤细菌、放线菌和真菌的数量增幅分别为 1.84%～71.09%、2.99%～466.65%和 45.44%～455.96%。

(2) 林草复合系统 7 月份上下层与 10 月份下层土壤细菌数量与对照存在显著差异($P<0.5$),其他各处理与对照没有显著差异($P>0.5$);花椒树+拉巴豆复合系统不同月份和土层土壤放线菌数量均与对照有显著差异($P<0.5$),而花椒林+雀稗复合系统都与对照没有显著差异($P>0.5$);两种林草复合系统不同月份不同土层真菌数量都与对照之间存在显著差异($P<0.5$)。

(3) 在不同月份和土层土壤微生物量与养分含量 62 种相关性分析中,共有 9 种显著或极显著正相关性,5 种显著负相关性。细菌和真菌数量与土壤养分的相关性较为突出,分别有 3 种和 4 种正相关,而放线菌相对较差,只有 2 种正相关。土壤真菌数量与土壤酸碱度有 4 种显著负相关。

7.3 林草复合系统对土壤微生物遗传多样性的影响

本节采用了 PCR-DGGE 技术测试林草复合系统过程中细菌和真菌的群落组成动态变化，采用 Quantity one 软件对各处理 DGGE 图谱进行分析，探讨土壤微生物遗传多样性指标和群落结构相似性。同时，采用 DPS 软件分析不同处理中不同土壤养分因素对细菌、真菌微生物群落动态变化的影响。

7.3.1 结果与分析

1. 目的片段 PCR 扩增结果

以处理后样品的土壤微生物总 DNA 为模板，利用细菌 16S rDNA 和真菌 18S rDNA 特异引物进行 PCR 扩增，各个样品扩增前后产物琼脂糖凝胶电泳结果见图 7-6。细菌 16S rDNA-PCR 产物片段长度约为 200 bp，真菌 18S rDNA-PCR 产物片段长度约为 400 bp，扩增亮度和纯度较好，未出现非特异性扩增及引物二聚体，PCR 扩增产物可用于后续 DGGE 电泳。

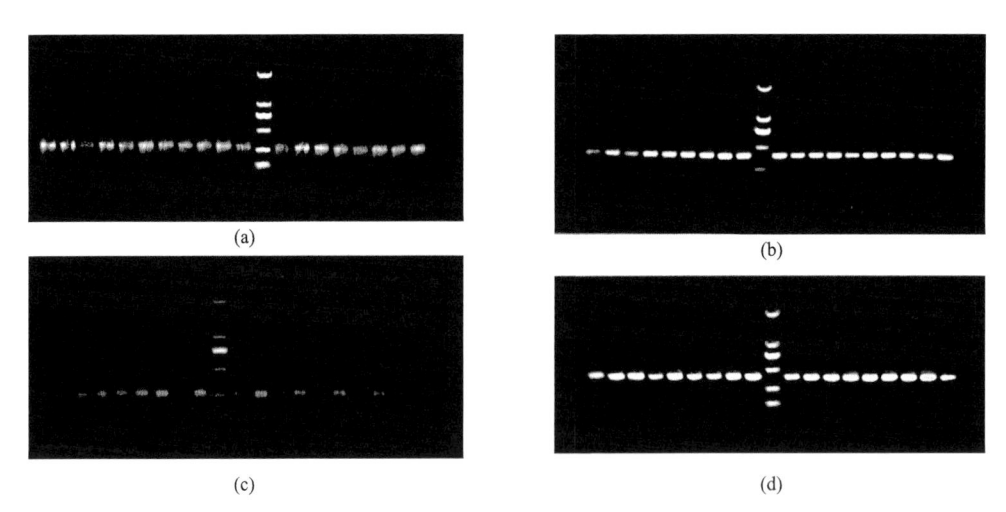

图 7-6 不同样品（a）、(c) 16S rDNA-PCR 扩增前后和（b）、(d) 18S rDNA-PCR 扩增前后产物琼脂糖凝胶电泳图

2. 土壤微生物 DGGE 指纹图谱分析

理论上 DGGE 能够区分到 1 个碱基差异的 DNA 条带，但由于实际操作和染色技术等局限，DGGE 技术很难将序列不同的多条 DNA 条带完全分离开来。DGGE 图谱中的 16S/18S rDNA 基因片段的条带代表的是一种或者序列组成极其相近的一类细菌或真菌的种群，而且仅能反应环境样品中优势种群的组成及其动态变化。选用凝胶电泳适用的误差允许值 4% 来区分不同月份和土层各处理样品条带，进行条带匹配，每条泳道上不

同位置的条带代表着不同的微生物类群，条带越多，表明物种越丰富，条带越亮，表明该条带所对应的微生物种群的数量越多（曹晓璐，2013）。

由图 7-7 和图 7-8 知，7 月份对照、花椒树＋拉巴豆复合模式和花椒树＋雀稗复合模式 0～10 cm 层 9 个样品分别平均分辨出细菌条带 13 个、14 个和 17 个，而 10～20 cm 层分别平均有 14 个、11 个和 17 个条带，优势条带 2 条；10 月份对照、花椒树＋拉巴豆复合模式和花椒树＋雀稗复合模式 0～10 cm 层分别辨出细菌条带数为 8 个、11 个和 11 个，下层为 12 个、12 个和 10 个，优势条带分布比较分散，整体上林草复合系统下的样品优势条带较多。可见，不同月份和土层优势细菌类群不同，7 月份优势细菌的类群明显多于 10 月份优势类群，可能气候、植被生长状况和地势造成的结果。种群结构随着土层的改变表现出复杂变化，7 月份基本上是上层土壤细菌物种数量大于下层，而到 10 月份正好相反。这可能是由于 7 月份表层温度和湿度都很适合细菌繁殖，同时有植物根系的活动作用；而到 10 月份，该地区处于旱期，表层湿度下降，温度也有所下降。另一方面，不同月份和土层两种林草复合系统下土壤细菌物种量基本上大于或等于对照，说明林草复合系统有利于土壤细菌物种数量的增加，提高了土壤细菌种群结构的多样性。

由图 7-9 和图 7-10 知，7 月份对照、花椒树＋拉巴豆复合模式和花椒树＋雀稗复合模式 0～10 cm 层 9 个样品分别平均分辨出细菌条带 18 个、21 个和 18 个，而 10～20 cm 层分别平均有 16 个、16 个和 16 个条带，有 2 个优势条带各处理均有，还有 5 条优势条带为对照 1 个，林草复合系统 4 个；10 月份对照、花椒树＋拉巴豆复合模式和花椒树＋雀稗复合模式 0～10 cm 层分别辨出细菌条带数平均为 16 个、14 个和 21 个，下层平均为 14 个、14 个和 16 个，只有 1 个共同优势条带，有 4 条优势条带林草复合系统所独有。可见，7 月份不同土层各处理土壤真菌物种量大于 10 月份的真菌物种量，且基本上 0～10 cm 层大于或等于 10～20 cm 层，两种林草复合系统土壤真菌物种量也基本上大于或等于对照，且林草复合系统更有利于土壤真菌群落结构的多样性。

由图 7-7、图 7-8、图 7-9 和图 7-10 可知，不同月份和土层各处理土壤真菌的物种量整体上多于细菌物种量，这可能是当地土壤性质所致，也由于当地主要为黄黏土，土壤物理结构较差，致使整体上不利于细菌代谢繁殖。花椒树＋雀稗复合模式相比于花椒树＋拉巴豆复合模式更有利于增加细菌物种数量，而花椒树＋拉巴豆复合模式更有利于增加土壤真菌物种数量，所以两种复合模式都有利于增加微生物物种量，只是各有优势。

3. 土壤微生物群落遗传多样性分析

Shannon 多样性指数反映了群落中物种的变化度或差异度，受样本总数和均匀度的影响。一般而言，物种丰富度高且分布较均匀的群落 Shannon 多样性指数较高（刘卜榕等，2012）。由表 7-9 可知，7 月份不同处理和土层土壤细菌 Shannon 多样性指数和均匀度指数均表现为 SQ＞CK＞SL；丰富度在不同土层表现有所不同，除 0～10 cm 层表现为 SQ＞SL＞CK，且花椒树＋雀稗复合系统与对照之间存在显著差异（$P<0.05$）；下层与前面两个指数变化规律相同，且两种复合系统与对照之间存在显著差异

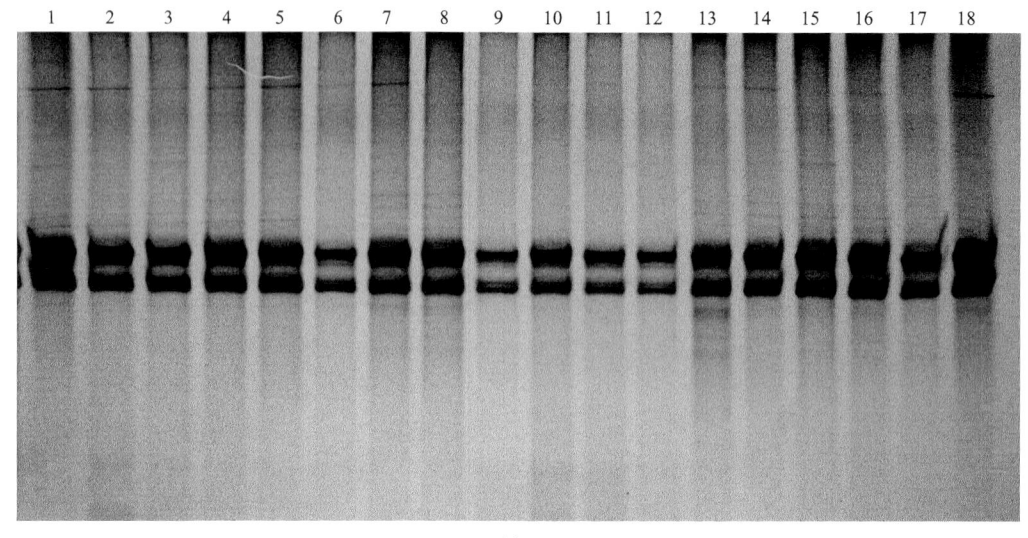

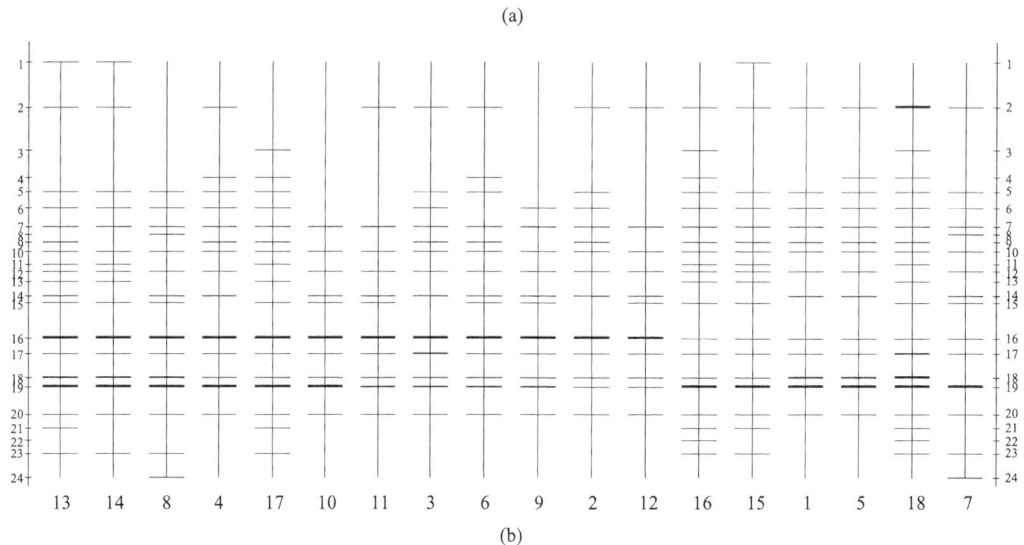

图 7-7 (a) 7月份各处理土壤细菌 16S rDNA DGGE 电泳图；
(b) DGGE 条带分布和相对强度示意图

1、2、3 代表 CK (0~10 cm 层), 4、5、6 代表 CK (10~20 cm 层); 7、8、9 代表 SL (0~10 cm 层), 10、11、12 代表 SL (10~20 cm 层); 13、14、15 代表 SQ (0~10 cm 层), 16、17、18 代表 SQ (10~20 cm 层);

图 7-8、图 7-9、图 7-10 同

($P<0.05$)。出现上述情况，可能主要是由于 7 月份牧草和花椒树都处于生长期，根系和植株都在生长中；而雀稗牧草根系分布密集且相对较浅；拉巴豆根系量少，还处于生长当中，没有对土壤形成优势，同时根系分布相对于雀稗较深些。

10 月份 0~10 cm 层不同处理土壤细菌 Shannon 多样性指数、均匀度指数和丰富度均表现为 SQ＞SL＞CK，但有个别相等的情况；丰富度表现为两种复合系统与对照之间存在显著差异（$P<0.05$）；10 月份 10~20 cm 层土壤细菌 Shannon 多样性指数、均

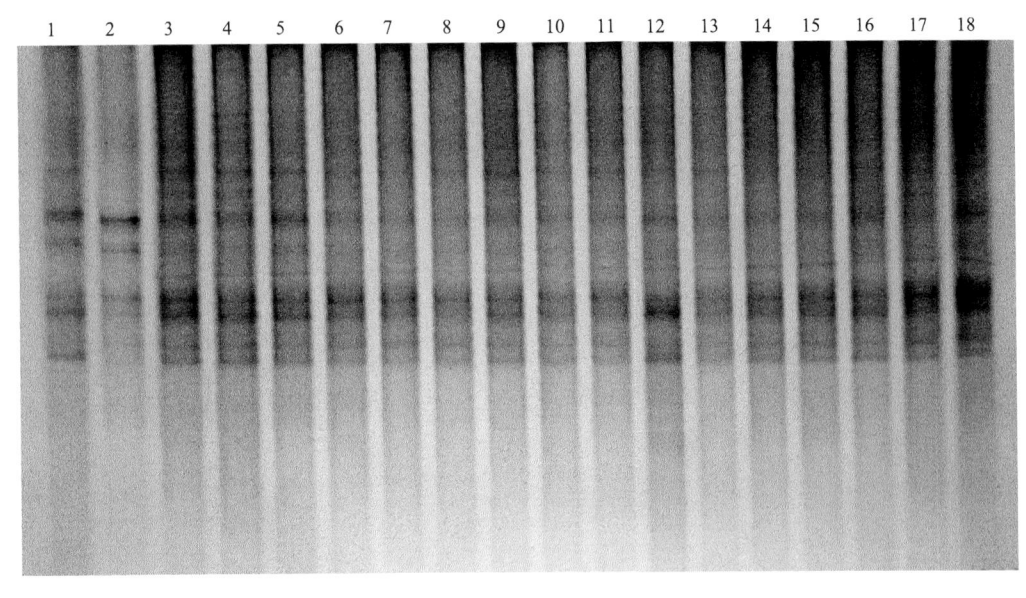

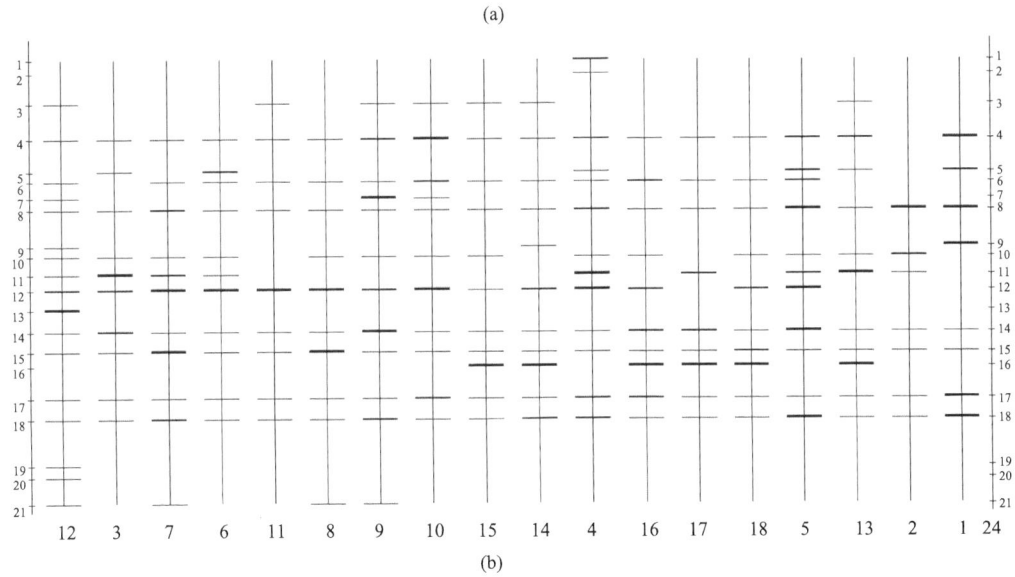

图 7-8 (a) 10 月份各处理土壤细菌 16S rDNA DGGE 电泳图；
(b) DGGE 条带分布和相对强度示意图

均匀度指数和丰富度均表现为 SL＞CK＞SQ，且各处理间均没有显著差异（$P＞0.05$）。这主要可能是经过生长季后，拉巴豆根系量增加，相对于雀稗形成绝对优势，然而雀稗根系分布较浅，下层分布量少，且花椒树根系对土壤水分有竞争。

7 月份 0～10 cm 层不同处理土壤真菌 Shannon 多样性指数、均匀度指数和丰富度均表现为 SQ＞SL＞CK，10～20 cm 层表现为 SL＞SQ＞CK，出现上述情况可能与上面土壤细菌出现的情况的原因相同。10 月份 0～10 cm 层不同处理土壤真菌 Shannon

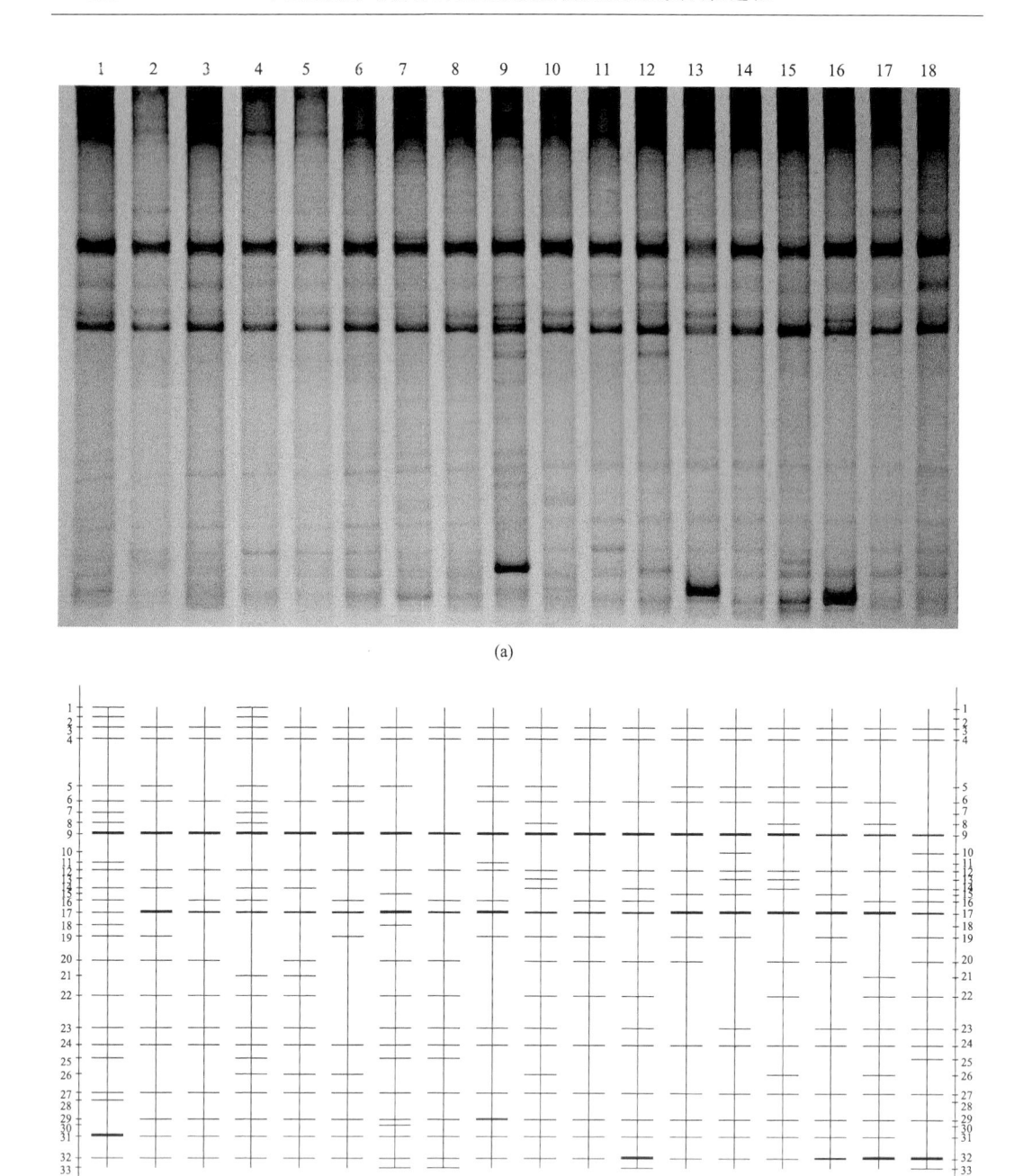

图 7-9 (a) 7 月份各处理土壤真菌 18S rDNA DGGE 电泳图;(b) DGGE 条带分布和相对强度示意图

多样性指数、均匀度指数和丰富度均表现为 SQ > CK > SL,而 10~20 cm 层变现为 SQ > SL > CK,且 10 月份不同处理和土层之间均没有显著性差异($P>0.05$)。出现上述结果,可能是拉巴豆本身植株较分散、个体大,不能像雀稗那样对土壤表层进行有效的覆盖,导致表层土壤的温度和湿度不如雀稗处理,不利于微生物的繁殖代谢。

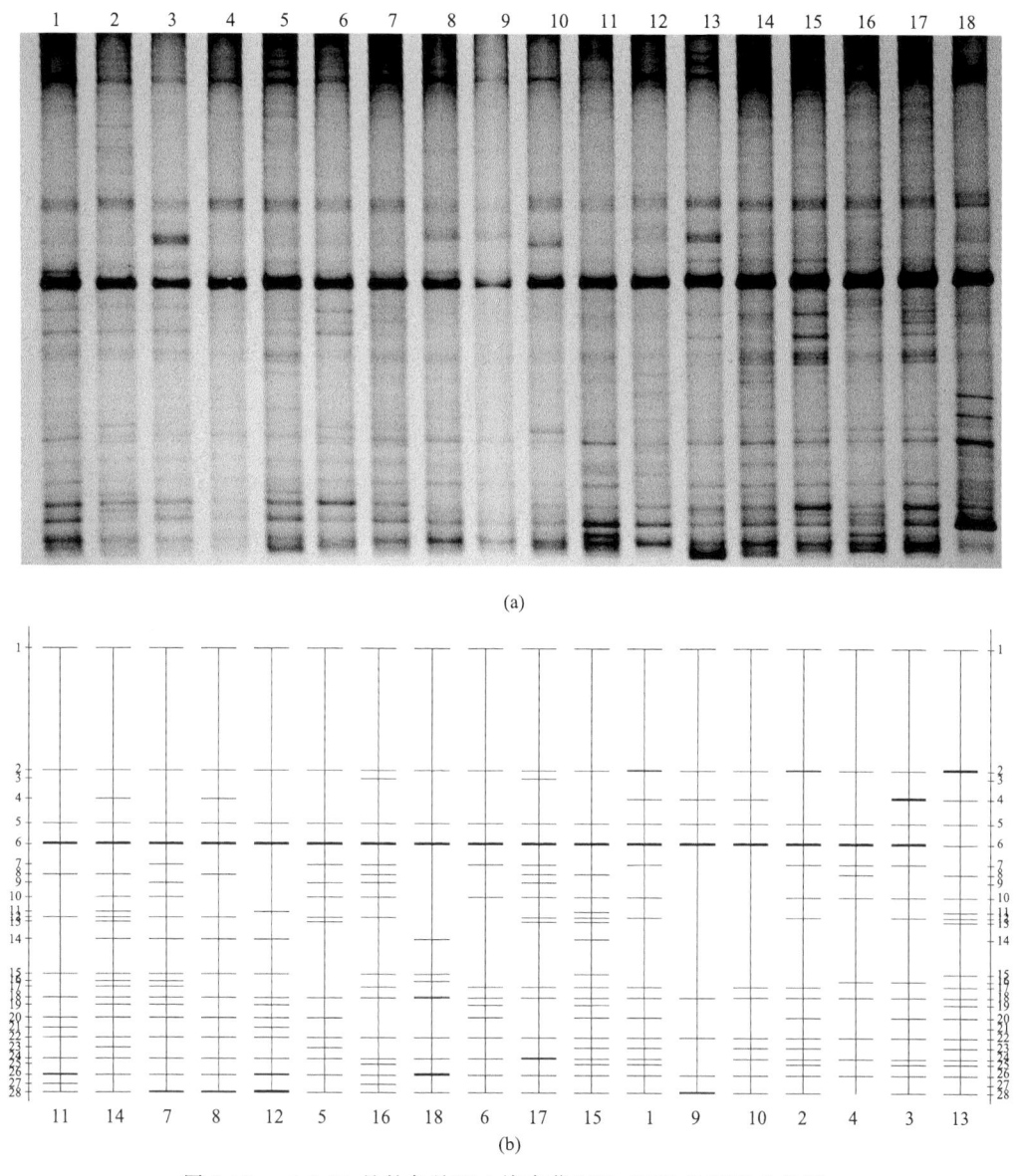

图 7-10 （a）10 月份各处理土壤真菌 18S rDNA DGGE 电泳图；
（b）DGGE 条带分布和相对强度示意图

以上分析可见，总体上两种林草复合系统有利于 Shannon 多样性指数、均匀度指数和丰富度的提高，只是在不同的月份和土层表现不同而已。花椒树＋雀稗复合模式更有利于表层土壤细菌和真菌 Shannon 多样性指数、均匀度指数和丰富度的提高，而花椒树＋拉巴豆整体上更有利于下层土壤细菌和真菌 Shannon 多样性指数、均匀度指数和丰富度的提高。

表 7-9 不同处理土壤细菌与真菌群落结构多样性指数

月份	土层/cm	处理	细菌 Shannon 多样性指数（H）	细菌 丰富度（S）	细菌 Pielou 均匀度指数（J）	真菌 Shannon 多样性指数（H）	真菌 丰富度（S）	真菌 Pielou 均匀度指数（J）
7月	0~10	CK	1.99±0.10a	13.00±0.00b	0.77±0.04a	2.25±0.14a	18.33±1.53a	0.78±0.05a
		SL	1.93±0.10a	14.00±1.73b	0.73±0.07a	2.54±0.20a	21.67±4.16a	0.83±0.03a
		SQ	2.15±0.08a	17.00±1.00a	0.76±0.07a	2.32±0.10a	17.67±1.53a	0.81±0.02a
	10~20	CK	1.99±0.02a	14.00±0.00b	0.75±0.01ab	2.26±0.12a	16.00±1.00a	0.82±0.02a
		SL	1.60±0.08b	11.00±0.00c	0.67±0.03b	2.32±0.11a	16.00±1.00a	0.84±0.02a
		SQ	2.22±0.26a	17.00±1.00a	0.78±0.09a	2.28±0.05a	15.67±1.15a	0.83±0.04a
10月	0~10	CK	1.91±0.23a	8.33±1.53b	0.90±0.06a	2.48±0.10ab	16.33±0.58ab	0.89±0.02a
		SL	2.16±0.11a	11.00±1.00a	0.90±0.01a	2.15±0.52b	14.33±5.03b	0.81±0.09a
		SQ	2.18±0.05a	11.00±0.00a	0.91±0.02a	2.80±0.03a	21.33±0.58a	0.92±0.02a
	10~20	CK	2.29±0.09a	11.67±1.15a	0.93±0.01a	2.18±0.33a	14.00±2.00a	0.82±0.08a
		SL	2.31±0.25a	12.33±4.16a	0.94±0.03a	2.25±0.10a	14.00±1.73a	0.85±0.03a
		SQ	2.05±0.02a	9.67±0.58a	0.90±0.03a	2.48±0.24a	16.00±3.61a	0.90±0.01a

4. 土壤微生物群落结构相似性分析

采用非加权组算术平均法对不同月份、处理和土层样品间的微生物群落结构相似性进行聚类分析，一般认为相似值高于 60% 的两个群体具有较好的相似性。由图 7-11 和图 7-12 可知，7 月份各处理土壤细菌样品间相似度为 41%~95%，相似性变化较大，且主要分四个类群，但是每个类群中没有一定的规律性，上层与下层、不同处理之间没有很好地归为一个类群，最多有两个平行样品归在一个类群。这可能是由于植被还处于生长阶段，没有很好地发挥相应的效应；也可能是由于每个样地的花椒树的生长状况、地势坡度和土壤类型有一定的差异。7 月份各处理真菌样品间的相似度为 49%~90%，也分四个类群，除♯9 样品独自分一个类群外，其他三个类群相似值都在 61% 以上，说明各处理间真菌相似性较高，但单个平行样品间的相似性波动还是很大，所以其相似性还需进一步的测定分析。

由图 7-13 和图 7-14 可知，10 月份各处理土壤细菌样品间的相似度为 26%~81%，相似性趋于一定规律，这期间主要有四个类群，其中对照表层两个样品单独分为一个类群，花椒树+雀稗复合模式上下层 6 个样单独分为一个类群，花椒树+拉巴豆复合模式有 5 个样单独分为一个类群，剩下样品单独成群或穿插于两个大类群里。这说明，各处理植被的生长为相较于 7 月份可以看出明显的群聚现象，对照和两个林草复合模式表现出明显群分，平行样品多被分在同一类群。10 月份各处理土壤真菌样品间的相似值为 38%~85%，主要分三个类群，♯7~♯12 样品为花椒树+拉巴豆复合模式被单独分到一个类群；而花椒树+雀稗复合模式和对照被分到一个类群中，说明这两个处理的相似度比较大；但有一个花椒树+雀稗复合模式的表层土壤样♯13 被单独分为一个类群，

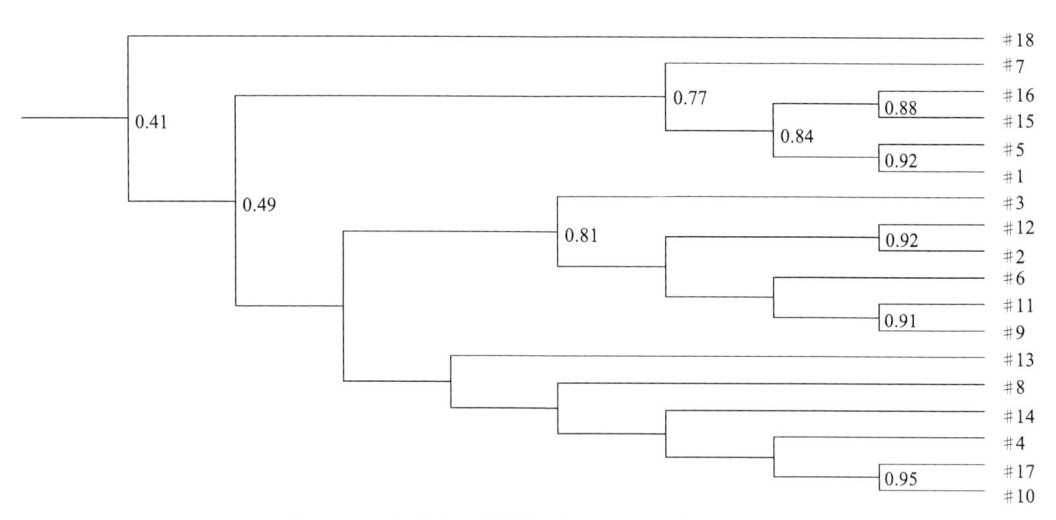

图 7-11　各处理 7 月份细菌 DGGE 聚类分析图

♯1、♯2、♯3 代表 CK（0～10 cm），♯4、♯5、♯6 代表 CK（10～20 cm）；♯7、♯8、♯9 代表 SL（0～10 cm），♯10、♯11、♯12 代表 SL（10～20 cm）；♯13、♯14、♯15 代表 SQ（0～10 cm），♯16、♯17、♯18 代表 SQ（10～20 cm）；图 7-12、图 7-13、图 7-14 同

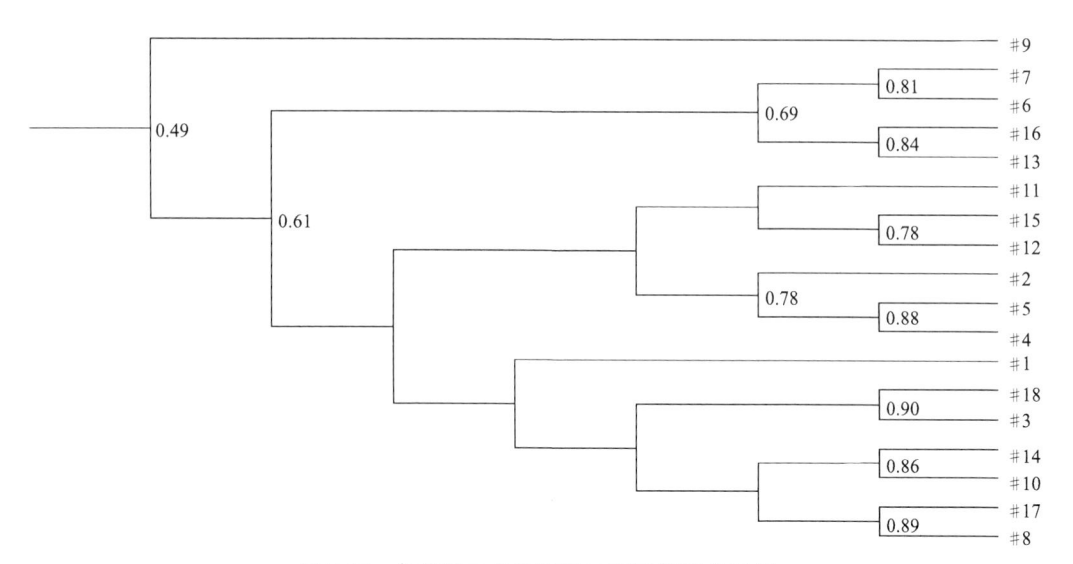

图 7-12　各处理 7 月份真菌 DGGE 聚类分析图

可能是这一样品的各种自然因素比较复杂，致使其单独分群，具体原因还需进一步研究。

从上述分析可见，在最初的 7 月份，土壤细菌和真菌样品间的相似性波动比较大，没有一定的规律，这主要是由于林草复合系统还处于建立初期，对土壤微生物类群的影响还不明显。而到了 10 月份，随着生长期的延长，各处理土壤细菌和真菌样品间的类群分布有了一定规律，相同处理的样品被分到同一类群，而且不同处理样品基本上逐渐被分到不同的类群,所以可以看出林草复合系统有利于类群的分化、提高土壤微生物的遗传多样性。进而可利用林草复合系统提高微生物的遗传多样性,为喀斯特山区脆弱生态系统的恢复提供动力。

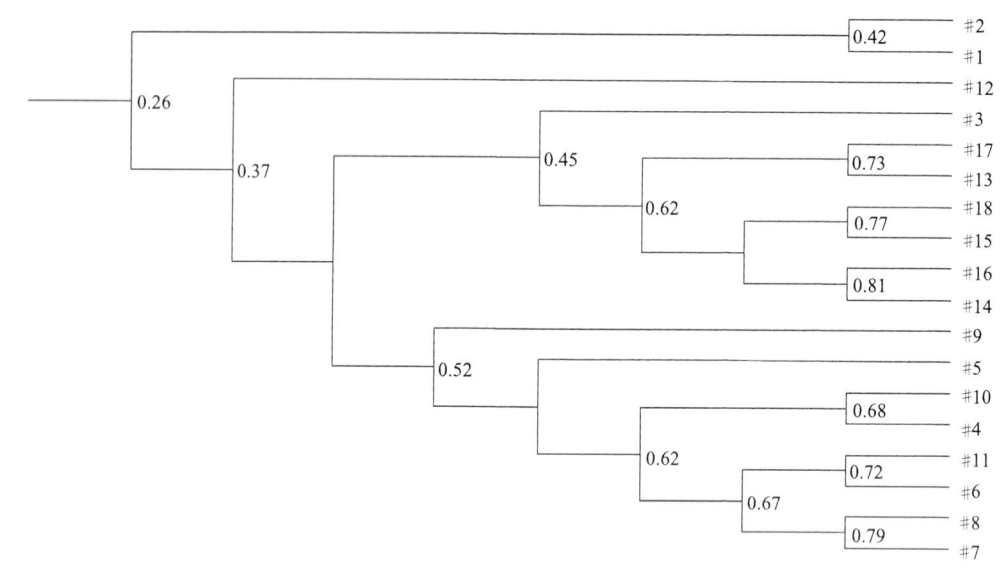

图 7-13　各处理 10 月份细菌 DGGE 聚类分析图

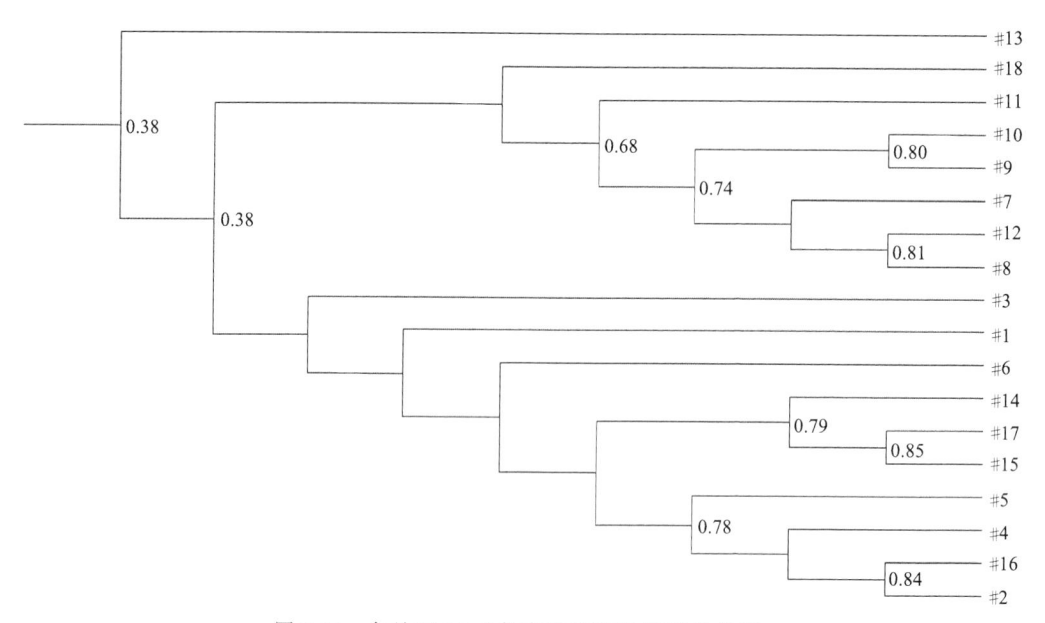

图 7-14　各处理 10 月份真菌 DGGE 聚类分析图

5. 土壤微生物遗传多样性指数与养分含量的相关性分析

从表 7-10 可知，7 月份土壤细菌遗传多样性指数中只有 0~10 cm 层 2 种相关性，分别是 Pielou 均匀度指数与速效磷含量呈极显著负相关、丰富度与有机质含量呈极显著正相关，而 7 月份 10~20 cm 层没有显著相关性；10 月份土壤细菌遗传多样性指数与养分含量共有 11 种相显著相关性，且这 11 种相关性都分布在 0~10 cm 层，而 10~20 cm 层没有显著性相关性。Shannon 多样性指数与速机质和速效钾含量呈极显著正相关，与全氮和碱解氮含量呈显著正相关，而与 pH 呈显著负相关。Pielou 均匀度指数与有效磷含量呈显著负相关。丰富度与有机质、全氮和速效钾含量呈极显著正相关，与碱解氮含量成显著正相关，而与 pH 呈显著负相关。

由表 7-11 可知，7 月份土壤真菌遗传多样性指数与养分含量共有 7 种相关性，其中 0~10 cm 层 Shannon 多样性指数与速效磷含量呈极显著正相关，Pielou 均匀度指数与全氮和碱解氮含量呈极显著正相关。10~20 cm 层 Shannon 多样性指数与速效钾含量呈极显著正相关，而与有机质含量呈极显著负相关。10~20 cm 层 Pielou 均匀度指数与速效钾含量呈显著正相关，而与有机质含量呈显著负相关。10 月份土壤真菌遗传多样性指数与养分含量的 8 种相关性都集中在 10~20 cm 层。Shannon 多样性指数与有机质和速效磷含量呈极显著正相关，Pielou 均匀度指数与有机质含量呈极显著正相关，与全氮、碱解氮和速效磷含量呈显著正相关。丰富度值与有机质和速效磷含量呈显著正相关。

表 7-10　土壤中细菌遗传多样性指数与养分含量的相关性分析

月份	土层/cm	微生物	pH	有机质	全氮	碱解氮	速效磷	速效钾
7 月	0~10	Shannon 多样性指数						
		Pielou 均匀度指数					−HS	
		丰富度		−HS				
	10~20	Shannon 多样性指数						
		Pielou 均匀度指数						
		丰富度						
10 月	0~10	Shannon 多样性指数	−S	+HS	+S	+S		+HS
		Pielou 均匀度指数					−S	
		丰富度	−S	+HS	+HS	+S		+HS
	10~20	Shannon 多样性指数						
		Pielou 均匀度指数						
		丰富度						

注：HS 表示 $P<0.01$；S 表示 $P<0.05$；− 负相关；+ 正相关。

表 7-11　土壤中真菌遗传多样性指数与养分含量的相关性分析

月份	土层/cm	微生物	pH	有机质	全氮	碱解氮	速效磷	速效钾
7月	0~10	Shannon 多样性指数						+HS
		Pielou 均匀度指数			+HS	+HS		
		丰富度						
	10~20	Shannon 多样性指数	−HS					+HS
		Pielou 均匀度指数	−S					+S
		丰富度						
10月	0~10	Shannon 多样性指数						
		Pielou 均匀度指数						
		丰富度						
	10~20	Shannon 多样性指数		+HS				+HS
		Pielou 均匀度指数		+HS	+S	+S		+S
		丰富度		+S				+S

注：HS 表示 $P<0.01$；S 表示 $P<0.05$；− 负相关；+ 正相关。

以上说明土壤细菌和真菌遗传是多样性指数与土壤养分含量有很显著的相关性，且正相关性多于负相关性，其中多样性指数与有机质、全氮、速效钾含量的正相关性较多，而与 pH 均呈显著负相关。分析结果与郑华等（2004）研究发现 Shannon 多样性指数与 13 个土壤质量指标中的 9 个指标具有显著或极显著相关关系；与黎宁等（2006）研究发现 Shannon 指数与全氮含量呈显著正相关；与徐华勤等（2008）研究发现 Shannon 指数与有机质、碱解氮含量呈极显著正相关，与全氮含量呈显著负相关，Pielou 均匀度指数与全氮、有机质含量呈极显著负相关，与碱解氮含量呈显著负相关等结果相类似。由此可见，采用多样性指数作为预测和评价土壤质量变化的敏感参数，不但能反映土壤质量的生物性，而且对反映土壤质量的相对高低有重要的参考价值，也对林草复合系统的整体评价有意义，有利于林草复合系统的生态效益评价。

7.3.2　小结

（1）由 DGGE 图谱分析得，在不同月份和土层林草复合系统的土壤真菌和细菌物种数量均多于或等于对照微生物种数量，说明林草复合系统有利于微生物种数量的增加。椒树＋雀稗复合模式相比于花椒树＋拉巴豆复合模式更有利于增加细菌物种量，而花椒树＋拉巴豆复合模式更有利于增加土壤真菌物种量。

（2）总体上，林草复合系统有利于 Shannon 多样性指数、Pielou 均匀度指数和丰富度的提高，只是在不同的月份和土层表现不同而已。花椒树＋雀稗复合模式更有利于表层土壤细菌和真菌 Shannon 多样性指数、Pielou 均匀度指数和丰富度的提高，而花椒树＋拉巴豆整体上更有利于下层土壤细菌和真菌 Shannon 多样性指数、Pielou 均匀度指数和丰富度的提高。

(3) 采用非加权组算术平均法对不同月份、处理和土层样品间的微生物群落结构相似性进行聚类分析得出，7月份土壤细菌和真菌个样品间的相似度为41%～95%，波动较大，没有一定的规律性，且各平行样之间也没有明显分到一个类群。10月份土壤细菌和真菌个样品间的相似度为26%～85%，虽然范围较大，但只是个别样品被单独分为一个类群所致，而整体上各类群的相似度在60%以上，且每个类群基本上为同一个处理样品，表现出明显的聚类现象。

(4) 土壤细菌遗传多样性指数与养分含量的相关性共有13种，且都分布在0～10 cm层，Shannon多样性指数与有机质、速效钾、全氮和碱解氮含量呈极显著或显著正相关，而与pH呈显著负相关，Pielou均匀度指数多与速效磷含量呈显著负相关。丰富度值与有机质、全氮和速效钾含量呈极显著正相关，与碱解氮含量成显著正相关，而与pH呈显著负相关。土壤真菌遗传多样性指数与养分含量的相关性共有15种，相关性没有一定规律。Shannon多样性指数、Pielou均匀度指数和丰富度多与上层土壤养分含量呈极显著或显著正相关，而在土壤下层多呈负相关。

参 考 文 献

鲍士旦.1999.土壤农化分析.北京：中国农业出版社.

曹晓璐.2013.园林废弃物制造栽培基质过程中微生物的动态变化.北京：中国林业科学研究院林业研究所.

蔡倩,杜国栋,吕德国,等.2010.科尔沁沙地南部果-草（粮）间作模式对土壤微生物和酶的影响.干旱区农业研究,28（4）：217-222.

陈阅增,1997.普通生物学.北京：高等教育出版社.

樊巍,高喜荣.2004.林草牧复合系统研究进展.林业科学研究,17（4）：519-524.

高路博,毕华兴,云雷,等.2011.黄土半干旱区林草复合优化配置与结构调控研究进展.水土保持研究,18（3）：260-266.

高峻,张劲松,孟平.2007.黄土丘陵沟壑区杏树-黄芪复合系统土壤水分效应研究.农业工程学报,23（11）：84-88.

胡婵娟,郭雷.2012.植被恢复的生态效应研究进展.生态环境学报,21（9）：1640-1646.

胡婵娟,郭雷,刘国华.2014.黄土丘陵沟壑区不同植被恢复格局下土壤微生物群落结构.生态学报,34（11）：2986-2995.

何振立.1997.土壤微生物量及其在养分循环和环境质量评价中的意义.土壤,（2）：61-69.

胡竞辉,王美超,孔云,等.2012.梨园芳香植物间作区节肢动物群落时序格局.生态学报,30（17）：4578-4589.

胡举伟,朱文旭,张会慧,等.2013.桑树/首蓿间作对其生长及土地和光资源利用能力的影响.草地学报,21（3）：494-500.

黄和平,杨吉力,毕军,等.2005.皇甫川流域植被恢复对改善土壤肥力的作用研究.水土保持通报,2（3）：37-40.

何云,周义贵,李贤伟,等.2013.台湾桤木林草复合模式土壤微生物量碳季节动态.林业科学,43（7）：26-33.

何腾兵,刘元生,李天智,等.2000.贵州喀斯特峡谷水保经济植物花椒土壤特性研究.水土保持学报,14（2）：55-59.

郝文芳. 2003. 黄土高原不同植被类型土壤特性与生产力关系研究. 咸阳：西北农林科技大学生命科学学院.

黄茹. 2013. 三峡区林草治理措施对土壤理化特征及坡面水沙的影响. 重庆：西南大学.

卢琦, 赵体顺, 师永全, 等. 1999. 农用林业系统仿真的理论与方法. 北京：中国环境科学出版社：16.

李敏. 2013. 鲁西地区林草间作对土壤养分性状及微生物数量的影响. 林业科技, 38 (5)：52-55.

黎宁, 李华兴, 朱凤娇, 等. 2006. 菜园土壤微生物生态特征与土壤理化性质的关系. 应用生态学报, 17 (2)：285-290.

李会科, 梅立新, 高华. 2009. 黄土高原旱地苹果园生草对果园小气候的影响. 草地学报, 17 (5)：615-620.

罗艺霖, 陈栎霖, 李贤伟, 等. 2013. 台湾桤木林草复合生态系统土壤碳氮特. 四川农业大学学报, 31 (1)：15-19.

刘卜榕, 徐秋芳, 秦华, 等. 2012. 亚热带四种主要植被类型土壤细菌群落结构分析. 土壤学报, 49 (6)：1185-1193.

刘畅. 2004. 长白山北坡森林土壤有机质的积累过程及其影响因子. 哈尔滨：东北林业大学.

刘兴宇, 曾德慧. 2007. 农林复合系统种间关系研究进展. 生态学杂志, 26 (9)：1464-1470.

刘闯, 胡庭兴, 李强, 等. 吴小山. 2008. 巨桉林草间作模式中牧草光合生理生态适应性研究. 草业学报, 17 (1)：58-65.

刘斌, 罗全华, 常文哲, 等. 2008. 不同林草植被覆盖度的水土保持效益及适宜植被覆盖度. 中国水土保持科学, 6 (6)：68-73.

刘景双, 杨继松, 于君宝, 等. 2003. 三江平原沼泽湿地土壤有机碳的垂直分布特征研究. 水土保持学报, 17 (3)：5-8.

毛瑢, 曾德慧. 2009. 农林复合系统植物竞争研究进展. 中国生态农业学报, 17 (2)：379-386.

平晓燕, 王铁梅, 卢欣石. 2013. 农林复合系统固碳潜力研究进展. 植物生态学报, 37 (1)：80-92.

秦树高, 吴斌, 张宇清. 2010. 林草复合系统地上部分种间互作关系研究进展. 生态学报, 30 (13)：3616-3627.

盛茂银, 刘洋, 熊康宁. 2013. 中国南方喀斯特石漠化演替过程中土壤理化性质的响应. 生态学报, 33 (19)：6303-6313.

屠玉麟. 1997. 岩溶生态环境异质性特征分析. 贵州科学, 15 (3)：176-181.

王会利, 蒋燚, 曹继钊, 等. 2012. 桉树复合经营模式的水土保持效益分析. 中国水土保持科学, 10 (4)：104-107.

王英俊, 李同川, 张道勇, 等. 2013. 间作白三叶对苹果/白三叶复合系统土壤团聚体及团聚体碳含量的影响. 草地学报, 21 (3)：485-493.

王华, 王辉, 赵青云, 等. 2013. 槟榔不同株行距间作香草兰对土壤养分和微生物的影响. 植物营养与肥料学报, 19 (4)：988-994.

王有年, 赵莉蔺, 苗振旺, 等. 2009. 间作牧草枣林蚜虫群落及其天敌功能团的组成与时空动态. 生态学报, 29 (1)：466-474.

王志刚, 赵永存, 廖启林, 等. 2008. 近 20 年来江苏省土壤 pH 时空变化及其驱动力. 生态学报, 28 (2)：720-727.

王洋清, 杨红军, 李勇. 2011. DGGE 技术在森林土壤微生物多样性研究中的应用. 生物技术通报, 5：75-79.

王义祥, 翁伯琦, 黄毅斌, 等. 2012. 生草栽培对果园土壤团聚体及其有机碳分布的影响. 热带亚热带植物学报, 20 (4)：349-355.

吴红英, 孔云, 姚允聪, 等. 2010. 间作芳香植物对沙地梨园土壤微生物数量与土壤养分的影响. 中国农业科学, 43 (1): 140-150.

谢龙莲, 陈秋波, 王真辉, 等. 2004. 环境变化对土壤微生物的影响. 热带农业科学, 24 (3): 39-47.

徐华勤, 肖润林, 宋同清, 等. 2008. 稻草覆盖与间作三叶草对丘陵茶园土壤微生物群落功能的影响. 生物多样性, 16 (2): 166-174.

徐华勤, 肖润林, 向佐湘, 等. 2009. 稻草覆盖、间作三叶草茶园土壤酶活性与养分的关系. 生态学杂志, 28 (8): 1537-1547.

余海英, 李廷轩, 周健民. 2005. 设施土壤次生盐渍化及其对土壤性质的影响. 土壤, 37 (6): 581-586.

云雷, 毕华兴, 马雯静, 等. 2011. 晋西黄土区林草复合系统土壤养分布特征及边界效应. 北京林业大学学报, 33 (2): 37-42.

云雷, 毕华兴, 田晓玲, 等. 2010. 晋西黄土区林草复合界面雨后土壤水分空间变异规律研究. 生态环境学报, 19 (4): 938-944.

杨忠芳, 陈岳龙, 钱镠, 等. 2005. 土壤 pH 对镉存在形态影响的模拟实验研究. 地学前缘, 12 (1): 252-260.

尹少华, 鲍健寅, 冯蕊华, 等. 1996. 标志雀稗的牧草产量性状与营养价值. 中国草地, 5: 32-35.

易显凤, 赖志强, 关常欢, 等. 2011. 高产优质豆科牧草拉巴豆. 上海畜牧兽医通讯, 4: 65.

姚志杰. 2014. 黄土丘陵区植物篱对坡地土壤理化性状的影响研究. 咸阳: 西北农林科技大学.

中国科学院学部. 2003. 关于推进西南岩溶地区石漠化综合治理的若干建议. 地球科学进展, 18 (4): 489-492.

张久海, 安树青, 李国旗, 等. 1999. 林牧复合生态系统研究述评. 中国草地, (4): 52-60.

赵粉侠, 李根前. 1996. 林草复合生态系统研究现状. 西北林学院学报, 11 (4): 81-86.

钟芳, 赵瑾, 孙荣高, 等. 2010. 兰州南北两山五类乔灌木林草地土壤养分与土壤微生物空间分布研究. 草业学报, 19 (3): 94-101.

郑华, 欧阳志云, 王效科, 等. 2004. 不同森林恢复类型对土壤微生物群落的影响. 应用生态学报, 15 (11): 2019-2024.

曾艳琼, 卢欣石. 2008. 林草复合生态系统的研究现状及效益分析. 草业科学, 25 (3): 33-36.

张浩, 王正银, 董燕, 等. 2005. 砂质土壤 PH 对中性缓释复合肥养分释放特性的影响研究. 水土保持学报, 19 (3): 9-12.

Bembo S K, Nowak J, Blount A R, et al. 2009. Soil nitrate leaching in silvopastures compared with open pasture and pine plantation. Journal of Environmental Quality, 38 (5): 1870-1877.

Becker P M, Stottmeister U. 1998. General (Biolog GN) versus site-relevant (pollutant-dependent) sole-carbon-source utilization patterns as a means to approaching community functioning. Canadian Journal of Microbiology, 44: 913-919.

Cubbage F, Balmelli G, Bussoni A, et al. 2012. Comparing silvopastoral systems and prospects in eight regions of the world. Agroforestry Systems, 86: 303-314.

Chang S X, Mead D J. 2002. Growth of radiate pine (*Pinus radiata* D. Don) as influenced by understory species in a silvopastoral system in New Zealand. Agroforestry Systems, 59 (1): 43-51.

Classen A T, Boyle S I, Haskins K E, et al. 2003. Community-level physiological profiles of bacteria and fungi: plate type and incubation temperature influences on contrasting soils. FEMS Microbiol. Ecol. 44: 319-328.

Delgado M E M, Canters F. 2012. Modeling the impacts of agroforestry systems on the spatial patterns of soil erosion risk in three catchments of Claveria, the Philippines. Agroforestry System, 85:

411-423.

DeBruyne S A, Feldhake C M, Burger J A, et al. 2011. Tree effects on forage growth and soil water in an appalachian silvopasture. Agroforestry Systems, 83: 189-200.

Dix N J, Webster J. 1995. Fungal Ecology. London : Chapman & Hall.

Feldhake C M. 2001. Microclimate of a natural pasture under planted *Robinia pseudoacacia* in central Appalachia, West Viginia. Agroforestry systems, 53 (3): 297-303.

Gyenge J E, Ferndndez M E, Dalla S G, et al. 2002. Silvopastoral systems in Northwestern Patagonia II : Water balance and water potential in a stand of Pinus ponderosa and native grassland. Agroforestry Systems, 55 (1): 47-55.

Kropff M J, van Laar H H. 1993. Modelling crop-weed interactions. Wallingford Oxon, UK: CAB International, 274.

Karki U, Goodman M S. 2013. Microclimatic differences between young longleaf-pine silvopasture and open-pasture. Agroforestry Systems, 87: 303-310.

Kong C, Hu F, Xu X, Zhang M, et al. 2005. Volatile allelochemicals in the Ageratum conyzoides intercropped citrus orchard and their effects on mites Amblyseius newsami and Panonychus citri. Journal of Chemical Ecology, 31 (9): 2193-2203.

Kremer R J, Kussman R D. 2011. Soil quality in a pecan-kura clover alley cropping system in the Midwestern USA. Agroforestry systems, 83: 213-223.

Knief C, Lipski A, Dunfield P F. 2003. Diversity and activity of methanotrophic bacteria in different upland soils. Applied Environmental and Microbiology, 69 (11): 6703-6714.

Moorhead D J, Dickens E D. 2012. Agroforestry: a profitable land use. An overview of the 12th North American Agroforestry Conference. Agroforestry Systems, 86: 299-302.

Medinilla-Salinas L, de la Cruz Vargas-Mendoza M, López-Ortiz S, et al. 2013. Growth, productivity and quality of Megathyrsus maximus under cover from Gliricidia sepium. Agroforestry Systems, 87: 891-899.

Michel G A, Nair V D, Nair P K R. 2007. Silvopasture for reducing phosphorus loss from subtropical sandy soils. Plant and Soil, 297: 267-276.

Muyzer G. 1999. DGGE/TGGE a method for identifying genes from natural ecosystems. Current Opinion in Microbiology, 2: 317-322.

Muyzer G, Waal E C D, Uitterlinden A G. 1993. Profiling of complex microbial populations by denaturing gradient gel electrophoresis analysis of polymerase chain reaction-amplified genes coding for 16S rRNA. Applied and Environmental Microbiology, 59: 695-700.

Maarit-Niemi R, Heiskanen I, Wallenius K, et al. 2001. Extraction and purification of DNA in rhizosphere soil samples for PCR-DGGE analysis of bacterial consortia. Microbiol, Methods, 45: 155-165.

Nair P K R. 1985. Classification of agroforestry systems. Agroforestry Systems, 3 (2): 97-128.

Nyakatawa E Z, Mays D A, Naka K, et al. 2012. Carbon, nitrogen and phosphorus dynamics in a loblolly pine-goat silvopasture system in the Southeast USA. Agroforestry Systems, 86: 129-140.

Pandey D N. 2002. Carbon sequestration in agroforestry systems. Climate Policy, 2: 367-377.

Perry M E L, Schacht W H, Ruark G A, et al. 2009. Tree canopy effect on grass and grass/legume mixtures in eastern Nebraska. Agroforestry Systems, 77: 23-35.

Peri P L, Moot D J, McNeil D L. 2006. Validation of a canopy photosynthesis model for cocksfoot pasture grown under different light regimes. Agroforestry systems, 67 (3): 259-272.

Pramod J, Nikita G, Bril L, et al. 2012. Soil and residue carbon mineralization as affected by soil aggregate size. Soil & Tillage Research, 121 (3): 57-62.

Pollock K M, Donald J M, McKenzie B A. 2009. Soil moisture and water use by pastures and sivopa stures in a sub-humid temperate climate in New Zealand. Agroforestry Systems, 75: 223-238.

Ramos M E, Benítez E, García P A, et al. 2010. Cover crop under different managements vs. Frrequent tillage in almond orchards in semiarid conditions: Effects on soil quality. Applied Soil Ecology, 44 (1): 6-14.

Rivest D, Cogliastro A, Bradley R L, Olivier A. 2010. Intercropping hybrid poplar with soybean increases soil microbial biomass, mineral N supply and tree growth. Agroforestry Systems, 80: 33-40.

Sujatha S, Bhat R. 2010. Response of vanilla (Vanilla planifolia A.) intercropped in arecanut to irrigation and nutrition in humid tropics of India. Agricultural Water Management, 97 (7): 988-994.

Silva-pando F J, Gonazlez-Hernandez M P, Pozados-Lorenzo M J. 2002. Pasture production in a silvopastoral system in relation with microclimate variables in the Atlantic coast of Spain. Agroforestry Systems, 56 (3): 201-211.

Song B Z, Wu H Y, Kong Y, Zhang J, et al. 2010. Effects of intercropping with aromatic plants on the diversity and structure of an arthropod community in a pear orchard. Biology Control, 55: 741-751.

Shi G, Zhao L I, Miao Z W, et al. 2005. Structure characteristics of the arthropod community in the jujube orchards with different habitats. Acta Entomologica Sinica, 48 (4): 561-567.

Sandra R D, Kathleen K T. 2012. The effect of fire on microbial biomass: A meta-analysis of field studies. Biogeochemistry, 109 (1): 49-61.

Tumwebaze S B, Bevilacqua E, Briggs R, et al. 2012. Soil organic carbon under a linear simultaneous agroforestry system in Uganda. Agroforestry Systems, 84: 11-23.

Tang G B, Song B Z, Zhao L L, et al. 2013. Repellent and attractive effects of herbs on insects in pear orchards intercropped with aromatic plants. Agroforestry Systems, 87: 273-285.

Tabacchioni S, Chiarini L, Bevivino A, et al. 2000. Bias caused by using different isolation media forassessing the genetic diversity of a natural microbial population. Microb. Ecol., 40: 169-176.

Torsvik V, Salte K, Soerheim R., Goksoyr J. 1990. Comparison of phenotypic diversity and DNA heterogeneity in a population of soil bacteria. Applied and Environmental Microbiology, 56: 776-781.

Theron J, Cloete T E. 2000. Molecular techniques for determining microbial diversity and community structure innatural environments. Critical Reviews in Microbiology, 26: 37-57.

Tunlid A, Hotitink H A J, Low C, et al. 1989. Characterization of bacteria that suppress Rhizoctonia damping off in bark compost media by analysis of fatty acid biomarkers. Applied and Environment Microbiology, 55: 1368-1374.

Visser S, Parkinson D. 1992. Soil biological criteria as indicators of soil quality: Soil microorganisms. American Journal of Alternative Agriculture, 7: 33-37.

Vos J, Evers J B, Buck-Sorlin G H, et al. 2010. Functional-structural plant modelling: A new versatile tool in crop science. Journal of Experimental Botany, 61 (8): 2101-2115 .

Wang G B, Cao F L. 2011. Integrated evaluation of soil fertility in Ginkgo (Ginkgo biloba L) agroforestry systems in Jiangsu, China. Agroforestry systems, 83: 89-100.

Williams A, Ridgway H J, Norton D A. 2013. Different arbuscular mycorrhizae and competition with an exotic grass affect the growth of Podocarpus cunninghamii Colenso cuttings. New Forests, 44: 183-195.

Wintzingerode F V, Gobel U B, Stackebrandt E. 1997. Determination of microbial diversity in environmental samples: pitfalls of PCR-based rRNA analysis. FEMS Microbiology Reviews, 21: 213-229.

Wardle D A. 2006. The influence of biotic interactions on soil biodiversity. Ecology Letters, 9: 870-886.

White D C, Davis W M, Nickels J S, et al. 1979. Betermination of the sedimentary microbial biomass by extractible lipid phosphate. Oecologia, 40: 51-62.

Wang J, Fu B J, Qiu Y, et al. 2001. Geostatistical analysis of soil moisture variability on Danangou catchment of the Loess Plateau, China. Environment Geology, 41: 113-120.

Yunusa I A M, Mead D J, Lucas R J, et al. 1995. Process studies in a Pinus radiata-pasture agroforestry system in a subhumid temperature environment. I. Water use and light interception in the third year. Agroforestry Systems, 32 (2): 163-183.

Yao H, He Z, Wilson M J, Campbell C D. 2000. Microbial biomass and community structure in a sequence of soils with increasing fertility and changing land use. Microbial Ecology, 40: 223-237.

Yadava A K. 2010. Carbon sequestration: under exploited environmental benefits of Tarai agroforestry systems. Indian Journal of Soil Conservation, 38: 125-131.

Zomer R J, Trabucco A, Coe R, et al. 2009. Trees on farm: analysis of global extent and geographical patterns of agroforestry. Nairobi, Kenya: ICRAF Working Paper, World Agroforestry Centre.

Zhang J H, Su Z A, Liu G C. 2008. Effects of terracing and agroforestry on soil and water loss in Hilly Areas of the Sichuan Basin, China. Journal of Mountain Science, 5: 241-248.

Zhang L M, Hu H W, Shen J P, et al. 2011. Ammonia-oxidizing archaea have more important role than ammonia-oxidizing bacteria in ammonia oxidation of strongly acidic soils. The ISME Journal, 6 (5): 1032-1045.

第 8 章 喀斯特山区凋落物的生态功能、土壤石漠化及分形特征

喀斯特土壤石漠化是我国西南喀斯特地区诱发重要地质灾害的生态环境问题，是制约区域社会经济发展的关键因素。现已认识到喀斯特石漠化是一种与脆弱生态地质背景和人类活动相关联的土地退化过程，以土地生产力退化为本质特征，以出现石漠化景观为标志。主要表现在：地表形态的变化、土壤质量变劣和植被衰退。其中土壤质量变劣是石漠化的本质，重点表现在土壤物质流失，土壤的物理、化学和生物性质退化，以及土壤发生层次的变化。然而，过去的研究工作多集中在沙漠地区，以地表形态和植被变化分析为主。通过对贵州喀斯特地区的不同石漠化土壤的物质组成、理化性质、土体构型及人类驱动因素分析，探讨土壤石漠化的发生机制和本质特征。

8.1 喀斯特山区土壤石漠化的本质特征研究

学术界针对喀斯特环境退化进行了大量研究并已取得了一系列成果，主要集中在三方面：喀斯特生态环境发育演化理论研究、自然资源与主要生态问题现状调查、小流域或典型示范区退化生态环境的恢复与重建，这为喀斯特地区生态环境治理提供了强有力的理论支持和实践经验。但以往的研究侧重于石漠化现状与地质背景调查，相当程度上忽视了本质特征的探讨。现已认识到石漠化是一种与脆弱生态地质背景和人类活动相关联的土地退化过程，以土地生产力退化为本质特征，出现石漠化景观为标志。主要表现在：地表形态的变化、土壤质量变劣和植被衰退。其中，土壤质量变劣是石漠化的本质，重点表现在土壤物质流失，土壤的物理、化学和生物性质退化，以及土壤发生层次的变化。然而，过去的研究工作多集中在沙漠地区，以地表形态和植被变化分析为主。通过对贵州喀斯特山区不同石漠化土壤的物质组成、理化性质、土体构型及人类驱动因素分析，探讨土壤石漠化的发生机制和本质特征。

8.1.1 研究区概况

研究区域位于贵州西南部的安顺、兴义两地区，包括紫云、关岭、贞丰、兴义、晴隆五县（市），属于典型的亚热带喀斯特地区。由于中三叠统相变带上的生物礁灰岩在云贵高原南倾大斜坡带的大面积出露，从而集中发育了典型、造型奇特雄伟的锥状峰林喀斯特，这在中国和世界都是独有的。该研究区是贵州喀斯特最发育、形成环境条件最具代表性的分布地，境内海拔为 340~1560m，地形破碎，切割强烈，水土流失严重。喀斯特地区虽基岩裸露，但在未经破坏的情况下，植被仍然十分茂密，以热带、亚热带常绿阔叶林为主，其组成多为喜钙旱生树种，其中不少是石灰质土壤上特有的树种，如

细叶石斛、灰叶槭、香木莲、黑节草、贵州苏铁。在石灰质土壤地区，地势较低、坡度较缓的石灰土多数已被开垦农用，是该区的主要耕作土壤之一。该地区为亚热带季风气候，年均温15～18℃，降雨量1200～1430 mm，部分地区有喀斯特原始森林和次生林。

8.1.2 材料与方法

1. 资料收集

选择研究地区从20世纪80年代到20世纪90年代中期的统计年鉴作为基本资料来源（共10 a或11 a），这一时期国家和地方经济发展较快，人类活动对环境施加了更大的压力，人与环境的冲突也更突出，所以本研究所用的资料具有一定的代表性。考虑到不同年份间资料的统一性和可靠性，以及贵州喀斯特地区土地利用的特点，选择年末耕地面积和其中的旱地面积反映土地利用情况及其变化，以人口数、农业人口数量、粮食总产量、农业总产值、人均收入反映社会经济状况及其变化。

2. 供试土壤

供试土壤分别采自紫云、关岭、贞丰、兴义等县（市）的5个典型土壤剖面，基本上代表了贵州喀斯特地区土壤石漠化的不同阶段和类型。各剖面均按发生层次进行划分，实地记载剖面形态特征和成土环境条件（表8-1）；同时分层采集土壤样品，自然风干，去除根系、石块等研磨过筛，用于理化性质分析和颗粒组成测定。同时采集新鲜土样带回室内测定土壤微生物指标。

3. 测试方法

土壤微生物生物量C采用熏蒸提取法；土壤微生物群落功能多样性采用常规的碳元素利用Biolog法。土壤微生物群落功能多样性测度方法采用Biolog GN微平板孔中吸光值来计算土壤微生物群落功能多样性指数，即Shannon指数（H），其计算公式为

$$H = -\Sigma P_i \ln P_i$$

式中，P_i为第i孔相对吸光值（C-R）与整个平板相对吸光值总和的比率。

代谢剖面反应孔的数目可代表微生物群落的丰富度（S）；土壤基础呼吸采用密闭培养碱液吸收滴定法测定。

8.1.3 结果与分析

1. 石漠化土壤的土体构型

发育正常的土壤，其剖面土体构型为A-B-C，表层A为腐殖质层或淋溶层，中间层B层是淀积层，下部C为母质层，各层之间还存在一些过渡层段。受石漠化的影响，供试土壤在土体构型上发生了很大变化，向土壤剖面层次不明显方向发展，如表8-1、表8-2所示。ZY-1是一正常发育的土壤，土体构型为A-B-BC-C；ZY-2土壤剖面表层

土壤出现明显砂化现象，砂粒含量显著增高，土体构型变为 AC1-AC2-BC-C；HJ-3 和 ZF-6 土壤剖面的 A 层已被严重侵蚀，前者心土层 BC 直接出露地表，后者代之以厚度不等的泥砂层（30 cm 左右），其下为原土壤的钙积层（BC）或母质层（C），土体构型为 C-BC-C 或 BC-C；XY-7 号剖面 0～5 cm 层内全为均质砂粒，土壤剖面的 A、B 层不复存在，土体构型通体为 C 层，基岩完全裸露，呈现大面积的喀斯特石漠化景观。

表 8-1 供试土壤剖面形态

采样地点	剖面号	层次	深度/cm	结构	松紧度	根系	石灰反应
紫云水塘	ZY-1	A	0～17	块状	松	大量	弱
		B	17～25	块状	较紧	大量	中
		BC	25～44	块状	紧	大量	较强
		C	44～100	粒状	紧	少量	剧烈
紫云宗地	ZY-2	AC1	0～10	块状	松	大量	弱
		AC2	10～17	块状	松	中量	较强
		BC	17～20	粒状	较紧	中量	强
		C	20～100	粒状	紧	无	剧烈
关岭花江	HJ-3	BC	0～6	弱团块	松	中量	弱
		C1	6～11	小团块	较紧	少量	较强
		C2	11～100	弱粒状	紧	无	剧烈
贞丰板围	ZF-6	C1	0～3	块状	松	少量	强
		BC	3～35	砂粒	松	无	较强
		C2	35～100	块状	稍紧	无	剧烈
兴义万峰	XY-7	C1	0～5	砂粒	松	无	强
		C2	5～100	砂粒	松	无	剧烈

由表 8-1 还可看出，石灰岩地区土岩界面常不存在过渡结构（土层常缺乏过渡层），即母岩与土壤通常存在着明显的软硬界面。使土壤与母岩之间的亲和力与黏着力大为降低，一遇暴雨则极易产生水土流失和块体滑移。其次，因贵州地处亚热带湿润气候区，化学淋溶作用强烈，上层土体中的物理黏粒（<0.01 mm）容易发生垂直下移积累，从而造成喀斯特地区土体的上松与下紧，形成一个物理性状不同的界面，这也容易导致水土流失的产生。另外，土壤与母岩界面是一化学侵蚀面，当降雨渗透到岩石表面时，本身也产生化学侵蚀作用。在自然状态下（无人为干扰），土壤水的渗透能力很强，使得地表径流常不足以在地表产生土壤侵蚀，化学侵蚀常常就在喀斯特地区占主导地位。喀斯特环境土壤与母岩间和土壤内部上、下层间存在的这两种质态不同的界面，不但加剧了水土流失，而且对生态环境的敏感性和脆弱性与土壤石漠化起了促进作用。

2. 石漠化土壤的颗粒特征

土壤颗粒组成是构成土壤结构体的基本单元,并与成土母质及其理化性状和侵蚀强度密切相关。土壤颗粒组成的变化是土地荒漠化过程中最为普遍而有代表性的现象,土地一旦发生荒漠化,首先表现为地表物质颗粒组成中细粒减少,粗大颗粒逐渐占据优势,即产生地表粗化过程,在植被破坏严重的地区,地表甚至被大量石砾覆盖。所以随着荒漠化的发展,土壤机械组成愈来愈粗,由机械组成的变化和差异,可以判断土地荒漠化的强弱和发展强度,划分荒漠化类型。

分析结果表明(表 8-2),严重石漠化地(剖面 HJ-3、ZF-6、XY-7)土壤具有典型的粗骨性土壤的特征,小于 0.001 mm 黏粒含量很少,0.05~0.001 mm 粉粒含量较高,细土部分的砂粒含量次于粉粒含量,高于黏粒含量,说明土壤矿质胶体缺乏,土壤颗粒粗大紧实,影响土壤团粒结构的形成;而未退化的剖面 ZY-1 土壤颗粒组成更加趋近于合理,土壤通透性能良好,土壤物理性质得到改善。由表 8-1、表 8-2 还可看出,剖面 ZY-1 的各级水稳性团聚体含量较高,大小团聚体所占比例较为适宜,其中以大于 2 mm 团聚体占的比例最高,土壤结构性好;而严重石漠化 ZY-6、XY-7 的各级水稳性团聚体含量较低,大小团聚体的分配不合理,以大于 0.25 mm 团聚体所占比例最大,且团聚体

表 8-2 土壤颗粒组成 (单位:%)

剖面号	层次	>0.2 mm	0.2~0.05 mm	0.05~0.01 mm	0.01~0.001 mm	<0.001 mm	>5 mm	>2 mm	>0.25 mm
ZY-1	A	0.20	32.66	25.31	23.44	18.39	25.40	37.21	17.37
	B	0.25	39.97	24.35	22.27	13.16	23.21	31.55	16.31
	BC	0.88	45.51	25.52	18.55	9.54	19.03	14.52	14.63
	C	1.78	56.74	29.65	10.76	1.07	9.12	10.74	11.05
ZY-2	AC1	0.53	38.21	26.25	19.45	15.56	23.77	35.61	17.51
	AC2	0.72	42.96	25.90	18.20	12.22	22.87	29.52	22.30
	BC	15.33	49.80	18.15	11.80	4.92	16.32	34.31	44.82
	C	20.64	56.43	14.12	6.90	1.91	12.56	17.28	23.91
HJ-3	BC	21.20	49.54	12.82	10.81	5.63	13.35	16.24	34.60
	C1	18.44	49.10	14.44	11.81	6.21	12.47	23.22	39.23
	C2	19.16	51.62	18.10	7.74	3.38	12.85	19.33	35.26
ZF-6	C1	18.14	43.61	18.01	13.52	6.72	7.22	12.53	37.42
	BC	19.76	45.59	17.35	11.50	5.80	5.53	13.62	48.20
	C2	19.14	63.41	11.22	4.91	1.32	3.32	8.27	33.23
XY-7	C1	18.48	59.30	11.31	7.52	3.39	3.39	5.73	37.99
	C2	16.71	62.48	9.59	9.78	1.44	4.35	6.02	44.57

从大到小所占比例有逐渐增加的趋势，土壤结构性差，部分样品中全部是大于0.25 mm的水稳性团聚体，而较大的团聚体遇水后几乎完全分散。这证明土壤正在砂化（土壤石漠化），因为这类土壤中大于0.25 mm水稳性结构体有很大一部分是由颗粒组成中的粗砂粒构成的。土壤水稳性团聚体数量表现为剖面 ZY-1>ZY-2>HJ-3>ZF-6>XY-7，表明随着喀斯特地区石漠化进程的加剧，水稳性团聚体含量明显降低，削弱土壤抗蚀性和蓄水性，土壤颗粒砂化更加明显。

3. 石漠化土壤肥力状况

随着石漠化的发展，土壤肥力状况发生明显衰退。分析结果表明（表8-3），表层土壤有机质含量从 ZY-1 的 52.33 g/kg 下降到 XY-7 的 8.43 g/kg，降幅达80%以上；通体都是砂砾的土壤，有机质含量一般不超过 15.0 g/kg。产生这种情况的原因是石漠化一方面使有机质随着细粒物质的侵蚀而损失，另一方面导致地表植被覆盖度降低，有机物来源减少，矿化分解作用强烈，不利于有机质积累。可见，土壤有机质表层对土壤有重要的保护作用。土壤石漠化使土壤碱解氮、速效磷、速效钾含量明显减少，表层从 ZY-1 的 276.72 mg/kg、5.53 mg/kg、109.10 mg/kg 减少到 XY-7 的 25.31 mg/kg、0.52 mg/kg、17.89 mg/kg。表明土壤营养元素供应强度急剧下降。严重退化地（剖面 HJ-3、ZF-6、XY-7）土层裸露，土壤全氮、全钾和全磷含量均较低，速效养分含量更

表 8-3 土壤物质成分及交换性能

剖面号	层次	pH (H_2O)	有机质 /(g/kg)	碱解氮 /(mg/kg)	速效磷 /(mg/kg)	速效钾 /(mg/kg)	$CaCO_3$ /(g/kg)	CEC /(cmol/kg)
ZY-1	A	7.73	52.33	276.7	5.53	109.1	2.030	37.21
	B	7.61	45.57	143.3	2.72	72.55	2.100	34.83
	BC	7.80	16.31	58.24	1.50	63.17	37.52	26.17
	C	7.90	12.38	47.62	1.49	55.25	65.91	19.25
ZY-2	AC1	7.76	50.35	165.8	4.85	71.13	1.540	32.36
	AC2	7.22	44.72	132.6	3.82	87.33	1.350	25.45
	BC	7.12	15.42	85.25	1.78	58.32	45.41	13.24
	C	7.22	13.44	92.83	1.67	47.54	76.38	10.12
HJ-3	BC	7.52	14.17	83.45	4.76	93.65	43.33	21.28
	C1	7.44	10.54	41.52	2.41	21.77	176.1	11.74
	C2	7.22	9.65	55.31	2.32	20.65	184.4	12.30
ZF-6	C1	7.13	9.43	35.54	1.82	24.45	251.7	9.480
	BC	7.61	13.72	67.33	3.21	57.90	545.2	16.43
	C2	7.43	7.21	37.50	1.70	27.31	350.3	4.550
XY-7	C1	8.10	8.43	26.72	1.30	17.89	849.2	7.510
	C2	8.25	6.62	25.31	0.52	20.53	789.6	7.340

是贫乏，立地条件严重恶化，侵蚀地寸草不生（土地石漠化），土壤抗侵蚀性能很差，生境处于恶性循环阶段，土壤质量日趋下降，单纯采取生物措施进行治理相当困难。调查表明，采用长期退耕还林（草）或封山育林措施（10 a 以上），土壤保肥性能可得到一定程度的改善。

由表 8-3 可见，随着石漠化程度的加剧，土壤中碳酸钙的含量逐渐增加，土壤吸附和交换阳离子的能力不断减弱。供试土壤碳酸钙在剖面的分布表现为由上到下逐渐升高，中下部出现聚集；从未退化的 ZY-1 到严重石漠化的 XY-7，碳酸钙含量逐渐升高，这是基岩开始出露所致。阳离子交换量大部分土壤剖面表现出表层＜表下层，降低幅度随石漠化程度的加剧而增大。表层阳离子交换能力随砂粒含量的增加而降低，由 ZY-1 的 37.21 cmol/kg 一直降低至 XY-7 的 7.34 coml/kg。土壤交换性能的降低和营养元素的减少，使土壤吸水保肥能力降低，肥力状况变坏，直至土地生产潜力完全丧失。

4. 石漠化土壤矿物质特征

土壤矿物质是构成土壤的骨架，占土壤固体部分的 95% 以上，对土壤的性质有极大的影响，其化学组成是各种成土因素和成土过程综合作用的结果，可在一定程度上反映土地荒漠化的类型和强度。供试土壤土体化学组成见表 8-4。

表 8-4　石漠化土壤土体化学元素组成　　　　　　　（单位：g/kg）

剖面号	层次	SiO_2	Fe_2O_3	Al_2O_3	CaO	MgO	TiO_2	MnO	K_2O	Na_2O	P_2O_5
ZY-1	A	460.6	214.5	340.5	37.85	19.30	16.87	5.13	9.150	4.43	4.45
	B	432.8	151.4	312.2	45.20	15.56	19.42	9.27	16.31	7.40	7.87
	BC	440.2	176.3	294.6	16.48	9.870	34.16	7.10	6.740	5.62	9.32
	C	502.9	78.10	117.6	58.21	5.350	0.030	0.07	2.180	-	0.35
ZY-2	AC1	638.5	163.7	336.7	12.33	16.98	21.23	3.34	6.620	-	3.33
	AC2	526.4	89.32	290.4	28.55	12.30	15.27	1.75	6.100	3.94	2.25
	BC	487.6	75.46	270.8	19.72	11.87	15.41	3.62	6.820	4.22	2.93
	C	530.7	43.13	115.6	42.47	5.500	0.050	0.18	1.500	-	0.07
HJ-3	BC	680.3	37.28	299.3	9.160	5.560	30.37	1.52	4.390	2.67	1.63
	C1	697.7	32.22	211.6	52.84	4.270	6.530	1.29	20.82	1.38	1.25
	C2	707.8	21.35	115.9	61.43	3.210	0.940	0.13	11.64	1.12	-
ZF-6	C1	723.4	25.51	108.5	53.51	6.270	0.050	0.09	2.410	0.33	0.32
	BC	735.3	39.71	294.7	6.930	6.650	13.97	2.21	5.760	4.72	2.31
	C2	764.8	28.74	139.1	63.22	7.430	0.050	0.12	3.120	0.28	0.20
XY-7	C1	735.4	14.41	127.2	52.93	7.810	0.040	0.13	2.540	0.36	0.45
	C2	782.7	26.52	110.4	91.31	8.970	0.030	0.08	2.730	0.29	0.42

由表 8-4 可知，SiO_2 在土体组成中占绝对优势，与 Al_2O_3、Fe_2O_3 构成了土壤的主体，三者合计约占土壤矿物质总量的 80% 以上，其他成分的含量顺序依次为 CaO>K_2O>MgO>TiO_2>K_2O>MnO>P_2O_5>Na_2O。随着石漠化的发展，土体中 SiO_2 的含量明显升高，增量达 300 g/kg，Fe_2O_3、CaO、MgO、TiO_2 和 MnO 等成分不断降低，下降幅度一般在 40%~80%；石漠化严重的土壤，SiO_2 含量在 700 g/kg 以上，Fe_2O_3 不足 40 g/kg，MgO 低于 9 g/kg，CaO 由于基岩出露，含量在 50 g/kg 以上；石漠化较弱或尚未发生石漠化的土壤剖面和层次，SiO_2 含量不超过 650 g/kg，Fe_2O_3 大于 70 g/kg，MgO 在 10 g/kg 以上，这是由于化学侵蚀和淋溶作用所致。表明土壤石漠化导致土壤的形成速度减缓，发育程度变弱，其原因可能是表层风化程度较强的土壤流失，而下部土壤风化程度较弱，因而通体土壤富硅。

5. 石漠化土壤微生物功能多样性

分析结果表明（表 8-5），随着石漠化的进程，供试表层土壤微生物生物量由未退化的（ZY-1）的 576.9 μg/g 降低至严重石漠化（XY-7）的 9.24 μg/g，降幅达 98.4%；基础呼吸也有类似的趋势，降幅达 86.0%；土壤基础呼吸代表了土壤碳元素周转速率及微生物的总体活性，其与微生物生物量的比值（代谢商，qCO_2）升高（表 8-5），不仅能准确反映环境胁迫状况，亦与土壤演替进行密切相关，对指示喀斯特地区土壤石漠化进程有一定现实意义。

表 8-5 供试表层土壤微生物生态特征

剖面号	微生物量碳 /(mg/kg)	基础呼吸（CO_2） /(μg/(g·h))	代谢商	微生物群落丰富度	群落 Shannon 指数
ZY-1	576.9	0.721	0.0012	94	7.743
ZY-2	327.4	0.453	0.0014	74	5.154
HJ-3	169.5	0.320	0.0019	38	3.550
ZY-6	30.75	0.172	0.0056	11	1.280
XY-7	9.240	0.101	0.0109	5	0.375

由于 Biolog GN 盘中制备有 95 种不同性质的碳源，在培养过程中土壤的不同类群微生物对各自的优先利用碳源具有选择性，进而使 Biolog GN 盘中反应孔的颜色变化出现不同程度的差异。因而，Biolog GN 盘中反应孔的颜色变化数目在一定程度上可间接反映土壤微生物群落结构组成上的差异，颜色变化孔数越多则表明土壤微生物群落种类相对就越丰富，通常把颜色变化孔数作为土壤微生物群落功能多样性的丰富度。由表 8-5 可见，未退化土壤（ZY-1）的显色孔数最多（达 94 目），其微生物群落丰富度大；严重石漠化土壤（XY-7）显色孔数最少（仅为 5 目），其微生物群落丰富度小。Shannon 指数是研究群落物种数及其个体数和分布均匀程度的综合指标，是目前应用最为广泛的群落多样性指数之一，本研究采用这个指数来表示土壤微生物群落功能多样性相对多度的信息。由表 8-5 可知，严重石漠化土壤（XY-7）的群落 Shannon 指数明显

低于未退化土壤（ZY-1），降幅达 95.2%。由此可见，土壤微生物群落的种群结构受到了土壤石漠化的极大影响，从而使其微生物群落功能多样性出现相应的降低。

8.1.4 讨论

1. 石漠化土壤质量动态变化

将本研究测定结果（2007 年）与同一采样地点 20 世纪 80 年代初土壤普查测定的数据进行对比。结果表明（表 8-6），土地在不采取保护措施的条件下进行利用的样点（ZY-8 和 HJ-5）分别和采取保护措施的样点 ZY-1、HJ-3 相比较，表土层变薄、石砾大量增加，土壤有机质和 <0.01 mm 的物理性黏粒含量减少；采取防治和退耕措施的严重石漠化土地（样点 ZY-15）和样点 ZY-8 相比较，土壤有机质含量上升，粉粒、黏粒增加，砂粒明显减少，质地变细。由此可见，在自然环境状况下，喀斯特地区土地资源的进化与退化同时并存，不合理的土地利用导致土地向石漠化发展，土壤质量下降；大力推行退耕还林（草）或封山育林措施，增加植被覆盖度，可防治水土流失，促使土壤形成发育，土壤质量逐渐提高。因此，必须加强生态环境建设，控制石漠化的发生和发展，治理已退化的土地。

表 8-6 同一土壤性质的时间动态变化

采样地点	剖面编号	层次	厚度/cm	有机质/(g/kg)	>0.05 mm /%	0.05~0.01 mm /%	0.01~0.001 mm /%	<0.001 mm /%
紫云宗地	ZY-1	表土层	17	52.33	32.86	25.31	23.44	18.39
	ZY-8	表土层	11	12.79	95.70	1.65	0.51	2.14
	ZY-15	表土层	45	61.84	38.28	43.53	7.83	10.36
关岭花江	HJ-3	表土层	6	14.17	70.74	12.82	10.81	5.63
	HJ-5	表土层	1	10.90	95.33	1.20	2.15	1.32

2. 土壤石漠化与人类驱动因素的相关分析

喀斯特土壤石漠化是一种渐发性灾害生态过程，人类活动与生态环境的相互作用是其发生的关键，人类（干扰）活动对喀斯特地区土地石漠化有着重要影响。表 8-7 是土地利用变化各指标与驱动因素的线性相关系数。结果表明（表 8-7），人均耕地与人口密度和农业人口数的相关性最大（$R=-0.841$、-0.853），与人均产值和总产值的相关性极小；单位耕地的粮食产量反映了耕地质量和对耕地的开发程度，它与驱动因素的相关性未超过 0.5；单位耕地产值与人均产值相关系数为 0.964，与总产值相关系数为 0.996，而与其他因素的相关性不大；耕地面积和耕地比例（指耕地面积占总土地面积的比例）与各因素的相关系数基本一致，都表现为与人均粮食和人口密度相关较大，但人均产值和总产值与耕地指标的相关性普遍较小，表明农业总产值与耕地变化的联系较复杂。由此可见，贵州喀斯特地区以耕地变化为突出问题的土地利用变化，与社会经济状况的变化密切相关，人类因素是土地利用变化的主要驱动力，而土地利用变化（强度）直接影响喀斯特山区石漠化程度的大小。有关各驱动因素对喀斯特石漠化的相对重要性和贡献率仍值得进一步深入研究。

表 8-7　耕地变化指标与驱动因素的相关系数（$n=32$，$P=0.05$）

耕地指标	总人口	人均粮食	农业人口比	人均产值	总产值	粮食总产	人口密度	农业人口数
人均耕地	－0.421	－0.621	0.357	－0.075	－0.142	－0.386	－0.841	－0.853
单位耕地粮食产量	0.387	0.234	0.250	0.341	0.443	0.853	0.472	0.365
单位耕地产值	0.273	0.128	0.145	0.964	0.996	0.455	0.443	0.391
耕地面积	－0.291	－0.662	0.381	－0.187	－0.210	－0.396	－0.621	－0.436
耕地比例	－0.323	－0.654	0.377	－0.165	－0.167	－0.405	－0.633	－0.457

3. 土壤石漠化演变过程

喀斯特石漠化是我国西南岩溶地区（尤其贵州）的重要地质生态灾害问题，它不是一种纯自然过程，而是与人类活动密切相关。石漠化的发生、发展过程实际上就是人为活动破坏生态平衡的地表覆盖度降低的土壤侵蚀过程，表现为：人为因素→林退、草毁→陡坡开荒→土壤侵蚀→耕地减少→石山、半石山裸露→土壤侵蚀→完全石漠化（石漠）的逆向发展模式。喀斯特石漠化是土地荒漠化的主要类型之一，它以脆弱的生态地质环境为基础，以强烈的人类活动为驱动力，以土地生产力退化为本质，以出现类似荒漠景观为标志。

4. 土壤石漠化的本质

喀斯特土壤石漠化虽然能够引起地表形态、植被等变化，但其本质是使土壤的物质组成、理化性质和生产性能发生变化，并且这种变化随石漠化的程度不同而异。具体表现在：喀斯特地区在自然植被演替成为次生植被或人工开垦利用后，有机质表层丧失，岩溶山区土壤表层出现砂化。经开垦利用后，岩溶环境土壤表层砂化现象更为明显。土地利用强度越大，对土壤团粒结构的破坏也越大，土壤有机质受土地利用强度的明显影响，退耕后土壤质量有所恢复。林地、灌草坡开垦后，土壤有机质含量下降是土壤水稳性团聚体含量下降的主要原因。在人们环境意识未强化、相关举措未到位的前提下，土地利用方式的改变如超垦、滥樵，加大了环境负荷，造成植被稀疏，土壤细颗粒流失、减少，粗颗粒富集、基岩裸露，进而产生土壤石漠化。可以认为，喀斯特环境独特的二元结构和地貌特征是土壤石漠化产生的主要自然原因，人类对生态系统的破坏和土地不合理利用是激发喀斯特石漠化的主要人为因素。

8.2 喀斯特山区石漠化土壤理化性质及分形特征研究

喀斯特石漠化是一种新型的土地退化形式。在石漠化过程中，表层土壤在强烈的水蚀作用下，土壤细粒物质被侵蚀，土壤剖面表层出现明显砂化现象或发生表层土壤被泥砂堆积和覆盖，造成土壤结构的破坏，保水保肥性能恶化，土壤表层有机质和养分丧失。以往涉及石漠化演变的研究局限于不同石漠化程度土壤性质的演变和石漠化与人类驱动因素的相关分析，未见喀斯特土壤石漠化过程中土壤分形特征的研究报道。本研究运用分形模型，对石漠化演变中土壤颗粒的分形维数进行研究，并分析土壤颗粒分形维与土壤理化性质之间的关系，旨在为描述石漠化演变特征和石漠化程度的定量化测定提供新的方法。

8.2.1 研究区域与研究方法

1. 研究区域概况

选取贵州3个不同类型的喀斯特地区：① 黔西北部的水城、毕节；② 黔西南部的贞丰、关岭；③ 黔中的紫云。研究区基本代表了贵州境内不同的地球化学背景及岩溶发育状况。黔西北部由于中三叠统相变带上的生物礁灰岩在云贵高原南顷大斜坡带的大面积出露，从而集中发育了典型、造型奇特雄伟的峰丛洼地，是贵州喀斯特最发育、反映形成环境条件最具代表性的分布地之一。境内海拔340～1560 m，年均温15～18℃，降雨量1200～1430 mm。黔西南地处亚热带湿润气候区，位于珠江水系红水河流域上游，地形破碎，切割强烈，水土流失严重，由寒武纪、奥陶纪的石灰岩、白云岩构成岩溶发育的物质基础，呈典型的锥状峰林和喀斯特峡谷地貌。相对高度达1300～1500 m，平均气温16.6℃，降雨量1286.5 mm。黔中紫云地区以含泥硅质的白云岩和三叠纪纯石灰岩为主，岩溶地貌为典型的峰丛洼地和溶蚀丘陵、槽谷，海拔高度为450～760 m，年均气温18.5℃，年均降雨量1230 mm，有65%的降雨量分布在4～8月。

2. 研究方法

1) 土壤样品的采集

根据喀斯特石漠化影响因素指标体系和判别等级标准，在研究区域范围内选定样地。每个样地都选在一完整的岩溶地貌单元内，尽量保证地形、地貌和土地利用方式的一致性。依不同石漠化程度（5级）在选定样地上S形采集15～20个土壤样品（0～20 cm层），混合制样，带回实验室，进行土壤理化性质分析和颗粒组成测定。采样时间为1999～2004年，共计采集土壤样品73个。土壤样品基本上代表了喀斯特地区土壤石漠化的不同土地利用方式和类型（表8-8）。

表 8-8 样点分布情况

采样地点	地理位置	岩溶类型	海拔/m	地貌部位	岩石裸露率/%	土地利用状况	采样数/个
水城	27°27′50″N，116°32′14″E	峰丛洼地	750～810	洼地边坡	70	坡耕地	9
紫云	25°34′41″N，103°18′39″E	峰丛洼地	670～750	洼地边坡	85	弃耕地（2 a）	13
贞丰	22°40′23″N，125°36′15″E	锥状峰林	430～620	山顶	90	弃耕地（15 a）	16
关岭	22°47′50″N，134°20′31″E	峰丛峡谷	680～760	山腰	75	弃耕地（7 a）	15
紫云	24°36′27″N，106°31′30″E	峰丛洼地	540～580	山丘上部	75	撂荒地（3 a）	17
紫云	24°32′47″N，105°25′22″E	锥状峰林	870～1320	山丘上部	80	撂荒地（5 a）	13

2）分析方法

土壤颗粒组成按照国际制用简易比重计法测定；有机质用重铬酸钾滴定法测定；全氮用凯氏定氮法；容重用环刀法测定。

3）土壤颗粒分形维数的计算

本研究应用文献提出的用粒径的重量分布表征的土壤分形模型来计算土壤颗粒的分形维数。土壤颗粒的重量分布与平均粒径间的分形关系式为

$$(\bar{R}_i/\bar{R}_{\max})^{3-D} = M(r < \bar{R}_i)/M_0 \qquad (8-1)$$

式中，$\bar{R}_i$ 为两筛分粒级 R_i 与 R_{i+1} 间粒径的平均值；$\bar{R}_{\max}$ 为最大粒级土粒的平均值；$M(r<\bar{R}_i)$ 为小于 $\bar{R}_i$ 的累积土粒质量；M_0 为土壤各粒级质量的总和。由式（8-1）可知各土壤颗粒的粒径及小于某一粒径土壤重量可通过土壤的机械分析确定，然后分别以 lg (M_i/M_0)、lg $(\bar{R}_i/\bar{R}_{\max})$ 为纵、横坐标，3-D 是线性拟合方程的斜率，D 为土壤颗粒分形维数。

8.2.2 结果与分析

1. 石漠化土壤理化性质

石漠化是土地荒漠化的一个重要分支，它的发生不但使土壤表土丧失、土壤肥力下降，地表形态重塑，而且也直接和间接导致植被发生变化。现已认识到石漠化是一种与岩溶地区脆弱生态地质背景和人类活动密切相关的土地退化过程，主要表现在：地表形态的变化、土壤质量变劣和植被衰退。其中土壤质量变劣是石漠化的本质，重点表现在土壤物质流失，土壤物理、化学和生物性质退化，以及土壤发生层次的变化。土壤石漠化的核心是土壤颗粒粗化，也就是土壤因侵蚀而引起细土粒和营养物质流失，逐步由可利用的土地恶化变为基岩完全裸露，呈现大面积的喀斯特石漠化景观的过程。这一过程必然对土壤理化性质产生深刻的影响（表 8-9）。

表 8-9 明显反映出土壤石漠化演变过程中土壤粒级分布和有机质、全氮的梯度变化。可以看出，正常土壤颗粒组成主要集中在 0.05～0.01 mm 的范围内，土壤黏粒含

量普遍大于15%。喀斯特环境中土壤颗粒组成主要受母质影响，而植被和土地利用方式对其也有很大影响，长期的耕作与土壤侵蚀作用可以影响到表层土壤的颗粒组成。已有的研究表明，热带亚热带土壤中活性较强的无机结构胶结物甚至黏粒的含量在成土过程中总是呈下降的趋势，在亚热带地区由于降雨量多且强度大，土壤一般因水的动力学作用而呈现出黏粒含量较高的现象。研究结果表明，这一现象在喀斯特地区十分普遍，但不同石漠化程度下其含量差别很大。就1~0.05 mm颗粒而言，石漠化土壤明显大于正常土壤（表8-9），说明在自然植被演替为次生植被或人工开垦利用后，喀斯特山地土壤表层出现砂化，具有粗骨性土壤的特征，<0.001 mm黏粒含量很少，0.05~0.001 mm粉粒含量较高，细土部分的砂粒含量次于粉粒含量，高于黏粒含量，说明土壤矿质胶体缺乏，土壤颗粒粗大紧实，影响土壤团粒结构的形成。由表8-9也可以看出，伴随石漠化程度的加剧，土壤有机质含量显著下降，降幅达80%以上，通体都是砂砾的土壤，有机质含量一般不超过15.0 g/kg。产生这种情况的原因是土壤石漠化一方面使有机质随着细粒物质的侵蚀而损失；另一方面也导致地表植被覆盖度降低，有机物来源减少，矿化分解作用强烈，不利于有机质积累。由此可见，土壤有机质表层对土壤具有重要的保护作用。相反，正常土壤的容重最低（0.91 g/cm³），石漠化土壤容重最高（1.28 g/cm³），原因是植被破坏及随后的耕种破坏了土壤原有的结构，使土壤变得易于侵蚀，表现为土壤容重的增加，这在喀斯特地区表现得非常明显，是由其脆弱的生态环境所决定的，也与土地利用方式的变化密切相关。回归分析表明，有机质（$O.M$）、全氮（N_{total}）和容重（$B.D$）与土壤砂粒含量（S）呈高度的相关性，其线性拟合方程为

$$O.M = 51.327 - 0.1253S (P<0.001, R^2=0.8246, n=20) \quad (8\text{-}2)$$

$$N_{total} = 3.231 - 0.0124S (P<0.001, R^2=0.7655, n=20) \quad (8\text{-}3)$$

$$B.D = 0.852 + 0.0221S (P<0.001, R^2=0.8121, n=20) \quad (8\text{-}4)$$

由式（8-2）、式（8-3）和式（8-4）可知，在喀斯特土壤石漠化演变过程中，土壤砂粒含量每增加1%，即粉粒含量每被侵蚀1%，土壤有机质和全氮则分别丧失了0.245 g/kg和0.017 g/kg，容重增加了0.022 g/cm³，这与我国北方农田沙漠化过程的研究结论相类似。

表8-9 石漠化演变过程中土壤粒级分布、理化性质及土壤颗粒的分形维数

采样地点	样号	石漠化程度	土壤颗粒组成/%					分形维数	有机质/(g/kg)	全氮/(g/kg)	容重/(g/cm³)
			1.00~0.05 mm	0.05~0.01 mm	0.01~0.005 mm	0.005~0.001 mm	<0.001 mm				
水城	1	ND	0.19	45.32	22.61	17.69	14.19	2.872	47.64	3.012	0.91
	2	LD	1.21	47.25	19.32	18.68	13.54	2.544	35.41	2.547	0.93
	3	MD	4.15	51.07	17.22	16.59	10.45	2.334	23.65	1.323	1.04
	4	SD	8.21	55.62	13.61	15.38	7.18	2.251	10.27	0.787	1.13
	5	ED	10.32	65.41	9.41	11.42	3.44	2.123	7.32	0.624	1.28

续表

采样地点	样号	石漠化程度	土壤颗粒组成/%					分形维数	有机质/(g/kg)	全氮/(g/kg)	容重/(g/cm³)
			1.00~0.05 mm	0.05~0.01 mm	0.01~0.005 mm	0.005~0.001 mm	<0.001 mm				
紫云	6	ND	0.23	45.02	16.77	20.45	17.53	2.757	43.55	3.147	0.93
	7	LD	1.41	49.55	16.33	18.39	14.32	2.465	30.27	2.621	0.95
	8	MD	3.32	53.21	15.35	18.37	9.75	2.322	24.01	1.245	0.99
	9	SD	7.77	55.57	14.23	14.77	7.66	2.145	11.22	0.725	1.14
	10	ED	12.41	57.32	14.10	12.72	3.45	2.041	8.34	0.633	1.25
贞丰	11	ND	0.52	42.23	22.55	17.98	16.72	2.857	51.21	3.112	0.92
	12	LD	2.56	47.60	20.05	17.02	12.77	2.514	32.47	2.821	0.96
	13	MD	6.67	52.71	15.21	16.06	9.35	2.302	21.77	1.632	1.09
	14	SD	8.21	56.34	14.73	13.50	7.22	2.241	14.10	0.728	1.13
	15	ED	11.25	60.14	11.54	11.86	5.21	2.129	7.85	0.621	1.24
关岭	16	ND	0.72	39.78	21.27	19.52	18.71	2.776	46.77	3.102	0.92
	17	LD	3.14	45.33	17.55	20.65	13.33	2.534	30.10	2.776	0.95
	18	MD	5.77	48.67	18.02	17.43	10.11	2.418	23.33	1.811	1.07
	19	SD	9.42	52.53	15.49	16.35	6.21	2.245	12.35	7.974	1.12
	20	ED	13.04	58.72	11.21	12.76	4.27	2.101	4.25	0.612	1.25

注：ND，正常土壤；LD，轻度石漠化；MD，中度石漠化；SD，严重石漠化；ED，极严重石漠化。

2. 石漠化土壤颗粒分形特征

土壤被认为是一种具有分形特征的分散多孔介质，土壤分形维数是反映土壤结构几何形状的参数，土壤黏粒含量越高，质地越细，其分形维数越高。运用回归分析法，由式（8-1）计算出 20 个石漠化土壤颗粒的分形维数（表 8-10）。由表 8-10 可看出，喀斯特石漠化土壤 0~20 cm 表层土壤颗粒的分形维数在 2.041~2.872 之间。在分形维数上

表 8-10 不同石漠化程度土壤性状及土壤颗粒分形维数

石漠化程度	土壤粒径分布/%			分形维数	有机质/(g/kg)	全氮/(g/kg)	容重/(g/cm³)
	砂粒 1~0.05 mm	粉粒 0.05~0.001 mm	黏粒 <0.001 mm				
正常土壤	57.33±2.91	24.10±7.82	18.57±2.41	2.712±0.101	42.31±8.34	3.014±0.022	0.95±0.10
轻度石漠化	65.24±7.27	21.42±5.34	13.34±3.27	2.576±0.045	27.88±7.64	2.351±0.112	0.99±0.13
中度石漠化	72.54±6.33	16.90±3.47	10.56±1.87	2.314±0.054	15.34±6.77	1.547±0.154	1.07±0.12
严重石漠化	85.32±3.21	8.13±3.20	6.55±1.24	2.256±0.037	10.27±2.75	0.833±0.048	1.14±0.11
极严重石漠化	90.25±5.45	5.43±1.45	4.32±1.10	2.125±0.022	8.52±3.21	0.675±0.054	1.26±0.14

表现为砂粒含量越高，分形维数越低。在喀斯特石漠化发生过程中伴随着土壤表层颗粒物质的损失，损失的是易侵蚀或者可蚀部分，随着石漠化发生、发展，细颗粒物质首先丧失，表现为分形维数变小。表8-10反映了土壤石漠化演变过程中土壤颗粒分形维数的变化趋势，随着石漠化程度的加剧，分形维数逐渐减少，从正常土壤向极严重石漠化土壤演变，分形维数由2.712下降到了2.125。由此可见，分形维数能很好地反映土壤颗粒的损失状况，因而在一定程度上可以用来表征喀斯特石漠化的过程与特征。

3. 石漠化土壤分形特征与土壤理化性质的关系

表8-11是土壤性状与土壤颗粒分形维数变化的相关性分析。分析结果表明，在喀斯特土壤石漠化的演变过程中，分形维数（D值）与各粒级含量呈明显线性相关，分形维数与土壤砂粒含量呈显著的线性负相关，与黏、粉粒含量，土壤容重、有机质、全氮呈显著的线形正相关（$P<0.01$）。土壤分形特征研究表明，分形维数可以很好地反映土壤肥力变化特征。土壤有机质和氮含量均随着土壤分形维数值的增大而增加，这说明土壤有机质和氮含量随着喀斯特石漠化的发展以及土壤砂化程度的加深而减少。原因是在土壤石漠化过程中，一方面，与黏粉粒和部分极细砂结合的有机物质和氮直接被侵蚀，另一方面，与砂粒结合的颗粒有机质形成量减少。另外土壤物理性质劣化是土壤石漠化的一个重要方面，土壤物理性质的好坏也将直接影响到土壤的有机质的迁移和转化。已有的研究表明，土壤颗粒组成或团粒组成的分形维数在作为土壤肥力诊断指标等方面具有很好的应用潜力。如宫阿都和何毓蓉（2001）的研究认为，土壤粒径的分形维数能客观地反映土壤退化结构状况和退化程度，可以作为退化土壤结构评价的一项综合性指标；刘金福等（2002）提出，分形维数能客观表征土壤团粒结构的团聚体、水稳性团聚体及粒径大小组成，可作为理想的土壤肥力测定指标。本研究的研究结果表明，分形维数的变化能很好地表征石漠化演变过程中土壤的粗粒化和理化性质变化的趋势。这与章予舒等（2004）、苏永中和赵哈林（2004）在我国沙漠地区的研究结论相类似。因此，分形维数可以作为喀斯特石漠化过程中土壤退化评价的一项综合定量指标。

表8-11 土壤颗粒分级维数与土壤理化性状之间的关系

土壤理化性状	拟合回归方程	相关系数（R^2）	显著水平（P）
砂粒含量	$D=3.1552-0.1714x$	0.943	<0.01
粉粒含量	$D=2.2418+0.1025x$	0.907	<0.01
黏粒含量	$D=2.2731+0.1174x$	0.935	<0.01
有机质	$D=2.2127+0.1213x$	0.974	<0.01
全氮	$D=2.2432+0.0443x$	0.832	<0.01
容重	$D=2.3264+0.0225x$	0.961	<0.01

8.2.3 结论

（1）喀斯特石漠化演变的核心是土壤颗粒粗化和养分的流失演变过程。土壤粒径的分形维数能很好地反映土壤颗粒物质的损失状况，可以用来表征石漠化过程中土壤粗粒化的演变特征和变化规律，分形维数越低，石漠化程度越高。

（2）土壤分形维数与土壤颗粒分布，有机质、全氮和容重呈显著的线性相关，这表明土壤分形特征能很好反映土壤理化性质特征及其演变过程。土壤分形维数可作为喀斯特石漠化过程中土壤退化特征描述的一项综合性定量指标，为石漠化土壤结构的定量化表达提供了新的方法，对岩溶地区生态环境的恢复与重建有着重要的指导意义。

8.3 喀斯特山区次生林凋落物的生态功能

喀斯特地区作为一种脆弱的生态系统，缺水少土是其典型的特点，因此凋落物的生态功能就显得尤为重要。森林凋落物层是森林生态系统3个垂直结构上的主要功能层次之一，它不但在涵蓄水源、阻延地表径流、抑制土壤水分蒸发、防止土壤溅蚀等方面发挥着重要的作用，而且它作为森林生态系统物质循环的中心环节，对维持森林肥力，促进森林生态系统正常的物质循环和资源的永续利用起着重大作用。目前，对喀斯特地区次生林凋落物生态功能的研究相对较少，也不够深入和系统。喀斯特山地森林因其生境的脆弱性，其群落结构、外貌、物种组成和演替过程都区别于其他地貌的森林。因此，对喀斯特地区凋落物生态功能的研究不但具有森林生态学的普遍意义，而且还具有特殊意义。通过研究贵州喀斯特山区几种不同类型次生林凋落物的凋落动态、持水性能、分解过程和养分归还，揭示了该地区不同类型森林凋落物的凋落动态规律、持水蓄水性能、养分归还动态及分解动态规律，从而阐明贵州喀斯特地区不同类型的次生林凋落物在森林生态系统中的作用。

8.3.1 研究区概况

研究区设在贵阳市黔灵山附近，位于东经106°14′～107°30′，北纬25°20′～26°48′，海拔850～1700 m。该区具有典型的亚热带高原气候特征，冬无严寒，夏无酷暑，热量充沛，生长期长，年均温15.3℃，一月份均温4.9℃，七月份平均温度24℃，日照时数≥10℃的积温4000～5000℃，无霜期270～280 d，空气湿度80%左右，年降水量为1100～1400mm，多集中于夏秋两季。该区地质构造较为复杂，在不大的范围内出露较多的地层，包括二叠系下统茅口组，上统吴家坪组、长兴组，三叠系下大冶组、安顺组，中统贵阳组，上统三桥组、二桥组和侏罗系中下统自流井群。碳酸盐类岩层与非碳酸盐类岩层常在垂直方向上呈互层分布，水平方向上呈复区分布。受地质构造和岩性的影响，该区形成不同的地貌类型。该区地带性土壤为黄壤，但由于境内自然条件的差异，土壤发生了相应的变化，中性至微碱性的石灰土与酸性黄壤在水平方向上常呈复区分布。

研究区山岭沟壑众多，坡向齐备，具备各类型植物生长的立地条件，由于受到人类活动的影响，原始亚热带湿润性常绿阔叶林群落已基本无存，目前已演变成次生常绿落叶阔叶混交林、乔灌过渡林、藤刺灌丛、灌丛草坡、草坡等。由于气候温暖，水热条件优越,地貌类型复杂,因而本区植物种类繁多。据统计,本区共有 128 科 350 属 476 种,其中蕨类植物占 10.12%,裸子植物占 26.58%,被子植物占 8.06%。主要树种有椤木石楠(*Photinia davidsoniae*)、翅荚香槐(*Cladrastis platycarpa*)、朴树(*Celtis sinensis*)、云贵鹅耳枥(*Carpinus pubescens*)、圆果化香(*Platycarya longipes*)、麻栎(*Quercus acutissima*)、马尾松(*Pinus massoniana*)、白栎(*Quercus fabri*)、月月青(*Itea ilicifolia*)、香叶树(*Lindera communis*)、山胡椒(*Lindera glauca*)、球核荚蒾(*Viburnum propinquum*)、杜鹃花(*Rhododendron simsii*)、川榛(*Corylus heterophylla* var. *sutchuenensis* Franch.)、盐肤木(*Rhus chinensis*)、火棘(*Pyracantha fortuneana*)、小果蔷薇(*Rosa cymosa*)等。

8.3.2 样地概况

1. 野外调查

野外调查采用样地调查法,在黔灵山附近 4 种典型的群落中选择有代表性地段,分别设置 10 m×10 m 的样地,调查其中乔木树种的种类、胸径、树高、株数、起源、生境,并将样地划分 5 m×2 m 的 10 个小样方,选择其中均匀的 5 m×2 m 样方进行相同内容的灌木调查,同时取 1 m×1 m 样方调查草本群落的种类、盖度、高度。同时测定群落的岩石露头率,土壤类型,土壤含水量等环境因素(表 8-12)。

表 8-12 林地立地条件及群落基本状况

森林类型	土壤类型	土壤含水量/%	岩石露头率/%	海拔/m	坡度/(°)	坡向	郁闭度/%	物种丰富度(S)
朴树、女贞林	黄色石灰土	42.5	20	1125	28	SW	85	32
云贵鹅耳枥林	黄色石灰土	32.2	65	1282	45	NW	85	18
马尾松林	黄壤	38.7	25	1312	30	W	70	12
灌木林	黑色石灰土	27.8	35	1369	36	W	90	38

2. 主要群落类型

1) 朴树林-云南鼠刺+细叶铁仔-黑足鳞毛蕨群落

乔木层主要由朴树(*Celtis sinensis*)、女贞(*Ligustrum lucidum*)、月月青(*Itea ilicifolia*)、圆果化香(*Platycarya longipes*)、构树(*Broussonetia papyrifera*)、白栎(*Quenus fabri*)等组成,其中朴树(*Celtis sinensis*)为建群种,女贞、月月青(*Itea ilicifolia*)也占有相当大的比例。灌木层主要有云南鼠刺(*Itea yunnanensis*)、细叶铁仔(*Myrsine africana*)、悬钩子(*Rubus palmatus*)、刺葡萄(*Vitis davidii*)、野花椒(*Zanthoxylum* sp.)等。草本层主要由黑足鳞毛蕨(*Dryopteris fuscipes*)、荩草(*Artraxon hispidus*)、淡竹叶(*Lophatherum gracile*)、苔草(*Carex* sp.)、黄背草

(*Themeda triandn* var. *japonica*)等组成。

2) 云贵鹅耳枥林群落

乔木层可分为两个亚层，第一亚层高 15～22 m，以云贵鹅耳枥（*Carpinus pubescens*）为主；第二亚层高 5～9 m，由灯台树（*Cornus controversa*）、朴树（*Celtis sinensis*）、女贞、锣木（*Photinia luchidum davidesoniae*）、柃木（*Eurya japonica*）等组成。灌木层高 1～2 m，由六月雪（*Serissa foefida*）、月月青（*Itea ilicifolia*）、臭牡丹（*Clerodendrum bungei*）等组成。草本层高 0.4～1 m，由黑足鳞毛蕨（*Dryopteris fuscipes*）、荩草（*Artraxon hispidus*）、显子草（*Phaenosperma globosa*）等组成。

3) 针叶林-细齿叶柃群落

乔木层有马尾松（*Pinus massoniana*）、侧柏（*Platycladus orientalis*），其中马尾松是建群种。灌木层主要有细齿叶柃（*Eurya acuminatissima*）、细叶铁仔（*Myrsine africana*）、野花椒（*Zanthoxylum simulans*）、白栎（*Quercus fabri*）幼苗组成。草本层由苔草、灰毛泡（*Rubus iranaeus*）、淡竹叶组成。

4) 细齿叶柃 + 云南鼠刺 + 火棘群落

灌木主要由细齿叶柃、云南鼠刺、火棘（*Pyracantha fortuneana*）、白栎（*Quercus fabri*）幼林、盐肤木（*Rhus chinensis*）组成。草本层由地瓜藤（*Ficus tikoua*）、苔草、淡竹叶、扭黄茅（*Heteropogon contortus*）等组成。

8.3.3 研究方法

1. 凋落物蓄积量的测定

在标准样地四角及对角线中心，选定 5 个 1m×1m 的样方，用钢板尺对凋落物的总厚度、未分解层（枝、叶、花、果等保持原状，叶形完整，质地坚硬，颜色变化不明显）、半分解层（多数凋落物已破碎，叶无完整轮廓，叶肉分解成碎屑，颜色为黑褐色）厚度进行测量记载，并将凋落物按照未分解层和半分解层分别原样收集带回，分层称其湿重，然后置于 60℃的烘干箱里烘至恒重，称其干重，计算其含水量，以干物质计算各群落凋落物的蓄积量。

2. 凋落物持水量的测定

用室内浸泡法测定林下枯落物的持水量及吸水速率。将枯落物浸入水中后，分别测定其在 0.25 h、0.5 h、1 h、1.5 h、2 h、4 h、6 h、8 h、10 h 和 24 h 的重量变化，每次取出称重所得的凋落物湿重与其干重差值，即为枯落物浸水不同时段的持水量。凋落物持水量与持水率按下式测定：

$$\Delta M = M_n - M_0$$
$$R = M_n - M_0 / M_0 \cdot 100\% \tag{8-5}$$

式中，ΔM 为凋落物浸泡 n 小时时的持水量；M_n 为凋落物浸泡 n 小时时的重量；M_0 为凋落物干重；R 为凋落物浸泡 n 小时时的持水率。

3. 凋落物有效拦蓄量的测定

通常采用有效拦蓄量（modified interception）来估算凋落物对降水的拦蓄量，即
$$W = (0.85 R_m - R_0) M \tag{8-6}$$
式中，W 为有效拦蓄量（t/hm^2）；R_m 为最大持水率（%）；R_0 为平均自然含水率（%）；M 为凋落物蓄积量（t/hm^2）。

4. 凋落物抑制蒸发效应的测定

把一定量的土壤装入塑料桶中，调节土壤含水量至田间含水量（约 25%）、1/2 田间含水量、3/4 田间含水量，然后用不同厚度（0 cm、2 cm、5 cm）的枯枝落叶覆盖，每种处理三个重复。于 4 月份、5 月份放在通风室内，每天早 7：00 称重 1 次，记下蒸发量，然后加水到设计水平，持续 60 d。

5. 凋落物减流减沙效应的测定

在室内采用人工降雨的方法，在宽 0.6 m、长 1.4 m、深 0.5 m 的土槽（下面凿有小孔，用来测定入渗量）内，分别装入相同厚度的凋落物，降雨强度为 60 mm/h，在 5°、15°、25°坡度下，测定凋落物的径流量和泥沙含量，并与无凋落物覆盖的情况进行比较，以确定凋落物的减流减沙效应。

6. 枯落物增加入渗量的测定

采用同样的方法来测定入渗量，并与无凋落物覆盖的情况进行比较，以确定落凋物的增加入渗的效应。

7. 凋落物的收集

在 4 种林地内，各设置 10 m×10 m 标准样地一个，并在这些样地内放置 1 m×1 m，高 0.2 m 的收集筐 10 个，每月收集各筐中的凋落物一次（夏季半个月一次）。按组分（叶、小枝、果、皮及其他）分类后置于 60℃的烘干箱里烘至恒重，用电子天平称重，并用 10 个收集筐的量推算每公顷的凋落物量。同时取样待测养分含量，量多的（如叶、枝）按四分法取样，量少的（如花果、果）全部取样。

8. 分解试验

供试样品于 4~5 月收集 4 种林下新鲜枯落叶，样品放置在干燥箱内 60℃温度下烘干至恒重。然后，称取各种的枯叶 10 g，分别装入用尼龙网布制成的分解袋内，分解袋

网孔直径为 1.5 mm，大小为 12 cm×20 cm。每一类林分制作 60 个分解袋，于 2007 年 6 月下旬将各林分样品分解袋沿同一等高线放入各自林分中，放置时使分解袋紧贴土表，其上覆少许枯叶。以后每三个月从各林分内分别取回 10 个分解袋。把分解袋放入清水中快速漂洗，去除泥土、枯落物等污染物质后烘干称重，获得叶凋落物残留重量。然后将各林分 10 个分解袋中的样品放在一起混匀，用四分法取足量样品制成待分析样。

9. 养分测定

室外采样后对需测定的样品进行烘干、粉碎，过 60 目筛后储存于广口瓶中备用。氮含量用凯式定氮法测定，磷含量用钼锑抗比色法测定，钾含量用火焰光度计法测定，钙、镁含量用原子吸收分光光度法测定。

8.3.4 结果与分析

1. 凋落物的水文生态功能

森林具有明显的水土保持、水源涵养等功能，而凋落叶层作为森林生态系统中重要的组成部分，不仅具有拦蓄降水、减少土壤表面水分蒸发耗损的作用，而且能够防止雨水直接溅击地表、阻延径流流速、拦截泥沙、促进地表径流下渗。因此，枯枝落叶层在涵养水源、水土保持中具有独特的作用，甚至有人认为枯枝落叶层在山地森林水文作用中具有头等重要性。

1）凋落物蓄积量

凋落物的蓄积量受多种因素的影响，与林龄、林分组成、生长季节、人为活动、环境因素等有直接的关系（高人和周广柱，2002）。4 种林分林下凋落物层蓄积量与各组分所占比例见图 8-1。从图中可以看出，4 种林分凋落物层蓄积量有明显的差异，马尾松林的蓄积量最大，为 7.95×10^3 kg/hm^2，朴树女贞林和灌木林的蓄积量分别为 4.92

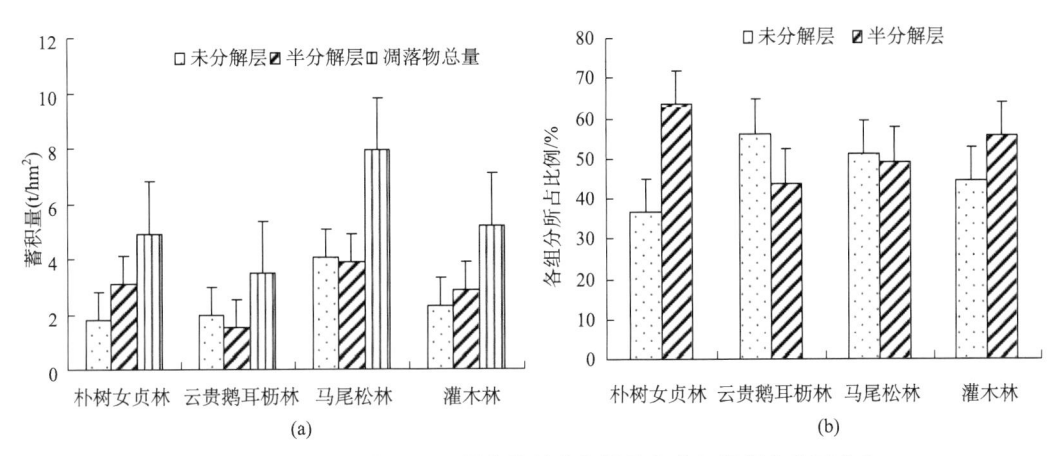

图 8-1 不同森林类型林下凋落物层蓄积量及各分解层所占的百分比

×10³ kg/hm²、5.20×10³ kg/hm²，云贵鹅耳枥林总蓄积量最小，为3.47×10³ kg/hm²，其主要原因是马尾松一年四季均有大量落叶，并且分解缓慢，朴树女贞林和灌木林每年归还的凋落物量也较大，但朴树女贞林物种丰富，环境阴湿，有利于凋落物的分解，因此朴树女贞林凋落物蓄积量比灌木林小，云贵鹅耳枥树种单一，叶小、质薄，分解快，因而云贵鹅耳枥林凋落物蓄积量最小。

不同林分凋落物未分解层、半分解层蓄积量有所不同。马尾松林的未分解层与半分解层的比例相当，分别占凋落物层蓄积量的51%和49%；云贵鹅耳枥林未分解层略大于半分解层，分别占56%和44%；灌木林未分解层略小于半分解层，分别占44%和56%；而朴树女贞林未分解层明显低于半分解层，分别占37%和63%，这主要是因为在朴树女贞林中，环境阴湿，有利于凋落物的分解所致。

2) 枯落物的持水性能

枯落物层持水能力是整个森林生态系统水分循环中重要一环，是反映枯落物层水文作用的重要指标（朱丽晖等，2001）。凋落物的持水性能一般包括持水量、持水率、吸水速率、拦蓄量和拦蓄率等（高人和周广柱，2002）。

测定结果表明（表8-13）：①4种林分凋落物的持水能力有一定差异。4种林分凋落物最大持水率的变化范围在221.50%~256.00%，其大小顺序是云贵鹅耳枥林>朴树女贞林>灌木林>马尾松林。无论是未分解层还是半分解层，都是云贵鹅耳枥林的持水率最大，表明云贵鹅耳枥林凋落物的持水性能优于其他3种林分。这可能是由于云贵鹅耳枥叶形小、质薄，同质量的凋落物其表面张力更大。②不同层次凋落物的持水能力差异很大。不同林分各分解层的最大持水率的大小顺序一致，即半分解层持水率大于未分解层持水率，这与宋轩等（2001）、龚伟等（2006）的研究结果相一致，说明凋落物的持水能力与它的分解程度有关。凋落物层分解较彻底，则具有孔隙多、细、小、吸水面大的特点，吸水性能良好。③4种林分凋落物的最大持水量大小顺序为马尾松林>灌木林>朴树女贞林>云贵鹅耳枥林。

表8-13 不同林分凋落物最大持水率及最大持水量

林分类型	蓄积量/(t/hm²)			最大持水率/%			最大持水量/(t/hm²)		
	未分解	半分解	总和	未分解	半分解	平均	未分解	半分解	总和
朴树女贞林	1.80	3.12	4.92	180.1	282.5	231.30	3.24	8.82	12.06
云贵鹅耳枥林	1.95	1.52	3.47	218.2	293.8	256.00	4.25	4.47	8.72
马尾松林	4.05	3.90	7.95	177.8	265.2	221.50	7.20	10.34	17.54
灌木林	2.31	2.89	5.20	178.5	278.6	228.55	4.12	8.05	12.17

通过对凋落物最大持水量与其蓄积量以及最大持水率进行偏相关性分析，结果表明，凋落物最大持水量与其蓄积量极显著相关（$r=0.978$，$P<0.01$），凋落物的最大持

水量与最大持水率也极显著相关（$r=0.944$，$P<0.01$）。由此可见，凋落物的最大持水量决定于各林分凋落物的蓄积量和持水能力。例如，马尾松林凋落物蓄积量最大（7.95×10^3 kg/hm²），持水能力（221.5%）虽不如云贵鹅耳枥林（256%）和朴树女贞林（231.3%），但最大持水量最大（17.54×10^3 kg/hm²）。云贵鹅耳枥林持水能力最强，但蓄积量小（3.47×10^3 kg/hm²），所以单位面积的最大持水量最小（8.72×10^3 kg/hm²）。

森林凋落物的吸水速度也是凋落物持水能力的一个重要指标，吸水速度快能将林内降水迅速积蓄起来，从而大大减少地表径流的发生（曹成有等，1997）。一般来说，凋落物吸水速度快，吸水时间长，持水性能好；反之亦然。

对4种林分凋落物不同时段持水过程分析（表8-14），可以看出：①朴树女贞林、云贵鹅耳枥林、马尾松林、灌木林的凋落物在各时段半分解层的持水量都远高于未分解层，一般在1.5倍以上。②4种林分凋落物各分解层持水量随浸水时间的延长而增加，并且凋落物持水量在0~2 h变动幅度较大，以后持水量增长缓慢。在2 h时，各林分未分解层、半分解层凋落物持水量分别达到此层的73.07%和88.74%、79.92%和89.11%、64.62%和71.16%、73.11%和84.49%。这一现象说明林下凋落物层前2 h对降雨的吸持作用最强。

表8-14 不同林分凋落物的不同时段持水量

林分类型	凋落物层	不同时段持水量/(g/kg)								
		0.25	0.5	1	2	4	6	8	10	12	24
朴树女贞林	未分解层	986	1073	1237	1316	1441	1480	1551	1598	1704	1801
	半分解层	1838	2192	2302	2507	2612	2694	2736	2776	2812	2825
云贵鹅耳枥林	未分解层	1535	1579	1668	1743	1944	2002	2073	2089	2157	2181
	半分解层	1923	2231	2318	2618	2790	2825	2856	2882	2909	2938
马尾松林	未分解层	842	884	1029	1149	1222	1304	1441	1551	1621	1778
	半分解层	1563	1685	1792	1886	2152	2382	2565	2591	2602	2652
灌木林	未分解层	1108	1154	1237	1305	1382	1466	1553	1619	1648	1785
	半分解层	1651	1854	2168	2354	2486	2564	2649	2698	2743	2786

对4种不同林分凋落物持水量与浸水时间之间的关系进行回归分析，发现林下凋落物持水量与浸水时间存在以下关系：

$$W=a\ln t+b \tag{8-7}$$

式中，W为枯落物持水量（g/kg）；t为浸水时间（h）；a为方程系数；b为方程常数项。不同林分凋落物层的持水量与浸泡时间的关系见表8-15。

通过对4种林分不同时段吸水速率的分析（图8-14），结果表明：①林下凋落物刚浸入水中时，吸水速率迅速，2 h以后4种林分林下凋落物层吸水速率迅速下降，尤其在6 h以后，凋落物吸水速率极为缓慢。这是由于凋落物浸入水中刚开始时，枯枝落叶的死细胞和枝叶表面水势差大，吸水速率高，以后随着时间的延长，凋落物持水量接近

表 8-15 不同林分凋落物的持水量与浸泡时间的关系式

林分类型	枯落物层	关系式	R^2
朴树女贞林	未分解层	$W=176.887\ln t+1209.32$	0.986
	半分解层	$W=212.278\ln t+2278.13$	0.945
云贵鹅耳枥	未分解层	$W=162.088\ln t+1705.34$	0.972
	半分解层	$W=228.775\ln t+2358.20$	0.941
马尾松林	未分解层	$W=206.856\ln t+1037.25$	0.950
	半分解层	$W=277.849\ln t+1858.12$	0.947
灌木林	未分解层	$W=148.847\ln t+1249.61$	0.956
	半分解层	$W=258.059\ln t+2089.84$	0.970

饱和状态，持水量达最大，其吸水速率逐渐趋于零。凋落物的这种吸水特点对于历时短的大暴雨具有明显的拦蓄降水、滞后径流的作用，这正是凋落物层保持水土、调节水文作用的巨大功能所在。②4 种林分凋落物不同时段半分解层吸水速率均大于未分解层，说明半分解层的持水性能优于未分解层。4 种林分凋落物在 1～2 h 内半分解层吸水速率远远高于未分解层，但随着时间的延长，未分解层和半分解层的持水量增加缓慢，吸水速率逐渐趋于一致。③云贵鹅耳枥林凋落物的未分解层和半分解层的吸水速率都最大，朴树女贞林和灌木林次之，马尾松林最小。

对 4 种不同林分凋落物吸水速率与浸水时间之间的关系进行回归分析，发现林下凋落物吸水速率与浸水时间存在以下关系：

$$V=kt^n \tag{8-8}$$

式中，V 为凋落物吸水速率（g/(g·h)）；t 为浸水时间（h）；n 为指数。不同林分凋落物的吸水速率与浸泡时间的关系见表 8-16。

表 8-16 不同林分凋落物的吸水速率与浸泡时间的关系式

林分类型	凋落物层	关系式	R^2
朴树女贞林	未分解层	$V=1.1941t^{-0.869}$	1.000
	半分解层	$V=2.2561t^{-0.91}$	0.999
云贵鹅耳枥	未分解层	$V=1.70t^{-0.912}$	1.000
	半分解层	$V=2.336t^{-0.907}$	0.999
马尾松林	未分解层	$V=1.022t^{-0.827}$	0.999
	半分解层	$V=1.832t^{-0.867}$	0.998
灌木林	未分解层	$V=1.238t^{-0.895}$	1.000
	半分解层	$V=0.061t^{-0.884}$	0.999

最大持水率和最大持水量只能反映凋落物层的持水能力大小，不能反映凋落物对降水的实际拦蓄，因为山地森林坡面不会出现长时间的浸水。另外，凋落物对降水的有效拦蓄还与凋落物的水分状况，降雨特性有密切的关系。所以说用最大持水量和最大持水

率来估算凋落物层对降雨的拦蓄能力则偏高,不符合它对降雨的实际拦蓄效果。雷瑞德(1984)研究发现,降雨达到20~30 mm以后,各种林型不论凋落物层含水量高或低,持水率约为最大持水率的85%左右。所以,一般用有效拦蓄量估算凋落物对降雨的实际拦蓄。

根据凋落物的最大持水率、平均自然含水率和凋落物的蓄积量,可以计算其最大拦蓄率(量)、有效拦蓄率(量)。结果表明(表8-17和图8-2):①各林分凋落物的最大拦蓄率和有效拦蓄率变化范围分别为152.40%~214.35%和117.70%~175.95%。云贵鹅耳枥林的拦蓄能力最强,灌木林也表现出较强的拦蓄能力,最大拦蓄率和有效拦蓄率的大小顺序表现出一致性,即云贵鹅耳枥林>灌木林>马尾松林>朴树女贞林。②各

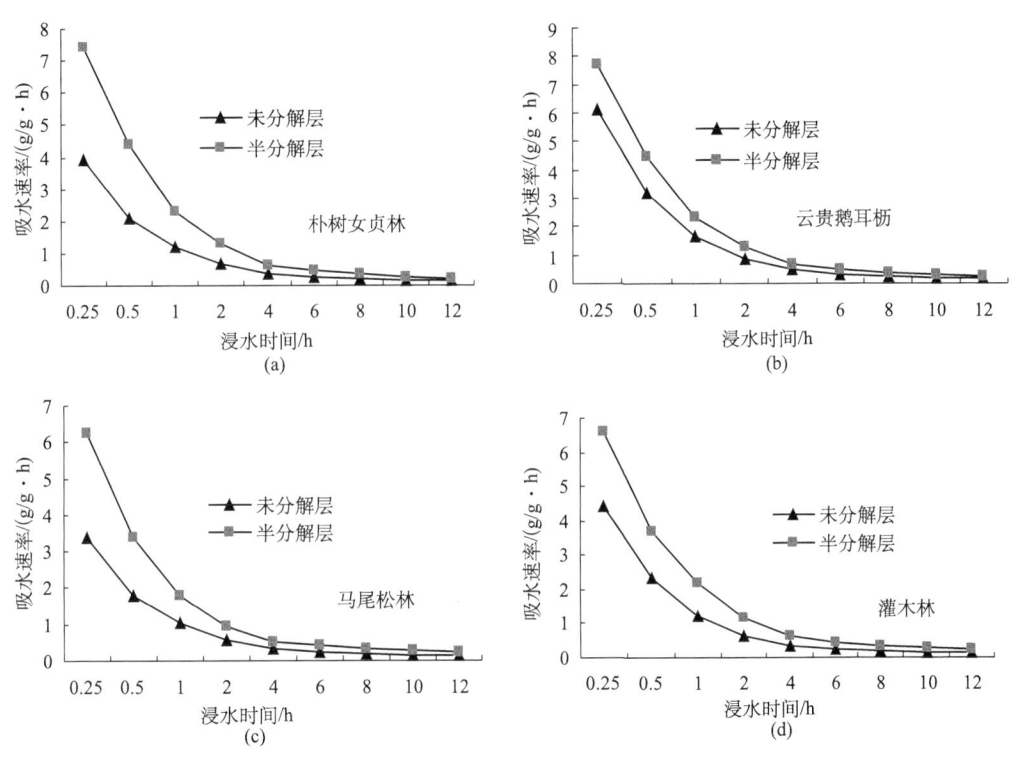

图 8-2 不同林分凋落物吸水速率

表 8-17 不同林分枯落物的有效拦蓄量

林分类型	蓄积量/(t/hm²)	最大持水率/%	最大持水量/(t/hm²)	自然含水率/%	最大拦蓄率/%	最大拦蓄量/(t/hm²)	有效拦蓄率/%	有效拦蓄量/(t/hm²)	总有效拦蓄深/mm
朴树女贞林	4.92	231.30	12.06	78.90	152.40	8.21	117.70	6.39	0.64
云贵鹅耳枥	3.47	256.00	8.72	41.65	214.35	7.30	175.95	5.99	0.60
马尾松林	7.95	221.50	17.54	44.20	177.30	14.04	144.07	11.41	1.14
灌木林	5.20	228.55	12.17	42.05	186.50	9.93	152.21	8.10	0.81

林分凋落物的最大拦蓄量和有效拦蓄量的变化范围分别为 $7.30\times10^3 \sim 14.04\times10^3$ kg/hm^2 和 $5.99\times10^3 \sim 11.41\times10^3$ kg/hm^2。最大拦蓄量和有效拦蓄量的大小顺序也表现出一致性，即马尾松林最大，灌木林次之，再次是朴树女贞林，云贵鹅耳枥林最小。③由于林分间凋落物蓄积量和自然含水率的差异，使得林分间的拦蓄率与拦蓄量的排序不同。云贵鹅耳枥林枯落物拦蓄率最高，但由于蓄积量最低，其最大拦蓄量和有效拦蓄量却最低。

对 4 种林分凋落物有效拦蓄量与其蓄积量、最大持水率、自然含水率进行偏相关性分析，结果表明，凋落物有效拦蓄量不仅与其蓄积量极显著相关（$r=0.983$，$P<0.01$），也与其最大持水率极显著相关（$r=0.936$，$P<0.01$），而与凋落物的自然含水率相关不显著（$r=-0.627$，$P>0.01$）。由此可见本区凋落物的有效拦蓄量主要取决于各林分凋落物的持水能力和蓄积量，而凋落物的自然含水率对其有效拦蓄量影响不大。

3）凋落物保水功能

凋落物层不仅具有巨大的持水性能，而且具有显著的保水功能。凋落物疏松多孔就像一层海绵覆盖在土壤表面，一方面使土壤蒸发的水汽受到凋落物的阻滞，蒸发动力减小，从而导致林地蒸发较少；另一方面，由于凋落物的覆盖，使大气和土壤之间的热量交换受到阻隔，土壤增温较慢，形成低温高湿的小气候环境，因此减少蒸发量。

本研究进一步验证了凋落物的保水功能，由表 8-18 分析可知，4 种林分凋落物层减少土壤蒸发的效应非常显著，2 个月的平均日蒸发量比无凋落物覆盖的土壤减少水分蒸发 13.63%～70.49%。通过对凋落物抑制蒸发量与凋落物厚度、土壤含水量的偏相关分析，结果表明，凋落物抑制蒸发量与凋落物厚度极显著相关（$r=0.615$，$P<0.01$），也与土壤含水量极显著相关（$r=0.980$，$P<0.01$），由此可见土壤蒸发除受气候因素的影响外，还与土壤的含水量和覆盖物密切相关。4 种林分枯落物层减少土壤蒸发的效应都随凋落物层厚度和土壤含水量的增加而增加。在样品土壤含水量为田间含水量的 1/2 时，不同厚度凋落物覆盖的处理下，4 种林分凋落物层抑制蒸发的效应为 13.63%～20.72%，抑制蒸发的效应不明显，林分间差异不大（$P>0.05$），这主要是此时土壤含水量很小，即使没凋落物覆盖土壤蒸发量都较小。但当土壤含水量为 3/4 田间含水量和田间含水量时，4 种林分凋落物抑制蒸发的效应明显，分别为 22.5%～50.6%、54.75%～70.49%，并表现出一定的差异。土壤含水量大于 1/2 田间含水量时马尾松林凋落物层的保水功能优于其他三种林分，这可能是针叶细小，能较致密地覆盖在土壤表面，单位面积上的针叶凋落物要比阔叶质量大，因此对水分的蒸发阻滞明显。

表 8-18　不同林分凋落物层减少土壤水分蒸发的效应　　（单位：g/d）

土壤水分	朴树女贞林		云贵鹅耳枥林		马尾松林		灌木林	
	2 cm	5 cm	2 cm	5 cm	2 cm	5 cm	2 cm	5 cm
1/2 田间持水量	0.33	0.38	0.27	0.32	0.28	0.33	0.25	0.36
3/4 田间持水量	3.30	4.82	2.81	4.74	3.82	4.91	2.15	4.44
田间持水量	8.86	10.39	8.25	10.34	9.26	10.60	8.23	9.94

4) 凋落物减流减沙效应

本试验在装入凋落物前,使土壤接近饱和,从而消除土壤对水分的影响效应。所以,试验的结果只反映了凋落物层减流减沙的效应。

凋落物通过吸收径流量、阻滞径流速率、促进水分下渗从而达到减流减沙的作用。通过对各林分凋落物的减流减沙量进行多重比较,结果如表 8-19、表 8-20、表 8-21 所示,裸地产流产沙量与 4 种林分差异显著,说明凋落物层具有很好的减流减沙功能。在相同条件下,随着坡度的增加,产流量依次增大,但有凋落物覆盖的产流量明显小于裸地。同样,随着坡度的增加,产沙量也逐渐增大。在坡度为 5°时,裸地产沙量为 46.6 g/h,而有凋落物覆盖的产沙量仅为裸地的 8.5%～17.0%,在坡度 15°、25°时,产沙量分别为裸地的 14.8%～24.7%、37.2%～48.1%。在坡度相同的条件下,不同林型凋落物的减流减沙效应也有一定的差异。从总体来看,朴树女贞林减流减沙量最大,马尾松最小,而灌木、云贵鹅耳枥林介于它们之间。

表 8-19 不同林分凋落物层产流产沙量和入渗量

坡度/(°)	朴树女贞林 a	b	c	云贵鹅耳枥 a	b	c	马尾松林 a	b	c	灌木林 a	b	c	裸地 a	b	c
5	22 780	4	1650	24 085	6	1765	24 270	8	1480	23 370	6	1535	26 455	47	720
15	2 426	312	1215	25 145	14	1095	25 652	20	1038	24 867	16	1210	27 210	81	630
25	2 588	648	490	26 625	55	557	26 733	62	150	26 085	51	470	27 826	129	52

注:a 代表产流量(mL/h);b 代表产沙量(g/h);c 代表入渗量(mL/h)。

表 8-20 不同林分凋落物产流量多重比较

森林类型	朴树女贞林	云贵鹅耳枥	马尾松林	灌木林
朴树女贞林	—			
云贵鹅耳枥	975.33*	—		
马尾松林	1242.00*	266.67	—	
灌木林	464.33	−511.00	−777.67*	—
裸地	2854.00*	1878.67*	1612.00*	2389.67*

*表示在 $P<0.05$ 水平上差异显著。

表 8-21 4 种林分凋落物产沙量多重比较

森林类型	朴树女贞林	云贵鹅耳枥	马尾松林	灌木林
朴树女贞林	—			
云贵鹅耳枥	3.67	—		
马尾松林	8.67	5.00	—	
灌木林	3.00	−0.67	−5.67	—
裸地	64.33*	60.67*	55.67*	61.33*

*表示在 $P<0.05$ 水平上差异显著。

5) 凋落物增加入渗量的效应

透过林冠层和下层植被的降雨，到达凋落物层后又进行第二次分配，一部分被凋落物拦蓄，一部分透过孔隙很快渗入到土壤中，多余的部分成为地表径流而流失。凋落物层主要通过阻滞径流、延长产流时间，从而大大增加土壤的入渗量。这部分水分对于补充土壤水量，增加地下水源意义重大。据向师庆等的研究，凋落物的存在可增加 40 cm 以下的土壤水分含量达 27.9%～39.5%。

通过对不同凋落物覆盖的土壤入渗量以及裸地进行多重比较（表 8-22），裸地的入渗量与其他 4 种凋落物覆盖的入渗量差异显著，4 种林型间没有明显差异。在相同条件下，随着坡度的增加，入渗量依次减小，但有凋落物覆盖的入渗量明显大于裸地。特别在坡度较大的情况下，裸地上的降水绝大部分成为地表径流，入渗量极小。例如，在坡度 25°时，裸地的入渗量为 52ml/h，而凋落物覆盖的入渗量为裸地的 3～9 倍。喀斯特山地森林一般坡度较大，凋落物层的存在大大增加入渗量，减少径流量，从而充分发挥了水土保持的功能。

表 8-22 4 种林分凋落物层入渗量多重比较

森林类型	朴树女贞林	云贵鹅耳枥	马尾松林	灌木林
朴树女贞林	-			
云贵鹅耳枥	20.67	-		
马尾松林	−229.00	−249.67	-	
灌木林	−46.67	−67.33	182.33	-
裸地	−651.00*	−671.67*	−422.00*	−604.33*

* 表示在 $P<0.05$ 水平上差异显著。

6) 讨论与小结

黔中地区几种喀斯特次生林凋落物蓄积量受多种因素的影响，与林龄、林分组成、生长季节、人为活动、环境因素等有直接的关系（高人和周广柱，2002）。马尾松林的蓄积量最大，为 7.95×10^3 kg/hm^2，而云贵鹅耳枥蓄积量最小，为 3.47×10^3 kg/hm^2，朴树女贞林和灌木林分别为 4.92×10^3 kg/hm^2、5.20×10^3 kg/hm^2。与其他森林类型凋落物蓄积量相比，本研究中 4 种喀斯特次生林凋落物的蓄积量低于其他非喀斯特地区林分的蓄积量。常绿阔叶林地的枯落物储量一般均为 10×10^3 kg/hm^2 以上，生长良好的林分可达 20×10^3～40×10^3 kg/hm^2，最高为 60×10^3 kg/hm^2 左右（王佑民，2000），与喀斯特地区云南中部石林地质公园的林分（吴毅等，2007）相当，但低于木论自然保护区原生性喀斯特森林（覃文更，2004），这与喀斯特地区严酷的生境有密切的关系。喀斯特地区岩石裸露率高、渗漏性强，土被不连续，土壤瘠薄、蓄水能力差，虽然有丰沛的降水，但临时性干旱时有发生，因此生物量较低，凋落量相应也较低；此外，也与该区喀斯特次生林恢复年限较短，受人为影响较大有关。

凋落物的持水率取决于凋落物的组成、生物学特性和分解状况。一般测定结果认为，最大持水率大约为其干重的 2~3 倍，有的阔叶树种可达 4 倍（谢锦升和杨玉盛，2002）。对 4 种林分凋落物层持水率的研究结果也如此，其持水率变化范围为 221.50%~256.00%，其大小顺序为云贵鹅耳枥林＞朴树女贞林＞灌木林＞马尾松林。另外，4 种林分半分解层不但吸水速度快，而且持水率高，其持水能力明显优于未分解层。

通过相关分析发现，该区凋落物层的有效拦蓄量主要取决于凋落物的蓄积量和它本身的持水能力，而与凋落物的自然含水量相关性不大。4 种林分凋落物层的有效拦蓄量较低，仅仅能拦蓄 0.60~1.14 mm 的降水，相当于林内 1.15 mm 以下的降水。虽然该区喀斯特森林凋落物拦蓄能力较差，但是该区森林枯枝落叶层在山地森林水文作用中起着重要的作用，甚至具有头等重要性。因为我国西南喀斯特地区的干旱是湿润气候背景下的临时性干旱，它有别于西北干旱区，贵州省有丰沛的降水，干旱的原因是土层浅薄，岩石渗漏性强，缺少植被的覆盖。而在有森林覆盖的喀斯特区，凋落物就像一层海绵覆盖在地面，对频繁的降水具有很好的蓄积作用，也就是说喀斯特森林凋落物有水可拦，能充分发挥其拦蓄效应。

凋落物层不但具有巨大的蓄水能力，而且具有显著的保水、保土功能。该区 4 种林分凋落物层抑制土壤水分蒸发的效应显著，随枯落物层厚度和土壤含水量的增加而增加。在不同厚度凋落物覆盖下的含水量不同的土壤上，4 种林分凋落物抑制蒸发的效应在 13.6%~70.5%，这与其他学者（刘向东等，1991）的研究结果相一致。另外，该区 4 种林分凋落物减流减沙、增加入渗的效应也很明显，其中朴树女贞林表现的效应最佳。

2. 凋落物的养分归还功能

森林凋落物层不但具有涵养水源、保持水土的功能，而且是森林土壤有机养分的主要来源，在维持林地肥力、促进森林生态系统的物质循环和养分平衡方面起着重要作用。森林凋落物层作为森林土壤生态系统物质循环过程中的一个"有机物质库"，储存着各种矿质元素，并经过原生生物及微生物的分解，释放大量养分，随着凋落物层渗漏水淋洗到土壤中，源源不断地为下层土壤提供养分，以供森林生长。研究表明，森林每年通过凋落物分解归还土壤的总氮量占森林生长所需总氮量的 70%~80%，占总磷量 65%~80%，占总钾量 30%~40%（Gholz and Prichett，1985）。由此可见，凋落物养分归还在森林生态系统中占有极其重要的地位，是土壤肥力得以维持的重要因素。

1）凋落物数量、组成及凋落动态

森林凋落物量取决于树木生物学特性、林龄、外界环境条件。根据一年的观测可知（表 8-23），马尾松林的年凋落物量最高，达 6.886×10^3 kg/hm²，其次为朴树女贞林（5.945×10^3 kg/hm²）、灌木林（4.928×10^3 kg/hm²），云贵鹅耳枥林最小，仅为 3.958×10^3 kg/hm²。不同林型间凋落量差异很大，马尾松凋落物约为云贵鹅耳枥的 2 倍，达到统计上的差异显著。通过对凋落物量与植被物种多样性、土壤含水量以及岩石裸露率的相关分析，结果表明，凋落物量与这3个因素相关性不显著（$P>0.05$），这说明该区森林凋落物量主要取决于树木生物学特性，此外还受立地条件、气候等因素的影响。森林凋落物量是多种因素综合作用的结果，在自然界中很难将这些因素独立分开。

该区凋落物组分主要有落叶、落枝、落花及落果。虽然4种林分凋落物总量有较大差异，但各组分所占的比例比较接近，落叶占绝对优势，占各自总凋落物量的80%以上，反映出凋落叶在森林生态系统凋落物归还中的重要地位。其他组分落枝占4%~11%，落花落果占0.3%~5.7%。马尾松林的皮占总凋落物量的2.66%，这与生物学

表8-23 不同林型森林凋落物组成（%）及数量（$\times 10^3$ kg/(hm² · a)）

森林类型	凋落物组分				合计
	叶	小枝	皮	花果	
朴树女贞林	5.101	0.626	-	0.217	5.945
	85.80%	10.54%	-	3.65%	100%
云贵鹅耳枥林	3.550	0.393	-	0.015	3.958
	89.69%	9.93%	-	0.38%	100%
马尾松林	5.632	0.676	0.183	0.395	6.886
	81.79%	9.82%	2.66%	5.74%	100%
灌木林	4.454	0.243	-	0.232	4.928
	90.38%	4.93%	-	4.71%	100%

注：朴树女贞林、云贵鹅耳枥林以及灌木林皮凋落物量很小，在此未作统计。

特性有密切的关系，马尾松树干、树枝皮开裂，容易脱落。灌木林无论是落枝凋落量，还是占凋落物总量比例都最小，这与灌木树型较小、耐干旱瘠薄以及低矮受风的影响较小有关。

森林凋落物的凋落时间和数量，主要受限于两个因素，一是遵循物种本身生物学规律而自行凋落，另一因素是受气候条件变化的影响而造成凋落。因此森林凋落物总量及其组成成分的季节变化有较大差异（图8-3）。

在一年中，黔中喀斯特地区不同林分因组成、结构及受人为干扰影响程度的不同，它们的凋落量高峰值及其出现时间有所不同。如果把凋落量大于平均值的月份作为凋落"高峰期"，把高峰期所占月份数称为"峰宽"，那么朴树女贞林及灌木林凋落物季节变化总趋势大体一致，均表现出明显的"双峰"凋落节律，云贵鹅耳枥林呈现"单峰"模式，而马尾松林一年中出现三个高峰。朴树女贞林的两个凋落高峰期在9~12月和4月，最高峰值达1.606×10^3 kg/hm²；云贵鹅耳枥林的凋落高峰期为9~11月，最高峰值达1.38×10^3 kg/hm²；马尾松林凋落高峰期在11~12月、3~4月、8月，最高峰值达1.274×10^3 kg/hm²；灌木林的凋落高峰期分别为11~12月和4月，最高峰值达1.54×10^3 kg/hm²。4种林分第一凋落高峰主要是由于气候变冷，树种生理性落叶而产生，第二凋落高峰除了因为常绿树种春季大量萌发新叶旺盛生长，从而促进衰老的叶子

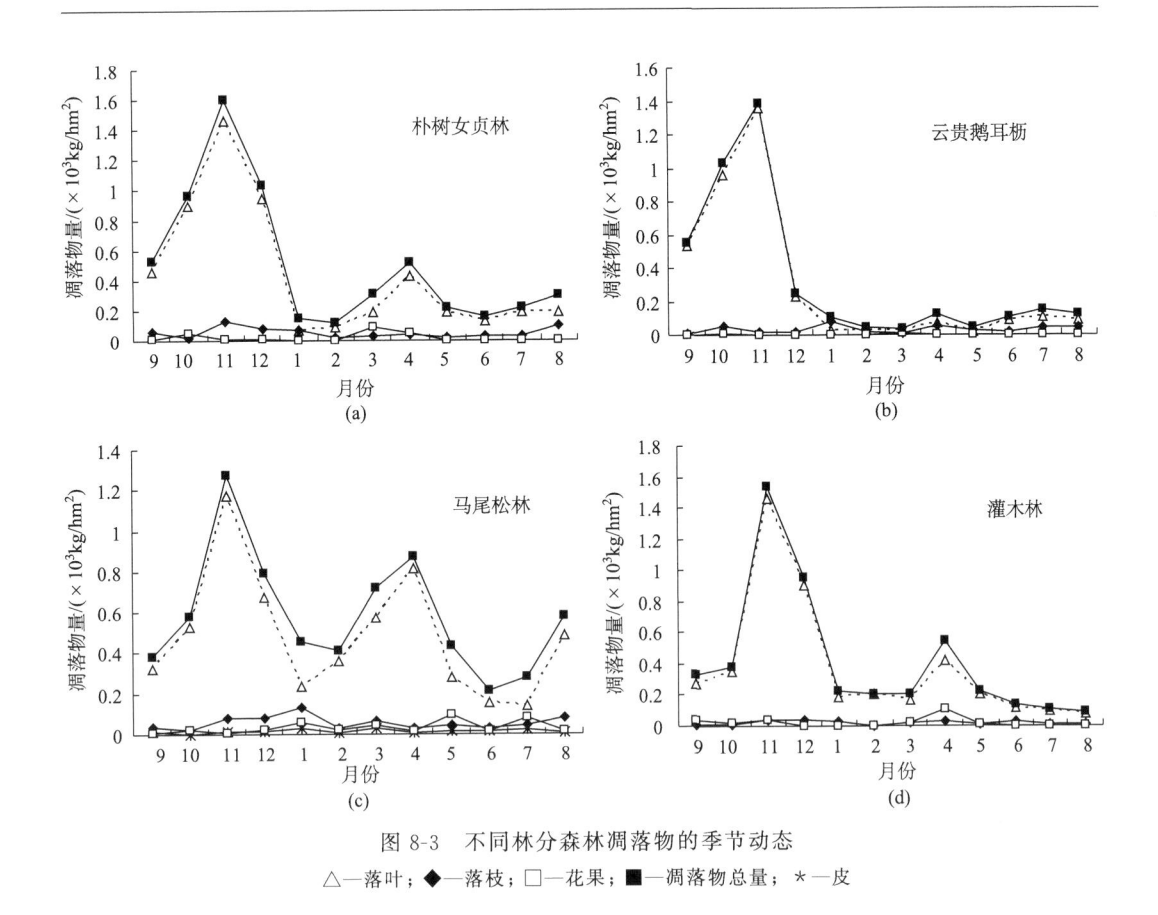

图 8-3　不同林分森林凋落物的季节动态
△—落叶；◆—落枝；□—花果；■—凋落物总量；*—皮

相继脱落外，还与当地气候变化有密切的关系。4月份、5月份气温已升高、降水相对较少，临时性干旱导致植物叶片和其他器官的老化和脱落，这可能是影响春季树叶凋落的另一个主要因素。朴树女贞林和灌木林的第一凋落高峰"峰高"和"峰宽"比第二凋落高峰高和宽，这与群落调查时落叶树种占优势相符合。阔叶林凋落高峰期凋落物量占总凋落量的70%以上，灌木林高峰期凋落量占总量的60%，而马尾松林各月凋落量均较多，高峰期凋落量占总量的比例相对低，只占50%。

从图8-3中可看出，凋落物不但月际总量差异大，而且各组分的月凋落量也有差异。落叶的凋落动态与其各月凋落总量的节律基本一致，主要是因为落叶是凋落物中的主要成分，并且其凋落量所占年凋落物量的比例非常高。而小枝的凋落无明显动态规律，花和果的凋落高峰主要集中在4~5月和9~12月。

2）养分归还

森林土壤是森林生态系统中最大的营养库，但是在森林生态系统的养分循环中，凋落物却是连接植物与土壤的纽带。凋落物作为养分的载体，源源不断地将养分归还土壤，以供森林生长。因而在维持土壤肥力，促进森林生态系统正常的物质循环和养分平衡方面，凋落物有着特别重要的作用。

在已知凋落物量及其养分含量的前提下,就可以计算出潜在养分年归还量(樊后保等,2003;薛达和薛立,2001)。4种林分由于凋落物量和养分含量的差异,其养分年归还量差异较大(表8-24)。朴树女贞林5种营养元素的养分年归还量最大,为464.34 kg/hm²,明显高于其他3种林分;其次是马尾松林和灌木林,分别为332.63 kg/hm²、328.48 kg/hm²;云贵鹅耳枥林最小,为257.28 kg/hm²。4种林分由于养分含量的差异,其养分年归还量大小与凋落物量间不是一一对应关系。马尾松林虽然凋落物量最大,但因养分含量低,其年归还量小于朴树女贞林。云贵鹅耳枥林归还量最小,主要是云贵鹅耳枥林树种单一以及云贵鹅耳枥叶小质薄,凋落物量小的原因。

表8-24 不同林分凋落物的年归还量 (kg/(hm²·a))

森林类型	组分	氮	磷	钾	钙	镁	合计
朴树女贞林	叶	106.4	15.28	48.94	217.82	10.14	413.2
	枝	8.16	1.80	3.1	20.21	0.93	34.2
	花果	6.46	1.02	4.40	4.71	0.35	16.94
	合计	121.02	18.10	56.44	242.74	11.42	464.34
云贵鹅耳枥林	叶	73.58	9.18	19.49	124.76	9.07	236.07
	枝	5.81	1.00	1.96	10.74	0.51	20.02
	花果	0.45	0.07	0.27	0.38	0.02	1.19
	合计	79.84	10.25	21.72	135.88	9.60	257.28
马尾松林	叶	79.58	18.94	32.78	156.96	7.06	295.32
	枝	4.88	2.03	1.87	10.76	0.31	19.85
	皮	0.99	0.43	0.49	2.85	0.01	4.77
	花果	4.84	1.26	3.75	2.61	0.23	12.69
	合计	90.28	22.66	38.89	173.18	7.61	332.63
灌木林	叶	73.83	13.19	27.68	179.52	4.78	299.00
	枝	2.37	0.62	0.81	7.75	0.11	11.66
	花果	6.49	1.14	4.45	5.47	0.27	17.82
	合计	82.69	14.95	32.94	192.74	5.16	328.48

从各营养元素归还量来看,4种林分凋落物氮的年归还量变化为79.84~121.02 kg/(hm²·a),落在已报道的亚热带阔叶林相同元素归还量的范围内(36~128 kg/(hm²·a)),而马尾松林凋落物氮归还量高于亚热带其他针叶林(樊后保等,2003;杨玉盛等,2003;)。磷归还量为10.25~22.66 kg/(hm²·a),高于鼎湖山常绿阔叶林(翁轰等,1993)和田林老山常绿落叶阔叶林(梁宏温,1994)。朴树女贞林凋落物钾归还量明显高于其他林分,和已报道的和溪亚热带雨林和三明格氏栲天然林相近(杨玉盛,2003);镁为5.16~11.42 kg/(hm²·a),在亚热带阔叶林镁归还量的范围(5.5~15 kg/(hm²·a))之内(温远光等,1989;林益明等,1999)。钙的归还量为

135.88~242.74 kg/(hm²·a)，远远高于同地带其他林分。4 种林分凋落物各养分元素的年归还量大小表现出一致性，即钙＞氮＞钾＞磷＞镁，显示出喀斯特地貌上树种的营养钙居首位。这种现象与亚热带植被类型凋落物不同（杨玉盛等，2003；李志安等，王 1998），亚热带以氮最高，而与温带相类似（李景文，1989；魏晓华等，1990），这反映出喀斯特地区生境的特殊性和喀斯特植物的特性。喀斯特地区的石灰土是由碳酸盐岩发育而成，土壤中含有丰富的 Ca^{2+}，这为喀斯特植物对钙的吸收利用提供了条件。另外，落叶乔木每年均有大量叶片返回土壤，需钙量非常大，从而导致物种长期的演进过程中根系能大量而快速吸收钙营养，供给植物利用。有研究表明朴树、构树为嗜钙种，女贞为喜钙种，它们具有很强的吸钙能力（周运超，1997）。

4 种林分凋落物组分中，各营养元素归还量的排序不同，叶和枝中 5 种营养元素归还量大小顺序大体一致：钙＞氮＞钾或磷＞镁，而花果中却是氮最大，其次是钙或钾，再次是磷和镁。从总体看，4 种林分凋落物各组分养分归还量存在显著差异，落叶在凋落物中占绝对优势，并且养分浓度较高，所以落叶是凋落物养分归还的主体，占养分年归还量的 80% 以上，由此可见落叶在凋落物养分归还的重要地位。落枝由于凋落量小和养分浓度偏低，仅占 3.51%~7.78%，花果占 0.46%~3.83%。

从图 8-4 中可以看出，所研究的 4 种林分凋落物养分归还动态表现出一定差异，朴树女贞林和灌木林养分归还量秋季最大，夏季最小，冬季和春季相差不大，秋季的养分归还量几乎是其他三季的总和；云贵鹅耳枥林是秋季最大，春季最小，夏季和冬季基本相当，养分归还主要集中于秋季，秋季的归还量几乎是其他三季的 3 倍；而马尾松林养分归还的季节变化不大，春季和秋季稍大，冬季和夏季相差不大，没有表现出明显的峰值。各养分元素归还动态略有不同，磷和钾归还量主要集中在秋季和春季，原因在于春秋季节花果占凋落物的比例较大，并且花果中含有较多磷和钾。钙、氮和镁主要集中在秋季，主要是此时凋落物量最大。

综合 4 种林分养分归还量的动态变化规律可以看出，凋落物养分归还量的季节变化动态与凋落量的季节变化基本吻合。可见凋落物养分归还量的动态变化规律主要是由凋落量的动态变化规律决定的，凋落物中养分含量的季节差异对养分归还量的季节格局影响不大。

3）凋落物的分解

凋落物是森林养分归还的主要途径，但凋落物中的营养元素只有通过分解、释放进入土壤才能供林木重新利用，使养分在生态系统中不断循环。因此凋落物的分解是森林生态系统物质循环和能量流动的重要环节，是沟通生物地球化学循环的桥梁和纽带，对改善林地生态环境、维护土壤肥力和促进森林生长等方面都具有重要意义，是一个不可忽视的生态学问题。

凋落物由树体脱落后，随着时间的推移和逐渐分解，凋落物逐渐减少、减轻。因此，把放置一定时间后凋落物失去的干重（ΔW）除以放置前的干重（W_0）称为失重率（D_w）。凋落物失重率：

$$D_w = (\Delta W / W_0) \times 100\% \tag{8-9}$$

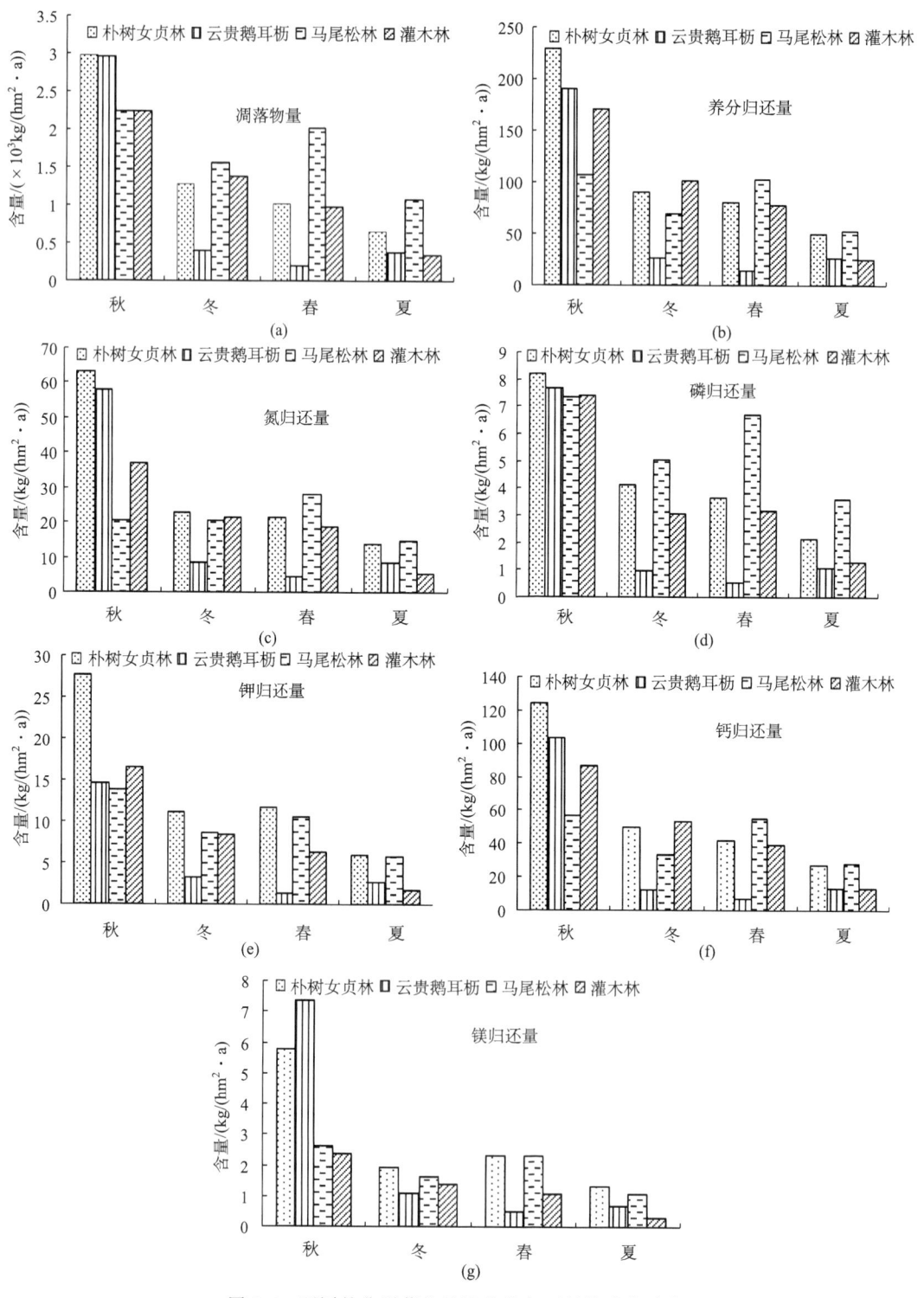

图 8-4 不同林分凋落物量及养分归还量的季节动态

式中：D_w 为失重率%；ΔW 为各月所取样品的失重量（g）；W_0 为投放时分解袋内样品重量（g）。

从表 8-25 可以看出朴树女贞、云贵鹅耳枥、马尾松林以及灌木林 4 种林分解速率有所不同，但大致趋势一致，即凋落物的分解要经历分解速率较快和较慢 2 个阶段。这与其他学者的研究结果相似（赵其国等，1991），叶的分解在第一季度非常快，4 种林分失重率平均达 30.7%，后三个季度分解速度变缓且趋于平稳，第二、第三、第四季度的相对失重率分别为 7.7%、5.7%、6.4%。开始分解快是因为可溶性有机物的淋洗和易分解碳水化合物的分解，后来分解速率减慢是因为难分解的纤维素和单宁等物质的积累。另外，分解速率的高低与林地水热条件，土壤生物活动以及树种质地和化学组分有密切的关系（Claugherty et al., 1985；Berg et al., 1993）。分解初期，正值 7~9 月高温高湿季节，水热状况良好，物理和化学分解作用强，凋落物快速淋溶失重，分解者活动也十分旺盛，这个季节非常适合土壤微生物的生长，微生物活动加速了凋落物的分解。随后进入秋、冬、春季，气温相对较低，降雨较少，不利于凋落物的分解。

表 8-25　4 种林分凋落叶干物质失重量及失重率

森林类型	分解天数/d	残留重量/g	失重量/g	失重率/%
朴树女贞林凋落叶	0	8.46	0	0
	92	5.02	3.44	40.66
	184	4.33	4.13	48.81
	274	3.66	4.80	56.74
	365	2.58	5.88	69.50
云贵鹅耳枥凋落叶	0	8.54	0	0
	92	5.45	3.09	36.18
	184	4.76	3.78	44.26
	274	4.32	4.22	49.41
	365	3.60	4.94	57.85
马尾松林凋落叶	0	9.81	0	0
	92	7.63	2.18	22.22
	184	6.85	2.96	30.17
	274	6.35	3.46	35.27
	365	6.20	3.61	36.80
灌木林凋落叶	0	9.55	0	0
	92	7.21	2.34	24.50
	184	6.56	2.99	31.21
	274	6.15	3.40	35.60
	365	5.86	3.69	38.64

凋落物的分解是一个动态过程，分解过程中的凋落物残留量必然是时间的函数。1963 年 Olson 提出用指数衰减模型描述凋落物的分解。

$$x/x_0 = e^{-kt} \tag{8-10}$$

式中，x_0 为凋落物初始重量；x 为经过时间后 t 的凋落物的残留量；k 为凋落物腐解系数；t 为分解时间。

但在实践中发现，若将原指数模型修改成下式，将得到更具准确预测性的指数方程（张德强等，2000）

$$y = a e^{-kt} \tag{8-11}$$

式中，y 为凋落物的残留率（％）；a 为拟和参数；t 为分解时间（a）；k 为凋落物的分解系数。

根据这个模型，可推出凋落物分解的半衰期和周转期的计算式：

$$t_{0.5} = (\ln 0.5 - \ln a)/(-k) \tag{8-12}$$

$$t_{0.95} = (\ln 0.05 - \ln a)/(-k) \tag{8-13}$$

式中，$t_{0.5}$ 为凋落物分解 50％时所需年限（a）；$t_{0.95}$ 为凋落物分解 95％时所需年限（a）。

采用 Olson 指数衰减模型，拟合出这几种林分的凋落物分解模型（表 8-26）。由表可知，4 种林分凋落物分解模型的相关系数均很高，拟合效果很好。从模型计算结果来看，朴树女贞林凋落分解的半衰期为半年，与图 8-5 分解试验结果约 6 个月相对应；云贵鹅耳枥林 0.7 年多月，与图 8-5 中 9 个月相对应，试验结果再次验证了 Olson 指数衰减模型的可信度。由于观测时间较短，尚无法用 Olson 模型估算 4 种林分的周转期符合实际情况，这有待于进一步观测。

表 8-26 不同林分下凋落物分解模型（Olson 模型）

周转期	叶凋落物类型	分解系数	回归方程	相关系数（R^2）	半衰期/a
朴树女贞林	0.8714	$y=0.7721e^{-0.8714t}$	0.952*	0.5	3.1
云贵鹅耳枥林	0.5387	$y=0.7356e^{-0.5387t}$	0.986**	0.7	5.0
马尾松林	0.2778	$y=0.8169e^{-0.2778t}$	0.935*	1.8	10.0
灌木林	0.2779	$y=0.7998e^{-0.2779t}$	0.977*	1.7	9.9

* $P=0.05$。
** $P=0.01$。

从表 8-26 中的模型可推算黔中地区这几种林分凋落物分解 95％所需的时间为 3~10 a，我国暖温带常见树种凋落叶 95％被分解所需的时间为 8~17 a（胡肄慧等，1986；1987），而地处南亚热带季风区的鼎湖山凋落物分解 95％所需的时间绝大部分为 2~8 a（张德强等，2000）。黔中地区凋落物的周转年限正好介于这两者之间。水热环境等因素的差异是导致凋落物分解速率不同的主要原因，热带季风区高温高湿，非常适合土壤微生物的生长，对凋落物分解极为有利，这一地区凋落物分解速率远远高于温带的森林，地处中亚热带的黔中地区则恰好位于上述两个气候带之间，由纬度所导致的水热环境等因素的差异是导致上述不同气候带森林凋落物分解速率差异的主要原因。

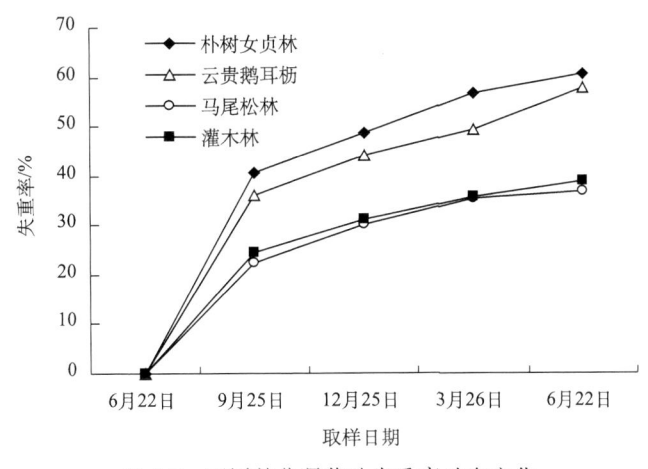

图 8-5 不同林分凋落叶失重率动态变化

由图 8-5 给出的实验结果可见，4 种林分的凋落物分解速率有所不同，其大小顺序为：朴树女贞林最大，云贵鹅耳枥林次之，灌木林和马尾松林相差不大。经过 1a 的分解，4 种林分的失重率分别达 69.56%、57.85%、36.77%、38.70%。而按照 Olson 方程模拟的结果（表 8-26），各林分凋落叶，无论是从 $t_{0.5}$ 还是从 $t_{0.95}$（失重率为 50%、95% 的时间）来看，4 种林分分解快慢的顺序也是朴树女贞林＞云贵鹅耳枥林＞灌木林＞马尾松林，与实测结果相一致。

凋落物在分解过程中失重率的大小主要受环境的水、热状况，凋落物本身的质地和有机物含量，以及凋落物分解时土壤养分有效性的影响（Mc Claugherty et al.，1985；Berg et al.，1993）。朴树女贞林凋落叶的分解速率明显大于云贵鹅耳枥林、马尾松林、灌木林。主要原因在于朴树女贞林群落结构复杂，物种丰富。另外，朴树女贞林样地位于坡下部，环境阴湿，土层较厚，土质肥沃，为土壤动物和微生物活动和繁衍提供了良好场所和丰富饵料，生物活动旺盛，从而有利于凋落物的分解。云贵鹅耳枥林落叶的失重率大于同它生境相似的马尾松林、灌木林，这可能与它的质地（叶小、质薄）有关。马尾松林失重率小于其他 3 种阔叶林，这与其他人的结论相一致（李志安等，2004），主要原因在于它的本身质地，针叶树种含有较多的油脂，叶表皮强烈木质化，而阔叶无此结构，因此土壤动物和微生物更容易侵蚀阔叶树的叶片。可见影响该区凋落物分解的因素比较复杂，生境条件是最基本的影响因素，而凋落物本身质地是凋落物分解的另一重要影响因素。

4）讨论与小结

所研究的 4 种林分间凋落量差异较大，马尾松林的年凋落物量最高，达 6.886×10^3 kg/hm²，其次为朴树女贞林（5.945×10^3 kg/hm²）、灌木林（4.928×10^3 kg/hm²），云贵鹅耳枥林最小，仅为 3.958×10^3 kg/hm²。Facelli 和 Pickett（1991）发现在相同气候条件下，树种组成是影响森林凋落物产量的一个重要因素，这部分解释了马尾松林和云贵鹅耳枥林凋落量差异大的原因。

与其他地区森林类型相比，本研究中的 4 种林分平均年凋落量略高于寒温带和暖温带森林的平均凋落物量 （3.5×10^3～5.5×10^3 kg/(hm^2·a)），但低于热带雨林和季雨林（11×10^3 kg/(hm^2·a)）（王凤友，1989），反映了凋落量的地带性规律。与其他同地带林分相比，3 种阔叶林的年凋落物量低于非喀斯特地区的广西岑溪天然林（7.14×10^3～10.49×10^3 kg/(hm^2·a)）（梁宏温和黎洁娟，1991）和福建万木林自然保护区森林的平均凋落物量（6.47×10^3 kg/(hm^2·a)）（刘东霞，2004），略低于喀斯特云南石林滇青冈林（7.16×10^3～7.26×10^3 kg/(hm^2·a)）（吴毅等，2007），但高于滇中秀山常绿阔叶林（5.55×10^3 kg/(hm^2·a)）（刘文耀等，1990），与云南哀牢山北部地区原生的山地湿性常绿阔叶林（6.77×10^3 kg/hm^2·a）（刘文耀等，1995）接近。由此可见森林凋落物量不但受纬度因素的影响，还与林地的生境条件、森林组成、结构、林龄以及人类活动等因素密切相关。

马尾松林的年凋落物量大于浙江马尾松人工林（2.30×10^3 kg/(hm^2·a)）（黄承才等，2005）和广西宜山天然林（5.72 t/(hm^2·a)）（温远光等，1989）的年凋落物量，这可能与喀斯特地区的立地条件有关。喀斯特地区土壤瘠薄、蓄水能力差、临时性干旱时有发生，马尾松作为外来种，为适应临时性干旱而脱叶。据报道，在温带地区，旱生和中生条件下的森林凋落物量较高（王凤友，1989）。温远光等（1989）在亚热带的研究也表明少雨干旱会加速杉木针叶枯黄脱落，这一现象还有待于进一步观测论证。

4 种林分凋落物总量有较大差异，但各组分所占的比例比较接近，落叶占绝对优势，占各自总凋落物量的 80%～90%。王凤友（1989）综述世界上有关凋落物研究后认为凋落叶量占凋落物总量的 60%～80%。本研究中各林分凋落叶量占凋落物总量的比例均高于一般范围，这可能与该区植被恢复较晚，林龄较小有关。

本研究中 4 种林分凋落物养分归还量差异较大，其大小顺序为朴树女贞林＞灌木林＞马尾松林＞云贵鹅耳枥林。与其他地区相比，本研究中 4 种林分凋落物养分归还量高于温带地区天然阔叶林（241.0 kg/(hm^2·a)）（魏晓华，1991；张成林，1994）和（255.64 kg/(hm^2·a)）的养分归还量，也高于鼎湖山常绿阔叶林（191.22 kg/(hm^2·a)）（李志安等，1998）的养分归还量。除云贵鹅耳枥林外，也高于同纬度的针阔混交林（213.77～304.12 kg/(hm·a)）（樊后保等，2003）。其主要原因在于该区凋落物中钙含量高于其他地区，尤其是阔叶林凋落物钙含量是其他地区的 2 倍左右，这与该区植物的生长环境有很大的关系。石灰岩发育的土壤中钙源丰富，植物虽然有选择性吸收的能力，但苦生长在石灰土上则被迫接受土壤中某些过量元素。已有研究证明，石灰土上的植物体内钙含量明显高于酸性土上的植物。另外，该区森林凋落物氮含量也较高，这可能与该区植物生长的环境和氮沉降有关。喀斯特森林覆盖下的石灰土，虽然容量差，土层薄，土被不连续，但是森林土壤质量很好，有机质和氮、磷、钾养分丰富，明显高于临近砂叶岩发育的黄红壤。此外，中国南方地区已成为继欧美之后的第三大酸沉降区。本研究样地位于贵阳市郊区，离氮源污染物近，可能受到影响。目前，虽然还没有该区氮沉降对凋落物营养成分的研究，但国外学者（Schulze，1989）研究证明在氨/铵沉降高的荷兰，植物通过根系和树冠对过量的氮进行大量吸收从而引起氮在体内累积，以至叶片中自由铵离子浓度很高。我国学者（袁颖红等，2007）模拟氮沉降对杉木人工林土壤有效养分的影响,研究表明土壤碱解氮（铵态氮+硝态氮）质量分数随氮沉降水平的提高和沉降时间的增加而增加；樊后保等（2007）开展 4 种水平的模拟氮沉降处理,分别为 N_0（对照）、N_1（60 kg/(hm^2·a)）、N_2（120 kg/(hm^2·a)）、N_3（240 kg/(hm^2·a)）,通过对凋落物进行为期 2 a 的监测后发现,氮沉降使落叶中的氮含量显著增加,N_3、N_2 和 N_1 处理分别使落叶中的氮含量增加 32.5%、19.3% 和 10.2%。由此可见,凋落物养分归还量地带性差异不明显,凋落物养分归还量与植物的生长环境以及树种的生物学特性有关,同时也说明该区喀斯特森林生态系统养分循环与其他地区存在差异,体现了喀斯特森林生态系统的独特性。

4 种林分凋落物在高温多雨的季节里分解较快,分解初期可溶性有机物和易分解碳水化合物比例高,后期木质素、单宁等难分解物质比例增加,因而分解速度变缓。由于时间的限制,本章只对落叶分解状况做了 1 a 的观测,未探讨难分解成分的分解,试验有待于进一步深入。

参 考 文 献

曹成有,朱丽晖,韩春声,等.1997.辽宁东部山区森林枯落物层的水文作用.沈阳农业大学学报,28（1）：44-48.

常庆瑞,安韶山,刘京.2003.陕北农牧交错带土地荒漠化本质特性研究.土壤学报,40（4）：518-523.

程伯容,丁桂芳,许广山,等.1993.长白山红松阔叶林的生物养分循环.土壤学报,24（2）：160-169.

程金花,张洪江,史玉虎,等.2003.三峡库区三种林下地被物储水特性.应用生态学报,14（11）：1825-1828.

樊后保,黄玉梓,裘秀群.2007.模拟氮沉降对杉木人工林凋落物氮素含量及归还量的影响.江西农业大学学报,29（1）：43-47.

樊后保,苏兵强,刘春华,等.2003.林下套种阔叶树的马尾松林凋落物生态学研究Ⅱ.凋落物养分归还动态.福建林学院学报,23（2）：97-101.

高贵龙,邓自民,熊康宁.2003.喀斯特的呼唤与希望——贵州喀斯特生态环境建设与可持续发展.贵阳：贵州科技出版社.

高人,周广柱.2002.辽宁东部山区几种主要森林植被类型枯落物层持水性能研究.沈阳农业大学学报,33（2）：115-117.

宫阿都,何毓蓉.2001.金沙江干热河谷退化土壤结构的分形特征研究.水土保持学报,15（3）：112-115.

龚伟,胡庭兴,王景燕,等.2006.川南天然常绿阔叶林人工更新后枯落物层持水特性研究.水土保持学报,20（3）：51-55.

官丽莉,周国逸,张德强,等.2004.鼎湖山南亚热带常绿阔叶林凋落物量 20 年动态研究.植物生态学报,28（4）：449-456.

洪业汤.2000.岩溶（喀斯特）环境与西部开发.第四纪研究,20（6）：532-536.

胡肄慧,陈灵芝,陈清朗,等.1987.几种树木枯叶分解速率的试验研究.植物生态学与地植物学学报,11（2）：124-132.

胡肄慧,陈灵芝,孔繁志,等.1986.油松和栓皮栎枯叶分解作用的研究植物学报,28（1）：102-110.

胡肄慧.1987.几种树木枯叶分解速率的试验研究.植物生态学与地植物学学报,11（2）：124-132.

黄承才,葛滢,朱锦茹,等.2005.浙江省马尾松生态公益林凋落物及与群落特征关系.生态学报,

25 (10): 2507-2513.

黄承才, 张骏, 江波, 等. 2006. 浙江省生态公益林凋落物及其与植物多样性的关系. 林业科学, 42 (6): 7-12.

蒋有绪. 1981. 川西亚高山冷杉林枯枝落叶层的群落学作用. 植物生态学丛刊, 5 (2): 89-98.

孔维静, 郑征. 2004. 四川省茂县四种人工林凋落物研究. 中南林学院学报, 24 (4): 27-31.

赖兴会. 2002. 云南的石漠化土地及其治理策略. 林业调查规划, 27 (4): 49-51.

雷瑞德. 1984. 秦岭火地塘林区华山松林水源涵养功能的研究. 西北林学院学报, (1): 19-33.

李景文, 刘传照, 任淑文, 等. 1989. 天然枫桦红松林凋落量动态及养分归还量. 植物生态学与地植物学学报, 13 (1): 42-48.

李香真, 曲秋皓. 2002. 蒙古高原草原土壤微生物量碳氮特征. 土壤学报, 39 (1): 97-104.

李雪峰, 韩士杰, 李玉文, 等. 2005. 东北地区主要森林生态系统凋落物量的比较. 应用生态学报, 16 (5): 783-788.

李阳兵, 谢德体, 魏朝富. 2004. 岩溶生态系统土壤及表生植被某些特性变异与石漠化的相关性. 土壤学报, 41 (2): 196-202.

李志安, 王伯荪, 翁轰, 等. 1998. 鼎湖山南亚热带季风常绿阔叶林凋落物的养分动态. 热带亚热带植物学报, 6 (3): 209-215.

李志安, 邹碧, 丁永祯, 等. 2004. 森林凋落物分解重要影响因子及其研究进展. 生态学杂志, 23 (6): 77-83.

梁宏温, 黎洁娟. 1991. 七坪林场常绿阔叶林凋落物研究初报. 生态学杂志, 10 (5): 23-26.

梁宏温. 1994. 田林老山中山两类森林凋落物研究. 生态学杂志, 13 (1): 21-26.

梁宏温. 1993. 田林老山中山杉木人工林凋落物及其分解作用的研究. 林业科学, 29 (4): 355-359.

廖崇惠. 1990. 热带人工林生态系统的土壤动物. 热带亚热带森林生态系统研究, (7): 141-147.

林波, 刘庆. 2001. 中国西部亚高山针叶林凋落物的生态功能. 世界科技研究与发展, (5): 49-54.

林益明, 何建源, 杨志伟, 等. 1999. 武夷山甜储群落凋落物的产量及其动态. 厦门大学学报, 38 (2): 280-285.

刘东霞. 2004. 万木林主要群落凋落物的动态研究. 福州: 福建农林大学.

刘金福, 洪伟, 吴承祯. 2002. 中亚热带几种珍贵树种林分土壤团粒结构的分维特征. 生态学报, 22 (2): 197-20.

刘庆. 2001. 川西亚高山人工针叶林与天然林凋落物的比较研究. 北京: 中国科学院植物研究所.

刘文耀, 荆贵芬, 和爱军, 等. 1990. 滇中常绿阔叶林及云南松林凋落物和死地被物中的养分动态. 植物学报, 32 (8): 637-646.

刘文耀, 谢寿昌, 谢克金, 等. 1995. 哀牢山中山湿性常绿阔叶林凋落物和粗死木质物的初步研究. 植物学报, 37 (10): 807-814.

刘向东, 吴钦孝, 赵鸿雁. 1991. 黄土高原油松人工林枯枝落叶层水文生态功能研究. 水土保持学报, 5 (4): 87-91.

龙健, 黄昌勇, 李娟. 2002. 喀斯特山区不同土地利用方式对土壤质量演变的影响. 水土保持学报, 16 (1): 76-80.

龙健, 黄昌勇, 滕应, 等. 2002. 南方红壤矿山复垦土壤的微生物特征研究. 水土保持学报, 16 (2): 126-128.

龙健, 黄昌勇, 滕应. 2003. 贵州高原喀斯特环境退化过程中土壤质量的生物学特性变化. 水土保持学报, 17 (1): 26-29.

龙健, 江新荣, 邓启琼, 等. 2005. 贵州喀斯特地区土壤石质荒漠化的本质特征研究. 土壤学报, 42

(3): 417-427.

龙健, 李娟, 黄昌勇. 2002. 我国西南地区的喀斯特环境与土壤退化及其恢复. 水土保持学报, 16 (5): 5-9.

卢俊培, 刘其汉. 1989. 海南岛尖峰岭热带森林凋落叶分解过程的研究. 林业科学研究, 2 (1): 23-25.

卢耀如. 1990. 喀斯特地貌和洞穴研究. 北京: 北京科学出版社, 146-156.

罗侠, 潘存得, 黄闽敏, 等. 2006. 天山云杉凋落物提取液对种子萌发和幼苗生长的自毒作用. 新疆农业科学, 43 (1): 1-5.

彭少麟, 刘强. 2002. 森林凋落物动态及其对全球变暖的响应. 生态学报, 22 (9): 1534-1542.

邱尔发, 陈卓梅, 郑郁善, 等. 2005. 麻竹山地笋用林凋落物发生、分解及养分归还动态. 应用生态学报, 16 (5): 811-814.

宋轩, 李树人, 姜凤岐. 2001. 长江中游栓皮栎林水文生态效益研究. 水土保持学报, 15 (2): 76-79.

苏永中, 赵哈林. 2004. 科尔沁沙地农田沙漠化演变中土壤颗粒分析特征. 生态学报, 24 (1): 71-74.

孙波, 张桃林, 赵其国. 1999. 我国中亚热带缓丘红粘土红壤肥力的演化Ⅱ. 化学和生物学肥力的演化. 土壤学报, 37 (2): 203-216.

覃文更, 黄承标, 韦国富, 等. 2004. 木论林区枯枝落叶层的水文作用及其养分含量的研究. 森林工程, 20 (4): 6-8.

王凤友. 1989. 森林凋落量研究综述. 生态学进展, 6 (2): 82-88.

王世杰, 李阳兵, 李瑞玲. 2003. 喀斯特石漠化的形成背景、演化与治理. 第四纪研究, 23 (6): 657-666.

王佑民. 2000. 中国林地枯落物持水保土作用研究概况. 水土保持学报, 14 (4): 108-109.

韦茂繁. 2002. 广西石漠化及其对策. 广西大学学报: 哲学社会科学版, 24 (2): 42-47.

温光远, 韦炳二, 黎洁娟. 1989. 亚热带森林凋落物产量及动态研究. 林业科学, 25 (6): 542-548.

温明章, 于丹, 郭继勋. 2003. 凋落物层对东北羊草草原微环境的影响. 武汉植物学研究, 21 (5): 395-400.

吴承祯, 王凤友. 1989. 森林凋落物研究综述. 生态学进展, 6 (2): 82-89.

吴毅, 刘文耀, 沈有信, 等. 2007. 滇石林地质公园喀斯特山地天然林和人工林凋落物与死地被物的动态特征. 山地学报, 25 (3): 317-325.

谢锦升, 杨玉盛. 2002. 侵蚀红壤人工恢复的马尾松林水源涵养功能研究. 北京林业大学学报, 24 (2): 48-51.

熊康宁, 黎平, 周忠发. 2002. 喀斯特石漠化的遥感-GIS典型研究-以贵州省为例. 北京: 地质出版社: 26-28, 45.

薛达, 薛立. 日本中部风景林凋落物量、养分归还量和养分利用率的研究. 2001. 华南农业大学学报, 22 (1): 23-26.

杨培岭, 罗远培, 石元春. 1993. 用粒径的重量分布表征的土壤分形特征. 科学通报, 38 (20): 1896-1899.

杨胜天, 朱启疆. 1999. 论喀斯特环境中土壤退化的研究. 中国岩溶, 18 (2): 169-175.

杨玉盛, 何宗明, 林光耀, 等. 1998. 退化红壤不同治理模式对土壤肥力的影响. 土壤学报, 35 (2): 276-282.

杨玉盛, 林鹏, 郭剑芬, 等. 2003. 格氏栲天然林与人工林凋落物数量、养分归还及凋落叶分解 (英文). 生态学报, 23 (7): 1278-1289.

姚贤良, 许绣云, 于德芬. 1990. 不同利用方式下红壤结构的形成. 土壤学报, 27 (1): 25-33.

蚁伟民, 丁明悉. 1984. 鼎湖山自然保护区及电白人工林土壤微生物特性的研究. 热带亚热带森林生态系统研究,(2):59-69.

俞元春.1992.苏南丘陵森林凋落物量及养分归还量//森林生态系统定位研究论文集.北京:中国林业出版社.

袁春,周常萍,童立强.2003.贵州土地石漠化的形成原因及其治理对策.现代地质,17(2):181-185.

袁道先.1993.中国岩溶学.北京:地质出版社.

袁颖红,樊后保,王强,等.2007.模拟氮沉降对杉木人工林土壤有效养分的影响.浙江林学院学报,24(4):437-444.

张成林,田树新,吴昊.1994.天然次生白桦林凋落物养分含量动态及养分归还.林业科技,19(4):16-18.

张德强,叶万辉,余清发,等.2000.鼎湖山演替系列中代表性森林凋落物研究.生态学报,20(6):938-944.

张庆费,宋永昌,吴化前,等.1999.浙江天童常绿阔叶林演替过程凋落物数量及分解动态.植物生态学报,23(3):250-255.

张世熔,邓良基,周倩,等.2002.耕层土壤颗粒表面的分形维数及其与主要土壤特性的关系.土壤学报,39(2):221-226.

张英俊.1988.贵州喀斯特环境研究.贵阳:贵州人民出版社,9-14.

张振明,余新晓,牛健植,等.2005.不同林分枯落物层的水文生态功能.水土保持学报,19(6):139-143.

章予舒,王立新,张红旗,等.2004.塔里木河下游沙漠化土壤性质及分形特征.资源科学,26(5):11-17.

赵其国,王明珠,何园球.1991.我国热带亚热带森林凋落物及其对土壤的影响.土壤学报,23(1):8-15.

周运超.1997.贵州喀斯特植被主要营养元素含量分析.贵州农学院学报,16(1):11-16.

周政贤.1987.茂兰喀斯特森林科学考察集.贵阳:贵州人民出版社:1-23.

朱丽晖,李冬,邢宝振.2001.辽东山区天然次生林枯落物层的水文生态功能.辽宁林业科技,(1):35-37.

朱守谦.1987.茂兰喀斯特森林生态学分析//周政贤.茂兰喀斯特森林科学考察集.贵阳:贵州人民出版社,210-220.

Aerts R, Caluwe H D. 1994. Effects of nitrogen supply on canopy structure and leaf nitrogen distribution in Carex species. Ecology, 75 (5): 1482-1490.

Aerts R. 1997. Climate, leaf litter chemistry and leaf litter decomposition in terrestrial ecosystems: a triangular relationship. Oikos, 79: 439-449.

Aerts R. 1997. Nitrogen partitioning between resorption and decomposition pathways: a trade-off between nitrogen use efficiency and litter decomposibility. Oikos, 80: 593-603.

Berg B, Berg M P, Bottner P. 1993. Litter mass loss rate in pine forest of Europe and Eastern Unite States: some relationships with climate and litter quality. Biogeochemistry, 20: 127-159.

Berg B, Ekbohm G. 1983. Nitrogen immobilization in decomposing needle litter at variable carbon: nitrogen rations. Ecology, 64 (1): 63-67.

Berg B, Matzner E. 2000. Effect of N deposition on decomposition of plant litter and soil organic matter in forest systems. Environmental Reviews, 5: 1-25.

Berg B, Muller M, Wessen B. 1987. Decomposition of red clover (Trifolium pratense) roots. Soil Biol. Biochem., 19: 589-594.

Bohlen P J, Parmelee R W, Mccartney D A, et al. 1997. Earthworm effects on carbon and nitrogen dynamics of surface litter in corn agroecosystems. Ecol. Appl., 4: 1341-1346.

Bray J R, Gorham E. 1964. Litter production in forests of the world. Advances in Ecological Research, 2: 101-157.

Carreiro M, Sinsbaugh R, Repert D, et al. 2000. Microbial enzyme shifts explain litter decay responses to simulated nitrogen deposition. Ecology, 81: 2359-2365.

Cotrufo M F, Ineson P. 1995. Effects of enhanced atmosphere CO_2 and nutrient supply on the quality and subsequent decomposition of fine roots of Betula pendula Roth. and Picea sitchensis (Bong) Carr. . Plant Soil, 170: 267-277.

Dray J R, Gorham E. 1964. Litter production in forests of the world. Adv. Res., 2: 101-157.

Ebermayer E. 1876. Die qesamte Lehre der Waldstreu mit Rucksicht auf die chemische statik Waldbaues. Berlin: Julius, Spring, 116.

Gehrke C, Robinson C H. 1995. The impact of enhanced Ultraviolet-B radiation on litter quality and decomposition processes in vaccinium leaves from the subarctic. Oikos, 72 (2): 213-222.

Gholz H L, Prichett W L. 1985. Nutrient dynamics in slash pine plantation ecosystems. Ecology, 66 (3): 647-659.

Gustafson F G. 1943. Decomposition of the leaves of some forest trees under field condition. Plant Physiol, 18: 704-707.

Hajabbasi M A, Jalalian A, Hamid R K. 1997. Deforestation effects on soil physical and chemical properties, Lordegan, Iran. Plant and Soil, 190: 301-308.

Kikuzawa K, Fukuchi M. 1984. Leaf-litter production in a plantation of alnus inokumae. Journal of Ecology, 72 (3): 993-999.

Knapp A K, Seastedt T R. 1986. Detritus accumulation limited productivity of tallgrass prairie. BioScience, 36: 622-668.

Lee D W. 1987. The spectural distribution of radiation in two tropical rainforests. Biotropica, 19: 161-166.

Mc Claugherty C A, Pastor J, Aber J D. 1985. Forest litter decomposition in relation to soil nitrogen dynamics and litter quality. Ecology, 66: 266-275.

Melin E. 1930. Biological decomposition of some types of litter from North American forests. Ecology, 11: 72-101.

Olson J S. 1963. Energy storage and the balance of producers and decomposition in ecological system. Ecology, 44: 331-332.

Prescott C E, Corbin J P, Parkinson D. 1992. Immobilization and availability of N and P in the forest floors of fertilized Rocky Mountain coniferous forests. Plant and Soi., 143: 1-10.

Reiners W A, Lang G E. 1987. Changes in litterfall along a gradient in altitude. Journal of Ecology, 75 (3): 629-638.

Schulze E D. 1989. Air pollution and forest decline in a spruce (Piceabies) forest. Science, 244: 776-783.

Sweeting M M. 1993. Refections on the development of Karst geomorphology in Europe and a comparision with its development in China. Z. Geomoph., 37: 127-136.

Taylor B R, Parkinson D, Parsons W F. 1989. Nitrongen and ligin content as predictors of litter decay rates: a microcosm test. Ecology, 70: 97-104.

Taylor B R, William F J, Parsons, et al. 1989 Decomposition of Populus tremuloides leaf litter accelerated by addition of Alnus crispa litter. Canadian Journal of Forest Research, 19 (5): 674-679.

Vander Drift, J. 1963. The disappearance of litter in mull and mor in connection with weather condition and the activity of the macrofauna//Doeksen J, Vander Drift J. Soil organisms. Amsterdam: North Holland Publishing Company, 124-132.

Victor A K, Dimitrios A, Alexandros T, et al. 2001. Litterfall, litter accumulation and litter decomposition rates in four forest ecosystems in northern Greece. Forest Ecology and Management, 144: 113-127.

Vitousek P M. 1994. Beyond global warming ecology and global change. Ecology, 75: 1861-1876.

第9章 喀斯特石漠化治理对土壤生态系统稳定性的影响

土壤生态系统稳定性是土壤健康指标的核心之一。土壤生态系统稳定性是指土壤生态系统对抗人为干扰和自然剧烈变化的能力（Esnaran et al.，1993；Schimel et al.，2001）。生态系统的稳定性是生态系统赖以存在和演化的基本前提，稳定性是土壤生态系统的系统特征之一。

土壤生态系统过程可以划分为生物过程和物理化学过程两个方面（Fortin et al.，1996）。生物过程的表征是以土壤生物群落的生命特征为内容，通常从群落的结构或多样性、生物量和活性或功能等方面着手。物理化学过程的稳定性涉及土壤的孔隙结构、团聚体结构、压缩和膨胀指数、透水性和自幂作用等。由于土壤生物（尤其微生物）是影响土壤生态过程的重要因素，它们在生态系统的生物地球化学循环、污染物质的降解和维持地下水质量等方面都具有重要作用，而且土壤生物对于环境变化敏感，能够比较准确及时地反映干扰的效应，因此绝大多数土壤生态系统稳定性研究是围绕土壤生物（尤其是微生物群落）展开的，通常测定的参数包括硝化或者氮元素矿化速率、土壤呼吸速率、生长速率等。

9.1 喀斯特生态系统土壤非保护性有机碳含量研究

9.1.1 材料和方法

1. 样品采集

选择贵州省黔灵山岩溶天然林和附近的人工林、灌草坡作为研究样地。研究区年均温为 15.6℃，≥10℃年积温 4600℃，年降雨量 1200 mm，相对湿度 80%左右，属于典型的中亚热带湿润季风气候。为了减少选择样地之间地形及气候的差异性，在平缓的中上坡地段，选择最为邻近、相同坡向和土壤类型的天然林、杂灌丛林地进行观测和采样，土壤类型为普通钙质常湿雏形土。在选定的 3 个样地由上而下按 0～10 cm、10～20 cm、20～30 cm、30～40 cm 逐层取土壤样，每层取土 2kg 左右，带回室内自然风干，过 2 mm 孔径的土壤筛，除去混入的植物体碎屑，以备分析。土壤容重采用环刀法测定。

2. 颗粒有机碳测定

取过 2 mm 筛风干土 20.00 g，然后把土样放在 100 mL 浓度为 5 g/L 的 $(NaPO_3)_6$ 水溶液中，先手摇 15 min，再以 90 r/min 振荡 18 h。把土壤悬液过 53 μm 筛，并反复用蒸馏水冲洗。把所有留在筛子上的物质，在 60℃下过夜烘干称量，计算这些部分占整个土壤样品质量的比例。通过分析烘干样品中的有机碳含量,计算颗粒有机质中的有机碳含量,再换算为单位质量土壤样品的对应组分有机碳含量。以颗粒有机质中有机碳含量值除以土壤有机碳总含量得到颗粒有机碳的分配比例。

3. 轻组有机碳测定

称取经过 2 mm 筛风干土样 5.00 g,放在 25 mL 的溴仿-乙醇混合液(相对密度为 1.80 g/cm³)中,振荡 18 h,然后用真空管吸取悬浮部分,用 3 号砂芯漏斗过滤,并用重液反复 3 次冲洗在瓶底的样品,用同样方法吸取悬液部分和过滤。残留在漏斗上的样品即轻组,于 60℃下烘干 16 h,称取烘干后质量,计算这些烘干样品质量占总土壤样品质量的比例。再取出部分样品用于分析有机碳含量。根据计算的比例和有机碳含量,计算轻组有机碳在整个样品中的含量。以轻组有机碳含量值除以土壤有机碳总含量得到轻组有机碳的分配比例。

4. 不同颗粒粒组中有机碳测定

土壤颗粒组分通过湿筛法得到。将 50 g 过 2 mm 筛去除有机物碎屑的风干土浸泡在蒸馏水中,放入几颗玻璃珠反复振荡后,多次冲洗土壤通过 0.1 mm 和 0.05 mm 的 2 级筛,将土壤颗粒分为 3 级:2~0.1 mm 粗砂组分,0.1~0.05 mm 极细砂组分和 <0.05 mm 黏粉粒组分。各组分在 65℃下烘干,磨细过 100 目筛备用。

5. 水稳性团聚体及风干团聚体中的有机碳测定

采用干筛法和湿筛法(沙维诺夫法)分别测定 >5 mm、5~3 mm、3~2 mm、2~1 mm、1~0.5 mm、0.5~0.25 mm、<0.25 mm 的各级风干团聚体和水稳性团聚体含量,并计算 >0.25 mm 的水稳性团聚体的含量;采用重铬酸钾滴定法(外加热法)分析各层土壤和土壤各级团聚体组分中的有机碳。

9.1.2 结果与讨论

1. 土壤颗粒有机碳含量变化

土壤颗粒有机碳含量是随着土壤深度增加而逐渐减少的。在 10~20 cm 层和 20~30 cm 层中,天然林地的土壤颗粒有机碳含量分别是灌草丛土壤的 1.7 倍和 3.2 倍;但表层 0~10 cm 层的土壤中,灌草丛土壤颗粒有机碳含量是天然林的 1.4 倍。在 0~10 cm 层、10~20 cm 层、20~30 cm 层 3 个土层中,天然林土壤颗粒有机碳的分配比例分别是灌丛地土壤颗粒有机碳分配比例的 1.9 倍、2.5 倍和 1.1 倍。天然林地土壤颗粒有机碳在土壤中的分配比例是随着土壤的剖面深度的增加而递减的,而灌木丛地的颗粒有机碳在土壤中的分配比例则是大体呈递增的趋势,在其 10~20 cm 层中分配比例相对要少,原因则可能是与这一土层石灰岩碎屑太多有关(表 9-1)。

2. 土壤轻组有机碳含量变化

天然林和灌草坡土壤的轻组有机碳差异以 0~10 cm 层为最大。灌草丛该层土壤轻组有机碳含量是天然林土壤的4.02倍，10~20 cm层土壤轻组有机碳是天然林的1.15倍，20~30 cm层土壤轻组有机碳含量是天然林的0.23倍。天然林与灌草丛土壤轻组有机碳含量最大差异出现在表层0~10 cm层，这与该层土壤所受营林措施干扰频率高及凋落物和枯死细根密集表层土壤有关（表9-1）。天然林和灌草坡土壤轻组有机碳含量明显随土壤深度的增加而降低，这与前人的研究结果相似，但土壤轻组有机碳在灌草坡土壤的衰减大于在天然林土壤的衰减。除0~10 cm层外，天然林轻组有机碳分配比例高于灌草丛土壤。

表9-1 各土层土壤颗粒有机碳、轻组有机碳的含量及分配比例

	土层/cm	颗粒有机碳	土壤轻组有机碳	不同深度土层土壤有机碳	颗粒有机碳分配比例	土壤轻组有机碳分配比例
天然林	0~10	42.33	6.84	47.27	89.55	14.47
	10~20	29.22	8.88	38.68	75.53	22.96
	20~30	22.52	5.14	35.31	63.77	14.56
	30~40	16.45	3.73	29.11	56.49	12.83
灌草地	0~10	61.06	27.51	130.42	46.82	21.09
	10~20	16.71	10.17	55.50	30.10	18.32
	20~30	6.87	1.21	12.28	55.94	9.83

3. 不同颗粒粒组中有机碳含量变化

将有机碳在某粒组颗粒中的含量与其土壤有机碳含量之比称为有机碳的颗粒富集系数，土壤碳的富集系数代表了该粒组土壤颗粒对有机碳保持的强度（张勇等，2008）。表9-2反映有机碳的富集系数，表明每一个层次中0.1~0.05 mm颗粒的有机碳的含量值接近于该层土壤有机碳的含量，>0.1mm 的土壤颗粒有机碳的含量最低，<0.05mm的土壤颗粒的有机碳的含量最高。天然林土壤和人工林土壤<0.05 mm的颗

表9-2 土壤颗粒粒组对有机碳的富集系数

层次/cm	林地分类	土壤颗粒粒径/mm		
		>0.1	0.1~0.05	<0.05
0~10	天然林	0.629	0.983	1.116
	人工林	0.854	0.925	1.141
10~20	天然林	0.918	1.046	1.216
	人工林	0.889	1.022	1.115
20~30	天然林	0.894	0.992	1.006
	人工林	0.847	1.004	1.117
30~40	天然林	0.842	0.919	1.065
	人工林	0.903	0.982	1.081

粒有机碳富集系数差异很小，但＞0.1 mm 颗粒和 0.1～0.05 mm 颗粒的有机碳富集系数差异相对较大，尤其在土壤表层有明显的差异。其原因在于与 0.05～2 mm 土壤颗粒结合的有机碳主要由植物残体半分解产物组成（解宽丽等，2004；韩林等，2010），相对于与土壤黏粒和粉粒结合的土壤有机碳被认为是有机碳中的非保护性部分，这部分有机碳对表层土壤中植物残体的积累和根系分布的变化非常敏感，天然林地相应地归还土壤的根系及植物残体生物量大于人工林地所致。

4. 土壤团聚体中有机质含量

图 9-1 反映了灌丛和天然林土壤各土层不同粒级团聚体有机质含量的对比。在 0～10 cm 层、10～20 cm 层，灌丛土壤有机质含量高于天然林土壤，但灌丛土壤各粒级团聚体土壤有机质含量随团聚体粒级减小而增加，天然林土壤各土层土壤有机质含量以＞5 mm 和＜0.25 mm 的团聚体相对高。在 20～30 cm 层、30～40 cm 层，灌丛和天然林土壤各土层土壤有机质含量以＞5 mm 和＜0.25 mm 的团聚体最高。可见，随土层深度增加，灌丛土壤有机质逐渐向大团聚体富集。而天然林不同深度的土壤大团聚体都富集有机质。相关研究也表明，大小不同的团聚体其有机碳含量和微生物数量及种群差异也很大，如 2～3 mm 团聚体有机碳含量是＜0.05 mm 团聚体有机碳含量的 2 倍，且活性较高（魏孝荣等，2008；唐晓红等，2009）。可见，不同的团聚体在土壤肥力保持、稳定及提高上所起的作用不一样。

(a) 0~10 cm 层有机质含量示意图

(b) 10~20 cm 层有机质含量示意图

(c) 20~30 cm 层有机质含量示意图

(d) 天然林 30~40 cm 层有机质含量示意图

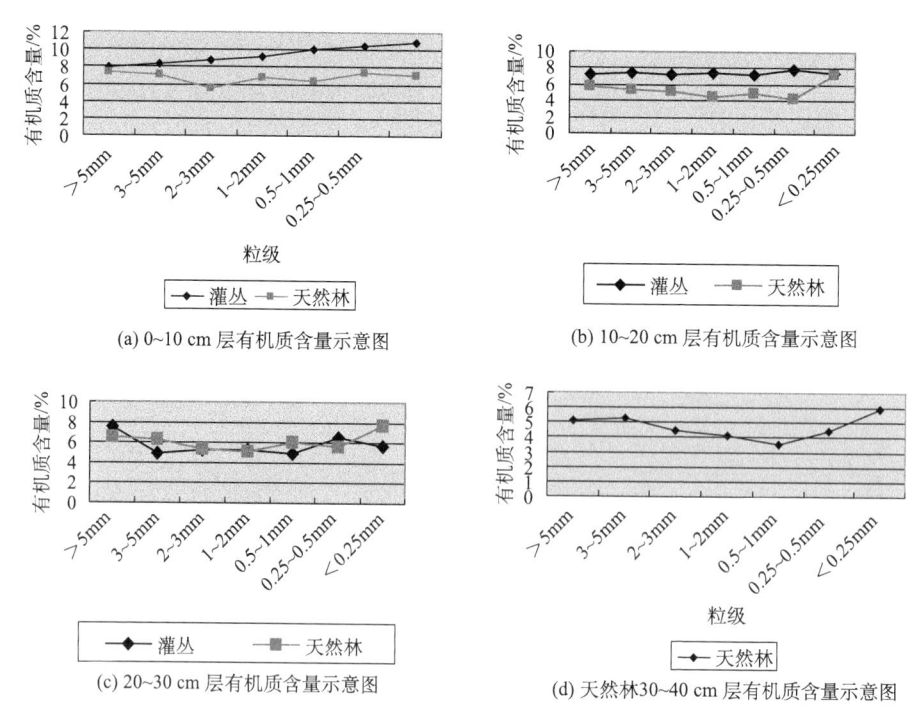

图 9-1 土壤不同粒级团聚体有机质含量

5. 水稳性团聚体的组成

从表9-3可以看出，不同的植被类型对土壤团聚体有一定的影响。在0~10 cm、10~20 cm土层灌草坡土壤团聚体的水稳性大于天然林土壤，其中>5 mm水稳性团聚体数量多于天然林。在20~30 cm土层天然林土壤团聚体的水稳性好于灌草丛土壤。从表9-3还可以看出各种利用类型的土壤表层和表层以下的水稳性团聚体的变化不同，无论是天然林还是灌丛草坡水稳性团聚体的破坏率都是亚层>表层。由于2~0.25 mm团聚体是土壤肥力的重要物质条件，可以以该粒径团聚体及其有机碳的相对增加来评价植被恢复或土壤改良措施的土壤生态效应。

表9-3 植被类型对土壤不同土层水稳性团聚体的影响

指标类型	土层/cm	不同粒径团聚体含量/%			团聚体的破坏率/%
		>5mm	>2mm	>0.25mm	
灌丛草坡	0~10	48.80	66.66	90.02	8.3
	10~20	29.16	45.68	90.24	8.5
	20~30	1.04	48.96	75.04	22.7
天然林	0~10	13.40	63.54	90.78	8.67
	10~20	6.70	55.24	83.40	13.5
	20~30	8.62	49.80	81.82	13.9
	30~40	4.20	43.64	75.40	20.7

6. 土壤各指标之间的相关分析

土壤有机碳、土壤颗粒有机碳、轻组有机碳、不同颗粒粒组中的有机碳、水稳性团聚体及风干团聚体中有机碳的变化的敏感性指标的相关性和显著性检验均用SPSS12.0软件进行。天然林和灌草丛土壤轻组有机碳、颗粒有机碳、不同粒组有机碳和水稳性团聚体及风干团聚体有机碳含量之间均成正相关关系，而以轻组有机碳与颗粒有机碳含量相关性最好。其次是轻组有机碳和颗粒有机碳与其土壤有机碳的含量呈极显著相关。表明土壤轻组有机碳和颗粒有机碳含量高低与土壤有机碳数量大小有关（表9-4）。这与轻

表9-4 土壤各指标之间的相关分析

	颗粒有机碳	轻组有机碳	不同深度土层土壤有机碳	水稳性团聚体	风干团聚体中有机碳
颗粒有机碳	1	0.924**	0.870*	0.695	0.784*
轻组有机碳	0.924**	1	0.917**	0.838*	0.598
不同深度土层土壤有机碳	0.870*	0.917**	1	0.676	0.776*
水稳性团聚体	0.695	0.838*	0.676	1	0.299
风干团聚体中有机碳	0.784*	0.598	0.776*	0.299	1

* $p<0.05$，显著相关。

** $p<0.01$，极显著相关。

组有机碳和颗粒有机碳对经营管理措施变化十分敏感,并可作为土壤有机碳库变化的早期预示指标是相符的。本研究发现轻组有机碳与其土壤有机碳的相关性高于颗粒有机碳的,这与高雪松等(2009)研究的结果不同。

7. 天然林地各层土壤指标之间的相关性分析

岩溶天然林属于受外界影响较少而又比较脆弱的生态系统(郑帷婕等,2007)。在此把天然林土壤的颗粒有机碳、轻组有机碳、不同深度土层土壤有机碳、水稳性团聚体、风干团聚体中有机碳、>0.1 mm 粒组有机碳、0.1~0.05 mm 粒组有机碳、<0.05 mm 粒组有机碳 8 个指标进行相关性分析(表9-5)。从表中可以看出,各个指标之间大多成正相关,且相关性较高;但与>0.1 mm 粒组有机碳含量成负相关,原因在于不同颗粒粒组有机碳的含量是随着粒径的减小而增大的。

表 9-5 天然林地各层土壤不同敏感性指标之间的相关性分析

	颗粒有机碳	轻组有机碳	不同深度土层土壤有机碳	水稳性团聚体	>0.1mm 粒组有机碳	0.1~0.05mm 粒组有机碳	<0.05 粒组有机碳	风干团聚体中有机碳
颗粒有机碳	1	0.982*	0.993**	0.979*	−0.108	0.931	0.908	0.509
轻组有机碳	0.982*	1	0.953*	0.924	−0.225	0.865	0.905	0.380
不同深度土层土壤有机碳	0.993**	0.953*	1	0.996**	−0.039	0.953*	0.892	0.574
水稳性团聚体	0.979*	0.924	0.996**	1	−0.019	0.950*	0.586	0.594
>0.1mm 粒组有机碳	−0.108	−0.225	−0.039	−0.019	1	0.261	0.178	0.793
0.1~0.05mm 粒组有机碳	0.931	0.865	0.953*	0.950*	0.261	1	0.934	0.788
<0.05 粒组有机碳	0.908	0.905	0.892	0.856	0.178	0.934	1	0.662
风干团聚体中有机碳	0.509	0.380	0.574	0.594	0.793	0.788	0.662	1

* $p<0.05$,显著相关。
** $p<0.01$,极显著相关。

在正相关的指标中又以颗粒有机碳、轻组有机碳、不同深度土层土壤有机碳与水稳性团聚体的相关性较好。表明土壤轻组有机碳和颗粒有机碳与土壤水稳性团聚体的形成有关,土壤大团聚体间的胶结物质主要为轻组或颗粒有机碳,同时水稳性团聚体又可提供一定程度的物理保护而使土壤轻组和颗粒有机碳得到暂时的储存。

9.1.3 结论

(1) 对岩溶天然林、灌丛和人工林土壤的非保护性有机碳进行了初步研究,发现在 0~10 cm 表层土壤,灌草丛土壤颗粒有机碳含量是天然林土壤的1.4倍,土壤轻组有机碳含量是天然林土壤的4.02倍;但随深度增加,天然林土壤颗粒有机碳分配比例和轻组有机碳分配比例大于灌丛土壤,且灌丛土壤有机质逐渐向大团聚体富集。而天然林不同深度土壤大团聚体都富集有机质。天然林土壤和人工林土壤<0.05 mm的颗粒有机碳富集系数差异很小。但>0.1 mm颗粒和0.1~0.05 mm颗粒的有机碳富集系数差异相对较大，尤其在土壤表层有明显的差异。颗粒有机碳、轻组有机碳、不同深度土层土壤有机碳与水稳性团聚体之间存在显著的相关性。

（2）从已有研究和本研究的结果来看，岩溶生态系统的石灰土有机质含量是非常高的。但土壤有机碳很大一部分结合在土壤细颗粒组分中（<0.05 mm）。这部分有机碳是高度腐殖化的稳定的有机碳，而与砂粒结合的有机碳称为颗粒有机碳（POC），被认为是有机碳中的非保护性部分。在合理的土地利用系统中土壤有机质的增长也主要表现在颗粒态有机质。土地利用主要通过轻组和颗粒态有机碳影响碳平衡，而对总的化学组成几乎没有影响。当岩溶植被破坏开垦后，土壤有机碳组分中分解相对快的部分即轻组有机碳和颗粒有机碳将在30年至40年内耗尽。因此，需要进一步加强对岩溶生态土壤非保护性有机碳分布格局的研究，以揭示岩溶生态转换过程中土壤非保护性有机碳的动态平衡。

9.2 喀斯特石漠化治理区表层土壤有机碳密度特征及区域差异

土壤有机碳具有高度的空间变异性，研究的尺度不同其影响因素和变化规律也随之变化。喀斯特地区大部分坡地为土层薄、地面土石相间的石质和土石质坡地，土壤分布于岩脊间的溶沟、溶槽和凹地内，异质性强，影响土壤有机碳的因素具有较强的变异性。因此，贵州喀斯特地区在土壤有机碳密度影响因素中具有一定的典型性（廖洪凯等，2015）。在通过恢复森林植被来解决碳平衡的实践中，退耕还林还草工程是中国在世纪之交推出的一项旨在恢复植被、解决水土流失等生态环境问题的重大举措。事实上，这一工程在解决碳汇问题上效果显著。以我国亚热带喀斯特地区具有代表性的贵州为例，选取三个典型喀斯特示范区作为研究对象，主要从不同等级石漠化角度来研究表层土壤有机碳密度特征及区域差异，初步探讨喀斯特地区表层土壤有机碳分异的主要影响因素，同时为生态服务功能提供参考。

9.2.1 研究区概况与研究方法

1. 研究区概况

贵州高原多山，其中高原、山地占全省面积的87%，地势西高东低，具明显的三级阶梯。同时，贵州地势又由西、中部向北、东、南三面倾斜，导致高原上主要河流由中西部向北、东、南呈帚状散流。受地质构造与河流强烈的侵蚀切割双重作用影响，除上游分水岭地区未受溯源侵蚀而使高原地貌保存较好之外，中下游地区大多河谷深切，高原与峡谷形成明显的地势反差。因此，三个典型喀斯特示范区（图9-2）的选择充分考虑了喀斯特地貌类型的组合特点，同时兼顾石漠化等级和气候环境要素。

从整体上讲，毕节鸭池示范区代表温凉春干夏湿喀斯特高原山地，为潜在-轻度石漠化区；清镇红枫湖示范区代表温和春半干夏湿喀斯特高原盆地，为轻-中度石漠化区；关岭-贞丰花江示范区代表干热喀斯特高原峡谷，为中-强度石漠化区（表9-6）。

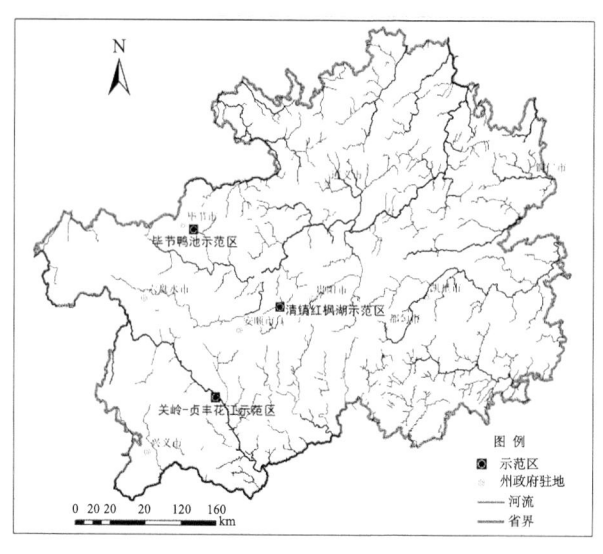

图 9-2 典型喀斯特示范区位置图

表 9-6 典型示范区差异对比

示范区	示范区面积/km²	地貌类型	气候特征	石漠化等级	海拔/m	人口密度/(人/km²)	喀斯特面积比例/%	>25°坡地比例/%	平均土厚/cm
鸭池	41.52	高原山地	温和春半干夏湿	潜在-轻度	1320～1735	513	63.74	24.80	70～150
红枫湖	60.44	高原盆地	温凉春干夏湿	轻-中度	1240～1450	259	95.05	9.94	30～50
花江	51.62	高原峡谷	干热河谷	中-强度	440～1410	147	87.92	41.45	20～30

2. 材料与方法

在《贵州省岩溶地区石漠化综合治理规划（2008—2015）》中把石漠化防治工程划分小流域为单元进行治理，因此在三个典型喀斯特示范区内共划出 4 条（石桥、王家寨、羊昌洞、顶坛）核心小流域（图 9-3）作为监测单元，在小流域内选取能够全面反映整个示范区整体情况的典型固定样地 45 块，结合遥感与地面监测，以每年的 4 月、8 月、12 月对不同等级石漠化、不同土地利用类型和不同植被配置方式的样地进行定位监测；并于 2009 年 4 月采集环刀土和混合土样，带回实验室进行理化性质测定，包括以下指标：土壤有机质（重铬酸钾-外加热法）；土壤容重（环刀法）；土壤自然含水量（烘箱法）；土壤颗粒分析（重力沉降法）；pH（玻璃电极法）；土壤全氮（半微量凯氏法）等。由于在土壤不同层次中，碳密度基本上仍以表层较高，向下依次递减。同时结合喀斯特地区岩石裸露、土层薄的特征，笔者在估算喀斯特地区土壤有机碳密度时将岩石裸露率作为影响因素之一，且仅对表层土壤有机碳密度及土壤碳储量进行估算，修正公式如下：

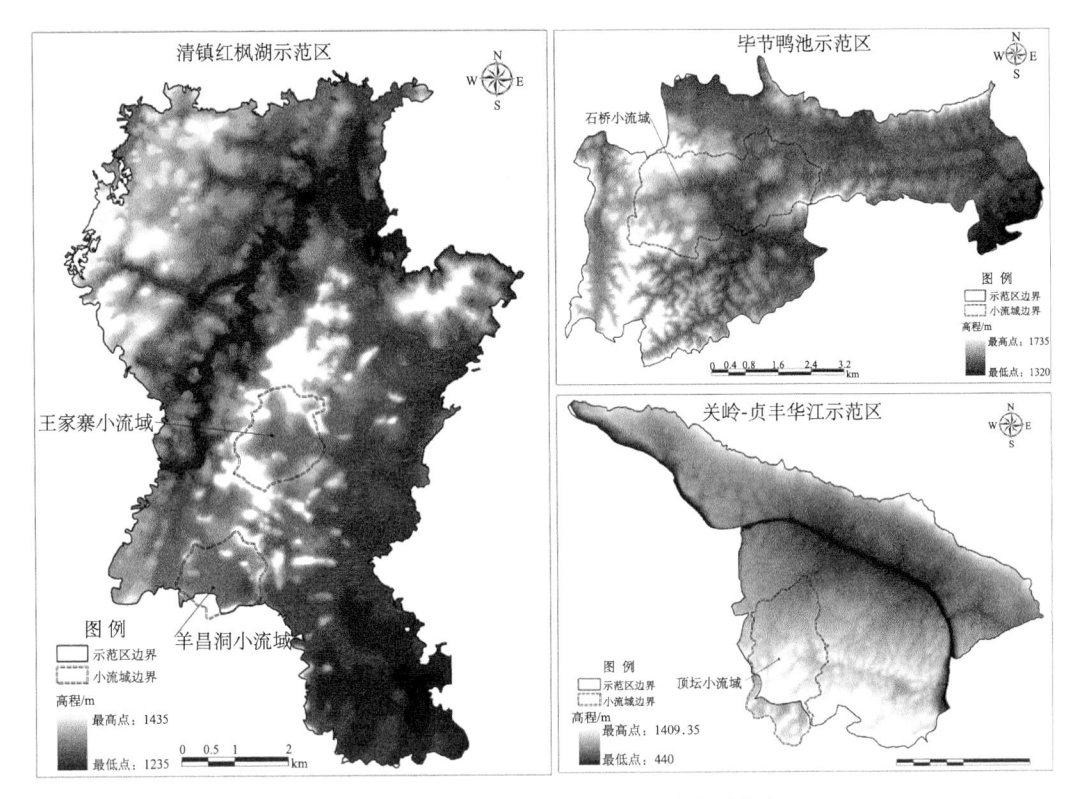

图 9-3 典型示范区 DEM 图及核心小流域分布

$$D_{\text{soc}} = \theta \times \rho \times (1-\delta) \times (1-\sigma) \times T \times \alpha \tag{9-1}$$

式中，D_{soc} 为土壤碳密度（kg/m²）；θ 为土壤有机质含量（g/kg）；ρ 为土壤容重（g/cm³）；δ 为>2mm 砾石体积百分比含量（%）；σ 为岩石裸露率（%）；T 为土壤平均分析厚度（m），因喀斯特地区土层较薄，本研究统一取表层土（0~20 cm）来计算；α 为有机碳换算系数，采用 Blemmeln 系数（0.58）。

同一等级石漠化土地有不同的采样点，而这些斑块因空间分布的差异，其有机碳含量差异也较大，为了消除这种地域性的差异，采用斑块面积加权平均法，计算同一等级石漠化土地的土壤平均有机碳密度，计算公式如下：

$$\overline{D_{\text{soc}}} = \frac{\sum_{i=1}^{n} D_{\text{soc}i} S_i}{\sum_{i=1}^{n} S_i} \tag{9-2}$$

式中，$\overline{D_{\text{soc}}}$ 为土壤平均有机碳密度（kg/m²）；S_i 为某类土壤在第 i 分区的斑块面积；$D_{\text{soc}i}$ 为对应 S_i 斑块的有机碳密度；n 为该类土壤在研究区内的斑块数。这样不同等级石漠化土地的有机碳含量之间更有了可比性。

$$P_{\text{SOC}} = \overline{D_{\text{soc}}} \times S \tag{9-3}$$

式中，P_{SOC} 为土壤碳储量（$\times 10^3$ t）；S 为示范区不同等级石漠化土地面积（km²）。

9.2.2 结果与讨论

1. 土壤有机碳密度的一般统计特征

从贵州省三个典型示范区 45 个样点的统计分析来看（表 9-7），土壤有机碳的标准差为 4.95，变异系数为 54.63%。碳密度最小值为 0.64 kg/m²，最大值为 11.94 kg/m²，变幅为 11.30 kg/m²；从样区不同等级石漠化表层土壤有机碳的面积加权平均值来看，土壤有机碳的标准差为 1.91，变异系数为 46.07%。碳密度最小值为 0.88 kg/m²，最大值为 7.27 kg/m²，变幅为 6.39 kg/m²。可见三个典型示范区之间土壤有机碳密度变异性较大。

2. 不同等级石漠化表层土壤有机碳密度特征及区域差异

熊康宁等（2002）按照综合性原则、主导因素原则、简单性原则等将贵州喀斯特地区石漠化土地划分为五个等级，综合考虑了土壤侵蚀、基岩裸露、土被、坡度、平均土厚等指标。因此，不同石漠化等级之间立地条件表现出较大差异，表层土壤有机碳密度也差异明显。

1) 各示范区内不同石漠化等级表层土壤有机碳特征

花江示范区土壤有机碳密度呈现随石漠化等级由无到强而递增的趋势，整体来看，潜在石漠化样地多为基本农田，人为耕作强度大，因此土壤有机质含量最低，但因其多分布于喀斯特槽谷地带，土层较厚，基本无岩石出露，土壤有机碳密度较高。中、强度石漠化样地虽有机质含量不低，但岩石裸露率和>2 mm 砾石含量较高，土壤有机碳密度则很低；红枫湖示范区非喀斯特样地虽无岩石出露且无砾石含量，但土壤有机质含量较低，土壤有机碳密度低于无明显石漠化和潜在石漠化样地。轻、中度石漠化因岩石裸露率和砾石含量较高，土壤有机碳密度较低；鸭池示范区中、强度石漠化样地多采取封山育林或退耕还林还草，土壤有机碳有大幅回升，加上人为扰动减少，土壤容重变大，土壤有机碳密度呈现较高值。

2) 各示范区之间不同石漠化等级表层土壤有机碳区域差异

由图 9-4 可知：花江示范区岩石裸露率和土壤中>2 mm 砾石含量高，且土壤结构出现粗骨化，土壤容重较低；红枫湖示范区中、轻度石漠化岩石裸露率较高，但因采取封山育林、退耕还林还草等措施后，土壤有机质含量有所提高，土壤容重因少耕和免耕而变大；鸭池示范区土层较厚，但人为耕作强度大，翻耕作用明显，土壤容重较清镇低。因此整体上表层平均碳密度表现为红枫湖示范区＞鸭池示范区＞花江示范区，花江和红枫湖示范区的土壤有机碳密度特征整体表现为随石漠化程度由重到轻依次递增，鸭

第9章　喀斯特石漠化治理对土壤生态系统稳定性的影响

表 9-7　典型喀斯特示范区固定样地表层土壤有机碳密度

示范区	石漠化等级	样地号	样地面积 /m²	海拔 /m	坡度 /(°)	σ /%	δ /%	ρ /(g/cm³)	θ /(g/kg)	D_{SOC} /(kg/m²)	$\overline{D_{SOC}}$ /(kg/m²)
花江示范区（顶坛小流域）	强度石漠化	027	100	715	15	85	3	1.12	43.75	0.83	0.88
		019	100	865	30	88	0	1.16	39.51	0.64	
		009	100	893	30	82	2	1.07	53.93	1.18	
	中度石漠化	010	50	820	25	72	5	1.08	51.86	1.72	1.37
		004	100	772	20	70	30	1.24	39.74	1.20	
	轻度石漠化	023	100	665	45	65	23	1.22	56.07	2.14	2.07
		003	100	745	40	62	10	1.26	33.93	1.70	
		025	50	721	0	65	5	1.11	50.89	2.18	
关岭-贞丰花江示范区	潜在石漠化	014	100	800	0	40	0	1.25	31.06	2.71	2.96
		012	200	735	0	50	8	1.31	38.05	2.66	
		026	100	700	0	40	2	1.36	36.17	3.37	
	无明显石漠化	005a	200	810	25	30	25	0.66	96.54	3.91	3.91

续表

示范区	石漠化等级	样地号	样地面积/m²	海拔/m	坡度/(°)	σ/%	δ/%	ρ/(g/cm)	θ/(g/kg)	D_{SOC}/(kg/m²)	$\overline{D}_{SOC}$/(kg/m²)
	中度石漠化	径4a	50	1290	28	62	7	1.26	54.06	2.80	3.82
		0141a	100	1300	36	60	9	1.36	72.21	4.14	
		径5b	50	1286	15	55	4	1.31	64.05	4.19	
	轻度石漠化	0131bc	100	1316	6	53	1	1.31	38.21	2.69	4.52
		径3a	50	1320	36	23	15	1.09	98.51	8.18	
	潜在石漠化	径6	100	1284	25	10	0	1.14	30.17	3.59	6.68
		0121c	50	1358	25	15	3	1.56	64.05	9.53	
		0122	100	1325	8	8	1	1.15	63.43	7.71	
		0123bc	100	1356	9	10	0	1.35	51.83	7.30	
(王家寨-羊昌洞小流域)		0111a	50	1358	25	10	3	1.20	92.44	11.27	7.27
		0112b	100	1320	8	15	2	1.36	61.83	8.12	
	无明显石漠化	0113b	100	1277	9	0	0	1.18	58.08	7.97	
		0114c	100	1277	9	0	0	1.15	48.89	6.52	
		0115	100	1288	8	0	0	1.33	44.93	6.93	
		径1c	100	1301	18	2	0	1.35	31.33	4.80	
清镇红枫湖示范区	非喀斯特	0001(王家寨)	100	1288	6	0	0	1.20	45.32	6.29	6.40
		0002(羊昌洞)	100	1310	3	0	0	1.32	42.15	6.46	

第9章 喀斯特石漠化治理对土壤生态系统稳定性的影响

续表

示范区	石漠化等级	样地号	样地面积/m²	海拔/m	坡度/(°)	σ/%	δ/%	ρ/(g/cm³)	θ/(g/kg)	D_{SOC}/(kg/m²)	D_{SOC}/(kg/m²)
	强度石漠化	WJW 径 5-6	200	1530	25	38	0	1.34	56.24	5.42	
		WJW 径 7-8	200	1533	30	40	0	1.29	46.55	4.18	4.93
		0151	50	1545	29	30	0	1.07	68.22	5.92	
	中度石漠化	0141	200	1475	27	8	15	1.29	46.68	5.79	
		（径 12）a	100	1430	20	35	2	1.21	40.48	3.62	4.85
		0142									
	轻度石漠化	0131	100	1425	20	0	2	1.21	24.13	3.33	3.33
		（径 21）b									
	潜在石漠化	0121	187.5	1428	23	0	0	1.22	21.26	3.02	
		（径 13-17）									
		0122	100	1528	20	5	0	1.16	44.01	5.61	4.97
		（径 18）									
		径 4	100	1528	40	5	0	1.34	54.06	7.98	
（石桥小流域）	无明显石漠化	0111	100	1464	24	0	0	1.21	35.64	4.99	
毕节鸭池示范区		（径 1）									
		0112	200	1428	19	5	0	1.32	54.07	7.84	
		（径 2）bc	200	1528	12	0	0	1.32	40.48	6.19	
		WJW 径 1-2	200	1528	12	1	0	1.22	34.93	4.89	6.01
		WJW 径 3-4	300	1420	0	0	0	1.20	27.54	3.83	
		0113	100	1527	21	5	4	0.88	127.59	11.94	
		（径 5-7）									
		0001a	100	1553	13	7	3	1.08	51.41	5.82	
		0002a									

注：a 代表封禁治理；b 代表退耕还林；c 代退耕还草；d 代表坡改梯。

池示范区则有一波动范围（图 9-4）。红枫湖和鸭池示范区轻度石漠化多作为基本农田，土壤有机质较封山育林或退耕还林还草的中度石漠化样地低，且长期耕作翻耕土地，土壤容重也相对降低。红枫湖中度石漠化样地土壤有机碳密度较毕节低主要是因为红枫湖中度石漠化样地岩石裸露率高。

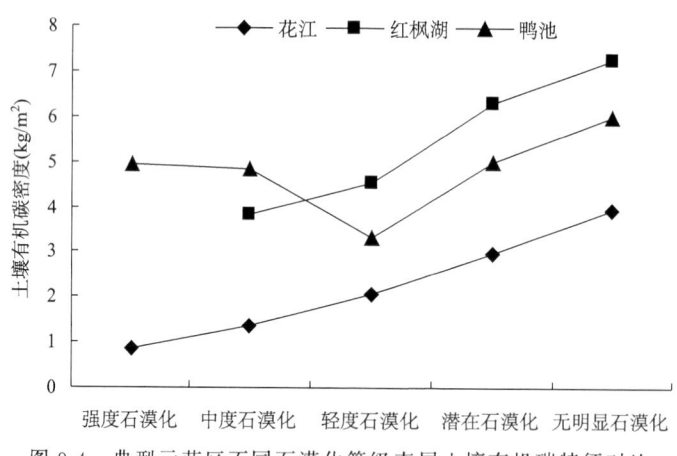

图 9-4 典型示范区不同石漠化等级表层土壤有机碳特征对比

3. 石漠化综合治理工程措施下表层土壤有机碳密度特征

由表 9-7 可知，不同工程措施下平均有机碳密度最大的是封禁治理，多为原生样地，岩石裸露率低，植被覆盖率比较高，根系的扰动使得土壤结构疏松，土壤容重相对较低，但大量凋落物输入以及凋落物分解速率较慢，使得土壤有机质含量较高，因此土壤有机碳密度远高于其他样地；退耕还林还草土壤表层土有机碳密度也较传统耕作方式有所提高，减少翻耕和人为扰动，有利于土壤有机质的积累和土壤容重的增加；坡改梯虽有利于减少土壤侵蚀，但是传统的耕作方式，对于提高土壤有机碳和土壤容重并无裨益。因此，不同工程措施下表层土壤有机碳密度特征表现为：封禁治理＞退耕还林还草＞坡改梯。

4. 影响因素分析

表层土壤有机碳密度与岩石裸露率呈显著负相关，关系式为 $y=2.0129\ln x-0.8048$（$R^2=0.4137$，$n=42$）；与土壤有机质正相关，关系式为 $y=0.0787x+0.821$（$R^2=0.3666$，$n=42$）。从不同石漠化等级来看，中、强度石漠化样地土壤有机碳密度与岩石裸露率负相关，关系式为 $y=-0.0708x+7.1234$（$R^2=0.8191$，$n=12$）；潜在和无明显石漠化样地则与土壤有机质呈正相关，关系式为 $y=4.8033\ln x-12.326$（$R^2=0.6177$，$n=29$）。由此可以看出岩石裸露率是影响喀斯特地区表层土壤有机碳密度的重要因素，特别对于中、强度石漠化区。

土壤有机质含量作为影响土壤有机碳密度特征另外一重要因素，它与土壤全氮和土壤自然含水量呈极显著正相关（$P<0.01$），相关系数分别为 0.670** 和 0.613**。而土

壤自然含水量在一定程度上与气候存在关联,三个示范区土壤自然含水量算术平均值关系为:花江(27.25%)<鸭池(28.68%)<红枫湖(31.17%),与土壤有机碳密度均值一致。但有研究表明,气候因素与土壤有机碳密度之间的相关性在区域尺度上较弱,对于小尺度的相关性则还有待进一步研究。

从地貌类型来看,毕节示范区属于高原山地,虽然土层较厚,但示范区内人口密度大,土壤垦殖率高,且多为传统耕作方式,大于25°坡地占24.80%,水土流失严重,不利于土壤有机碳的积累。经研究,坡耕地是鸭池示范区土壤侵蚀的主要源地,分布面积广,是今后防治工作的重点;清镇属于高原盆地,大于25°坡地仅占9.40%,水土流失相对较轻,有利于土壤有机碳的积累;花江峡谷深切,大于25°坡地仅占41.45%,水土流失严重(目前为无土可流),且土壤有机碳密度一般随温度的升高而降低,花江示范区干热河谷气候特征,不利于土壤有机碳的积累。

5. 表层土壤有机碳储量

土壤有机碳储量在不同示范区中是不同的,这取决于土壤的面积和碳密度。由表 9-8(本次非喀斯特区域不纳入计算)可知:三个典型喀斯特示范区表层土壤碳储量多分布于潜在和无明显石漠化区,土壤平均碳密度表现为红枫湖示范区最高($6.12\ kg/m^2$),花江示范区最低($2.49\ kg/m^2$)。

表 9-8 典型喀斯特示范区表层土壤有机碳储量

示范区	石漠化等级	$\overline{D_{SOC}}$ /(kg/m²)	S /km²	P_{SOC} /(×10³ t)	示范区平均碳密度 /(kg/m²)
关岭-贞丰花江	强度石漠化	0.88	6.63	5.85	2.49
	中度石漠化	1.37	6.40	8.80	
	轻度石漠化	2.07	15.21	31.49	
	潜在石漠化	2.96	9.52	28.18	
	无明显石漠化	3.91	13.85	54.13	
清镇-红枫湖	中度石漠化	3.82	5.94	21.97	6.12
	轻度石漠化	4.52	9.24	31.26	
	潜在石漠化	6.68	9.91	66.17	
	无明显石漠化	7.27	35.35	250.37	
毕节-鸭池	强度石漠化	4.93	0.54	2.66	5.21
	中度石漠化	4.85	1.73	8.39	
	轻度石漠化	3.33	7.96	26.49	
	潜在石漠化	4.97	8.93	44.35	
	无明显石漠化	6.01	22.36	134.33	

注:石漠化面积以 2005 年遥感调查数据为基准。

6. 管理措施

土壤表层对气候变化最为敏感,也是受土地利用方式和利用程度影响最深的层次。

增加生态系统土壤碳汇的管理原则，包括维持现有土壤有机质的水平、恢复退化土壤中有机质和扩大土壤有机质的承载力（王燕等，2008；韩林等，2010）。中国南方喀斯特地区生态环境脆弱，土壤侵蚀严重，而广大的水土流失地生态恢复后将成为中国未来一个极为重要的"碳汇"（袁道先，2001；王世杰等，2007）。因此采取有效的土地利用管理措施增加有机碳蓄积量是未来石漠化综合治理的关键。

封禁治理能很有效地恢复土壤有机碳含量，从而提高土壤有机碳密度；退耕还林还草工程，使陡坡农田系统变为人工生态系统，增加了植被活体、残体及土壤的碳储量；坡改梯工程虽不能改变传统种植方式来提高土壤有机碳含量，但能有效地减少水土流失；同时与传统的耕作体系相比，采取免耕等保护性耕作措施有利于增加土壤有机碳含量。

9.2.3 结论

（1）土壤有机碳具有高度的空间变异性，研究的尺度不同，其影响因素和变化规律也随之变化。在小空间尺度上，岩石裸露率是影响喀斯特地区表层土壤有机碳密度的重要因素之一，特别对于中、强度石漠化区。地貌和气温也在一定程度上影响了土壤有机碳密度特征。

（2）三个典型喀斯特示范区之间表层土壤有机碳密度变异性较大，整体上表现为红枫湖示范区（6.12 kg/m²）＞鸭池示范区（5.21 kg/m²）＞花江示范区（2.49 kg/m²）；不同石漠化等级之间表层土壤有机碳密度整体表现为无明显、潜在石漠化大于中度石漠化；表层土壤碳储量主要分布于无明显、潜在石漠化区。

（3）喀斯特石漠化综合治理中不同工程措施对土壤有机碳的蓄积均有一定的效果，总体表现为封禁治理＞退耕还林还草＞坡改梯。坡改梯并不能有效地提高土壤有机碳含量，但能很有效地减少土壤侵蚀，从而增加碳蓄积量。采取有效的土地利用管理措施增加有机碳蓄积量是未来石漠化综合治理的关键。

（4）仅计算表层土壤有机碳储量，在表层土壤以下，还有较多的碳，加上土壤空间分布的复杂性以及人为活动的影响等，实际土壤有机碳的数字应比估算的大。同时，石漠化综合治理中的林草植被恢复以及沼气池的利用，也是重要的"碳汇"，随着治理年限和林龄的增长，固碳减排潜力巨大。如何提高喀斯特地区土壤有机碳储量估算的精度，减少差异，有待进一步深入研究。

9.3 石漠化治理对喀斯特山区土壤生态系统稳定性的影响

对于喀斯特石漠化综合治理生态效益评价的研究目前多集中于土壤侵蚀或对土壤理化性质的分析。土壤生态系统应以土壤肥力为中心，研究土壤与环境条件的相互关系，以及系统本身的结构、功能。选择贵州具有代表性的喀斯特高原山地为研究对象，以土壤的理化性质变化及对土壤侵蚀的影响、土壤呼吸强度状况为出发点，探讨喀斯特石漠化综合治理对土壤生态系统的影响，旨在提高生态监测整体能力，为喀斯特石漠化综合治理提供决策支持。

9.3.1 研究区概况与研究方法

1. 研究区概况

毕节鸭池示范区位于毕节市东南部的鸭池镇和梨树镇境内，共涉及10个行政村，示范区总面积41.53 km²，其中喀斯特面积占示范区总面积的63.37%，非喀斯特面积占36.63%。轻度、中度、强度和极强度石漠化面积分别占4.76%、3.95%、1.08%和0.19%。示范区地势开阔平缓，西高东低，河流呈扇状向东流出，形成岩溶中山丘陵沟谷地貌。示范区最高点在幸福山，海拔为1742.3 m；最低点是东边的沟谷，海拔为1400 m；相对高差为342.3 m。区域内喀斯特发育广泛，洼地内多落水洞、裂隙、溶洞，地下岩溶水是以碳酸盐岩夹碎屑岩裂隙溶洞水为主。地表水下渗强烈，地表旱灾较为严重。示范区属亚热带湿润季风气候区，流域内平均气温为14.03℃。该区域年平均降雨量为863 mm，年最大降雨量为995.5 mm，年最小降雨量618.2 mm，降雨主要分布在7～9月，占全年总降雨的52.4%。示范区土壤有黄壤、石灰土、紫色土、水稻土等土类。自然植被主要属于亚热带常绿阔叶林，原生植被多被破坏，多为次生林，大部分分布在山坡上部。

石桥小流域是鸭池示范区的核心区，位于北纬27°18′30″～27°16′30″，东经105°19′30″～105°22′20″。小流域总面积为8.13 km²，喀斯特面积占63.3%，轻度、中度、强度和极强度石漠化面积分别为1.04 km²、0.76 km²、0.34 km²和0.06 km²，分别占核心区总面积的4.76%、3.95%、1.08%和0.19%（图9-5）。

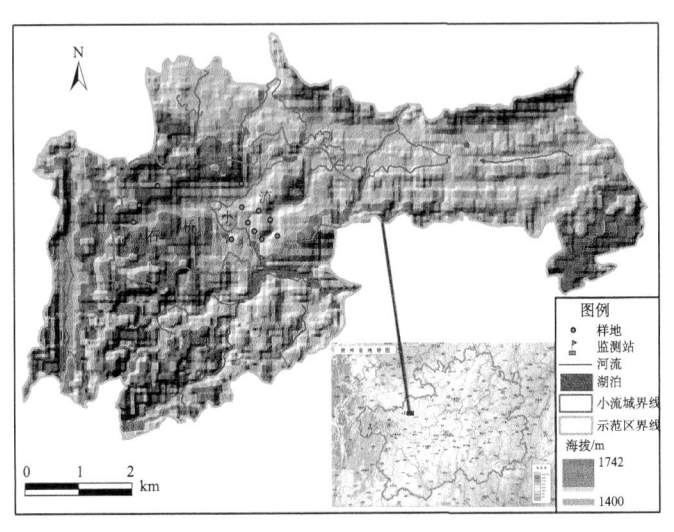

图9-5 毕节鸭池示范区和石桥小流域样地位置示意图

2. 材料与方法

在《贵州省岩溶地区石漠化综合治理规划（2008—2015）》中把石漠化治理工程划

分小流域为单元进行治理,故毕节鸭池示范区也将以小流域作为治理与监测单元。依托毕节市"长治"七期工程,石桥小流域共设有 23 个为径流小区,径流小区按标准小区和一般小区布设,无特殊要求时,小区建设尺寸均参照标准小区规定确定。不同等级石漠化与不同土地利用类型存在着相关性,因此结合观测项目要求,设立不同坡位、坡度和坡长级别,不同石漠化等级,不同土地利用方式和不同水土保持措施的小区时样区有重叠。并结合"喀斯特高原退化与生态系统综合整治技术与模式"项目,选取能够全面反映整个小流域整体情况的典型固定样地 16 块(其中 12 块设在径流小区内),利用仪器和设备进行遥感与地面监测,以每年的 4 月、8 月、12 月对样地进行持续性观测,测定以下指标:不同径流小区每次降雨后的土壤侵蚀失量;植被的类型、结构、分布及植物的种类;林草生长量、郁闭度、覆盖度等以分析植被群落的生物多样性及生态学意义,并于每年 4 月份采集表层(0~20 cm 层)原状土和混合土样回实验室处理。径流小区设置主要是对各种设计的生态修复治理措施的蓄水保土效益进行监测。本研究土壤侵蚀计算以不同水保措施为准,相应径流小区信息见表 9-9。平均侵蚀模数的计算公式为

$$\overline{M_s} = \sum M_{si}f_i = \sum \frac{M_{si}A_i}{A} \tag{9-4}$$

$$f_i = \frac{A_i}{A} \tag{9-5}$$

式中,$\overline{M_s}$ 为区域多年平均侵蚀模数;M_{si} 为区内各级土壤侵蚀强度;f_i 为区内各级土壤侵蚀强度面积权数;A_i 为各级侵蚀度面积;A 为区域总面积。

表 9-9 不同水土保持治理措施径流小区基本信息

小区编号	石漠化等级	设置目的	小区规格/(m×m)	坡度/(°)	坡向	坡位	土壤类型	土层厚度/cm	原地貌	植被覆盖度/%
1	无明显石漠化	坡改梯	20×5	0	WN30°	下坡	黄壤	100~120	耕地	—
2	无明显石漠化	经果林	20×10	18	WN30°	下坡	黄壤	50~60	梯平地	<10
12	中度石漠化	水保林	20×10	27	SW45°	中坡	黄壤	20~40	荒山荒坡	80
18	潜在石漠化	梯土小区	20×5	26	EW15°	下坡	黄壤	80~100	荒山荒坡	—
21	轻度石漠化	荒山荒坡	20×5	26	NS25°	下坡	石灰土	30~60	草地耕地	70

注:"—"表示在不同耕种制度下覆盖度差异较大。

土壤理化性质测定包括:土壤容重(环刀法);土壤自然含水量(烘箱法);田间持水量(威尔科克斯法);毛管孔隙度(环刀法);土壤渗透性(环刀法);土壤颗粒分析(重力沉降法);土壤呼吸强度(氢氧化钠-滴定法);pH(玻璃电极法);速效钾(醋酸铵浸提-火焰光度法);全钾(硝酸&高氯酸消解-火焰光度法);速效磷(碳酸氢钠浸提-钼锑抗比色法);全磷(硫酸&高氯酸消解-钼锑抗比色法);土壤有机质(重铬酸钾-外加热法);土壤水解氮(碱解-扩散法);土壤全氮(半微量凯氏法)。

数据统计与分析利用 Excel 和 SPSS(16.0)软件平台进行。

9.3.2 结果与讨论

1. 石漠化综合治理与水土流失

石漠化综合治理的不同工程和生物措施对土壤生态系统的影响直接表现在水土保持上。方华军等（2004）从耗散结构的角度研究水土流失，对土壤生态系统耗散结构变异规律和研究方法进行了探讨，提出水土流失就意味着负熵的输出，如果负熵的输出大于输入，则整个系统的负熵减少，有序性减弱。系统的结构不合理或被破坏，则系统内熵之间的转化和迁移受阻，系统的有序性减弱，从而导致水土流失、土壤退化和物种多样性减少等一系列生态环境问题。为开展土壤生态系统的动态监测和预测预报，进行土壤生态系统分类与评价，实现其可持续利用提供参考。

侵蚀性降雨是指引起土壤流失的最小降雨强度和在该强度范围内的降雨量。一般而言，凡是产生地表径流的降雨，就能造成土壤侵蚀（李阳兵等，2010）。侵蚀性降雨特征包括最小降雨量和降雨强度两项指标。根据毕节市"长治"七期工程朱放项目区石桥小流域《2008 年度水土保持监测报告》可知 2008 年石桥小流域总降雨量为 446.96 mm，总降雨历时 10687 min，平均雨强为 0.042 mm/min，其中共有 13 次降雨产生了坡面径流，集中分布在 5~9 月，较 2007 年全年降雨量（658.73 mm）和平均雨强（0.059 mm/min）均有所降低。示范区全年土壤侵蚀总量为 5528.56 t，土壤侵蚀模数为 215.52 t/(km²·a)（表 9-10），较 2007 年年土壤侵蚀模数（716.33 t/(km²·a)）有大幅下降，水土保持效益显著，即减少负熵的输出，使系统向"有序"状态发展。这一方面表明随着喀斯特石漠化治理工程的开展，生态效应开始凸显，植被覆盖率得到恢复，提高了土壤生态系统蓄水保土的能力，土壤侵蚀模数随之大幅下降；但另一方面也有可能与 2008 年的降雨量与降雨强度均少于往年有关，降雨侵蚀力减弱和地表径流减少，水土流失量在某种程度上也相应减少。

表 9-10 不同水土保持治理措施水土流失情况表

措施名称	单位面积土壤侵蚀量/(t/km²)	流域内措施面积/km²	土壤侵蚀量/t	对比分析减少土壤侵蚀量/t	减沙率/%	备注
水保林	9.4	0.316	2.97	9.41	76.01	与荒山荒坡对比
经果林	12.75	0.342	4.36	97.56	95.72	与坡耕地对比
坡改梯	8.8	0.5567	4.9	161.01	97.05	与坡耕地对比
荒山荒坡	39.18	0.5389	21.11			
坡耕地	298.02	7.3	2175.58			
总计				267.98		

土地利用通过冠层截留、降低降雨侵蚀力和水流输移能力等来影响水土流失，不同土地利用类型对侵蚀的抑制作用是不同的。由表 9-10 可知：各种水土保持综合治理措施均有很好的保水保土效果，其中又以坡改梯的效果最好，其次是经果林、水保林。主

要是因为坡耕地在进行坡改梯后土壤得到了最有效的保护，可视为无明显流失；在水保林和经果林区域，因为灌草自身具有一定的固土保土能力，在人类无扰动的情况下，覆盖率可以达到90%以上，能减少降水对土壤表面的溅蚀，有效地控制了水土流失；并且经过两年多的生长，水保林和经果林根系更加发达，降雨能顺沿根系更多的入渗到土壤中，蓄水保土的效益更加明显，从而减少了径流量，有效地减少了水土流失；荒山荒坡区水土流失也较轻，这主要是由于荒山荒坡区域人烟稀少，人为活动破坏较轻，且区域内灌木杂草丛生，植被覆盖率较高，因此水土流失很小；小流域内无措施区域以水田和梯坪地为主，封禁治理区域以疏幼林为主，侵蚀强度均属于微度；坡耕地区域的水土流失状况最严重，水土流失量占小流域水土流失总量的39.35%，是水土流失的主要源地。

从减沙效益分析来看（表9-11），与荒山荒坡相比，水保林单位面积减沙率为76.01%，流域内原地貌为荒山荒坡的区域，栽种了水土保持林后水土流失量减少了9.41 t，由此表明，水土保持林经过两年的生长已具有较好的蓄水保土效果，有效地减少了土壤侵蚀量；与坡耕地相比，经果林单位面积减沙率为95.72%，坡改梯单位面积减沙率为97.05%，即单位面积土壤侵蚀量分别减少了97.56 t/km²、161.01 t/km²。流域内原地貌为坡耕地的区域，栽种经济果木林或进行坡改梯后，土壤侵蚀量减少258.57 t。在经果林小区内，由于农户对农作物进行了保土耕作，且翻耕土地次数变少，土粒变得紧实，故水土保持效果明显。坡改梯区域由于土地整治后，坡度变得平缓，且梯地周围有田埂保护，基本无流失，故保水保土效果最好。

表9-11 不同水土保持治理措施减沙效益分析

措施名称	单位面积土壤侵蚀量/(t/km²)	流域内措施面积/km²	土壤侵蚀量/t	对比分析减少土壤侵蚀量/t	减沙率/%	备注
水保林	9.4	0.316	2.97	9.41	76.01	与荒山荒坡对比
经果林	12.75	0.342	4.36	97.56	95.72	与坡耕地对比
坡改梯	8.8	0.5567	4.9	161.01	97.05	与坡耕地对比
荒山荒坡	39.18	0.5389	21.11			
坡耕地	298.02	7.3	2175.58			
总计				267.98		

2. 土壤理化性质的变化

1）土壤物理性质的变化

不同颗粒组成的土壤微结构提供了土壤抗冲蚀性的重要指标。根据Kern等（1998）提出的EPIC模型，本研究选取物理性黏粒（<0.01 mm）和黏粒（<0.001 mm）含量这两个能反映土壤可蚀性的主要因素来探讨。表9-12数据表明：各类土壤砂粒和黏粒含量均较高，砂粒平均含量大于45%，黏粒含量平均在20%以上，按照卡氏制分类属于黏制重壤土。土壤黏性较强，这将直接使得土壤的渗透能力下降，

易造成水土流失。

表 9-12 毕节石桥小流域不同土地利用方式表层土壤物理指标对比（2008 年）

土地利用方式	土壤容重/(g/cm³)	总孔隙度/%	毛管孔隙度/%	毛管持水量/%	渗滤系数/(mm/min)	<0.001mm颗粒/%	<0.01mm颗粒/%	>0.25mm水稳性团聚体/%	土壤呼吸强度(CO₂)/mg/(g·h)
高密度灌丛	0.95	62.73	24.57	48.51	18.06	19.05	51.61	82.60	0.0924
水保幼林	1.28	51.49	13.47	38.98	16.41	34.03	62.02	62.02	0.0513
陡坡耕地	1.16	56.06	24.49	27.48	16.11	43.53	54.72	44.72	0.0378
缓坡耕地	1.24	53.03	18.54	33.40	15.29	25.86	55.75	45.75	0.0421
梯平地	1.21	52.09	26.17	35.58	15.25	22.56	36.01	36.01	0.0453
经果林	1.34	50.43	25.08	35.35	14.82	23.56	57.83	47.83	0.0476
荒草地	1.43	46.76	18.28	28.36	9.67	37.39	48.24	48.24	0.0371

土壤的渗透性是指土壤在重力作用下接纳和透过水分的能力，用渗滤系数来表示。土壤渗透性是影响土壤侵蚀的重要性质之一，它与土壤质地、结构、盐分含量、含水量以及温度等有关（徐艳等，2005）。土壤特性对下渗的影响，主要决定于土壤的透水性能及土壤的前期含水量，其中透水性能又和土壤的质地、容重、孔隙的多少与大小有关。表 9-12 数据经相关和回归分析表明：土壤渗滤系数与土壤容重呈显著负相关，与土壤总孔隙度显著正相关（$P<0.05$），相关系数分别为 -0.844^* 和 0.834^*。同时土壤呼吸强度与土壤容重呈显著负相关（$P<0.01$），且与毛管持水量和 >0.25 mm 水稳性团聚体极显著相关（$P<0.01$），相关系数分别为 -0.789^*、0.937^{**} 和 0.895^{**}（* 表示显著相关 $P<0.05$，** 表示极显著相关 $P<0.01$，下同）。

土壤团聚体稳定性与生态系统许多功能和过程有着密切的关系，如土壤有机质的构成与质量、土壤生物活性、渗透率和抗侵蚀能力等。土壤水稳性团聚体能使土壤保持良好性状是衡量土壤抗侵蚀力的重要指标。对研究区土壤水稳性团聚体实验研究表明：与干筛相比水稳性团聚体平均减少 20%，结构破坏率平均为 28.5%，即土壤团聚度较差，抗蚀能力弱，极易造成土壤侵蚀。不同土地利用方式对土壤团聚体的形成也具有较大影响，坡耕地、梯平地和经果林地种水稳性团聚体含量较低，主要是因为受人为扰动较大，轮作翻耕和除草破坏了土壤结构。

2) 对土壤肥力的影响

土壤生态系统的实质是土壤肥力。土壤肥力越低，土壤生态系统就处于较低的耗散结构分支，反之则处于较高的耗散结构分支。作为土壤重要组成部分和代表主要碳库的土壤有机质在生态系统中扮演十分重要的角色（Margit et al., 2006）。土壤的许多属性都直接或间接地与有机质的含量和组成有关，是表征土壤质量与肥力的重要因素，常被选作土壤质量评价的重要指标，用来综合反映土壤的生产、环境和健康功能（Bruun et al., 2008）。从不同等级石漠化表层土壤来分析，研究区土壤有机质含量整体较高

（表 9-13、表 9-14），丰缺程度属于中高以上水平，且 2008 年较 2006 年有所提高。即土壤生态系统处于较高的耗散结构分支上，趋于稳定。

表 9-13　毕节石桥小流域不同等级石漠化表层土壤化学指标对比（2008）

不同等级石漠化	有机质 /(g/kg)	全氮 /(g/kg)	全磷 /(g/kg)	水解氮 /(mg/kg)	速效磷 /(mg/kg)	速效钾 /(mg/kg)	pH
无明显石漠化	44.32	2.17	1.04	114.90	32.27	214.33	7.03
潜在石漠化	34.28	2.27	0.76	85.97	12.92	120.73	7.41
轻度石漠化	24.13	1.41	0.83	116.39	11.52	135.21	7.05
中度石漠化	43.58	1.88	0.76	186.10	5.76	213.04	7.16
强度石漠化	68.22	3.53	0.89	240.91	8.43	259.13	6.67
原生样地	120.50	4.24	0.91	348.85	11.55	277.35	6.32

土壤有机质的 C/N 是影响土壤有机质转化的重要因素之一，微生物在分解有机质时最适宜的 C/N 是 25（Eswaran et al., 1993；Pacala et al., 2002）。如果土壤有机质的 C/N 较高，那么在有机质分解过程中碳和氮均在减少，这样必然造成土壤氮元素的相对缺乏，导致微生物与作物对有效态氮的竞争。研究区土壤有机质含量整体较高，但 C/N 较低，均小于 25（表 9-14），表明土壤有机质的腐殖化程度高，且有机氮更容易矿化。

表 9-14　不同年份、不同等级石漠化表层土壤有机质、全氮对比

石漠化等级	2006 年 全氮 TN/(g/kg)	2006 年 土壤有机碳* SOC/(g/kg)	2006 年 C/N	2008 年 全氮 TN/(g/kg)	2008 年 土壤有机碳* SOC/(g/kg)	2008 年 C/N
强度石漠化	3.50	39.33	11.24	3.53	39.57	11.21
中度石漠化	2.20	23.26	10.57	1.88	25.28	13.45
轻度石漠化	1.30	10.61	8.17	1.41	14.00	9.93
潜在石漠化	1.45	12.67	8.74	2.27	19.88	8.76
无石漠化	2.20	22.59	10.27	2.17	25.17	11.85
原生样地	5.00	64.53	12.91	4.24	69.90	16.48

* 土壤有机碳＝土壤有机质/1.724。

土壤 C/N 2008 年较 2006 年整体有所提高（图 9-6），土壤肥力趋于合理。强度石漠化和潜在石漠化样地 C/N 基本不变的原因是有机质与全氮含量趋步上升。不同的水保措施对土壤肥力提高有正面影响，如中度石漠化通过退耕还林以后土壤结构变得合理。

由图 9-7 分析表明：土壤有机质与全氮之间呈显极著正相关（$P<0.01$）。关系式为 $y=0.0342x+0.7886$，相关系数为 0.958^{**}。即土壤全氮的变异可由土壤有机质变异所引起。同样的分析表明，土壤有机质与全磷、全钾含量相关性不强；土壤速效钾与土壤有机质呈正相关，与氮、磷不同钾在土壤中主要是以无机态存在，包括难溶性的原

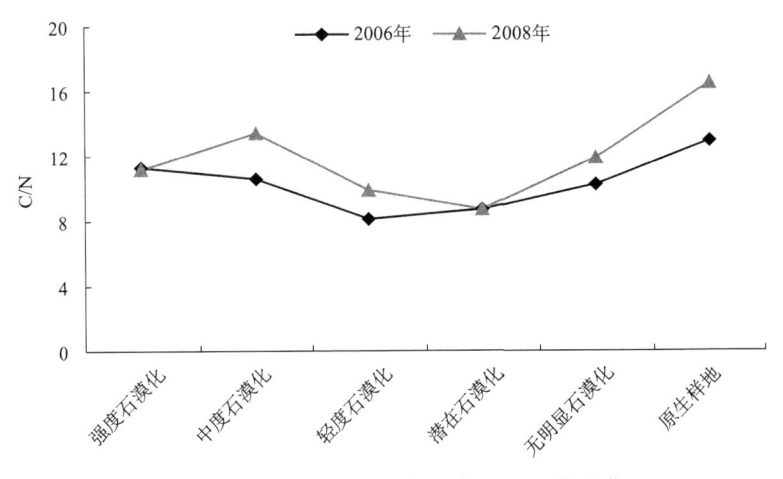

图 9-6　2006 年与 2008 年土壤 C/N 比值变化

生矿物态钾、矿物晶层中固定的缓效性钾和被土壤胶体吸附的代换性钾，土壤中有机质的存在能帮助固定钾。一般土壤有机质越高，团粒结构越多，土壤单粒排列疏松，孔隙度越大，通气性越好，这些物理性质，会促进土壤养分利用效率，所以会与速效钾的含量呈现相关性。

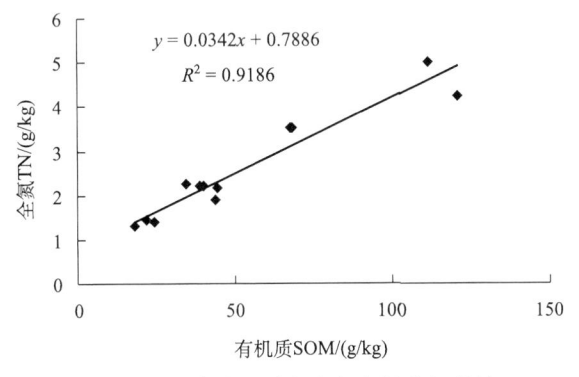

图 9-7　土壤有机质与全氮之间的相关性

3）对土壤呼吸强度的影响

土壤呼吸强度是表征土壤质量和肥力以及土壤透气性的重要生物学指标。土壤中的生物活动，包括根系呼吸及微生物活动是产生二氧化碳的主要来源。研究发现土壤呼吸和根系生物量之间呈正相关。

通过对示范区内的样地土壤呼吸强度测定发现，植被覆盖率高的土壤呼吸强度较大，还有经常被扰动的土地土壤呼吸强度也比较强，因为不同植被类型下土壤的湿度和温度不同，土壤呼吸强度也不同，土壤空气的变化过程主要是氧的消耗和二氧化碳的积累，土壤通过排出二氧化碳，促进农作物的光合作用，即土壤呼吸强度与植被覆盖存在一定的相关性。而植被是影响水土流失的重要因素，因此土壤呼吸强度在某种强度上也可认作是影响水土流失一个重要因素。从表 9-12 中可知，土壤呼吸强度变化规律为高密度灌丛＞水保幼林＞经果幼林＞梯平地＞缓坡耕地＞陡坡耕地＞置荒地。排除扰动土壤则土壤呼吸强度变化规律为高密度灌丛＞水保幼林＞经果幼林＞置荒地。从定性的角度出发，结合表 9-11 中单位面积水土流失量置荒地＞经果林＞水保林＞高密度灌丛这一序列看，单位面积水土流失量与土壤呼吸强度呈负相关。因此，土壤呼吸强度在某种程度上也可以作为反映石漠化综合治理综合效应的间接指标，但这种相关性还有待进一步研究。

9.3.3 结论

（1）随着喀斯特石漠化治理工程的开展，生态效应开始凸显。植被覆盖率得到恢复，土壤侵蚀模数也有大幅下降；同时随着种植年限的增加和种植面积的扩大，预计未来保土作用将会进一步增强。即通过喀斯特石漠化综合治理，提高了土壤生态系统蓄水保土的能力，从而减少负熵的输出，使系统向"有序"状态发展。但 2008 年土壤侵蚀模数远小于往年在一定程度上与 2008 年的降雨量与降雨强度均少于往年有关。各种水土保持综合治理措施均有很好的保水保土效果。但坡耕地是土壤侵蚀的主要源地，需加大治理力度。

（2）土壤有机质含量的多少，是土壤肥力高低的一个重要指标。研究区内土壤有机质含量有整体提高，但 C/N 较低。因此，在农业生产中应该注意有机肥中的 C/N 高低。同时随着石漠化综合治理工程的开展土壤 C/N 有提高的趋势，土壤肥力结构得到优化。

（3）通过研究土壤呼吸强度的差异，并与土壤侵蚀建立关联发现，土壤呼吸强度在某种程度上也可以作为反映石漠化综合治理综合效应的间接指标，但它们之间的相关性还有待进一步研究。

（4）土壤生态系的研究涉及其组成、结构和功能，并且土壤各个子系统关系复杂。目前，还没有公认的或统一的土壤生态系统指标和定量化的评价方法。本研究只选取部分要素作为分析指标存在一定的局限性，且仅从定性的角度初步探讨了喀斯特石漠化综合治理对土壤生态系统耗散结构的影响，但缺乏定量研究，这有待于进一步深化。

参 考 文 献

陈伟杰，任晓冬，熊康宁. 2010. 喀斯特石漠化地区开展林业碳汇项目的可行性初探——以贵州喀斯特石漠化综合防治为例. 安徽农业科学，10（38）：5254-5258.

方华军，杨学明，张晓平，等. 2004. 土壤侵蚀对农田中土壤有机碳的影响. 地理科学进展，23（2）：77-87.

葛晓改，肖文发，曾雄，等. 2012. 不同林龄马尾松凋落物基质质量与土壤养分的关系. 生态学报，32（2）：852-862.

韩林，张玉龙，金烁，等. 2010. 灌溉模式对保护地土壤可溶性有机碳和微生物量碳的影响. 中国农业科学，43：1625-1633.

胡宁，类翼来，梁雷. 2009. 保护性耕作对土壤有机碳、氮储量的影响. 生态环境学报，18：223-226.

解宪丽, 孙波, 周慧珍, 等. 2004. 不同植被下中国土壤有机碳的储量与影响因子. 土壤学报, 4 (5): 687-699.

李阳兵, 王世杰, 罗光杰, 等. 2010. 喀斯特石漠化演变轨迹的典型案例研究——以贵州盘县为例. 中国地质灾害与防治学报, 21 (3): 118-124.

廖洪凯, 龙健, 李娟, 等. 2015. 花椒 (Zanthoxylum bungeamun) 种植对喀斯特山区土壤水稳性团聚体分布及有机碳周转的影响. 生态学杂志, 34 (1): 106-113.

林而达, 李玉娥, 郭李萍, 等. 2005. 中国农业土壤固碳潜力与气候变化. 北京: 科学出版社: 102-113.

罗海波, 刘方, 刘元生, 等. 2009. 喀斯特石漠化地区不同植被群落的土壤有机碳变化. 林业科学, 45 (9): 24-28.

欧阳资文, 彭晓霞, 宋同清, 等. 2009. 喀斯特峰丛洼地土壤有机质的空间变化及其对干扰的响应. 应用生态学报, 20 (6): 1329-1336.

史学军, 潘建君, 陈锦盈, 等. 2009. 不同类型凋落物对土壤有机碳矿化的影响. 环境科学, 30 (6): 1832-1837.

苏永中, 赵哈林. 2002. 土壤有机碳储量、影响因素及其环境效应的研究进展. 中国沙漠, 22 (3): 220-228.

唐晓红, 吕家恪, 魏朝富, 等. 2009. 区域稻田土壤碳储量的空间分布特征. 中国农学通报, 25 (14): 173-177.

王世杰, 卢红梅, 周运超, 等. 2007. 茂兰喀斯特原始森林土壤有机碳的空间变异性与代表性土样采集方法. 土壤学报, 44 (3): 475-483.

王宪伟, 李秀珍, 吕久俊, 等. 2010. 温度对大兴安岭北坡多年冻土湿地泥炭有机碳矿化的影响. 第四纪研究, 30 (3): 591-597.

王雪芬, 胡锋, 彭新华, 等. 2012. 长期施肥对红壤不同有机碳库及其周转速率的影响. 土壤学报, 49 (5): 954-961.

王燕, 王小彬, 刘爽, 等. 2008. 保护性耕作及其对土壤有机碳的影响. 中国生态农业学报, 16 (3): 776-771.

魏孝荣, 邵明安, 高建伦. 2008. 黄土高原沟壑区小流域土壤有机碳与环境因素的关系. 环境科学, 29 (10): 2879-2884.

文启孝. 1984. 土壤有机质研究法. 北京: 农业出版社: 279-280.

翁金桃. 1995. 碳酸盐岩在全球碳循环过程中的作用. 地球科学进展, 10 (2): 154-158.

吴建国, 张小金, 徐德应. 2004. 六盘山林区几种土地利用方式对土壤有机碳矿化影响的比较. 植物生态学报, 28 (4): 530-538.

熊康宁, 黎平, 周忠发, 等. 2002. 喀斯特石漠化的遥感-GIS典型研究-以贵州省为例. 北京: 地质出版社: 23-28.

徐江兵, 李成亮, 何园球, 等. 2007. 不同施肥处理对旱地红土壤中有机碳含量及其组分的影响. 土壤学报, 44 (4): 675-682.

徐艳, 张凤荣, 段增强, 等. 2005. 区域土壤有机碳密度及碳储量计算方法探讨. 应用生态学报, 36 (6): 836-839.

宇万太, 马强, 赵鑫, 等. 2007. 不同土地利用类型下土壤活性有机碳库的变化. 生态学杂志, 26: 2013-2016.

袁道先. 2001. 地球系统的碳循环和资源环境效应. 第四纪研究, 21 (3): 223-232.

张伟, 陈洪松, 王克林, 等. 2008. 喀斯特峰丛洼地坡面土壤养分空间变异性研究. 农业工程学报, 24 (1): 68-73.

张心昱, 陈利顶, 傅伯杰, 等. 2006. 不同农业土地利用方式和管理对土壤有机碳的影响——以北京市延庆盆地为例. 生态学报, 26 (10): 3198-3203.

张勇, 史学正, 赵永存, 等. 2008. 滇黔桂地区土壤有机碳储量与影响因素研究. 环境科学, 29 (8): 2314-2319.

郑帷婕, 包维楷, 辜彬, 等. 2007. 陆生高等植物碳含量及其特点. 生态学杂志, 26 (3): 307-313.

中国标准出版社第二编辑室. 2007. 环境监测方法标准汇编 (土壤环境与固体废物). 北京: 中国标准出版社: 327-440.

中国科学院南京土壤研究所土壤物理研究室. 1978. 土壤物理性质测定方法. 上海: 上海科学技术出版社: 11-148.

周文龙, 熊康宁, 龙健, 等. 2011. 喀斯特石漠化综合治理区表层土壤有机碳密度特征及区域差异. 土壤通报, 42 (5): 1131-1137.

Blume E, Bischoff M, Reichert J, et al. 2002. Surface and subsurface microbial biomass, community structure and metabolic activity as a function of soil depth and season. Applied Soil Ecology, 20 (3): 171-181.

Bruun S, Thomsen I K, Christensen B T, et al. 2008. In search of stable soil organic carbon fractions: a comparison of methods applied to soils labelled with 14C for 40 days or 40 years. European Journal of Soil Science, 59 (2): 247-256.

Czimczik C I, Masiello C A. 2007. Controls on black carbon storage in soils. Global Biogeochemistry Cycles, 21: GB3005.

Eswaran H, Vandenberg E, Reich P. 1993. Organic carbon in soil of the world. Soil Science Society of America Journal, 57: 192-194.

Eusterhues K, Rumpel C, Kleber M, et al. 2003. Stabilisation of soil organic matter by interactions with minerals as revealed by mineral dissolution and oxidative degradation. Organic Geochemistry, 34 (12): 1591-1600.

Fortin M C, Rochette P, Pattey E. 1996. Soil carbon dioxide fluxes from conventional and no-tillage small-grain cropping systems. Soil Sci. Soc. Arn J. ; 60: 1541-1547.

Kern J S, Turner D P, Doson R F. 1998. Special patterns in soil organic carbon pool size in the northwestern United States//Lal R. Soil processes and the carbon cycle. Boca. Raton, FL: Lewis Publishers, 29-43.

Lorenz K, Lal R, Jimenez J. 2009. Soil organic carbon stabilization in dry tropical forests of Costa Rica. Geoderma, 152 (1-2): 95-103.

Margit V L, Ingrid K K, Klimens E, et al. 2006. Stabilization of organic matter in temperate soils: mechanisms and their relevance under different soil canditons-a review. European Journal of Soil Science, 57: 426-445.

Margit V L, Ingrid K K, Klimens E, et al. 2007. SOM fractionation methods: relecanve to functional pools and to stabilization mechanisms. Soil Biology and Biochemistry, 39 (9): 2183-2207.

Myneni R B, Dong J, Tucker C J, et al. 2005. A large carbon sink in the woody biomass of northern forests. Proc. Natl. Acad Sci. USA., 98 (26): 14784-14789.

Pacala S W, Hurtt G C, Baker D, et al. 2002. Consistent land and atmosphere based US carbon sink estimates. Science, 292: 2316-2319.

Schimel D S, House J I, Hibhard K A, et al. 2001. Recent patterns and mechanisms of carbon exchange by terrestrial ecosystems. Nature, 414: 169-172.

第10章 结论与展望

亚热带喀斯特山区是我国石漠化发生程度最高、最严重的地区之一。通过对研究区典型区域野外定位试验与典型样区的定点观测，初步明确了喀斯特环境土壤物理、化学和生物学特性的变化特征、相互作用、退化机制与演变趋势；土壤石漠化的本质特征；石漠化过程对土壤质量演变的影响以及不同生态治理模式下土壤质量的恢复；探明了土壤微生物区系的基本构成及种群多样性、影响农业生产的关键土壤障碍因素和改良对策；揭示了不同土地利用方式对石漠化地区土壤质量恢复能力的影响并决定着土壤质量的演化方向，以及喀斯特山区湿热条件下退化生态系统所具有的在相对较短的时间内实现土壤质量恢复及结构重建的可能性及其潜力；建立了以细菌数量、有机质、水稳性团聚体、CEC、全氮、全磷、全钾及速效磷、速效钾组成的喀斯特地区土壤质量评价定量指标体系，以及以优化配方施肥、秸秆覆盖还田、稻油轮作为基本途径，以有效扩大土壤有机碳库和氮、钾库为目标的土壤定向培肥技术措施。

本书从6个方面系统总结了亚热带喀斯特山区土壤环境存在的主要科学问题：①土壤温室气体形成机理、变化规律与减缓途径，岩溶山区土壤中CH_4、NO_2、CO_2的源和汇及其在不同耕制与作物种植条件下CH_4、NO_2的变化规律；②岩溶山区土壤退化时空变化、形成机理与调控对策，特别是石漠化、土壤侵蚀、肥力减退、土壤污染等退化问题；③岩溶山区土壤污染发生类型、形成规律与防治途径；④岩溶山区土壤质量的演变机制、评价体系及恢复重建，岩溶山区土壤质量对农业环境及人类生命质量影响；⑤岩溶山区土壤生态环境建设及其治理途径；⑥岩溶山区土壤与环境有关的基础问题。据此指出岩溶山区土壤环境问题的研究应着重于土壤因素与其他环境因素的相互作用，其核心内容是研究岩溶山区土壤与生态环境问题，开展岩溶山区土壤与生态环境的多样性、稳定性与土壤储存、转化和运输功能三个方面研究工作，为我国西部大开发的实施与推进提供科学依据。在基础上针对喀斯特山区土壤环境问题，提出了相应的战略对策与治理途径。阐述了喀斯特生态环境的脆弱性及其土壤退化的成因机理，根据我国西部大开发中生态建设的要求，提出了喀斯特环境中土壤退化的恢复途径及其研究的关键性问题。

10.1 研究结论

10.1.1 研究了喀斯特生态系统不同小生境类型土壤理化性质、酶活性及土壤呼吸强度

各小生境土壤以壤土为主，土壤团聚体数量较多，石洞和石缝土壤粒径＜0.002 mm的黏粒含量平均相对较高，而石坑土壤粒径为0.02～2 mm的砂粒含量较高。在石

缝和石坑土壤中的有机质含量较高，分别是石洞土壤的5.54倍和4.87倍。原生林中不同小生境土壤，有机质、全氮、碱解氮、速效磷、速效钾含量变化均有相同的变化趋势，即石缝＞石坑＞石沟＞土面＞石洞。土壤脲酶活性在各小生境土壤中的变化趋势是石沟＞石坑＞石缝＞石洞＞土面，且石沟中土壤脲酶活性是土面土壤的137.26%；过氧化氢酶活性表现为石缝＞土面＞石洞＞石沟＞石坑，石缝中土壤过氧化氢酶活性分别为土面、石洞、石沟和石坑土壤的121.9%、124.8%、131.1%和140.5%；碱性磷酸酶活性是石缝＞石沟＞石坑＞土面＞石洞；蛋白酶活性在各生境土壤中的变化是土面＞石沟＞石坑＞石缝＞石洞；土壤蔗糖酶活性变化则是石缝＞石坑＞石洞＞石沟＞土面。除土壤脲酶和蛋白酶之外，石缝土壤呼吸强度、过氧化氢酶活性、碱性磷酸酶活性和蔗糖酶活性都相对其他四类小生境土壤要高。而整体上来讲石沟、石缝和石坑这三种负地形小生境土壤的各种酶活性和土壤呼吸强度要比石洞和土面土壤要高。在喀斯特生态系统由原生林→次生林→灌木林→灌丛草地演替的过程中，每个样地的土面、石沟及石洞三者的面积之和都超过了95%。在各个生态模式下石沟、石洞和土面土壤风干团聚体都以＞5 mm和5～2 mm两个粒级为主，平均两者之和占团聚体总量的76.40%。在原生林→灌丛草地演替过程中石沟、石洞和土面土壤粒径在2～0.02 mm的砂粒含量没有明显的差异，而0.02～0.002 mm的粉粒含量和＜0.002 mm的黏粒含量略有增加，土壤由壤土或粉砂质壤土发展为黏壤土或壤质黏土。石沟、土面土壤有机质、全氮、碱解氮、磷、钾含量明显下降，其中灌丛草地和原生林地相比石沟土壤分别下降了28.88%、29.77%、23.80%、31.17%、61.74%和49.21%，土面土壤分别下降了45.12%、37.39%、15.86%、36.24%、69.44%和48.00%。石洞土壤养分含量没有明显的下降趋势。总的来讲石缝和石坑养分含量较高，而石洞和土面相对较低，石沟居中。石沟和土面土壤脲酶活性、土壤呼吸强度都逐步下降，而土壤蛋白酶活性则都表现为原生林地和次生林地要比灌木林地、灌丛草地高，原生林地和灌丛草地相比，土面土壤蛋白酶活性降幅要比石沟土壤的大。灌丛草地和原生林地相比，石沟土壤呼吸强度、脲酶、蛋白酶和碱性磷酸酶活性分别下降了34.49%、52.83%、37.50%和27.80%，土面土壤则分别下降了24.09%、74.71%、63.13%和43.20%。原生林地土面、石沟土壤过氧化氢酶和蔗糖酶活性，比其他生态模式都要低。灌丛草地和原生林地相比，石沟土壤过氧化氢酶和蔗糖酶活性分别增强了5.57%和78.36%，而土面土壤则分别增强了19.90%和211.11%。随着原生林→灌丛草地演替，石洞土壤呼吸强度和土壤酶活性变化不明显。灌丛草地和原生林地相比，石洞土壤呼吸强度、脲酶和蛋白酶活性分别下降了6.87%、35.89%和39.27%，而过氧化氢酶和蔗糖酶活性则分别增强了8.51%和63.40%。相关分析表明土壤脲酶、过氧化氢酶、碱性磷酸酶活性以及土壤呼吸强度都与土壤有机质、全氮、全磷、缓效钾、碱解氮、速效磷和速效钾含量达到极显著相关水平；蛋白酶活性除与土壤缓效钾相关性不显著外，与有机质、全氮、全磷、碱解氮、速效磷和速效钾都达到了显著或极显著相关；蔗糖酶活性除与速效磷含量达到显著相关外与有机质等其他养分因素都达到极显著相关。因素分析表明在喀斯特森林由原生林→灌丛草地演替的过程中，第一主因素主要由磷酸酶活性、土壤呼吸强度、有机质、全氮、全磷、缓效钾、碱解氮、速效磷和速效钾决定，第二主因素主要由脲酶活性和pH决定，第三主因素主要由蛋白酶活性决定，第四主因素主要由黏粒（<0.002mm）含量决定。喀斯特森林退化后，土壤有机质、全氮、全磷含量发生变化，随之磷酸酶、脲酶、蛋白酶活性以及土壤呼吸强度、pH、黏粒、速效养分等都发生明显的变化。原生林地、次生林地、灌木林地和灌丛草地石沟土壤土壤退化指数（DI）分别为 0%、-14.32%、-25.59% 和 -37.72%，石洞土壤土壤退化指数分别为 0%、2.16%、7.63% 和 -9.77%，土面土壤土壤退化指数分别为 0%、-28.80%、-41.19% 和 -45.72%；而石沟土壤质量综合指数（QI）分别为 83.48%、63.18%、42.35% 和 10.64%，石洞土壤质量综合指数分别为 42.43%、60.83%、75.30% 和 27.22%，土面土壤质量综合指数分别为 83.97%、38.64%、28.62% 和 24.70%。

10.1.2 研究了贵州喀斯特山区生态环境退化对土壤质量的影响

针对喀斯特地区（以贵州高原为例）生态环境退化问题，在野外定位试验与典型样区的定点观测的基础上，通过野外定位试验与典型样区的定点观测，系统研究了贵州高原喀斯特地区典型土地利用方面土壤质量演变与生态环境效应的关系，从生态、环境要素的空间变化上研究喀斯特山区土壤质量的演变规律，从不同时段上研究喀斯特山区中土壤质量的变化速率，探讨了不同喀斯特环境耦合条件下土壤质量演变的时间变化情况，探讨了喀斯特环境中各要素对土壤系统内部各种物理、化学、生物过程的响应机制，揭示了喀斯特生态环境退化过程中土壤质量的演变特征；研究不同治理模式和恢复措施对喀斯特山区退化生态系统土壤质量恢复能力的影响及退化喀斯特环境土壤质量演变的驱动力机制，遴选出表征喀斯特环境中土壤质量的指标体系，提出退耕还林（草）措施在贵州喀斯特山区生态治理中的科学依据，总结了喀斯特地区中低产田及主要耕地土壤质量的保持与定向培育的关键技术，归纳出我国南方岩溶地区土壤质量恢复重建措施。同时，通过比较不同植被类型土壤中微生物区系、土壤酶活性和土壤生化作用强度，分析了贵州高原喀斯特环境退化演变过程中土壤质量的生物学特性的变化过程。研究指出随着喀斯特环境退化程度的加剧，土壤微生物总数下降、各主要生理类群数量均呈下降趋势，土壤酶活性减弱，土壤生化作用强度降低，对环境反应敏感，可作为反映土壤质量的生物学指标。土壤微生物和酶活性是表征喀斯特环境退化演替过程中土壤质量的重要特征之一。针对喀斯特山区不同土地利用方式和管理措施显著影响土地肥力变化的程度和方向，指出调整土地利用结构，实行基本农田精细管理、陡坡耕地退耕还林（草）是保护土地资源，实现区域生态重建和农业可持续发展的根本途径。系统论述了喀斯特生态环境的脆弱性及其土壤障碍因素，提出大量施用有机肥，合理施用石灰，调整种植结构，扩种绿肥和防治水土流失是喀斯特地区土壤培肥的主要措施，对西部大开发与退耕还林（草）的实施有一定指导意义。

10.1.3 探讨了喀斯特山区不同土地利用方式对土壤退化的影响

喀斯特山区森林的破坏以及随后的耕种显著破坏了土壤结构并降低了大部分土壤养

分。除全钾外，坡耕地和退耕 1 年的草地土壤养分有极显著下降，和林地相比坡耕地有机质减少了 29.3%，全氮减少了 48.2%，全磷减少了 66.3%，碱解氮减少了 45.8%，速效磷减少了 56.3%，速效钾减少了 60%；退耕 1a 的草地土壤有机质、全氮、全磷、碱解氮、速效磷和速效钾分别减少了 85.6%，84.7%，81.4%，74.9%，87.5% 和 90.6%。土壤退化指数的计算结果表明坡耕地和退耕草地发生了非常严重的土壤退化。研究了岩溶丘陵区几种不同土地利用和管理方式下土壤物理、化学和生物学性状的特征。农林（林草）复合利用模式在土壤粒级组成、孔隙分布、持水性能、有机质和 N、P 养分、酶活性等方面表现出较好的肥力性状特征，有机无机肥配施、精细管理的灌溉农田次之，而粗放管理的旱坡耕地，土壤肥力性状严重恶化，逐步向石漠化景观演变。通过分析贵州喀斯特地区土壤的机械组成、物质成分、理化性质和微生物特性，探讨了土壤石漠化的本质。探讨了贵州喀斯特山区石漠化过程中土壤颗粒粗化和理化性质特征，土壤颗粒分形的变化特征，以及分形维数与土壤性状的关系。研究指出土壤侵蚀，细粒物质减少，表层土壤消失，岩土界面缺少风化母质的过渡层，或者被裸露基岩取代；土壤质地出现砂化，颗粒变粗；土壤有机质及养分含量减少，保水保肥性能减弱；土壤微生物功能多样性降低；超载的社会经济压力等是导致喀斯特地区土壤石漠化最重要的驱动力。土壤细颗粒含量越少，土壤分形维数越低，表征石漠化程度越高；土壤颗粒分形维数与土壤有机质、容重、黏粉粒含量之间存在显著的线形关系（$P<0.01$）。分形维数能较好地表征喀斯特石漠化过程中土壤物理性质和养分状况以及石漠化的程度，可作为评价喀斯特地区土壤退化的定量指标之一，对区域生态环境的恢复与重建有着重要的指导意义。土壤（质量）退化受生态环境演化和人为干扰及其强度的制约，因此其退化过程在时空上也有与之相应的演化类型。在喀斯特地区，由于地表破碎，成土过程缓慢，生态系统稳定性差，人为活动（不合理利用）是喀斯特环境土壤侵蚀和石漠化的主要原因（如生物多样性衰减、陡坡开垦等）。土壤（质量）退化一般可以分为 2 种形式：一是渐变型退化，从正常土壤→轻度石漠化→中度石漠化→严重石漠化→极严重石漠化的退化过程，当植被破坏后，随着人类利用强度的加大，土壤侵蚀逐渐加剧，其作用是渐进的、平稳的、随着时间的推移，土壤逐渐退化，退化的程度从轻度发展到极严重程度；二是跃变型退化，从正常土壤直接到极严重石漠化的退化过程，这种情形多半发生在陡坡开荒（>25°），在持续不断并逐渐加剧的自然和人为因素的干扰下，土壤质量产生退化阶段上不连续的退化过程，由于不合理的耕作方式和过度开垦，发生严重的水土流失，使正常土壤在短期内丧失土地生产能力，导致基岩大面积裸露，而呈现大规模的石漠化景观。

10.1.4　探讨了喀斯特石漠化过程土壤质量演变特征及对生态环境的影响

在一个较小的时空尺度上对典型喀斯特地区石漠化过程中的土壤质量演变特征及其退化过程进行了探讨。结果表明：由于植被破坏和耕地的开垦发生土壤颗粒粗化，向石漠化景观发展，土体结构破坏，容重增加 0.12～0.60 g/cm³，总孔隙度降低 12.0%～39.8%，持水性能变劣，养分也随之下降；粒径<0.05 mm 的黏粉粒流失，表层土壤

有机质和全氮含量下降 33.4%~84.6%和 43.3%~85.2%。土壤质量的演变,既有系统本身的自然属性决定的内在原因,更重要的是人为的外部干扰体系的驱动。演变的过程既有渐变型,又有跃变型。通过采取 4 种不同恢复和重建措施对典型喀斯特石漠化区地进行 13 a 生态治理研究,结果表明:喀斯特严重石漠化区(对照)植物多样性极低,土壤肥力极差,生态环境极为恶劣,改为花椒种植(措施 A)或多种乔灌藤混交种植(措施 B)后,植物多样性明显增大,土壤质量得到一定程度恢复,生态系统朝着良性循环方向发展;采取封山育林(措施 C)方法,林下植被层和群落多样性恢复最快,土壤质量亦得到较快的恢复;保留较好的次生林(措施 D)植物多样性较高,土壤质量最好。表明采用合适的生物措施,辅于必要的工程措施,是促进严重喀斯特石漠化地区生态重建的有效途径之一。通过对喀斯特地区进行植被调查与土壤样品分析,探讨了石漠化过程中土壤质量变化及其对生态环境的影响。指出喀斯特石漠化过程中随着植物群落退化度的提高,土壤出现黏化,有机质含量急剧下降,植物可利用的养分含量减少,提高了石漠化对生态环境影响的潜能;随着植被覆盖率下降、土地垦殖率增加,引起土壤质量明显退化,加剧了石漠化发生的强度和速度。石漠化区土壤有机质、物理性黏粒、碱解氮、速效磷、速效钾含量与植被覆盖率、土地复垦率有显著的相关性,以这些参数作为评价指标,初步将喀斯特石漠化过程中土壤质量变化对生态环境潜在影响的程度分为 3 个等级。通过对贵州中部喀斯特地区进行植被调查和土壤以及径流样品的分析,探讨石漠化过程中土壤-植物系统变化对径流水化学组成的影响。结果表明:喀斯特石漠化后,土壤出现黏质化,有机质含量急剧下降,土壤毛管孔隙度下降,干旱季节表层和次表层土壤的含水量明显减少,改变了生态系统的水分运动规律。喀斯特地表径流中离子浓度的大小排序为 $HCO_3^- > SO_4^{2-} > Ca^{2+} > Mg^{2+} > K^+$、$NO_3^-$、$Cl^- > Na^+ > NH_4^+ > PO_4^{3-}$,地表径流水化学类型以 HCO_3^--Ca 型为主;随着石漠化程度的增加,地表径流中 PO_4^{3-} 输出量明显增加,其次是 Ca^{2+}、NO_3^-,这部分养分的流失造成土壤养分水平下降,同时影响受纳水体的环境质量。地下径流离子组成与地表径流总体相似,但 HCO_3^-、Ca^{2+}、Mg^{2+} 的含量高于地表径流,而 K^+、NH_4^+ 的含量低于地表径流;石漠化发生后,地下径流中 HCO_3^-、Mg^{2+} 浓度明显减少,岩溶作用减弱,而 NH_4^+、NO_3^- 浓度明显增加,对地下水质产生一定的影响。

10.1.5 研究了土地利用方式对喀斯特石漠化土地恢复和重建的影响

喀斯特石漠化是一种与脆弱生态环境和人类活动相关联的土地退化过程。研究了土地利用方式和人为生产经营活动方式及干扰程度对石漠化土地恢复和重建的影响。研究结果表明:林地、草地的有机质、全磷和全钾含量最高,分别是果园和坡耕地的 2.3 倍、2.1 倍、1.5 倍和 1.7 倍、1.9 倍、1.3 倍,全氮量以草地最高,分别是其他地类的2.8~1.2 倍,农田有机质含量仅次于林地和草地,石漠化地土壤营养元素最低。果园和林地的微生物以细菌为主,分别占微生物总量的 69.7%和 73.3%,草地以固氮菌为绝对优势,占微生物总数的 33.0%,农田的放线菌多于草地、林地、果园和坡耕地,石漠化地土壤微生物数量和多样性最低。经开垦利用后(坡耕地),喀斯特山地表层土壤颗粒砂化更加明显。石漠化区经过13a退耕还林后,植物多样性指数和均匀度分别由0.957和0.285提高了1.924和0.531,优势度由0.751降到0.356。通过研究不同植被类型土壤微生物区系、土壤酶活性和土壤生化作用强度,分析了茂兰自然保护区喀斯特森林演替过程中土壤微生物活性的变化。同时,采取4种不同退耕还林(草)模式对喀斯特严重侵蚀区进行了10a定位治理,2003年对各退耕模式及相应对照的土壤理化学性质、土壤微生物、土壤酶活性、土壤呼吸进行研究。结果表明:治理后土壤细菌、真菌、放线菌数量及微生物总数明显增加,土壤水解性酶和氧化还原酶活性及土壤呼吸作用强度得到显著的加强,土壤养分储量和速效养分供应强度得到明显改善,土壤肥力得到不同程度的恢复。土壤综合肥力评价表明,土壤综合肥力指标值(IFI)呈增长趋势。因此,采用合适的生物措施,辅于必要的工程措施,是改善喀斯特山区土壤肥力质量的有效途径之一。进一步研究表明,随着喀斯特森林退化程度的加剧,土壤微生物总数下降、各主要生理类群数量均呈下降趋势,土壤酶活性减弱,土壤生化作用强度降低,对环境反应敏感,可作为反映森林生态系统的生物学指标。土壤微生物和酶活性是表征我国亚热带喀斯特山区森林生态系统功能的重要特征之一。

10.1.6 研究了石漠化综合治理对喀斯特高原山地土壤生态系统的影响

通过对岩溶天然林、灌丛和人工林土壤的非保护性有机碳初步研究,发现在0~10 cm表层土壤,灌草丛土壤颗粒有机碳含量是天然林土壤的1.40倍,土壤轻组有机碳含量是天然林土壤的4.02倍,但随土层深度增加,天然林土壤颗粒有机碳分配比例和轻组有机碳分配比例大于灌丛土壤,且灌丛土壤有机质逐渐向大团聚体富集,而天然林不同深度土壤大团聚体都富集有机质。天然林土壤和人工林土壤粒径<0.05 mm的颗粒有机碳富集系数差异很小,但粒径>0.1 mm颗粒和粒径0.1~0.05 mm颗粒的有机碳富集系数差异相对较大,尤其在土壤表层有明显的差异。颗粒有机碳、轻组有机碳、不同深度土层土壤有机碳与水稳性团聚体之间存在显著的相关性。同时,以喀斯特山区具有代表性区域为例,选取三个典型喀斯特示范区,以划分出的4条核心小流域为监测单元,对各示范区内及示范区之间不同等级石漠化样地表层土壤有机碳密度特征进行比较。结果表明:各示范区之间表层土壤有机碳密度变异性较大,表现为红枫湖示范区(6.12 kg/m^2)>鸭池示范区(5.21 kg/m^2)>花江示范区(2.49 kg/m^2);不同石漠化等级之间整体表现为无明显、潜在石漠化大于中、强度石漠化;表层土壤碳储量主要分布于无明显、潜在石漠化区;岩石裸露率是影响喀斯特地区表层土壤碳密度的重要影响因素之一,特别对于中、强度石漠化区;地貌和气温也在一定程度上影响到土壤有机碳密度特征。喀斯特石漠化综合治理具备巨大的固碳减排效应,采取有效的土地利用管理措施增加有机碳蓄积量是今后石漠化综合治理的关键。为研究石漠化综合治理对喀斯特高原山地土壤生态系统的影响,以贵州省毕节鸭池示范区石桥小流域为例,结合石漠化综合治理工作的开展,对小流域内的土壤侵蚀状况、土壤理化性质和土壤呼吸强度等进行动态监测,探讨土壤生态系统的演变规律。结果表明:通过采取一系列的生物工程措施,小流域内土壤侵蚀得到控制,各种水土保持措施减沙效果明显,从而减少负熵的输出,使系统向"有序"状态发展;通过对不同等级石漠化土壤有机质及 C/N 的研究,得出土壤有机质与全氮含量呈显著相关性($P<0.01$),随着石漠化综合治理的开展,土壤肥力结构得到优化;土壤呼吸强度在某种程度上也可以作为反映石漠化综合治理综合效应的间接指标,但这种相关性还有待进一步论证。通过以上研究旨在提高生态监测整体能力,为喀斯特石漠化综合治理提供决策支持。

10.1.7 研究了喀斯特山区林草复合系统的土壤微生物特性

研究通过野外调研和大量室内培养实验,根据岩溶土壤环境的基本特征(碱性、高钙),结合国内外土壤微生物生态研究领域的前沿动态,初步建立并完善了适合我国亚热带地区岩溶环境土壤微生物多样性的测试技术,为该领域的进一步深入研究奠定了坚实基础,为同行专家提供了方法借鉴。从生态、环境要素的空间变化上研究了土壤质量土壤微生物生态特征的演变规律,揭示不同岩溶地貌类型、生态演化模式和不同土地利用方式下环境因素与土壤微生物指数的相互耦合关系,进行贵州岩溶地区土壤质量退化、土壤肥力下降、土壤微生物学衰减、石漠化等的划分与评价。从不同季节、时段上(40 a、30 a、20 a、10 a、现在)研究我国亚热带岩溶生态系统演化规律,探讨了不同岩溶环境耦合条件下土壤-植被系统微生物指标演变的动态变化情况。通过对典型样区的定点观测,探讨了岩溶环境中各要素对土壤系统内部各种物理、化学、生物过程的响应机制,揭示亚热带岩溶生态环境退化条件下土壤质量的演变过程。研究结果表明:与对照相比,林草复合系统下不同土层和月份土壤有机质、全氮、碱解氮和速效钾含量分别提高 4.37%~27.86%、1.22%~18.75%、4.70%~34.75%和 2.23%~36.65%;7月份 0~10 cm 层速效磷含量提高 5.70%~24.04%,而 10~20 cm 层下降 11.17%~59.86%;土壤 pH 值下降幅度为 0.62%~8.15%;林草复合模式 C/N 提高幅度为 2.78%~12.91%,而花椒树和拉巴豆复合模式个别处理降低 1.23%~1.63%。花椒林+拉巴豆复合模式有利于土壤细菌与放线菌数量的增加,而花椒林+雀稗复合模式有利于系统土壤表层真菌数量的增加,且不同月份和土层相比于对照土壤细菌、放线菌和真菌的数量增幅分别为 1.84%~71.09%、2.99%~466.65%和 45.44%~455.96%;不同月份和土层土壤微生物量与养分含量共有 9 种显著或极显著正相关性,5 种显著性负相关。土壤上层微生物种数基本多于下层,土壤真菌和细菌种类多于或等于对照微生物种类,且真菌的微生物种数大于细菌微生物种数。花椒树+雀稗复合模式相比于花椒树+拉巴豆复合模式有利于细菌物种数的增加,而花椒树+拉巴豆复合模式更利于增加土壤真菌种数;花椒树+雀稗复合模式有利于表层土壤细菌和真菌 Shannon 多样性指数、均匀度指数和丰富度的提高,而花椒树+拉巴豆复合模式更有利于下层三大指数的提高;7月份土壤细菌和真菌各样品间的相似值在 41%~95%之间,且各平行样之间没有明显的分到一个类群;10 月份土壤细菌和真菌各样品间的相似值在 26%~85%之间,且每个类群基本上为相同处理样品,表现出明显的聚类现象;土壤细菌和真菌遗传多样性指数与养分含量的相关性分别共有 13 种和 15 种。

10.1.8 研究了土地利用类型、活性有机碳、化学分离稳定性碳和凋落物输入对有机碳矿化的影响

5 种土地利用类型（灌丛、水田、旱地、退耕 3a 草丛和退耕 15a 草丛）土壤有机碳平均含量分别为 30.4 g/kg、31.2 g/kg、21.9 g/kg、17.5 g/kg 和 22.5 g/kg，灌丛和水田的土壤有机碳含量均显著高于旱地、退耕 3a 和 15a 草丛（$P<0.05$）；土壤有机碳的矿化规律表现为培养前期矿化速度快，培养中后期逐渐变缓。不同土地利用类型土壤有机碳的矿化速度存在差异，退耕 3a 和 15a 丛的矿化速度较快，旱地的矿化速度快于水田；0~10 cm 层和 10~20 cm 层，灌丛土壤有机碳半衰期最长，分别为 722 d 和 639 d，水田土壤有机碳含量及半衰期在各层次均高于旱地及其退耕草地，表明水田可以作为喀斯特山区长期固碳的优势土地利用类型。土地退耕后可能较大影响喀斯特地区土壤有机碳周转速率。30a 生花椒林土壤有机碳累计矿化量在各层土壤中均高于对应的乔木林土壤，而 5a、17a 生花椒林地各层土壤则均低于对应的乔木林土壤，3 种花椒林土壤有机碳累计矿化量分配比在各层均高于对应的乔木林土壤。长期种植花椒增加了土壤有机碳的矿化量，降低了土壤有机碳的稳定性。乔木林土壤易氧化有机碳和颗粒有机碳在各层均显著高于对应的 3 种花椒林土壤（$P<0.05$）。随花椒种植年限增加，土壤易氧化有机碳和颗粒有机碳含量在 0~15 cm 层、15~30 cm 层先增加后减少，在 30~50 cm 土层则为先减少后增加。短期花椒种植有利于土壤活性有机碳的增加，长期则降低了 0~15 cm 层和 15~30 cm 层土壤活性有机碳含量，花椒种植有利于深层（30~50 cm）土壤活性有机碳的积累。颗粒有机碳在矿化培养前后的增加值与土壤有机碳累计矿化量显著正相关（$R=472$）。土壤有机碳矿化数据与双指数方程的拟合效果良好，相关系数均达到了 0.95 以上，拟合系数 C_s 与土壤有机碳累计矿化量的相关性达到了极显著水平（$R=0.792$），这说明双指数模型能较好地反映花椒林缓效性碳含量。$Na_2S_2O_8$ 残留物 OC 含量以乔木林最高，其占 SOC 的百分比最低。H_2O_2 残留物 OC 含量及其占 SOC 百分比在 0~15 cm 层以 30a 生花椒林最高，在 30~50 cm 层则以 17a 生花椒林最高。HF 溶解性 OC 含量及其占 SOC 的百分比均以 17a 生花椒林最高，表明花椒种植有利于各化学分离稳定性的积累，且种植年限对各化学分离稳定性的积累能力有一定影响。土壤有机碳矿化与 $Na_2S_2O_8$ 残留物和 H_2O_2 残留物 OC 含量有较好的相关性。不同岩溶植被类型土壤中以原生乔木林有机碳累计矿化量最高（1455~1874 mg/kg），均极显著高于次生乔木林（492~825 mg/kg）、灌丛（247~506 mg/kg）和荒草地（447~469 mg/kg）（$P<0.01$）。单一凋落物输入对原生乔木林和次生乔木林有机碳矿化有促进作用，混合凋落物输入则抑制了次生乔木林和灌丛土壤有机碳的矿化。双指数方程能较好地反映土壤有机碳的矿化特征，相关系数均达到了 0.99 以上，拟合系数 C_0、C_s 与土壤有机碳累计矿化量均达到了极显著相关水平。除了灌丛外，凋落物输入均使土壤 DOC 含量下降了，变化范围在 1.3%~65.4%，ROC 含量在原生乔木林和荒草坡分别减少 23.2%~38.1%、2.0%，但在次生乔木林和灌丛土壤中分别增加 4.3%~54.8%、2.5%~27.5%。

10.1.9 研究了喀斯特山区几种不同类型次生林凋落物凋落量、凋落动态、持水性能、分解过程和养分归还特征

4 种林分（朴树女贞林、马尾松林、灌木林、云贵鹅耳枥林）凋落物层的持水能力有一定差异。最大持水率的变化范围在 221.50%～256.00%，大小顺序是云贵鹅耳枥林＞朴树女贞林＞灌木林＞马尾松林。凋落物层最大持水量变化范围为 $8.72×10^3$～$17.54×10^3$ kg/hm²，有效拦蓄量的变化范围为 $5.99×10^3$～$11.41×10^3$ kg/hm²，有效拦蓄量和最大持水量的大小顺序表现出一致性，其顺序为马尾松林＞灌木林＞朴树女贞林＞云贵鹅耳枥林。在整个持水过程中，前 2 h 内各林分凋落物层持水作用较强，2 h 以后吸水速率迅速下降，尤其在 6 h 以后，枯落物吸水速率极为缓慢。通过对 4 种不同林分凋落物持水量、吸水速率与浸水时间之间的关系进行回归分析，发现林下凋落物持水量、吸水速率与浸水时间分别存在以下关系：$W = a\ln t + b\quad V = kt^n$。4 种林分凋落物层减少土壤蒸发的效应非常显著，4、5 月份的平均日蒸发量比无凋落物覆盖的土壤减少 13.6%～70.49% 的水分蒸发。4 种林分凋落物减流减沙、增加入渗的效应也很明显，其中朴树女贞林表现的效应最佳。4 种林分间年凋落量差异很大，马尾松林的年凋落物量最高，达 $6.886×10^3$ kg/hm²，其次为朴树女贞林（$5.945×10^3$ kg/hm²）和灌木林（$4.928×10^3$ kg/hm²），云贵鹅耳枥林最小，仅为 $3.958×10^3$ kg/hm²。朴树女贞林和灌木林的凋落动态呈现出"双峰"模式，马尾松林大致成"三峰"型，而云贵鹅耳枥林一年中只出现一个高峰。由于凋落物量和养分含量的差异，该区 4 种林分凋落物养分年归还量表现出一定的差异，其大小顺序为：朴树女贞林＞马尾松林＞灌木林＞云贵鹅耳枥林。马尾松林养分归还的季节动态不明显，其他 3 种林分主要集中在秋季。4 种林分凋落物各种营养元素年归还量存在一定差异，但是每种林分凋落物归还的 5 种营养元素的大小表现出一致性，即 Ca＞N＞K＞P＞Mg，Ca 的归还量最大，占养分归还量的 50% 以上。显示出喀斯特地貌上树种的营养 Ca 居首位。4 种林分凋落叶的分解速率与时间均呈指数关系，凋落物的分解经历先快后慢 2 个阶段。不同林分凋落叶分解速率有所不同，朴树女贞林最大，云贵鹅耳枥林次之，灌木林和马尾松林相差不大。

10.2 研究不足

（1）野外长期的定位观测试验场地布设有待加强，可能对分析结果的精确性有一定影响。喀斯特山区植被的整个生长期不是很长，其对分析结果的整体的规律性有一定的影响，而且分析的生长期较少，还需长时间监测，探讨各环境因素对岩溶生态系统的响应机制。

（2）喀斯特山区土壤微生物遗传多样性研究方法单一，可配合磷脂脂肪酸技术（PLFA）、高通量测试等方法，以便能更好地说明喀斯特山区与土壤微生物遗传多样性的内在耦合机理。对喀斯特山区土壤微生物作用研究还需与土壤酶活性、土壤水分之间的综合作用进一步研究，揭示系统内微生物与各个组分的关系。

（3）喀斯特山区生态效益定量和综合评价指标体系、评价标准、评价方法和评价模型还不完善，还需对喀斯特生境的光合特性、微气候效应、生物多样性和土壤功能等指标的生态学关系进行系统研究。

（4）对喀斯特山区土壤水分状况与植物本身蒸腾耗水强度间的耦合关系、土壤水分配与供应机制及竞争作用引起的系统生产力下降的内在限制机理还需进一步研究。

10.3 展　　望

10.3.1 喀斯特石漠化过程土壤微生物生态特征及稳定性恢复

亚热带岩溶地区石漠化已成为当前我国生态环境治理领域关注的热点。但目前的研究多局限于石漠化现状描述及地上部分植被的保护和恢复工作。长期以来人们对岩溶生态系统退化及石漠化治理多强调的是地上部分植被的恢复和保护工作，而对土壤中数量庞大、生物多样性丰富、生态功能活跃的土壤微生物及其微生物生态特征的研究明显缺乏。本研究选择石漠化发育程度多样、局部治理已初见成效的典型地区作为研究区域，通过野外调查、定位观测和盆栽实验，采用传统培养方法和现代微生物生态学技术手段系统研究石漠化发育过程中土壤微生物的生态演化特征，分析岩溶地区土壤-植被系统中微生物生态恢复与植被、石漠化之间的联系，系统研究石漠化过程土壤有机质变化与土壤微生物特征演化；土壤吸附特性变化与土壤微生物特征演化，建立岩溶地区土壤质量的微生物学评价指标，探讨不同石漠化治理模式下土壤微生物生态恢复机制，弥补当前在岩溶环境中土壤微生物生态学研究领域的不足，为亚热带退化岩溶生态系统的恢复重建及石漠化防治提供科学依据。

10.3.2 喀斯特生态系统土壤质量演变过程

传统的理化指标已难以满足土壤质量研究的需要。因而，寻找用以较全面地反映出土壤生物学肥力质量变化和判别胁迫环境下以及人为扰动下土壤生态系统的早期预警指标，已经成为现代土壤科学的一个主要任务。从前期的研究结果来看，岩溶生态系统的石灰土有机质含量是非常高的，但土壤有机碳（SOC）的很大一部分结合在土壤细颗粒组分中（<0.05 mm），而这一部分有机碳是高度腐殖化的稳定的有机碳，岩溶植被破坏开垦后土壤有机碳组分中亚热带地区岩溶环境中的土壤退化做深入细致的研究已成为一项重要的工作，这不仅对揭示土壤本身的退化机理，而且对了解岩溶环境石漠化的演变规律，进行合理的资源开发和保护都有十分重要的意义。可通过对不同类型岩溶生态系统土壤有机质不同组分尤其是活性组分进行研究，结合土壤微生物的演化特征，寻求岩溶生态系统变化过程中能及时反映土壤质量动态的一些敏感性指标，探索岩溶生态系统土壤质量的演变规律。

10.3.3 喀斯特地区代表性土壤侵蚀特征与石漠化关系

由于碳酸盐岩的成土机制与非可溶岩截然不同，岩溶环境本身也极具复杂性，使得我国有关岩溶环境土壤侵蚀的研究难度加大，研究较为薄弱。当前国家水利电力部颁布的土壤侵蚀分级指标对于特殊的岩溶环境也存在很大的争议。尤其在对岩溶环境侵蚀机理等方面仍缺少必要科学数据，对涉及岩溶区的水土流失仍沿袭非岩溶区的侵蚀分级标准衡量，往往得出岩溶区侵蚀轻微的片面结论，给岩溶山区水土保持与生态重建造成极为不利的影响，因而加强岩溶土壤侵蚀机理方面的研究变得非常必要和迫切。可选择代表性黄壤、石灰土，通过野外考察取样、室内模拟测定、模型模拟、结果分析。对岩溶地区不同坡度、不同植被覆盖、不同降雨强度、不同径流强度等外部环境下的土壤侵蚀进行模拟，在选择合适的数学模型进行计算机模拟，探索岩溶土壤侵蚀分级指标体系、岩溶土壤环境质量的评价与预测、土壤侵蚀的治理与调控措施，对石漠化治理和防治，实现地方经济、社会可持续发展有重要的意义。

10.3.4 喀斯特石漠化的演化机制及生态环境效应与修复

结合考虑人文驱动因素，分析人类活动对贵州高原岩溶环境的作用过程、方式和临界值，通过土壤、植被、水资源等要素相互作用过程研究，从时间和空间上探讨贵州高原石漠化形成、演化过程中的自然环境因素、人为因素，石漠化形成过程中生物地球化学循环及其控制途径，石漠化的岩溶演化动力学与岩溶生态系统脆弱性之间的内在关系，确立石漠化脆弱性评价的指标体系，构建石漠化预测预警系统，探讨石漠化地区的生态修复技术和模式，并对岩溶环境生态修复效果进行定量评估。